Kreuzungen

Moderne Kulturen Relationen

Herausgegeben von
Gerhard Droesser
und Stephan Schirm

Band 6

PETER LANG
Frankfurt am Main · Berlin · Bern · Bruxelles · New York · Oxford · Wien

Gerhard Droesser
Stephan Schirm
(Hrsg.)

Kreuzungen

Ethische Probleme der modernen Stadt

PETER LANG
Europäischer Verlag der Wissenschaften

Bibliografische Information Der Deutschen Bibliothek
Die Deutsche Bibliothek verzeichnet diese Publikation in der Deutschen Nationalbibliografie; detaillierte bibliografische Daten sind im Internet über <http://dnb.ddb.de> abrufbar.

ISSN 1619-358X
ISBN 3-631-53260-1

www.peterlang.de

In Erinnerung

An Frau

Prof. Dr. theol. Dipl. Pharm. Choon-Ho You Martin

1.12.1952 Daejon/Südkorea - 20.03.2002 Salzburg

GERHARD DROESSER

EINFÜHRUNG

Die Autorinnen und Autoren gehen ihrem gemeinsamen Thema »Die Stadt« auf unterschiedlichen Wegen nach. Daß der Unterschied sich frei entfalten kann, ist die vom Gegenstand vorgegebene Erkenntnisbedingung - die Stadt zeigt sich nicht anders als in unterschiedlichen Ansichten. Wer von ihr einen Begriff gewinnen, das Sehen in Sprache übersetzen will, hat ihn sich aus den Unterschieden zu vermitteln. Die Unterschiede sind stärker als die Einheit. Man muß erst einen Weg gehen, bevor man auf Kreuzungen stößt, die einladen, in Anderes zu wechseln, die Richtung zu ändern. Im Hin und Her des Gehens beginnt man sich auszukennen, ohne doch je die objektiven Stadtgrenzen zu erreichen. Wege und Ansichten verzweigen sich. Der Einheitsbegriff ist relativ, eine statio, ein vorläufiges Innehalten.

Dennoch sind die Wege vorgegeben, sie gehören zur Stadt und nicht zur Willkür derer, die sie entdecken. Das Sehen ist nicht auf sich, sondern auf den Gegenstand fixiert: was macht die Bedeutungen des Gebildes, das wir Stadt nennen, aus, unabhängig von der Individualität, die sie erlebt und deutet? Die verschiedenen Wege bilden ein objektives Muster. Sie führen uns zu Sachverhalten, die uns angehen, denen nicht zu entgehen ist, die sich im realen Stadtalltag geltend machen.

Wer hätte nicht mit ihm zu tun?

Die Wegrichtungen lassen sich durch einen Wegweiser bezeichnen.

Stadt ist ein technisches Projekt. Aus dieser Perspektive erfassen wir das Ensemble der materiellen Objekte und Strukturen, von denen die Stadtbewohner als von einer zweiten Natur leben - die Versorgung mit Wasser, Gas und Strom etc., und die Entsorgung der Abfälle, die deren Konsum mit sich bringt. Keine Stadt kann ohne technische Netzwerke funktionieren, die Technik ist ihr notwendiges Lebensmittel.

Sie ist Maschine. Derart Bedingung des sozialen Lebens, das durch sie freigesetzt wird, seine nicht-machinalen Zwecke zu verfolgen, andererseits durch die Maschinenlogik darin behindert und in deren Programme eingespannt wird. Das soziale Leben ist in die Realität des Plans der von ihm erzeugten Apparaturen eingebunden, muß den Lebensstil und die Lebensführung auf sie abstimmen. Jede Planrealität ist Wahl einer menschlichen Lebensform, die sich in sich endlos differenziert und systematisiert, sich als schlechthinnige Ratio zu perfektionieren trachtet; die andere menschliche Möglichkeiten entweder beiseite räumt oder sie wenigstens so zurichtet, daß sie die Richtigkeit des Plans nicht mehr in Frage stellen.

Die Eigendynamik sozialer Produkte, einmal erfunden zum Prinzip aller Wirklichkeit auszuwuchern, zeigt sich am Verkehr.

Der Verkehr - der massenhafte und schnelle Transport von Gütern und Menschen - ist ein Basissystem der Stadt, Form, die die inhaltlichen Kommunikationen der Stadtbewohner untereinander wie mit der Stadtumwelt ermöglicht und reguliert. Aber als Mittel-für-anderes ist der Verkehr zugleich städtische Realität. Er bestimmt die äußere und innere Stadtgestalt, die Architektur ebenso wie die gesellschaftliche Wahrnehmung. Je perfekter, je eigenwertiger das System sich ausbaut, desto mehr schiebt es sich in den Vordergrund, bestimmt das, was es vermittelt, zu einem zweitrangigen Ereignis. Das System vermittelt sich mit sich selbst und fördert nur die Kommunikationen, die seinem Programm entsprechen, eben die der Verkehrsteilnehmer.

Seine eigene Relativität und Problematik sucht es zu verschleiern, indem es sich als Realisationsbedingung demokratischer Grundrechte, der individuellen Freiheit und der Freizügigkeit, legitimiert, und, indem es das erotisch-religiöse Fühlen, wenn man will den Grundwert der personalen Würde, aufs Fahrerlebnis und aufs Fahrzeug dirigiert.

Der Essay von *Helge WULSDORF* macht diese symbolische Usurpation der faktischen Stadtvielfalt durch die Autoindustrie klar: die Autostadt Wolfsburg ist ein Produkt moderner Eventkultur, in dem nach Absicht ihrer Gründer idealtypisch die Stadt der Zukunft vorweggenommen werden soll. Das Spiel ist ernst gemeint, ist heiliges Spiel. Mittelpunkt des heiligen Bezirks ist das Auto, der Gott, der unter verschiedenerlei Gestalt erscheint und in Tempeln wohnt, zu denen die Besucher in frommer Prozession sich wenden, um nichts als ihre gläubige Verehrung zu erweisen. Die Einheit dieser Stadt wird durch die Aura der exponierten Ware begründet, durch ihren für sich gesetzten Fetischcharakter, der weder durch Kaufen noch Verbrauchen desakralisiert und trivialisiert wird. Das Heilige ist vom Profanen scharf getrennt, daß Menschen hier in Konflikt und Einigung ein Gemeinwesen errichten könnten, ist ex definitione ausgeschlossen.

Aber nicht das Heilige, sondern das Kapital setzt sich in Relation zum Öffentlichen. Durch Eintrittsgelder und Öffnungszeiten erweist die Stadt sich als Maskerade und Possen eines privaten Unternehmens, im Ganzen eben doch als Ware.

Beunruhigt die Heiligsprechung der Autostadt den Theologen, so mag doch sein, daß für die aktuelle gesellschaftliche Selbstverständigung die vermeintliche Utopie vergeblich eine Möglichkeit beschwört, deren Absolutheitsanspruch de facto längst überholt ist. Zweifelsohne, daß Straßenverkehr und Auto eine massive Realität des Städtischen sind, aber ebenso, daß die Problematik dieser Verkehrsmittel erkannt, kritisiert und durch Gegenstrategien ansatzweise aufgefangen wird. Wenn der Lord Mayor von London nicht den Fußgängern, sondern den Autofahrern, die »frei« ins Zentrum vorzustoßen suchen, Taxen auferlegt, dann aus der nüchternen Erwägung, daß nur durch Restriktionen ein endgültiger Verkehrskollaps vermieden werden kann. Freilich bleibt eine bloße Restriktion solange unbefriedigend, als die objektive Notwendigkeit des Personen- und Warenverkehrs nicht durch einen Plural alternativer Systeme intelligent befriedigt wird. Seit längerer Zeit bemühen sich ja in Deutschland Kommunen,

Kreistage und Privatunternehmer, in Kooperation den öffentlichen Personennahverkehr mit Erfolg zu intensivieren, ältere Systeme: Bahn, Straßenbahn und Bus zu modernisieren und aufeinander abzustimmen.

Die Bedingung der Möglichkeit des öffentlichen Lebens obliegt den aus praktischen Erwägungen resultierenden technischen Organisationen. Bestehende Verkehrssysteme werden aus der gesellschaftlichen Erfahrung ihres Ungenügens überdacht, modifiziert und durch Innovationen ergänzt. Einsatz und Gebrauch von Verkehrsmitteln wird entideologisiert, der Besitz eines Privatautos führt keinen besonderen Prestigewert mit sich. Die gesellschaftliche Reflexion lernt, die Sekundär-ebene der Mittel von der Primärebene der Ziele zu unterscheiden. Das Primärziel des Verkehrs ist die Herstellung zwischenmenschlicher Kommunikationen.

Menschen bewegen sich immer in vorgegebenen Ordnungen, dem sozial Akzeptierten und Gesollten. Bedürfnisse, die von der kulturellen Formation verdrängt sind, verschwinden hinter Ersatzbefriedigungen oder verkümmern, werden nicht als humanes Potential erkannt und genutzt - zum Schaden für Individuum und Gesellschaft.

Entsprechend bedarf auch die naturgegebene Fähigkeit des Menschen, sich durch Gehen fortzubewegen, der Bestärkung durch gesellschaftliche Leitwerte und Förderung der Chance: daß Gehen in der städtischen Umwelt nicht durch die Realität anderer Verkehrssysteme - gerade weil es so natürlich scheint - übersehen, behindert und diskriminiert, sondern als eigenständige objektive Verkehrsform so durchgeplant wird, daß es den Stadtmenschen bei der Zielerreichung möglichst vieler Alltagsgeschäfte zu einer sinnvollen Vermittlungsweise wird. Die Wiederentdeckung und Kultivierung einer menschlichen Fähigkeit zu einer gesellschaftlich approbierten Bewegungsform führt *Angelika SCHLANSKY* konsequent von einer zunächst nur verkehrstechnisch scheinenden Frage nach der Differenzierbarkeit von Verkehrsarten zu einer Revision des Stadtbegriffs der autoversessenen ersten Moderne. Wird das Gehen zur vorzüglichen Erschließungsart des städtischen Raums, muß sich all das, was der Mensch alltäglich zum Leben braucht, nahe beieinander finden. Das Warenangebot wäre multizentrisch an die individuellen Kunden zu vermitteln, in die Reichweite, die sie sich durchschnittlich als Fußgänger - darunter sehr junge und sehr alte Menschen - zumuten können. Der Verödung der traditionalen Stadtmitten, wie so augenfällig in den deutschen Kleinstädten, wie der Monofunktionalität der Schlafquartiere wäre damit ein Ende gesetzt. Dem Supermarkt im Nirgendwo eines Autobahnzubringers freilich auch. Die Stadterweiterungen des XIX. Jahrhunderts führten zwangsläufig dazu, die neuen Viertel mit einem begrenzten Set von Dienstleistungsbetrieben auszustatten, hinreichend, den Bedarf für Tag und Woche abzudecken. Noch in den Fünfzigerjahren des XX. Jahrhunderts waren Wirtschaft, Bäcker, Milch- und Gemüsehändler, Schuster und Schneider etc. eine Selbstverständlichkeit. Man war im Viertel, wo Kinder fast ungefährdet auf der Straße spielen konnten, und nur für die außeralltäglichen Besorgungen nahm man den beschwerlichen Gang »in die Stadt« , die jenseits des

Viertels mit dem Alten Zentrum identifiziert wurde, auf sich. Ein innerstädtischer Provinzialismus, gewiß, aber doch nicht ohne realutopische Substanz. Daß sich dieses Lebensarrangement gerade in der großen Stadt Paris in den Vierteln Haussmanns erhalten hat, liegt wohl daran, daß bei der großen Bevölkerungs- und Verkehrsdichte zusätzliche Bewegungen an die ferne Peripherie weder für die Systeme noch für die Konsumenten auszuhalten wären. Oft ist ja bereits die Fahrt zum Arbeitsplatz an der Grenze des Erträglichen. Allerdings: der Pariser Kleinhändler hat sein - bescheidenes -Auskommen, weil er mit einem festen Kundenstamm rechnen kann; während bei uns der Kleinhandel nicht lohnt - zu wenig Kunden und zu hohe Kosten. Wer für »The Little Shops« plädiert, hätte auch sozialpolitische Vorgaben zu überdenken. Und hätte pfleglich mit den Immigranten umzugehen, die die Positionen gerade dieses Sektors einzunehmen fähig sind und die, wo man sie nur läßt, es mit großer Virtuosität auch tun.

Der Fußgänger also wird nicht in Zonen sicherheitsverwahrt, sondern durch seine Bewegungsart, durch seinen körperlichen Selbstausdruck wird normativ bestimmt, wie Menschen - mit welchen Mittel auch immer - auf der Straße miteinander umzugehen haben, in gegenseitiger Rücksicht und insbesondere in Rücksicht auf den Schwächeren. Die Verkehrsplanung hat ein ethisches Ziel, nämlich den Freiheitsgebrauch der Bürger so zu ordnen, daß er nicht zum Schaden des Mitmenschen ausschlägt, ihn nicht - direkt oder in seinen Nebenwirkungen - mit Gewalt bedroht. Die Formel der wechselweisen Freiheitssicherung durch Regeln wird inhaltlich durch die Entscheidung für ein bestimmtes Regelwerk konkretisiert, in dem die Erfahrungsprozesse um die der Freiheit Aller zuträglichste Lebensform objektiv werden. Am zuträglichsten ist die Lebensform, in der die Regelzumutungen durch ein Mehr an individuellen Ausdrucksmöglichkeiten aufgewogen werden, die ein Mehr an gewaltfreien zwischenmenschlichen Beziehungen erlaubt. Nicht irgendeinen Freiheitsgebrauch hat die Regel einzuräumen und zu sichern, sondern den, der durch den Begriff des guten Lebens qualifiziert ist. Gutes Leben aber heißt mindestens, daß die Systemzumutungen den individuellen und sozialen Freiheitsträger nicht absorbieren, ihm vielmehr das Wahrnehmen, Übernehmen und Realisieren seiner nicht systemfixierten Möglichkeiten erleichtern oder gar - wie beim Gehen, das zwanglos in Erleben und Begegnen übergehen kann - in sie hineinlocken.

Der von Schlansky exemplarisch vorgestellte Ansatz, Probleme der Stadtorganisation in Hinblick auf die Bedürfnisse der Stadtbewohner zu entschlüsseln, erfährt durch *Jochen SAUTERMEISTERs* Aufsatz seine wissenschaftstheoretische Ergänzung. Umweltpsychologische und ethische Aussagen werden aufeinander bezogen, aus der Intuition, daß Faktizität und Normativität eben auch in re wesentlich verschränkt sind. Was menschliches Leben ist und werden will, kann nicht unabhängig von seinen Umwelten erfaßt werden, die es hemmend oder fördernd bedingen. Und jede Umwelt ist nicht nur gegebene, sondern aufgegebene Gestalt, geformtes Selbst des entwerfenden Subjekts.

Generell sind die Wirkungen der Stadtumwelt auf die menschliche Psyche ambivalent. Die Fülle der in ihr offerierten Reize sind einmal für den Aufbau einer komplexen Identitätsstruktur günstig. Andrerseits sind kreative Reaktionen nicht automatisch zu erwarten. Die Stadtumwelt kann als so massiv erfahren werden, daß sie Individuen deprimiert, ihre Ichwerdung und damit auch ihre sozialen Kompetenzen verkümmern läßt.

Die Zielwerte einer sowohl psychologisch wie ethisch reflektierenden Stadtplanung liegen daher in der Herstellung einer Stadtumwelt, die die subjektive Selbstidentifikation für möglichst viele Menschen zur objektiven Chance werden lassen. Das Mannigfaltige des zu Erlebenden, das ins Chaotische umschlagen kann, ist so zu filtern, daß das einzelne Individuum im Anderen seiner selbst zu Anschlußstellen findet, die ihm die - für das erfolgreiche Überleben in der Stadt auch notwendige Identitätserweiterung erlauben. Die Niveaus der Selbstidentifikation und der Ortsidentität sind korrelativ: Man kann erwarten, daß Individuen sich in der Stadt ethisch angemessen entfalten, ihr Leben gelingen lassen, die die Sorge um dieses Leben objektiv bezeugt.

Wenn SAUTERMEISTER »gelingendes Leben« als Normbestimmung ansetzt, dann als offene, inhaltlich nicht durchdefinierte, erst von Fall zu Fall zu konkretisierende Hinsicht; aber die mit dem Leitwort verknüpften Vorstellungen wie Wohlergehen, Gesundheit, Persönlichkeitsoptimierung etc. sind völlig hinreichend, um zu Gegebenheiten oder Tendenzen, die Menschen bedrohen und krank machen, klar auf Distanz zu gehen. Gewalt verhindert humane Entwicklung. Zur Wesensdefinition der Stadt - als dem objektiven Moment der Umwelt-Selbst-synthesen - gehört daher die Minimierung der Chancen von Gewaltanwendung, das Garantieren der öffentlichen oder allgemeinen Sicherheit, als der Bedingung des Gelingens der besonderen Lebenspraxis.

Daß das Funktionieren einer die materiellen Grundbedürfnisse abdeckenden Versorgung für den Stadtbegriff der unabdingbare Anfang ist, daß demnach eine bloße Agglomeration von Menschen noch keine Stadt bildet, macht *Roy LAZARs* Analyse der Jugendgewalt in Indien klar.

Die Nicht-stadt ist Schauplatz und Verstärker tiefgreifender soziostruktureller Konflikte. Sie ist nicht der Ort der Befriedung, nicht der Ort eines objektiven und sei es noch so minimalen Konsensus. Menschen definieren sich durch ihr Gegeneinanderleben. Ihre je individuelle Identität verschwindet hinter der sozialen Identität, die durch die religiöse, hierarchisch gebaute Kastenordnung und dem mit ihm zusammenhängenden ökonomischen Klassenantagonismus vorprogrammiert ist. Es ist keine Opposition von etwa gleichstarken gesellschaftlichen Kräften, und nicht einmal nach dem Modell von Herr und Knecht läßt sie sich interpretieren. Herr und Knecht sind ja aufeinander bezogen, ihr Verhältnis ist entwicklungsfähig. Die Bevölkerungsgruppe der Dalith aber steht außerhalb der gesellschaftlichen Ordnung - sie gilt der hinduistischen Weltanschauung als das vermittlungslos Ausgeschlossene. Aus religiöser Sicht kommen ihren Mitgliedern keine Grundrechte und damit auch keine politischen und ökonomischen Mitwirkungschancen zu. Die von allen Entwicklungsmöglichkeiten Ausgeschlossenen sind gleichwohl da, halten sich in Slums - ohne sanitäre oder medizinische Einrichtungen. Von den Frauen und Kindern erhalten die wenigsten eine reguläre Ausbildung. Kinder leben auf der Straße, die Jugendlichen sind arbeitslos und hängen an Drogen - miserable und menschenunwürdige Lebensbedingungen, die Gewaltausbrüche unvermeidlich machen. Weil die herrschende Klasse auf sie aber wiederum nur mit erneuter Gewaltanwendung reagiert, nur an ihren Besitzständen interessiert ist, wird der Konflikt nur endlos fortgetrieben, verschlimmern sich seine Wirkungen. Die Gewaltspirale könnte nur durch eine Praxis der Gewaltlosigkeit unterbrochen werden.

Gewaltlosigkeit, die Bereitschaft, Konflikte in die Lebensform der Koexistenz zu überführen, ist nicht von der korrupten staatlichen Verwaltung zu erwarten. Nicht auf der säkularen, sondern auf der religiösen Ebene ist ein praxisrelevanter Einstellungswandel zu erreichen. Seiner Wesensbestimmung nach setzt das Christentum aller Gewaltreligion ein Ende. Wenn die christlichen Dalith, die Opfer, sich vom Klima der Gewalt anstecken lassen und sich selbst der Gewalt ergeben, ist das zwar soziologisch plausibel, religionslogisch aber ein Skandal, eine Wesensverfehlung. Zu einer adäquaten Wesenserfassung haben die traditionellen Gemeinden indessen - einem völlig äußerlichen Religionsverstädnis folgend, nichts beigetragen. Die christliche Gemeinde, die den Praxissinn ihrer Leitidee sich inkarniert, muß erst noch geschaffen werden - mit Hilfe einer neuen Gemeindepastoral, die entschieden der Subjektkonstitution jugendlicher Menschen assistiert, ihnen die Bedeutung menschlicher Würde und Freiheit als Wesensvollzüge personaler Identität erschließt und sie derart befähigt, sich über das Täter-Opfer-dilemma zu erheben. Die Neugründung der Religionsgemeinde wäre so zugleich die Vorwegnahme einer Neugründung der Stadt, einer bürgerschaftlichen - nicht exklusiven, sondern integrationsbereiten - Haltung.

»Bürgerschaft« kann allerdings auch für die europäischen Städte der Gegenwart nicht als selbstverständliche Gegebenheit vorausgesetzt werden. Daß das kein schierer Zufall ist, macht *Klaus* KOZIOL in einer sowohl die anthropologische wie die institutionelle Problematik moderner Gesellschaftsentwicklung umgreifenden Deutung verständlich.

Die Verwässerung demokratischer Praxis ist Phänomen einer grundlegenden Krise der Gesellschaft, die im Zuge des Modernisierungsprozesses ausschließlich institutionelle Großarchitekturen favorisierte, die sich in der Gegenwart als nicht tragfähig erweisen.

Hatte die bürgerliche Gesellschaft des XIX. und XX. Jahrhunderts die Kapazitäten politischer Steuerung auf den Nationalstaat konzentriert - und dabei kleinere Sozialeinheiten entmachtet, so wird dessen Effizienz, sowohl nach außen wie nach innen einen autonomen politischen Willen auszudrücken, heute immer fraglicher. Die Krise ist keine bloß technische und betrifft nicht allein das politische Subsystem; sie unterbricht die Identitätsbildung der societal community, indem sie der gesellschaftlichen Erfahrung das einigende Identifikationsobjekt entzieht. Die Einbindung des Staates in übernationale Organisationen stuft seine Organe zunehmend auf das Niveau weisungsgebundener Behörden; die global operierenden Unternehmen entziehen sich seiner Rahmenordnung. Diese Schwächung der Führungskompetenz führt zu einer Abschwächung seines symbolischen Profils - die Bürger vermögen in ihm nicht den Repräsentanten der gesellschaftlichen Gemeinschaft zu erkennen. Das Schwinden objektiver Identifikationsmöglichkeiten geht zusammen mit der Verunsicherung in der subjektiven Identitätsformung. Weil die staatliche Institution nicht mehr bestimmte Umwelt sozialer Praxis ist, fällt ihre Leistung hinter den Funktionsanspruch vorausorientierender Strukturierung des Handlungfeldes zurück. Mag das Prozessieren von Systemen immerhin ihrer eigenen Rationalität folgen, so ist diese betriebsinterne Ratio der gesellschaftlichen und individuellen Vernunft verschlossen, das Orientierungsverlangen der Menschen greift ins Leere, bringt es nicht zu einem institutionell vermittelten Orientierungswissen. Die Massenmedien springen hier zwar kompensatorisch ein, aber ihre Informations- und Interpretationsangebote verstärken eher noch die Verunsicherung der Rezipienten, sofern sie zu Stellungnahmen zu fremdem Geschehen aufgefordert werden, die sie selbst zu verantworten nicht gelernt haben. Auf dieser Ebene kommt es nicht zu einer lebensgeschichtlich fundierten und reflexiv bewährten Welterfahrung. Und darum auch nicht zu realer politischer Ethosbildung - eben weil die Subjekte keinen Standpunkt gegen und für konkrete Andere beziehen müssen.

Eine Neubegründung von Stadt und Demokratie von unten aber kann diese Funktion besetzen; die Menschen können Stadt oder Region als Ort ihrer Praxis erleben und begreifen. Stadtregion meint dann mehr als ein bloß äußerliches Zusammenleben vereinzelter Individuen, sondern die tatsächliche Verbindung ihrer ökonomischen, politischen und kulturellen Interessen, die sich nach außen wie nach innen als Gemeinschaft reflektieren und ihre Gemeininteressen geltend machen kann. Eine solche Gemeinschaft macht die staatlichen und gesellschaftlichen Großorganisationen nicht überflüssig, aber sie übernimmt, was diese nicht leisten können, die Konstitution eines selbstbewußten Bürgerethos, dessen Erfahrungen, Wissen und Können auch ihnen zugute kommen wird. Die Leitidee der Stadtethik, das gelingende Leben, wird so über die Komponente des Angenehmen hinaus auf die des Politischen erweitert: individuelle Interessen, sind in einem lokal bestimmten Miteinander zu erkennen und zu vertreten - Berechtigungen sind auszuhandeln, Verpflichtungen einzugehen.

Ist die Revitalisierung des Städtischen für die politische Ethik unverzichtbar, so ist andererseits nicht zu übersehen, daß die Wirkungen von Makroinstitutionen und ihrer Akteure die Stadt de facto unter Dauerstress stellen, sie immer schon - beinahe - erobert haben. In der Empirie hängen beide Ethosformen, die der Konstruktion wie die der Dekonstruktion ineinander, wobei die faktische Übermacht zunächst eindeutig bei den Stadtzerstörern liegt. War der Stadtbegriff bis jetzt als Einheit und Wechselverhältnis von Technik und Praxis bestimmt, dann scheint sich die Gewichtung der modernen Stadtstrukturen doch zugunsten des technischen Moments verschoben zu haben, während die realen Subjekte, die den Begriff der Bürgerschaft ausfüllen könnten, doch nur sehr schwer auszumachen sind. Die Bewohner der Stadt sind in ihren beruflichen Aktivitäten in nationalstaatliche und transnationale Ordnungen einbezogen, die den Zirkel stadtintegrativer Praxen aufgebrochen haben und die Stadt als Gemeinschaftsunternehmen obsolet erscheinen lassen. Das Geflecht der lokalen ökonomischen Beziehungen wird ausgedünnt, das Kleinhandwerk verliert seine Funktion. Wie ökonomisch, so werden die Bewohner auch sozial und politisch desintegriert: jeder verhält sich gegenüber jedem gleichgültig bis feindlich, was sich besonders augenfällig am Schicksal der Immigranten zeigt, die als Fremde kommen und als stigmatisierte Ausgeschlossene bleiben. Einheit entsteht nicht aus spannungsvollen Differenzen, sondern wird als homogene Einheit von außen aufgezwungen. Der Weltmarkt behandelt alle Städte gleich. Es macht keinen Sinn mehr, stadtinterne Differenzen zu kultivieren. Die Interesselosigkeit der atomisierten Individuen am individuellen Allgemeinen des Stadtganzen wirkt schließlich auch auf die Stadttechnik zurück, die ohne praktische Steuerung die Naturumwelt ebenso hemmungslos ausbeutet wie durch ihre Abfälle beschädigt, damit sich und mit ihr die Lebensqualität der Stadt zerstört, ja sie unbewohnbar macht.

Die These der Stadtzerstörung durch den auf Technik und Ökonomie reduzierten und in dieser Limitation zur Weltanschauung erhöhten Fortschritt kommt *Belén CABALLO-VILLAR* nicht von ungefähr; sie ist ein Zeugnis kritischer Reflexion, die sich unter dem Eindruck der rapiden - nachholenden - Modernisierung Spaniens zwangsläufig einstellt. Fortschritt wird als irreversibles, aber zugleich zweideutiges Geschehen erkannt. Der Weg zurück in nicht minder zweideutige Traditionen ist endgültig versperrt; der Weg nach vorwärts jedoch ist nicht eindeutig determiniert.

Wie lassen sich städtisches Außen und Innen, Objektivität und Subjektivität, so verbinden, daß die Institutionen sich an Bürger adressieren, die Bürger sich auf diese als Ausdruck ihres Gemeinwesens beziehen? Diese wechselseitige Identifikationsleistung kann nur durch spezifische Sozialisationsprogramme künstlich eingefädelt werden, durch eine Pädagogik, die das Thema Stadt der Erfahrung des werdenden individuellen Selbstbewußtseins öffnet. Bürgererziehung ist keine abstrakte Sozialkunde und kein Zusatzfach, sie bringt ihre Perspektive in die normale Wissensvermittlung ein, oder besser: hebt diese in ihre Perspektive auf. Denn ihr Akzent liegt auf der konkreten Erfahrung: die Erziehung wird aus der Schule in die Stadt verlagert, Kinder und Jugendliche werden in die Vielfalt ihrer Institutionen und Problematiken eingeführt, mit ihnen vertraut. Sich in der Stadtrealität auszukennen, heißt keineswegs, sich ihr anzupassen, die Pädagogik ist kein Adaptionswerkzeug. Die Realität wird vielmehr von den Bedürfnissen des Kindes her erkannt und kritisch normiert. Erwachsene und Kinder können voneinander lernen. Verantwortungsfähigkeit und Verantwortungsbereitschaft werden ausgebildet. In manchen spanischen Städten gibt es bereits eigene Stadterzieher. Das sozialpädagogische Programm der Bürgerbildung ergänzt sich im Umbau der Institutionen, die sich auf Kommunikation und Kooperation mit den stadtbewußten Individuen und Gruppen einzulassen haben.

Das heißt, dezentrale Praxismuster aufzubauen. Konkrete Verantwortung können die Bürger ja nur im Viertel, der nächstgelegenen Stadtumwelt übernehmen. Entsprechend hätten die Institutionen der Gesamtstadt sich in den Infrastrukturen des Viertels zu repräsentieren und aufzuschließen. Im Gegensatz zu Lazar traut Caballo-Villar den Administrationen den erforderlichen Reformwillen zu.

Aber beiden geht es nicht um äußerliche Kosmetik und politischen Aktivismus. Stadttechnik und Stadtpolitik sind Momente einer Lebensform, in der menschliche Grundbedürfnisse ethisch reflektiert und zu relevanten Sollensbestimmungen des individuellen und sozialen Lebens erhoben sind. Der Begriff der »Öffentlichkeit« ist nicht auf die Foren des explizit politischen Subsystems zu beschränken, er setzt tiefer an - bei den Ansprüchen auf individuelle Selbstentfaltung, die nur dann gelingen kann, wenn dem Mitmenschen oder dem Mit-Selbst dieselbe Entfaltungschance zugestanden und ermöglicht wird. Öffentlichkeit entsteht in der wechselweisen Interessenahme am Selbstgelingen des Anderen. Die Alltagspraxis und ihre institutionellen Sicherungen sind von der Idee geleitet, daß jedem das Seine werden soll, von der Idee der Gerechtigkeit. Bei der Veränderung der Verhältnisse läßt sich die Bürgerpraxis von ihr leiten, sie macht sich für das Recht des diskriminierten Anderen stark.

Wie hängt die ethische Reflexion, die sich für die Gestaltung von Gegenwart und Zukunft engagiert, mit der historischen Reflexion, die die Vergangenheiten der Stadt thematisiert, zusammen? Es ist klar, die Historie ist kein kommentarloses Hinnehmen oder Sammeln vergangener Ereignisse; in den Fakten sucht sie deren Zusammenhang zu erkennen - unter welchen Gegebenheiten wurde so oder so gehandelt und zu welchen Konsequenzen führte diese Tat einmal bei den Zeitgenossen, dann aber auch - als Fernwirkung - bei den späteren Generationen?

Die Historie erinnert. Sie macht Vergangenes in seiner Selbstbedeutung und seiner Bedeutung für uns, die jetzt lebenden Menschen verständlich. Im Erinnern vergewissern wir uns unserer Selbstidentität, und zwar derart, daß wir uns mit dem Vergangenen Selbst einig und zugleich von ihm unterschieden wissen. Jede Selbstaktualisierung ist, obwohl vom gewordenen Selbst bestimmt, ein Sich-absetzen, Ausgreifen auf ein Noch-nicht-gewesenes. Aber erst, durch das Wahrnehmen des Kontrasts zum Gewordenen wird das Neue, das sich aufdrängt, hypothetisch bestimmbar.

Winfried ROMBERG*s* Studie zu Würzburg zeigt das gewordene Werden eines Stadtgebildes, dessen Konzeption die spätere Geschichte des Ortes und seiner Bewohner bis auf den heutigen Tag umfassend und sowohl sinnlich wie geistig erlebbar fortbestimmt. In der Stadtplanung Balthasar Neumanns verwirklicht sich das Prinzip der Moderne - das rationale Vorauswissen, Entwerfen und Durchsetzen der Formen, die Menschen zu ihrem Besten zur sozialen Einheit Stadt zusammenführen. Der rationale Plan bestimmt eine Totalität, alles ist dem Willen des fürstlichen Bauherren und seines Architekten untergeordnet, das, was ist und das, was sein soll. Mit der Widerspenstigkeit einer politisch selbstbewußten Bürgerschaft hat der Herrscher nicht mehr zu rechnen, sie sind zu botmäßigen Untertanen degradiert. Die Stadt wird zur Projektionsfläche des Verhältnisses von Untertan und Herrscher, zur Materialisierung der Sozialarchitektur. Das Schloß dominiert und zu seinem Unterhalt wird die Bevölkerung herangezogen: als Bediente, Handwerker, Künstler. Als Landesherr - wenn auch nur über einen Kleinstaat - braucht der Fürst Beamte und Soldaten, die in der Stadt unterzubringen sind. Die Fortschritte in der Stadttechnik - Organisation des Wohnungsbaus, des Verkehrs- und Gesundheitssystems dienen zur Perfektionierung des Fürstenhaushalts; Fortschritte im praktischen Selbstbewußtsein der Bürger korrespondieren ihnen nicht.

Die Wohlfahrtsstadt läßt ihnen weder die Chance, Citoyen noch die, Bourgeois: selbständige Unternehmer zu werden. Was sich kultivieren läßt, sind allein die Tugenden, die sich von Politik und Wirtschaft ferne halten, die der bürgerlichen Gesittung, der Höflichkeit und Friedlichkeit im Umgang der Privatpersonen, die sich auch öffentlich im Promenieren auf den von der Obrigkeit eigens dafür geschaffenen Alleen manifestieren darf. Die weit ältere Universität fügt sich ohne Umschweife in das prätendierte Harmoniekonzept: sie ist keine heteronome Institution, sondern Gründung des Fürsten, der Landesherr und Bischof ist und mit ihr die Reproduktion seines Personals betreibt - insofern aufrührerischer Umtriebe nicht verdächtig.

Im Plan ist alles wohlgeordnet - wobei Neumann zwar more geometrico verfährt, dabei aber keineswegs einem Schachbrettterrorismus verfällt oder verfallen kann. Wenn es dem Künstler gefällt oder er sich den Eigentumsverhältnissen anzupassen hat, dann darf Bestehendes auch bleiben. Alle Straßen folgen gleichsam nur der Tendenz nach der geraden Linie, selbst die Neubaustraße ist krumm. Dennoch, die Straßen und die Bauwerke - deren funktionale Nüchternheit elegant aufgefangen ist - sind aufeinander, das Stadtensemble auf die Landschaft so gekonnt abgestimmt, daß sie auch dem heutigen Betrachter eine »schöne Wirkung« tun.

Aber der Plan ist auch Limitation, Ausgrenzung und Überschattung unbestimmter Umwelt. Nicht alle gesellschaftlichen Gruppen treten auf seiner Bühne auf: die Massen der Tagelöhner - gebraucht, um die Herrlichkeit aufzurichten, bleiben hinter den Kulissen, sind aus der Stadtordnung ausgeschlossen. Sowenig wie eine freie Unternehmerschaft bildet sich ein selbstbewußtes Proletariat. Der diktierte realgewordene Fortschritt verschließt die Möglichkeiten, ihn aus der Perspektive von Anderen her zu reflektieren, zu kritisieren und zu relativieren. Seine Nebenwirkungen laufen ins Leere, führen nicht zur Konstitution einspruchsfähiger Subjekte. Der Plan folgt den Bedürfnissen des Fürsten, und nur solange kann er rational genannt werden, als die Fürstenherrschaft dauert. Daß sie ein Ende nehmen kann, damit rechnet er nicht. Wenn sie sich tatsächlich aufgelöst hat, Nationalstaat und Nationalwirtschaft an ihre Stelle treten, bleibt das Stadtgehäuse als Überbleibsel zurück, durch ihr bloßes Dasein die künftige Entwicklung mitbestimmend: zum Dienstleistungs- und Verwaltungszentrum für die Region, zum religiösen Mittelpunkt einer kleinen Diözese, zur Attraktion für den kunstbeflissenen Tourismus .

»Starke« Stadtpläne haben offensichtlich eine Geltungsdauer, die weit über ihren Gründungsanspruch hinausreicht. Sind in ihnen allgemeine Ideen über den Menschen und über die Art und Weise seines Zusammenlebens in ein individuelles Allgemeines inkarniert, so werden von ihm auch die allgemeingesellschaftlichen Pläne späterer Epochen gefiltert, temperiert und verarbeitet, in sein System aufgehoben. Die Geschicke einer Stadt bleiben durch die Gründungsakte bestimmt, durch die Basismarkierungen des Systems. Die Entscheidung, der Unterschied, einmal gefallen, ist so tiefsitzend, daß die Zerstörung der materiellen Stadt durch die Bombardements im Weltkrieg, ihr nichts antun konnten. Auch die Zerstörung wird zum Moment der Stadtgeschichte, der Stadtidentität.

Gehört zum Stadtbegriff die Darstellung der Synthese der technischen und praktischen Funktionsmomente nach ihrer jeweiligen Erfüllung und Gewichtung, so ist eben deren Synthetisierbarkeit durch ein drittes Funktionsmoment bestimmt, nämlich durch die Sinnmuster, aus denen Menschen die Ordnung ihres Zusammenlebens sich auslegen. Jeder Praxis geht ein »Woher«, ein Sinnhorizont voraus, der für sie selbst nicht disponierbar ist, auch wenn er sekundär emotional, sprachlich und intellektuell: durch religiöses Deuten beschrieben, wenn auch nicht verfügbar wird. Das Woher ist Provokation menschlicher Daseinsbestimmung, die alle möglichen Realisierungsvarianten offenläßt, die aber sämtlich als Ausdrucksformen der einen Grundmöglichkeit identifizierbar sind - wir sprechen vom »Geist oder vom »Stil« einer Epoche. Religion verwirklicht sich im Zirkel menschlicher Praxis und ihrer Selbstinterpretation, ihre Offenbarung entfaltet sich und nimmt sich in sich zurück, schließt sich. Die Grundmöglichkeit ist dann vollendet ins Werk gesetzt; das vollendete Werk hat die souverän beherrschte Stilformel bereits transzendiert. In der modernen Großstadt an der Wende vom XIX. zum XX. Jahrhundert wird der Zusammenbruch althergebrachter Lebensweise zum Choc. Die gesellschaftliche Erfahrung wird mit einer neuen Realität konfrontiert, mit Veränderungen, die von langer Hand im Geschehen waren, ohne von der Aufmerksamkeit erfaßt zu sein oder wenigstens nicht nach der Bedeutung, die aufgeht, wenn sie sich an einem Ort zur Struktur zusammenziehen. War nach klassischem Verständnis der Unterschied von Natur und Kultur in die von Gott geschaffene und wohlgeordnete Weltnatur aufgehoben, war der Mensch gewiesen, als Teil der Schöpfung ihre Regel in der Sphäre seiner schöpferischen Praxis zu imitieren, war das Ideal der Stadt demnach durch ein ontologisch stilisiertes Ethos garantiert, so macht die Großstadtrealität den Glauben an diese die soziale Praxis fundierende Naturordnung zunichte. Ob der Glaube explizit religiös reflektiert ist oder bereits mit säkularen Weltanschauungen amalgamiert ist, ist sekundär gegenüber der Naivität des Glaubens selbst: daß eine soziale Regel sei. Der Choc des Neuen ist die Erfahrung der Regellosigkeit, der Anarchie. Die Stadtform hält den Menschenmassen nicht stand und der Einzelne hat an ihr keinen Halt.

Die Kunst ist Reflexionsform menschlicher Praxis. Sie ist nicht deren Wiederholung, sondern ihre Deutung, Produktion und Entdeckung des Sinns, um den es aller besonderen Praxis im Letzten geht, Symbolisierung ihres letzten Woher. Sie ist Konfrontation des Menschen mit sich selbst - Vollzug seiner Selbstanschauung oder Selbsterinnerung. Entdeckter Sinn wird in Symbolen gegenständlich; Symbole geben der Alltagspraxis Orientierung. Die moderne Kunst macht das Großstadterlebnis zur Erfahrung, sie gibt ihm eine Sprache, eine Form. So gewinnt sie zunächst Form für sich selbst, sie ist Sezession, Auszug aus der Akademie. Sie ist Avantgarde, Affirmation des Neuen, auch wo sie an ihm verzweifelt.

In ihren inhaltlichen Darstellungen indessen arbeitet die Kunstsymbolik sich in einer Mannigfaltigkeit von Deutungen aus. Zur Idee der Moderne und zur Autonomie der Kunst und des Künstlers gehört die Freiheit der Perspektivenwahl. Andererseits: das Kunstwerk faßt den Zeitgeist nicht nur in seinem je individuellen Ausdruck. Das individuelle Deuten ist ja seinerseits in seiner Ausgangsposition in die Redepraxen der gesellschaftlichen Anderen verwickelt: das individuelle Deuten ist insofern bestimmte, wenn auch reflektierte Reaktion auf bestimmte gesellschaftliche Reize. Es antwortet in seiner Weise auf das was die Gesellschaft fragend umtreibt. Es schließt sich an bestimmte Deutungstendenzen an, setzt sich von anderen ab. Künstler gruppieren sich unter Programmen, gründen Schulen, die über Themenfelder und ihre Behandlung vorwegentscheiden.

Esther HORNUNG rekonstruiert den Entfaltungsvorgang der vom Großstadterlebnis bestimmten Kunst als produktiven Widerspruch ihrer idealen Konzeptionen. In Widerspruch geraten Kunsttendenzen, wenn die bestimmten Definitionen des Absoluten, auf die sie sich eingelassen haben, andere Bestimmungen des Absoluten ausschließen, das Darstellungsmittel also mit dem Darstellungsgehalt identifizieren. Das ist evident bei der Kunstauffassung, die sich bewußt als Kunstreligion zu etablieren sucht, die Letztbestimmung des traditionsbefreiten Menschen in der puren Lebensdynamik erblickt. Leben ist Bewegung, Aufschwung, Eros - die Kunstreligion seine Feier. Als Zivilisationskritik ist Kunst Negation der erstarrten Maße und entfremdeten Verhältnisse; als Religion ist sie Appell, sich mit der maßlosen - weil alles in ihr gleich bedeutsam ist – Gott-natur zu einigen, sich dem Lebensgrund jenseits aller gesellschaftlichen Ordnung hinzugeben. In der Erfüllung der religiösen Funktion definiert Kunst die menschliche Letztbestimmung, sie gibt der Praxis Orientierung, die aber nur in einem Jenseits vom Diesseits sich realisieren kann, ästhetische Erlösung für die Kunsteliten bleibt. Das Ornament überdeckt die Faktizität, aber es durchformt sie nicht. Im Dasein sind die Jünger und Jüngerinnen so gottverlassen wie zuvor. Die Verheißungsfigur fällt den rechten und linken Klassenbewegungen als Agitationsinstrument zu. Ästhetik wird politisiert. Umgekehrt war es gemeint.

Der Jugendstil, der das Stadtganze allein von der Subjektseite erfährt, Subjektivität apart setzt und ihre Expression ins l'art pour l'art entfesselt, verleugnet die nüchternen Notwendigkeiten, die in der Frage nach der letzten Sinnbestimmung menschlichen

Lebens steckt. Er ist ein metaphysischer Luxus, entgegen seinen Prätentionen traditionellem Kunstverständnis folgend, Fassade und falscher Schein.

Die Neue Sachlichkeit hat ihr Pathos gerade daran, daß sie sich aller objektiv überflüssigen Metaphysik zu entziehen trachtet.

Die Logik der architektonischen Formen soll sich ausschließlich an den tatsächlichen menschlichen Bedürfnissen orientieren. Das Bauwerk zeigt, wofür es gemacht ist und gebraucht wird. Es ist schön, wenn seine Erscheinung dem gesellschaftlichen Wesen entspricht. Das gesellschaftliche Wesen aber ist - die Individuen mögen als Einzelne glauben, was sie wollen - nicht durch Transzendenz, sondern durch Immanenz bestimmt. Die Gesellschaft folgt nur dem Zweck ihrer eigenen Erhaltung. Daß dieser Erhaltungszweck unverstellt wahrgenommen werden kann, setzt eine Revolution der Denkungsart voraus, eine Beseitigung sozialer Herrschaftsverhältnisse und ihrer Legitimationsinstanzen, Religion und Kunst. Die Mittel der Gesellschaft sind auf ihren demokratischen Selbstbetrieb einzurichten. Das Programm der sozialen Gleichheit richtet und expurgiert das individuelle Ornament. Wenn der Art Nouveau die Subjektivität als Absolutes setzt, so die Neue Sachlichkeit die Objektivität, die Stadtmaschine. Die Architektur der Moderne ist nicht einfach funktional, sondern Funktionalität als Lebensform und Weltanschauung, auch sie ist Metaphysik. Die Stadt wird dem Menschen angepaßt, aber der Mensch auch der Stadt, sofern er wesentlich nichts weiter als ein Mittel ist. Die Objektivität der rationalen Lebensform öffnet sich nicht auf Subjektivität als dem Prinzip der individuellen Differenz. Ihr falscher Schein ist, daß sie sich in sich fertig wähnt.

Fiktion und Anmaßung ist, den Begriff des Menschen total nach seiner gesellschaftlichen Seite zu fassen, genau zu wissen, welche Bedürfnisse er hat, die Verwirklichung der so bestimmten Bedürfnisse dem gesellschaftlichen Großsubjekt zu übertragen, das sich im Selbstbewußtsein und den Projekten des Architekten schöpferischen Ausdruck gibt. Die Individualität der Stadtbewohner dagegen gilt als wesenlos; sie sind Empfänger der human gemeinten Ordnung, ihre Leistung, sich dieser einzufügen, verfügbar zu sein. Das Stilgesetz ist das der Serialität, der Gleichschaltung.

Die positivistische Ideologie der reinen Funktionalität hat den Geist der politischen Ideologien, die sie instrumentell gebrauchen, an sich selbst: sämtlich ist ihnen das Entstehen des Sozialen aus individueller Kreativität fremd, ja feind. Der Gegensatz des Ornaments verliert seine objektive Bedeutung und Gegenständlichkeit; in seiner Verfallsform, der unbestimmten und hochgespannten Emotion, geht er in Herrschaft auf.

Die Ethosbildung der Gegenwart hat aus den katastrophalen Folgen der beim Wort genommenen und in der Faktizität durchexperimentierten Ideologien der Moderne gelernt. Ihr Prinzip wird nicht durch die Unmittelbarkeit eines Dogmas bestimmt, sondern durch kritische Reflexivität. Sie kommt nicht von außen, sondern ist in die

Lebenspraxis eingebunden. Sie konstituiert sich im konkreten Antworten auf unterschiedliche Problemlagen im Plural sowohl individueller wie gesellschaftlicher Perspektiven. Stadtbewohner müssen entscheiden lernen, wie sie hier und jetzt leben wollen. So, wie jedes Individuum sein individuelles Lebenskonzept hervorzubringen und zu verantworten hat, ist auch das Bürgerkonzept eine kreative Selbstdeutung, bezogen auf die reale Situiertheit des Reflektierenden in den städtischen Strukturen. Die Stadt geht aus den individuellen Sinngebungen hervor, die sich aus den vorgegebenen sozialen Situiertheiten reflektieren, sich also frei vermittelnd - und nicht unmittelbar und beliebig - bestimmen. Sie ist ein Prozeß individuell-sozialer Synthesen, der sich in seinem alltäglichen Vollziehen in ein Verhältnis zu bestimmten Vergangenheiten und Zukunftsmöglichkeiten setzt. Das Städtische hat Tradition und Zukunft, weil die Stadtbewohner sich erinnern und antezipieren müssen. Die Bedeutung der Tradition, ihre objektive Vorbestimmtheit, geht im aktuellen Deuten auf; dieses ist ebenso Unterbrechung und Negation, wie Anschluß und Kontinuation.

Der Stadtbegriff der Gegenwart ist mithin wesentlich als Kommunikation bestimmt, genauer: einer sich sprachlich an einen Ort und in eine Zeit bindenden Gemeinschaft. Die objektive Stadtform ist Fließprodukt der interindividuellen Identitätsbildung, ein Äußeres, das verinnert wird, Sprachort, der sich im Sprechen verzeitlicht.

Mit *Walter LESCH* ist zu sagen, daß wenigstens die europäischen Städte ihrem Wesen nach lieux communs waren und sind, Orte, mit denen Menschen sich identifizieren können, die ihnen Raum für individuelle und interindividuelle Selbstkonstitutionen gewähren. Die städtische Kommunikation unterscheidet sich darin von den globalen Kommunikationsweisen, die von nirgendwoher kommen und sich ins irgendwohin verlaufen, geschichtsvergessenes Gerede, dem es mit konkreter Realität nicht ernst sein kann. Das Zusammenleben in der Stadt dagegen schafft Verbindlichkeiten; wo das Gerede in sie eindringt, kann es hier zur Rede werden. Reden, in denen sich das konkrete Selbst der Sprecher, ihr Miteinander und Gegeneinander bilden kann.

Reden, die den Lebensvollzug nicht überfliegen, sondern sich auf ihn einlassen, die sich auf seine Gebrochenheit und Vieldeutigkeit verstehen.

Die Stadtrede bleibt dicht am zwischenmenschlichen Erleben, an der vielfältigen wechselseitigen Bestimmtheit der Subjekte durch Gefühle, Leidenschaften, Sympathien und Antipathien; durch Vorurteile und Interessen, durch Egoismen und Altruismen. Sie ist nicht apriori klar und eindeutig. Klarheit und Eindeutigkeit: Werturteile und Stellungnahmen müssen in Erfahrungsprozessen erarbeitet werden, sind ans Wahrnehmen und Verstehen sich verändernder Konstellationen gebunden. Die Stadtrede ist darum ständig der Irritation durch das Nicht-vorhergesehene und das Nicht-verstandene ausgesetzt - sie kann dem Zustrom des Nicht-identischen nur standhalten, wenn sie ihm durch ein neues Wort begegnet, im Wort eine neue Sinneinstellung oder Praxishaltung erfindet. Weil die Rede sich aufs vieldeutig Fließende richtet, ist sie sich selbst ambivalent und dessen auch bewußt. Sie, ist perspektivische Wahl, die sich auf andre Möglichkeiten der Perspektivenbildung offenhält. Die Rede erwartet die Möglichkeit der Gegenrede. Wie und ob die Differenzen aufgelöst werden, ist Sache der Sprecher, ihrer Situiertheit und ihrer praktischen Möglichkeiten.

Aber jede Einigung ist bestimmt und damit Differenz gegen Anderes. Die Stadteinheit ist das Zwischen ihrer Differenzen. Das Zwischen ist der Ort der Stadt. Ihn hat die Architektur in einer Weise zu bezeichnen, die dem Stadtbegriff der Gegenwart angemessen ist. Architektur ist Kunst, Kunst das Symbolisieren religiöser Offenbarung, des Sinns, der die Menschen im Letzten angeht und bewegt. Demnach hat die Architektur das Verhältnis der Lebenspraxis zum Absoluten zu erörtern.

Die Erörterung ist einmal die Kritik der vorgegebenen, aus der Vergangenheit überlieferten Stadtgehäuse, so, daß deren unmittelbarer Bedeutungsanspruch gebrochen wird. Gebrochen, aber nicht zerstört. Die Vergangenheit wird vielmehr in ihrer Selbstbedeutung exponiert, aus ihrer sprachlosen Unmittelbarkeit befreit, die Sinnspuren, die der Gebrauch durch viele Generationen an einem Bauwerk hinterlassen hat, werden aufgedeckt und für den jetzt lebenden Betrachter und Benutzer als vergangenes Anderes repräsentiert und nachvollziehbar.

Architektur nimmt die Selbstobjektivationen der vergangenen Stadt in ihre Sorge. Sie bewahrt die gewordene städtische Identität gerade durch Betonung ihrer Andersheit. Als historische Reflexion – das Gegenteil zum Historismus - schafft sie den Kontext, in dem das Neue sich in eigenen Produktionen bezeugt, als eigenwertiges Moment mit jenem in ein dialogisches Verhältnis tretend. Der alte Reichstag trägt die moderne Kuppel, die seine neue Bedeutung sichtbar macht, ohne die alte zu verwischen. Dem Stadtbewohner wird dieser Perspektivenwechsel zugemutet, die objektivierte Kunstreflexion adressiert sich an unterscheidungsfähige Subjekte, die der Beachtung des Anderen wie des Eigenen fähig sind, die aus den Unterschieden zu sich selber finden, die sich in Frage stellen lassen, aber auch Antwort zu geben wissen.

Die Architektur gibt der Stadtidentität geschichtlichen Halt und den Bewohnern eine ästhetische Orientierung, ein Ideal, wie die realen Praxen sich aufeinander einzurichten hätten, wobei die Kunstform nicht die Praxisform ist, noch sie erzwingen kann. Sie kann nur symbolisch auf diese Möglichkeit verweisen, sie kann ein Niveau angeben, auf dem die soziale Praxis in der ihr eigenen Rede aufzuschließen hätte. Aber als Ideal ist sie dem Werden des praktischen Selbstbewußtseins nicht völlig fremd, eben weil sie durchgelebte Erfahrungen kontrahiert und zum Exempel überhöht. Aus gelungener Bauform folgt nicht zwangsläufig gute Politik, und gute Politik läßt sich auch in Baracken machen. Aber für den, der sich in ihr zu bewegen und durch sie zu sehen lernt, wird sie zu einer Quelle der Inspiration, soziale Lebensformen so zu heben, daß sie mit dem Haus zusammenpassen.

Bezeichnet die Architektur den Stadtort der Moderne in reflektiertem Gegensatz zur Tradition, dann nimmt sie zweitens an den aktuellen Auseinandersetzungen um das gute Leben teil, läßt sich auf die Erwartungen ein, die Bürger an die materiale Stadtform richten. Sie entfaltet die Idee der Moderne in die Empirie. Je konkreter sie wird, desto mehr werden die Kontingenzen, die Abhängigkeiten von den Bauherren und ihrer ökonomischen und politischen Macht oder Ohnmacht.

Die gesellschaftlichen Erwartungen sind nicht eindeutig und oft liegen sie im Widerstreit, den die Architektur, begrifflos dienend, fortsetzt. Als kritische Gegenwartsreflexion jedoch wird sie zur gesellschaftlichen Macht, ihren potentiellen Auftragsgebern und damit zu ihren eigenen Produktionen Stellung nehmen müssen mit der Frage, wieweit denn das bediente Partikularinteresse mit dem Stadtganzen harmoniert, oder nicht vergleichgültigt und unterdrückt? Das kritische Prinzip muß stärker, umfassender, überzeugender sein als das der Funktionssysteme, fähig, diese in ihrem Anderssein zu relativieren und umzudeuten. Das Stadtganze ist nicht das Zusammen der gesellschaftlichen Funktionen, sondern der Zweck, der sich im Zusammenleben individueller Zwecke bildet. Auf ihn hat die materiale Stadtform einzugehen.

Der Stadtbegriff steht dann unter einer ästhetischen und einer praktischen Bestimmung. Das Ganze spiegelt sich in sich, seine Grenze ist durch dichte soziale Erfahrungen bestimmt, die jeder Bewohner - unausweichlich - mit den anderen zu machen hat. Die Architektur ermöglicht, daß die sozialen Synthesen der individuellen Praxen für die individuelle Reflexion auch nachvollziehbar werden, so daß die Individuen ihr Tun als Moment eines bestimmten sozialen Selbst verstehen können. Dabei bleibt die Grenze nach außen offen - eine vollständige Autarkie ist nicht angestrebt. Die Stadteinheit hat Brücken zu anderen Stadtgebilden, die Individuen pendeln in Arbeit und Freizeit zwischen Hier und Dort. Andererseits ist ihre Funktion nicht exklusiv auf Wohnen festgelegt. Ein gemischtes Nutzungskonzept sorgt für die Ansiedlung von Betrieben und Bildungseinrichtungen, die ihre Kunden auch von außen her in sie hineinziehen. Die Gemeinschaftsform ist relativ, Betonung eines bestimmten sozialen Kreises, der sich mit anderen kreuzt. Und deswegen werden auch die Individuen von ihm nicht vollständig erfaßt, so daß sie nur noch dem Gemeinschaftszweck zu leben hätten. Auch die individuelle Zweckbestimmung wird nur relativ gebunden, die Gemeinschaftsform lebt gerade davon, daß sich nur ein bestimmter Teil der individuellen Energien in ihr verwirklicht. Sie provoziert die Freiheit der individuellen Bauherren und ihrer Architekten, auf ihre Weise nach ihren Bedürfnissen und ihrer Phantasie zu bauen, sich frei dem Vorgegebenen zu integrieren. Das »Französische Viertel« in Tübingen ist ein Beispiel, wie Architektur die moderne Stadtidee unter empirischen Bedingungen bewältigt. Die religiösen Bedeutungen des städtischen Lebens scheinen damit gänzlich auf Immanenz gestellt. Die Großstadt ist nicht länger Fascinosum et Tremendum. Sie ist Produkt des Menschen, das im Verfügungshorizont des Menschen bleibt.

Andreis PETROWSKI erinnert die Haltung des Flaneurs, den Baudelaire zum Offenbarer der Wahrheit des Stadtwesens bestimmt. Außerhalb aller gesellschaftlichen Positionen und Absichten - in einer Außenseiterrolle, die nur in der Großstadt aufkommt - ist sein absichtsloses Umherschlendern die Chance, im Augenblick die Borniertheit des Gewohnten und scheinhaft Sicheren zu durchbrechen, im Innehalten des Momentes absoluten Sinn zu bannen.

Indem sie ihn enthüllt, leistet die Dichtung dem - in absoluter Hinsicht sinnlosen - Geschehen Widerstand, rettet die dichterische Existenz vor der Vernichtung. Daß die außeralltägliche Union von Absolutem, Existenz und Expression aber gerade selbst falscher Schein ist und nochmals der Haltlosigkeit anheimfällt, zeigt sich in der romantische Ausfluchten verstellenden Stadtinterpretation Victor Hugos.

Jedes Individuum verliert sich im städtischen Labyrinth, gerät in Situationen, denen es weder im Erkennen noch im Handeln gewachsen ist. Rationalität bezeichnet nur eine der Sinnformen des Stadtlebens, und zwar die oberflächlichste. Das Wesen der Stadt aber ist Irrationalität, ihr Sinn die Sinnlosigkeit. Es ist der blinde Zufall, der die Menschen hier und dorthin wirft, der sie zusammenbringt und trennt, ihnen zum Schicksal wird. Die Darstellung des allgemeinen Schicksals, das die Stadt - oder die menschliche Gesellschaft - ist, kann der Dichter nur so vollbringen, daß er der subjektiven Perspektivik: das Gesetz anerkennend, das er über seine Romangestalten verhängt sieht, entsagt. Die gültige Stadterzählung ist Negation der Haltung subjektiver Teilnahme, ist Identifikation mit dem Schicksal, das so ist, wie es ist. Von oben, aus der Vogelschau, ist der Dichter allen Perspektiven gleich nah, gleich fern, hat er sie versachlicht.

Die heutige Stadterfahrung indessen wird ihren Gegenstand weder als Ort der Epiphanie des Absoluten noch als absolutes Sein charakterisieren. Wenn die Rolle des Flaneurs vom Touristen eingenommen wird, dann sind von diesem schwerlich religiöse Intuitionen zu erwarten. Zwar steht die Stadt in Transzendenzbeziehungen, aber in immanenten, die sich sämtlich zirkulär in sie rückvermitteln; indifferent in religiöser Hinsicht. Die Stadt kommt immer wieder bei sich selbst an, bei ihrer Erdenschwere, thematisiert unendlich ihre Endlichkeit. Das Schöne, das in ihr aufgeht, ist weder schrecklich noch erhaben, kein Bruch. Es ist Leitmarke der Stadtpragmatik, Gebrauchskunst.

Und auch die Bewohner, die ihre Alltagspraxis täglich in der Stadt verrichten, haben an ihr kein Absolutes, das sie im letzten Sinne zur Verzweiflung brächte. Zwar müssen sie oft den Schritt vom Bekannten ins Unbekannte tun; oft begegnen ihnen Intentionen und Logiken, die mit den ihren vordergründig nichts zu tun haben, Subwelten und Unterwelten. Aber die grundlegende Möglichkeit der Verunsicherung führt gemeinhin nicht dazu, daß die Ich-identität im Ganzen aus der Bahn geworfen wird - der Stadtbewohner weiß sich immer neu zu orientieren, das Ungeordnete - wenigstens symbolisch - soweit zu ordnen, daß er mit ihm leben kann. Gewiß hat die Häufung von Zufälligkeiten Bedeutung für seine Existenz, daß es ihn hierhin und dorthin verschlägt, dies oder jenes widerfährt, liegt nicht in seiner Hand. Aber die Zufälle sind nicht der

Zufall mit metaphysischem Wahrheitswert, nicht die vollständige Definition des Existierens, für das das Zufällige Anlass und Durchgang seiner Sinnprojekte ist.

Der kritisch-theologische Begriff der Stadt trifft die Unterscheidung zwischen den Sinnleistungen, die für sie positiv konstitutiv sind, und jenen, die sich dem Absoluten zuwenden, als dem ganz Anderen, das zur Positivität des Stadtethos in einem zuvörderst wesentlich negativen Verhältnis steht. In dieser Hinsicht ist Theologie Kritik all der religiösen Produktionen, die Endliches als Absolutes zu behaupten suchen, ideologisch verhärten. Die theologische Kritik ist dem Stadtbegriff angemessen, sofern ja der Prozeß des städtischen Zusammenlebens an sich selbst bereits den inhaltlich-bestimmten absoluten Deutungen seines Ganzen widersteht. Die Ethosformel des Zusammenlebens ist durch die Relation von Einigung und Differenz gebildet. Ihre inhaltlichen Erfüllungen folgen einer pragmatischen Bestimmung: der Ermöglichung des Lebensumgangs und des Ausgleichs besonderer Interessen. Die Strukturformel trägt ein Geflecht von materialen Beziehungen, eine Fülle von Positionen, die einander relativ bedingen. Eines zusätzlichen einheitsstiftenden Grundes bedarf das aus den relativen Positionen besonderer Praxen bewegte relative Ganze nicht. Zwar läßt sich das Zusammen der besonderen Praxen nochmals an der Idee des guten Lebens messen; sie aber ist ein offenes Regulativ, über deren Sinn eindeutig und vorab nicht entschieden werden kann, der immer nur relatives Resultat der zirkulär verlaufenden Praxisdeutungen ist. Daß Ideologien in der Stadt fruchtbaren Boden finden können - weil das Leben im Relativen schwierig ist - und dann ihre zerstörerische Wirkung tun, ist keine Frage; aber die Stadt kann sich von ihnen auch befreien, auch wenn das seine Zeit braucht.

Stephan SCHIRM experimentiert mit der Frage, wieweit sich explizit sozialutopische Literatur durch ihre Perspektivik und Argumentationslogik nicht als eine Funktion der Theorie der Stadt, ja womöglich als deren spezifische ethische Reflexionsform empfehlen könnte.

Die Utopie ist die Darstellung des perfekten Gemeinwesens und insofern die Kritik des imperfekten städtischen Topos. Sie ist ein Ethosmodell, das keine direkten moralischen Imperative formuliert, sie beschreibt eine sittliche Wirklichkeit, in der die Differenz von Sein und Sollen aufgehoben ist. Die Menschen sind endlich zur Vernunft gekommen, wissen endlich, was richtig und gut ist, und tun es auch. Die Utopie ist Soziologie, aber in der Dimension der Kunst. Der Autor schreibt zu seiner und des Lesers Vergnügen, zur Unterhaltung.

Als Gegenentwurf bleibt sie dennoch auf Realität bezogen. Die Realität wird zur Möglichkeit zurückbestimmt: die Welt könnte auch ganz anders sein, als sie faktisch ist. Die faktische Welt ist nicht die beste aller möglichen Welten, im Gegenteil. Die technisch-kapitalistische Welt macht den Menschen nicht glücklich. Wenn Autor und Leser sich darüber verständigen, haben sie die Glückserwartung formuliert, die sich imaginär erfüllen läßt. Fiktionsmodell und Realitätsmodell bleiben aufeinander relationiert, sofern Kontrasthaltungen und Kontrasttechniken sich ja bereits in der negierten, de facto übermächtigen Realität geltend machen. Die Utopie hebt sie zu Momenten ihres fiktiven sozialen Ganzen auf. Ihre Problematik liegt in ihrer Perfektionsidee, die verbietet, auch die aufgezeigte Möglichkeit als bestimmte Weltdurchformung erneut zu thematisieren. Sie ist nicht selbstkritisch. Sie erfaßt ihre Fiktion nicht als bestimmte Perspektive und läßt keinen weiteren Perspektivenwechsel zu. Ihre eindeutigen Definitionen des Guten und des Bösen sind fundamentalistisch, theologisch. Nicht der Zufall ist Gott, sondern die gesellschaftliche Vernunft oder Unvernunft, je nachdem, ob die Utopie weiß oder schwarz gezeichnet wird. Entsprechend schematisch ist dann die Charakterisierung der Abweichler, deren Individualismus sie zu Verbrechern oder Helden deklariert. Die Utopie verlagert die Bewertung der Pole: Gemeinschaft – Individualität, in der Fiktion und durch sie in der Realität. Aber sie hebt den mit der Realität gesetzten Möglichkeitsbestand nicht auf. Sie sieht den gegebenen Möglichkeitsbestand nicht nochmals - als Möglichkeit. Sie kann sich nicht zu einer Mannigfaltigkeit von Perspektiven des Deutens der sozialindividuellen Einheit bestimmen. Das ist die Grenze ihrer literarischen Gattung.

Wenn Ernest CALLENBACHs *Ecotopia* eine positive Freiheitsgestalt zu konstruieren scheint, nach der das soziale Reglement aus individuellen Einsichten und Praktiken hervorgeht, dann läßt sie Platz nur für die, die au fond dieselben Grundüberzeugungen von dem, was das gute Leben ausmacht, teilen. Wer nicht mitmacht, muß zurück in die schlechtere Gesellschaft, in die Realität. Das Glück Ecotopias besteht in der Naturwerdung des Menschen, als eines Ökosystems neben anderen.

Daran ist vieles richtig und doch alles falsch, wenn es nichts anderes geben darf. Die Realität der Stadt, die Gegensätze einschließt und Konflikte aushält, ist besser als ihr Ruf.

Die Stadtgemeinde aber würde dumm und von ihrer eigenen Endlichkeit aufgefressen, würde sie sich der Verortung in der religiösen Dimension völlig entziehen. Dann wäre nicht das Absolute endlich, sondern das Endliche absolut gesetzt. Die Stadt, als Gesamt aller Praxisrelationen, würde nur um sich selber kreiseln, in letzter Hinsicht Symbol für die Absurdität menschlicher Existenz. Sie hätte keine Perspektive auf ein anderes Anderes, sie wäre bei aller inneren Beweglichkeit ein geschlossenes System, ein Gefängnis mit Freigang, dessen Insassen sich selbst bewachen. Im Dimensionenwechsel, vom pragmatischen Ethos zur religiösen Reflexion faßt *Jörg SEIP* die Bedeutungsänderung des Stadtobjekts ins Wort. Die religiöse Kritik ist nicht moralisch, keine Forderung, daß die Stadt sich zu perfektionieren hätte. Alle Perfektionierung wird den städtischen Akteuren überlassen. Gesagt wird nur, daß alle Perfektionierung an ihm selbst grundsätzliche Imperfektibilität bezeugt. Die ethische Bestimmung des guten Lebens verlangt endlose Anstrengungen, die aber die Wunde des Existentierens nur überdekken, niemals heilen können. Die Erfahrung ist, daß alle Menschen glücklich werden wollen, keiner es wird. Menschliches Dasein ist nicht nur endlich, es ist ein in sich gebrochenes Endliches.

Die Glückserwartung bricht in der Einsamkeit der Herzen auf, jenseits der Kompetenz der Stadtrede, von ihr nicht ausgefüllt, eine Leerstelle. Die Trivialisierung des Stadtwesens ist die Bedingung, dass das Glück im Schmerz seines Ausständigseins als subjektiv Innerliches sich zentriert. Die Verfassung der Subjektivität ist einmal durch ihre relativen, weltimmmanenten Identitäten wie durch deren weltabgeschiedenes Gegenspiel bestimmt. Durch dieses wird die Tendenz zur Abschließung der Weltpotentiale durchbrochen. Die Stadtwelt gerät unter die Bestimmung der Haltlosigkeit, gerade weil sie nur relativen Halt geben will. Vorletztes, ohne Gegenorientierung, ist sie haltlos, ist sie auf Sand, auf Nichts gebaut. Radikal gefaßt ist die aus ihren eigenen Reden aufgebaute Stadt eine Illusion. Aber andrerseits wird der Vorwurf, daß es mit der Stadt nichts sei, wieder aufgefangen, indem das ausgesetzte Selbst sich des Grundes seiner Erfahrung zu vergewissern sucht, sich zu dem aufmacht, was nicht von dieser Welt, sondern eben ihr ganz Anderes ist. Daß das Selbst darüber in Paradoxien gerät, ist klar, sofern das ganz Andere eben positiv nicht zu haben ist, sich ebenso zeigt wie entzieht. Das Nichts wird nicht einfach durch die Affirmation des Seins gelöscht. Die religiöse Rede bleibt im Potentialis, daß alles anders, »heil«, werden könnte. Alle ihre Relationierungen erfolgen unter Vorbehalt, sind relativ – aber relativ zum Absoluten. Sie ist nicht Übergang in unio mystica, sondern ins ethische Feld rückverwiesener Symbolausdruck des Absoluten, weltimmanentes Zeugnis seiner Differenz - eine Rede, die sagt, was für diesen oder jenen Einzelnen letzten Sinn macht. Daß sie überhaupt gesagt werden kann und gesagt wird und es kommt nicht darauf an, ob von vielen oder wenigen Einzelnen, macht, daß das Vorletzte sich als solches erfassen kann, als Gegensatz zum Letzten bestimmbar wird.

Die religiöse Rede ist das Zwischen von Vorletztem und Letzten; sie schließt sich von der Stadtwelt nicht hermetisch ab, sondern stellt sich in ihr in Zeichen dar, die befremden und als Gegenzeichen, als Infragestellungen verstanden werden. Allein durch ihr Sein erregen sie Anstoß, sie irritieren, sie bringen aus dem Tritt. Eine direkt faßbare politische Wirkung haben sie nicht. Ihre Logik schiebt sich gleichsam subkutan unter die des Alltags: die Selbsterfahrung von Einzelnen angehend, verändernd und erweiternd. Die Stadttheologie ist diskret.

Sie bezeugt sich in der Weise, wie mit der Praxis umgegangen wird, also sie einstimmend auf das ihr eigene Niveau der Relativität, und darum gelassen und engagiert zugleich, weil sie die Tore der Stadt offen hält. Nur der ist in der Stadt »frei«, der seine Freiheit woanders erringt, oder, was dasselbe ist, sie von woanders her geschenkt erhält.

Dieses Buch sei dem Andenken an Frau Prof. Dr. Choon-Ho You Martin gewidmet. Mit Begeisterung hatte sie sich bereit erklärt, einen Aufsatz zu dem Problem der Stadt in Korea zu verfassen. Mitten im Leben und in der Blüte ihrer Jahre hat ein jäher Tod sie von uns genommen. Es bleibt die Trauer um den Verlust einer hochbegabten Wissenschaftlerin, einer Frau, die aus dem Herzen sprach, und einer beeindruckenden Persönlichkeit. Für den, der sie, wenn auch nur kurz, gekannt hat, bleibt der tiefempfundene Dank, daß wir sie kennenlernen durften.

INHALTSVERZEICHNIS

I

TECHNISCH PRAGMATISCH

Helge WULSDORF

STADT OHNE GRENZEN - UTOPIE DER MODERNE?

DIE AUTOSTADT IN WOLFSBURG AUF DEM PRÜFSTAND

Viele Städte meinen, ihre Attraktivität dadurch erhöhen zu können, daß sie verstärkt urbanen Erlebniswert vermarkten. Letztlich ist es aber nicht die Stadt in ihrer Gesamtheit, die gleichermaßen für ihre Besucher wie ihre Bewohner zum Erlebnis werden soll. Es sind vor allem die sich zumeist in Randlagen befindlichen »pseudourbanen Inselwelten« (Hanno RAUTERBERG), die die Stadt in ihrem Erlebnischarakter ausweisen. Die vor kurzem in Wien eröffnete Gasometer-Stadt ist solch eine Insel vor den Toren der Stadt. Sie ist das erste sogenannte Urban Entertainment Center Europas, das unter der neudeutschen Bezeichnung ›G-Town‹ firmiert und in einem vorwiegend von Arbeitern bewohnten Viertel steht.[1] Vier rund 70m hohe, großbauchige Gasometer aus Backstein, die in der ausgehenden Gründerzeit erbaut wurden und vor gut 15 Jahren ihre ursprüngliche Funktion verloren haben, sind zu einem Erlebniscenter aus- und umgestaltet worden. In G-Town sollen die Menschen auf Zehntausenden von Quadratmetern nunmehr aber nicht nur einkaufen und sich vergnügen, sie können dort auch noch arbeiten und zugleich sogar - sofern sie das nötige Kleingeld haben - wohnen. G-Town versteht sich selbst als Stadt, als Erlebnisstadt eben. Auf den ersten Blick könnte man wirklich den Eindruck gewinnen, es sei eine Stadt in der Stadt geschaffen worden,

> »ein kompaktes, dichtes, durchmischtes Quartier, das man anders als die klassischen Einkaufszentren zu keiner Tageszeit mehr verlassen muss. Fast könnte man meinen, dies sei die Zukunft der Stadt, eine neue Urbanität, wie sie von den meisten Planern beschworen wird. Der Traum, selbst dem völlig zerfledderten Niemandsland der Vorstädte wieder Leben einzuhauchen, scheint sich zu erfüllen. Wer allerdings genauer hinsieht, erkennt in der G-Town ein Ghetto, eine städtische Sonderzone, in der man Familien, alte und arme Menschen lieber nicht haben will, erst recht nicht, wenn sie aus dem Ausland kommen.«[2]

Untermauert wird diese Sichtweise durch einen in den Gasometern ausliegenden Flyer, der G-Town als eine coole Stadt preist, in der gerade junge Menschen endlich das fin-

---

1 Weitere Informationen finden sich unter www.g-town.at. Vgl. ferner RAUTERBERG, Hanno: *Leben im Backstein-Ghetto:* In Wien wird das erste Urban Entertainment Center Europas eröffnet - geplant von Jean Nouvel und Coop Himmelblau. Ist das die Stadt der Zukunft?, in: Die Zeit v. 23.08.2001, 35.

2 So pointiert die Sichtweise von RAUTERBERG (Anm. 1), die der Autor bei einem Besuch der Gasometer-Stadt bestätigt fand.

den, was in Wien angeblich schon immer gefehlt hat: nämlich Shopping, Cinemas und Entertainment. Ob man mit der Gasometer-Stadt wirklich dem im Inneren auf verschiedenen Stellwänden dokumentierten Anspruch gerecht wird, der darin besteht, durch die Revitalisierung eines Industriedenkmals ein neues Stadtteilzentrum geschaffen zu haben, soll an dieser Stelle dahingestellt bleiben. Bereits jetzt dürfte allerdings deutlich sein, daß die Gasometer mit ihren Innenleben nicht einmal ansatzhaft die Lebenswelt des angrenzenden Arbeiterviertels widerspiegeln. Sie werden daher in dem Stadtteil auch weiterhin wie ein Fremdkörper wirken, dem auf Dauer wohl - wenn überhaupt - nur wenig Integrationskraft zukommen wird.

Nun beansprucht aber nicht nur der G-Town in Wien den Stadtbegriff für sich. Auch die Autostadt in Wolfsburg präsentiert ihre Welt des Automobils unter dem Aushängeschild der Stadt. Gleichwie die Gasometer-Stadt ist sie ein Projekt, das sich am ehesten dem zeitdiagnostischen Etikett der »Erlebnisgesellschaft« (Gerhard SCHULZE) subsumieren läßt. Auch wenn die parallel zur Weltausstellung Expo am 1. Juni 2000 eröffnete Autostadt des VW-Konzerns von ihrem Anspruch her kein kombiniertes Einkaufs-, Wohn-, Freizeit- und Dienstleistungscenter ist, so läßt sie sich ebenfalls als ein Kind der Erlebnisgesellschaft verstehen, dreht sich doch auf 25 Hektar alles um die Erlebniswelt Auto. Eingebettet ist die Autostadt in ein größeres Projekt der Stadt Wolfsburg, in dem der Erlebnisgedanke nicht allein durch die Autostadt repräsentiert wird. Ein geplantes Science Center sowie das Forum Autovision zeugen von der Idee, Wolfsburg als eine Erlebnisstadt an der ICE-Verbindungslinie Berlin-Ruhrgebiet etablieren zu wollen. Anders als bei der Gasometer-Stadt in Wien fällt es selbst bei genauerer Hinsicht schwer zu bestimmen, was die Autostadt eigentlich ist. Genaugenommen müßte man sie als eine Art Mixtur aus Auslieferungs- und Multimediacenter, Architektur- und Landschaftspark, Kunsthalle und Museum sowie Selbstinszenierung und Freizeitarena beschreiben. Sich selbst versteht die Autostadt als *ein automobiles Erlebnis- und Kompetenzzentrum* (S. 9), das *als Weltforum der Automobilität inszeniert* (S. 18) ist.[3]

Die Beschreibungsversuche deuten darauf hin, daß wir es bei der Autostadt mit etwas Neuem zu tun haben. Die Autostadt scheint sich zumindest mit den herkömmlichen Kategorien der Freizeit- und Erlebnislandschaft kaum fassen zu lassen. Was nun aber ist das Neue an der Autostadt? Erstmals tritt ein Industriekonzern, die Volkswagen AG, in Form einer 100%igen Tochtergesellschaft, der Autostadt GmbH, auf, um sich bzw. sein Produkt, das Auto, als Erlebnis, anders gesagt als Event zu präsentieren. Für diese Präsentation sind keine Kosten und Mühen gescheut worden. Mit einem Aufwand von knapp 435 Mio. Euro hat der VW-Konzern eigens für das Automobil eine Stadt geschaffen. Mit der Autostadt hat man anscheinend - wenigstens den Besucherzahlen zufolge - das Lebensgefühl der Menschen getroffen. Immerhin zählte die Auto-

3 Die im Text angegebenen Seitenzahlen beziehen sich auf die Publikation Autostadt GmbH (Hrsg.): EinBlick: Eine Führung durch die Autostadt, Wolfsburg 2001, der die kursiv gesetzten Passagen entnommen sind. Weitere Informationen finden sich unter www.autostadt.de.

stadt allein schon im ersten halben Jahr nach der Eröffnung 1 Mio. Besucher, was die Erwartungen mehr als deutlich übertraf. Diese hohe Akzeptanz ist bislang allerdings noch kein Beweggrund für die Wissenschaft gewesen, sich intensiv mit der Idee der Autostadt zu beschäftigen. Dies ist um so verwunderlicher, als dort nicht gerade wenige Menschen zusammenkommen. Bevor der Frage nachgegangen wird, ob und, wenn ja, welchen Beitrag die Autostadt zur Vertiefung eines modernen Stadtbegriffs leisten kann, sollen nachfolgend erste Eindrücke in Form eines Rundgangs festgehalten werden.

1. DIE AUTOSTADT - EIN RUNDGANG

In ihrer Grundkonzeption ist die Autostadt ähnlich aufgebaut wie die Expo in Hannover. Neben den MarkenPavillons, in denen sich die Töchter des VW-Konzerns Audi, Bentley, Lamborghini, Seat und Skoda sowie Volkswagen selbst auf je eigene Weise darstellen, sind es vor allem die Hauptgebäude mit ihren Attraktionen, die das Ensemble der Autostadt ausmachen. Zu letzterer Gruppe zählen das KonzernForum und das ZeitHaus, in denen die Werte des VW-Konzerns und die Geschichte des Automobils dokumentiert werden, das KundenCenter, in dem die Käufer ihren Neuwagen entgegennehmen, die beiden AutoTürme, die das Wahrzeichen der Autostadt sein sollen und ein Fassungsvermögen von je 400 Neufahrzeugen aufweisen, sowie ein Hotel der Luxusklasse. Die MarkenPavillons werden von den Hauptgebäuden eingerahmt und liegen somit im Zentrum des Geländes. Ob man nun mit der Bahn oder dem Pkw anreist, um die Autostadt zu besuchen, verfehlen kann man sie aufgrund exzellenter Beschilderung nicht. Sowohl auf dem Bahnhof als auch auf dem Parkplatz wird man von freundlichen Mitarbeitern empfangen und des richtigen Weges gewiesen. Der Besucher bzw. Kunde gelangt auf das Gelände der Autostadt durch das im Süden liegende KonzernForum.[4]

Die riesige Eingangshalle des KonzernForums will sich als *Piazza* (S. 36) verstanden wissen. Sie wird auf der Süd- und Nordseite von sechs gebäudehohen Glastüren abgeschlossen, die den Eindruck einer offenen, lichten Halle erwecken und jederzeit geöffnet werden können. Der Besucher soll, so die Selbstbeschreibung, in einen *einer Orangerie ähnlichen Ort* (S. 36) eintreten. Ihm wird dabei angesichts der überwältigenden Größe der Halle bewußt, wie klein er selbst eigentlich ist. Eine im Raum hängende Globusskulptur mit einem Durchmesser von 13 m untermauert diesen Effekt. Die Halle des KonzernForums, die *als Repräsentant des Volkswagen Konzerns* (S. 36) gilt, beherbergt Kinos, Restaurants und andere Attraktionen. Sie folgt damit dem *Gedanken der Urbanität* (S. 36), indem sie Schutz bietet vor Wind und Wetter. Letztlich soll sie

[4] Nachfolgender Rundgang beansprucht keine umfassende Beschreibung der Autostadt sein zu wollen. Selbst nach zwei Besuchen der Autostadt ist es kaum möglich, all ihre Raffinessen zu erfassen.

zum öffentlichen Raum, zu einem Ort der Begegnung (S. 36) werden. Im KonzernForum ›begegnet‹ der Besucher vor allem den vier Werten des VW-Konzerns: Qualität, Sicherheit, soziale Kompetenz und Umweltbewußtsein. Dieses VW-Wertequartett wird inszeniert durch aufwendige Kinofilme und eine Simulation, die durch technische Raffinesse bestechen. Zugleich werden dadurch aber auch die Werte an sich inhaltlich systematisch entleert, was selbst mit Hilfe der interaktiven Vertiefung anhand technischer Demonstrationsobjekte in der Erlebnislandschaft des sogenannten AutoLabs nicht mehr aufgefangen werden kann.

Verläßt man das KonzernForum und geht nunmehr in das Innere der Autostadt, folgt linker Hand im Südosten das ZeitHaus. Es soll mit seiner architektonischen Zweiteilung *das Gegensatzpaar des Analogen und des Dialogen* (S. 62) versinnbildlichen. Das rechts liegende Glashaus, das im Sinne eines Setzkastens eine Sammlung von Automobilen beinhaltet, ist durch Brücken und Treppen mit dem linken Gebäudeteil verbunden, in dem das Auto *in seinem sozialen und kulturellen Kontext* (S. 62) historisch inszeniert wird. Auffallend ist, daß ab den 1970er Jahren, also etwa zeitgleich mit der Einführung des VW-Golf, das Auto zunehmend entkontextualisiert wird. Mensch und Umwelt verschwinden zugunsten des Autos von der Bildfläche. Der Weg durch die Autostadt führt nun zu den MarkenPavillons. In ihnen sollen die Marken *ihre Individualität* (S. 73) entfalten können und eine Aura erzeugen, *dass dem Kunden das Erlebnis präsenter ist als der bloße Transportnutzen* (S. 73) der Fahrzeuge. Letztlich soll der Besucher, so wörtlich, in den Bann der *inszenierten Welt der Markentempel* (S. 73) gezogen werden. Der Bentley Pavillon repräsentiert den Luxus der britischen Traditionsmarken Bentley und Rolls Royce. Er steht *für bleibenden Wert und Noblesse* (S. 79) und versucht, den Besucher mit dem Geist der Extravaganz zu erfüllen, von dem die weitaus meisten Besucher in der Autofahrerrealität allerdings nichts zu spüren bekommen dürften.

Ähnlich wird es den Besuchern des Lamborghini Pavillons ergehen. Hier sind es zwar keine Nobellimousinen, die zu bestaunen sind, sondern rassige Sportwagen. Doch auch hier dürfte es den meisten verwehrt bleiben, in ihnen einmal Platz zu nehmen oder gar mit ihnen zu fahren. Konzipiert ist der Lamborghini Pavillon als *ein Sinnbild kraftstrotzender Männlichkeit und italienischen Temperaments* (S. 82). Das Auto wird hier zum wilden Tier erklärt, das es zu bändigen gilt. Von der Seite betrachtet kommt es einem im Inneren des Pavillons jedoch eher so vor, als klammerten die Besucher an einem Gefängnisgitter. Außer viel Lärm und Getöse ist es nicht viel, was von der Lamborghini-Präsentation hängen bleibt. Der sich anschließende Skoda Pavillon dürfte mittlerweile im wahrsten Sinne des Wortes den eigentlichen Volkswagen - den Wagen für das Volk - beherbergen. Der Pavillon entführt nach den knalligen Lamborghini-Effekten auf ruhige und angenehme Weise in die Traditionen von *Bohemia zu ›echten Autos für echte Menschen‹* (S. 90). Der Pavillon fällt einfach dahingehend aus dem Rahmen, als er versucht, Geschichte und Mentalität gesalzen mit einer Prise Selbstironie darzustellen, und sich damit weit weniger der eigentlichen Markenpräsentation verschreibt wie die anderen Pavillons. Seat steht dagegen mit seinem Pavillon *für mediterra-*

nes Lebensgefühl und südländisches Temperament (S. 86). Unter dem Motto ›*Automotive Joy of Live*‹ (S. 86) soll Seat als junge und dynamische Marke präsentiert werden. Dem Besucher ist es möglich, interaktiv und multimedial Kontakt *zur realen Seat-Welt* (S. 89) aufzunehmen.

Die Kategorien Eleganz und Design prägen den Audi Pavillon. Der Besucher wird auf einen Gang durch ein Museum eingeladen, bei dem Traum und Realität einander begegnen. Das Auto wird zur Skulptur, es ist damit Ausdruck von Ästhetik und künstlerischem Design. Audi ist eben *eine Marke für moderne, verantwortungsvolle Menschen, denen Persönlichkeit über Status geht* (S. 76). Die Marke spricht den Besucher vergleichsweise personal an als ein Dienstleister, der durch Innovationen die Kundenbedürfnisse von morgen befriedigen will. Zum Schluß ist es aber auch hier der Traum vom formvollendeten Auto, der letztlich die Realität des Verkehrsalltags untermalt von knalligen Lamborghini-Effekten verklärt. Weiter führt der Weg zum vorerst letzten Markenpavillon, dem Volkswagen Pavillon. Er fällt, wie nicht anders zu erwarten, schon von weitem ins Auge. Eine Kugel, die von einem Würfel umschlossen ist, dokumentiert *das Sinnbild für absolute Perfektion* (S. 94). Kugel und Quader symbolisieren - was dem Besucher, selbst wenn er genauer hinsieht, sicherlich nicht aufgeht - hehre Ziele, nämlich *Demokratie, Globalität, Gleichheit und Gerechtigkeit* (S. 94), die allerdings im Innern nicht wieder aufgenommen, geschweige denn vertieft werden. Der *Drang nach Verbesserung und stetiger Optimierung* (S. 97), man könnte auch sagen der Wunsch nach Selbstvervollkommnung, ist es, der im Pavillons cineastisch visualisiert wird und Ausdruck findet in dem jeweils neusten VW-Produkt. Es fällt dabei schwer, sich des Eindrucks zu erwehren, daß die bilogische Evolution auf dem besten Wege ist, von einem technologischen Evolutionismus abgelöst zu werden.

Während die geschilderten Pkw-Markenpavillons eine Einheit in der Mitte der Autostadt bilden, befindet sich der Volkswagen Nutzfahrzeuge und Freizeitpavillon in Randlage. In einem Quader mit abgeschrägter Front wird sowohl *die Welt der Logistik und des Transports, der Arbeit und des Erfolgs* (S. 98) als auch die *Welt des Reisens, der Freiheit und des Abenteuers* (S. 98) gezeigt, wobei letzterer, der Freizeitwelt also, bedeutend mehr Entfaltungsfläche zugestanden wird als ersterer. Im Osten steht das KundenCenter. Hier werden die Fahrzeuge an den Kunden übergeben. *Das KundenCenter ist damit die Schnittstelle zwischen den der Öffentlichkeit verborgenen Produktionsabläufen und der Übergabe des Produkts in den öffentlichen Verkehr* (S. 110). Durch eine Rundumverglasung und ein teiltransparentes Dach wird in dem Gebäude Offenheit und Durchlässigkeit demonstriert, die einen einladenden Charakter erzeugen soll. Neben der Fahrzeugübergabe wird das Thema Fahren in einem Simulator inszeniert. Des weiteren ist in dem Center ein fünfgeschossiger Verwaltungstrakt untergebracht. Abgeschlossen wird die Autostadt im Nordosten durch die beiden schon erwähnten, 20 Stockwerke hohen und für die Besucher unzugänglichen AutoTürme, unterirdisch verbunden zum einen mit dem KundenCenter und zum anderen mit dem Werk.

Insgesamt sind die einzelnen Hauptgebäude und die MarkenPavillons durch ein ausgeklügeltes Wege- und Brückensystem miteinander verbunden, das durch eine perfekt gestaltete Parklandschaft führt. Wenn der Besucher am Ende seines Gangs die Autostadt noch einmal Revue passieren läßt, soll ihm *eine Lagunenstadt* vor Augen sein, *in der Natur und Technik, Landschaft und Stadt gleichgewichtige Rollen spielen* (S. 29). Gleichwie in den Gebäuden zeigt sich auch bei der Landschaftsgestaltung, daß jeder einzelne Quadratmeter inszeniert ist. In der Autostadt ist also wirklich nichts dem Zufall überlassen. Selbst von der realen Hektik einer Stadt ist in den bis zu 8m hohen Hügelketten nichts zu spüren. Auch in den Gebäuden will sie nicht recht aufkommen. Am Ende des Rundgangs steht somit unausweichlich die Frage im Raum, ob die Autostadt wirklich eine Stadt ist, oder anders gefragt, was für ein Stadtbild sie vermittelt.

2. ÖFFENTLICHKEIT VERSUS HAUSRECHT - URBS QUO VADIS?

Wie selbstverständlich benutzt der VW-Konzern für die Inszenierung des Automobils den Begriff Autostadt und weckt damit beim Besucher Assoziationen, die es auf den Prüfstand zu stellen gilt. Daß VW bewußt auf den Stadtbegriff rekurriert, um ein gewisses Flair zu erzeugen, zeigt sich vor allem daran, daß bei der Beschreibung des KonzernForums gezielt die Begrifflichkeiten *Urbanität, Piazza, Orangerie, Forum* und *öffentlicher Raum* (S. 36) zum Einsatz kommen. Selbstbewußt behauptet VW sogar, daß mit der 25 Hektar großen Autostadt *ein neuer Stadtteil entstanden* sei, *mit Großbauten und Pavillons, Wasserstraßen und Brücken, Seen, Landzungen, Hügeln und Grünflächen sowie urbanen Elementen wie Marktplätzen, Straßen, Verengungen und Erweiterungen* (S. 23). Man könnte demzufolge also wirklich den Eindruck gewinnen, es handle sich bei der Autostadt um eine Stadt bzw. um einen Stadtteil. Verschafft man sich aber einen Überblick über das gesamte Autostadtgelände, fällt auf, daß es keinen eigentlichen Stadtkern oder zentralen Ort der Zusammenkunft und Begegnung gibt. Dieser ist stadtplanerisch allgemein üblich, um der Stadt bzw. dem Stadtteil ein typisches Gepräge zu verleihen. Er ist sozusagen der Knotenpunkt einer Stadt, auf den alles sternförmig zuläuft. Alle die Autostadt prägenden Hauptgebäude liegen jedoch, wie der Rundgang gezeigt hat, ausschließlich am Rand. Das Zentrum bilden die deutlich kleineren MarkenPavillons, die ebenfalls keinen zentralen Anlaufpunkt aufweisen. Die Autostadt kommt folglich ohne einen Mittelpunkt aus. Sie scheint sogar auf einen zentralen Begegnungsort verzichten zu wollen. Womöglich kann sie dies auch: Sie ist ja eine AutoStadt und keine MenschenStadt. Eine Stadt, die für die Inszenierung des Autos konzipiert ist, sieht demnach anders aus als eine, die für den Menschen da ist.

Daß es bei der Autostadt um Begegnung geht, wird mehrfach betont. Schließlich will man *den Dialog mit seinen Besuchern* (S. 13) auf gänzlich neue Art und Weise aufnehmen. Letztlich war es ja *die Idee, über einen umfangreichen Besucherdienst eine sehr kundenorientierte Öffnung des Werkes zu erzielen* (S. 12), die schließlich dazu führte, die Autostadt entstehen zu lassen. Die Autostadt verkörpert den Anspruch, die *Hersteller-Kunden-Beziehung in einem neuartigen Dialog* (S. 14) zu vertiefen. Dialog wird also groß geschrieben. Nur wer tritt eigentlich mit wem in den Dialog? Dialog setzt Begegnung voraus. Die Frage lautet folgerichtig also: Wer begegnet wem? Ist es der Besucher bzw. Kunde, der dem VW-Konzern bzw. seinen Produkten begegnet, oder sind es die Besucher, die einander begegnen sollen? Ein, wenn nicht sogar der *Ort der Begegnung* (S. 36) soll das am Südrand liegende KonzernForum sein. Dort sind es *die Besucher*, die einander *begegnen können* (S. 36), wohlgemerkt können und nicht sollen. Das KonzernForum ist also gar nicht unbedingt primär auf Begegnung und Dialog ausgerichtet. Es ist wohl doch eher der Ort, an dem der Volkswagenkonzern den Besuchern und Kunden - möglicherweise erstmals - übermächtig begegnet.

Ein echter Dialog im Sinne einer zweiseitigen, persönlichen Beziehung kommt dabei allerdings nicht zustande. Er scheint auch in den anderen Gebäuden und den Pavillons nicht intendiert zu sein. Vorrangiges Ziel der Autostadt ist es, daß der Besucher dem Produkt und nicht etwa dem Menschen bspw. in der Rolle des Mitarbeiters begegnet.[5] Der VW-Konzern tritt auch kaum in Form von Personen auf, mit denen man in einen Dialog unter Gleichberechtigten eintreten könnte. Schlicht und ergreifend ist das Auto das Objekt der Begegnung. Dieses gilt es, seitens des VW-Konzerns zu präsentieren und zu kommunizieren. Kunde und Besucher sollen durch die Präsentation in Staunen - ja eventuell sogar in Sprachlosigkeit - versetzt werden. Dahingehend bleiben die Besucher und Kunden also eher passiv, als daß von ihnen eine aktive dialogische Auseinandersetzung mit der Autostadt bzw. mit dem VW-Konzern herausgefordert würde. Vor diesem Hintergrund dürfte es schwer fallen, die Autostadt als eine Dialogplattform zu verstehen. Sicherlich ist die Autostadt ein Ort der Begegnung, immerhin kommen dort Monat für Monat Tausende von Menschen zusammen. Doch stellt sie sich damit wirklich dem Anspruch einer Stadt, daß gleichberechtigte Bürger einander ohne Einschränkungen begegnen können und auch sollen?

Nicht nur die Begegnung von Menschen verschiedenster Herkunft und unterschiedlichster sozialer Schichten ist typisch für die Stadt. Zu ihren weiteren Merkmalen zählen unter anderem kompakte Bebauung und Wohndichte, Spezialisierung und soziale Schichtung sowie Urbanität und Zentralität. Mit Blick auf die Autostadt kommt man relativ schnell zu der Erkenntnis, daß ihr nahezu alle genannten Merkmale fremd sind. Selbst wenn man die funktional gegliederte Stadt vor Augen hat, in der durch die öffentliche Hand bestimmten Stadtteilen bestimmte Funktionen zugewiesen werden können, bleibt es fraglich, ob die Autostadt überhaupt als ein Stadtteil im Sinne prozeßhafter Stadtplanung verstanden werden kann. Genaugenommen ist die Autostadt vorerst einmal lediglich ein selbsternannter Stadtteil, dem diese Funktion nicht von außen zugewiesen wird. Mit der Bezeichnung Stadt bzw. Stadtteil versucht die Autostadt, den Eindruck von Öffentlichkeit zu erwecken. Die Autostadt ist jedoch kein

---

5 Eine Möglichkeit, den VW-Mitarbeiter bei der Arbeit zu begegnen, bestände durch die angebotenen Werksführungen, die aber nicht unbedingt auf persönliche Begegnungen zielen.

öffentlicher Raum. Sie befindet sich auf einem Privatgelände und beansprucht nur Stadt zu sein. Die Autostadt ist eben gerade nicht, was für Städte allgemein kennzeichnend ist, frei zugänglich. Ihr öffentlicher Charakter entpuppt sich als Fiktion.

Es handelt sich bei der Autostadt um einen geschlossenen Raum, dessen Zugang begrenzt ist. Wer den Eintrittspreis nicht zahlt, eventuell sogar nicht zahlen kann, dem bleiben die Tore der Autostadt verschlossen. Die Autostadt leistet damit ebenso wie die Gasometer-Stadt einer äußerst bedenklichen Entwicklung Vorschub: beide suggerieren Öffentlichkeit, ohne sie jedoch zu realisieren. Ihre Erlebnisräume erweisen sich bei genauer Hinsicht als in sich geschlossene Räume. Sie sind von privater und nicht von öffentlicher Hand kreiert. In ihnen gilt folglich Privatrecht, also kein öffentliches Recht wie in der Stadt. In letzter Konsequenz herrscht in diesen selbsternannten Städten Hausrecht.[6] Der Hausherr entscheidet nämlich, wer Zutritt erhält und wem er verwehrt bleibt. Wer sich nicht an die Spielregeln hält, kassiert früher oder später Hausverbot - in diesem Fall genauerhin ›Stadtverbot‹. Wären die bereits eingangs als ›pseudourbane Inselwelten‹ titulierten Erlebniscenter wirklich Städte, dürften sie keine Öffnungszeiten haben, wie dies jedoch der Fall ist. Zentrales Kennzeichen von Städten ist es ja gerade, daß sie so etwas wie Öffnungszeiten nicht kennen und ihre Reize inklusive all ihrer Schattenseiten sowohl am Tag als auch bei Nacht preisgeben. Autostadt wie Gasometer-Stadt fehlt dieses grundlegende Merkmal der Öffentlichkeit.

Gemachte Beobachtung scheint für die Komplexe der Erlebnisgesellschaft insgesamt typisch zu sein. Sie beanspruchen für sich zwar Öffentlichkeit, okkupieren sogar deren Begrifflichkeit, blenden aber im Gegenzug die negativen Konsequenzen aus. Wenn das Erlebnis nur noch hinter privaten Türen stattfindet, bluten aber auf Dauer nicht nur die Innenstädte in ihrem öffentlichen Charakter weiter aus. Alle öffentlichen Räume einer Stadt verlieren an Vielfalt wie an Attraktivität und werden irgendwann nur noch zu Herbergen für diejenigen, die sich das Erlebnis nicht leisten können oder dafür zu alt sind. Der viel beklagte Verlust an öffentlichem Raum wird durch die Erlebniscenter beschleunigt. Durch sie werden, was von der Allgemeinheit noch viel zu wenig wahrgenommen wird, neue Grenzen gezogen, die scheinbar unsichtbar, quer durch unsere Städte verlaufen. Die Erhebung von Eintrittsgeldern, die Festlegung von Öffnungszeiten sowie die Bewachung durch private Sicherheitsdienste sind die äußeren Zeichen solch neuartiger Grenzziehungen, die nunmehr sogar unter dem Deckmantel des Stadtbegriffs vorgenommen und ohne Widerspruch einfach hingenommen werden. Ihre prägende Wirkung für das Stadtbild ist wahrscheinlich noch gar nicht absehbar.

---

6 Diese Beobachtung greift RAUTERBERG (Anm. 1) für die Gasometer-Stadt auf: »Einen öffentlichen Raum, der für alle offen steht, sucht man in der G-Town vergeblich - in dieser Stadt herrscht Hausrecht.«

Stadt- bzw. Stadtteilgrenzen sind aus dem Denken des modernen Menschen im Grunde genommen schon seit längerer Zeit verschwunden. Sie sind ein Relikt vergangener Tage, das heute nur noch Stadtpläne ziert und vor allem Stadtplaner wie Katasterämter beschäftigt. War es zu Beginn der Neuzeit für viele Städte ein wahrer Befreiungsschlag, als die Stadtmauern endlich fielen und infolgedessen später durch die zunehmende Mobilität moderner arbeitsteiliger Gesellschaften eine Entgrenzung von Stadt- und Landbevölkerung folgen konnte, treten am Beginn des 21. Jahrhunderts neue Grenzen offener als bislang zu Tage. Es sind die Grenzen zwischen Arm und Reich sowie zwischen Alt und Jung, die quer durch die Städte verlaufen und deutlicher denn je markieren, wo wer erwünscht ist und wo nicht. Solche Grenzziehung hat es zweifelsohne immer gegeben und man wird diese sicherlich nie vollständig eliminieren können. Doch sollte man sie keinesfalls weiter verfestigen oder womöglich durch ausgrenzende Areale, die sich dann auch noch ›Städte‹ nennen, neue Grenzverläufe ziehen. Stadtplaner sind hier gefragt, solchen Fehlentwicklungen entgegenzuwirken. Es steht damit eine Frage im Raum, der man nur schwer ausweichen kann: Sollte die Stadt ohne Grenzen wirklich eine Utopie der Moderne sein? Diese Fragestellung scheint durch die wachsende Zahl von Erlebniscentern zumindest neuen Nährboden zu erhalten.

Auch für die christliche Sozialethik ist die Frage nach der Stadt von zentraler Bedeutung, ist doch der Stadtbegriff mit religiösen Konnotationen besetzt.[7] In der Bibel spannt sich ein Bogen vom Garten Eden (Gen 2,4b-25) als Symbol der Natur bis hin zur himmlischen Stadt Jerusalem (Apk 21,9-22,5) als Symbol der Kultur. Theologisch gesehen ist die Stadt der Zielpunkt der Geschichte Gottes mit den Menschen. Vor diesem Hintergrund assoziiert gerade das Christentum mit dem Terminus Stadt weitreichende eschatologische Erwartungen und Hoffnungen. Die Stadt ist letzten Endes Symbol vollendeter Gottesherrschaft. Sie ist der Ort, an dem Gott sein Volk eines Tages versammeln wird. Bis zur Vollendung der Welt ist die Stadt für den Menschen ein Ort der Verantwortung. Es gilt, das sozialethische Leitbild einer menschen- und umweltgerechten Stadt zu realisieren. Vor allem ist ein gleichberechtigter Zugang aller - und damit sind wirklich alle Menschen ohne äußere Einschränkungen und Unterschiede gemeint - zu ihren Ressourcen und ein tolerantes Miteinander zu ermöglichen. Aufgabe der Stadt ist es, den Anderen, den Außenstehenden in den Blick zu nehmen und ihn mit seiner Lebenswelt zu integrieren. Die Stadt als solche und in ihren einzelnen Stadtteilen darf vor allem nicht von vornherein auf Ausgrenzung ausgelegt sein.

> »Überall in den gesellschaftlichen Problemen der multikulturellen Stadt verbirgt sich (nämlich) die moralische Schwierigkeit, Sympathie für die zu wek-

---

7 Die religiöse Dimension des Stadtbegriff kann an dieser Stelle nur angedeutet werden. In der Bibel wird die Stadt recht ambivalent betrachtet. Jerusalem steht als Stadt Gottes im Widerstreit zu Babel, die das Gottlose verkörpert. Vgl. hierzu in aller Kürze Sievernich, Michael: Stadt III.-V., in: [3]LThK, Bd. 9, 915f.

> ken, die die Anderen sind. Diese Sympathie kann nur entstehen (...), wenn wir begreifen, warum der körperliche Schmerz einen Ort braucht, an dem er anerkannt wird und an dem seine transzendenten Ursprünge sichtbar werden. Solcher Schmerz hat eine bestimmte Bahn in der menschlichen Erfahrung. Er desorientiert und macht das Ich unvollständig, besiegt den Wunsch nach Kohärenz; der den Schmerz anerkennende Körper ist bereit, ein gesellschaftlicher Körper zu werden, empfindlich für den Schmerz einer anderen Person, für Schmerzen, die wohl auf der Straße präsent sind. Sie werden ihm schließlich erträglich - obwohl in dieser Welt der Vielfalt keiner Person der anderen erklären kann, was sie fühlt, was sie ist. Doch der Körper kann dieser gesellschaftlichen Bahn nur dann folgen, wenn er anerkennt, daß es in den Verheißungen der Gesellschaft kein Heilmittel für seine Leiden gibt, daß sein Unglück von anderswoher gekommen ist, daß sein Schmerz sich von Gottes Gebot an die Menschen ableitet, als Verbannte zusammenzuleben.«[8]

Den Menschen in seiner Verletzlichkeit und seinem Anderssein soweit wie möglich als gesellschaftliches Wesen zu integrieren, dürfte die wohl anspruchsvollste Aufgabe einer multikulturellen Stadt sein. Da mittlerweile mehr als die Hälfte der Menschheit in Städten lebt, ist eine wegweisende Städte- und Architekturethik erforderlicher denn je. Die Autostadt ist davon überzeugt, daß ihr *zeitgemäßer Städtebau die klassische Moderne ab*löst, *in der eine einzige Formel die Stadt vom Haus bis zum Mobiliar bestimmte* (S. 24). Sie folgt *dem aktuellen Paradigma von ›Struktur und Ereignis‹: Die ›Struktur‹ ergibt sich aus einer Gruppe von Großbauten. Das ›Ereignis‹ bilden die individuellen Auftritte der kleineren MarkenPavillons* (S. 24). Wie immer der Städtebau der klassischen Moderne auch ausgesehen haben mag und der der Postmoderne wohl aussehen wird, die reale Stadtentwicklung scheint sich gänzlich anderen Anforderungen gegenübergestellt zu sehen als die Autostadt in Wolfsburg. Ob die Autostadt einen konstruktiven oder kreativen Beitrag zur Stadtentwicklung zu leisten vermag, gilt es abschließend zu prüfen.

3. ERLEBNISRAUM STADT - INTEGRATIVE PERSPEKTIVEN ENTDECKEN

Rundgang und Analyse haben es gezeigt: die Autostadt in Wolfsburg ist weder eine Stadt noch ein Stadtteil im eigentlichen Sinn. Ihr fehlen die wesentlichen Merkmale, besonders die der Öffentlichkeit und der Zentralität. Die Autostadt ist einseitig auf die Kategorien Erlebnis und Ereignis zugeschnitten. Sie ist somit kein Ort, an dem Menschen zusammenkommen, um dort etwa zu arbeiten oder zu wohnen. Die Autostadt greift lediglich einen Aspekt, den Erlebnisaspekt, heraus, der aus ihrer Sicht für die Stadt bzw. ihr Bild in der Öffentlichkeit wichtig ist. Ob sie dabei mit ihrem Gesamten-

---

[8] So abschließend SENNETT, Richard: *Fleisch und Stein*: Der Körper und die Stadt in der westlichen Zivilisation, Berlin 1995, 464.

semble von Hauptgebäuden und Pavillons wirklich städtebauliche Akzente zu setzen vermag, die zukunftsweisend in einem bedeutend größeren Rahmen verwirklicht werden könnten, scheint zweifelhaft. Welche Stadtplanung wird sich schon darauf einlassen können, Großbauten an den Stadtrand zu verbannen und im Zentrum kleine Erlebnispavillons anzusiedeln? Die Stadt als solche hat bedeutend mehr Problemlagen zu bewältigen als die Besucherströme von ein paar tausend Gästen pro Tag. Wenngleich die Autostadt auch keine Stadt ist, so ist nunmehr zu überlegen, ob sie nicht trotzdem wichtige Themen aufgreift, die für eine zukünftige Stadtentwicklung von impulsgebender Bedeutung sind. Sicherlich ist die Autostadt auf Automobilität fixiert. Damit ist unweigerlich die Frage der Mobilität angesprochen. Sie dürfte sich als eine zentrale Zukunftsfrage der Stadtplanung erweisen. Darüber hinaus ist zu schauen, wie der Umgang mit Umweltressourcen gestaltet werden soll. Das Stichwort Nachhaltigkeit nimmt nicht nur die Politik in die Pflicht, sondern gleichermaßen die Wirtschaft. Auch von deren inhaltlichen Beiträgen ist eine auf Nachhaltigkeit ausgerichtete Gestaltung unseres Planeten wesentlich abhängig.

Zukunftsfragen werden derzeit unter dem Leitmotiv Nachhaltigkeit diskutiert. Dem Nachhaltigkeitskonzept liegt vereinfacht gesagt die Einsicht zugrunde, daß die ökonomische, soziale und ökologische Entwicklung nicht voneinander abgekoppelt und schon gar nicht gegeneinander ausgespielt werden dürfen. Innerhalb recht kurzer Zeit ist Nachhaltigkeit zu einer Art ›Weltformel‹ avanciert, die sich insbesondere multinational agierende Unternehmen in ihr Stammbuch geschrieben haben. Diese Unternehmen haben erkannt, daß sich tragfähige Antworten auf die für das 21. Jahrhundert an Brisanz gewinnende ökologische Frage nur finden lassen, wenn wirtschaftliche und soziale Komponenten in Einklang gebracht werden. Gerade im Verkehrsbereich sind intelligente Verkehrskonzepte gefragt, die dem Individualverkehr speziell in den Städten seine Grenzen aufzeigen. Die Rede vom ›Verkehrsinfarkt‹, ›Mobilitätsstau‹ und wachsender ›Verkehrsdichte‹ signalisieren einmal mehr, daß wegweisende Konzepte auf den Tisch müssen. Eine zukunftsweisende Stadtentwicklung wird nicht umhinkönnen, die unterschiedlichen Verkehrsträger mit ihren jeweiligen Vorzügen in ihre Überlegungen einzubeziehen. Dabei gilt es, möglichst vielen Menschen ihrem Bedürfnis nach Mobilität Rechnung zu tragen. Die Mobilitätsfrage ist daher eine ganz entscheidende Teilfrage des Nachhaltigkeitsgedankens. Sie dürfte sich als eine der wesentlichen Zukunftsfragen entpuppen. Obschon das Automobil als das Sinnbild für Mobilität steht, läßt sich die Mobilitätsfrage jedenfalls nicht auf die Automobilfrage verkürzen. Die Konsequenz dieser Überlegung scheint für die Automobilkonzerne in ihrer vollen Tragweite noch gar nicht umfassend reflektiert - zumindest nicht in ihrer Außendarstellung. Soll Nachhaltigkeit auch im Verkehrswesen zu einem Synonym für zukunftsgerechten Fortschritt werden, wird man der Frage nicht ausweichen können, ob das Automobil in seiner jetzigen Form unsere Städte und Umwelt in ähnlicher Form prägen wird wie bislang. Die massive Senkung des Energieverbrauchs und eine zügige Weiterentwicklung neuer alternativer Technologien allein deuten noch nicht unbedingt auf eine umfassende Nachhaltigkeitsstrategie hin. Sie stellen lediglich gewichtige Teilaspekte dar.

Wer in der Autostadt nach intelligenten, zukunftsfähigen Verkehrskonzepten sucht, die auch andere Verkehrsträger systematisch einbinden, wird enttäuscht. Die Autostadt krankt damit in ähnlicher Weise an dem Problem, das die Expo 2000 gehabt hat. Auch ihr ist es mit ihrem anspruchsvollen Motto ›Mensch - Natur - Technik‹ kaum gelungen, zukunftsweisende, inhaltliche Impulse auf die großen Herausforderungen einer weiter zusammenwachsenden Weltgesellschaft zu geben. Die Autostadt dokumentiert lediglich die Geschichte des Automobils bis in die Gegenwart hinein, versäumt es aber wegweisende Zukunftsperspektiven aufzuwerfen und selbstkritisch zur Diskussion zu stellen. Ihr hierzu durchaus vorhandenes Potential nutzt sie - man muß sagen: leider - nicht. So ließe sich ohne größere Schwierigkeiten eine Art Zukunfts-Haus in ihr architektonisches Gesamtensemble einfügen, in dem intelligente Verkehrskonzepte dargelegt und die Vieldimensioniertheit der Mobilität entfaltet werden könnte. Darüber hinaus ließe sich in solch einem Gebäude ohne weiteres das Verhältnis von Mobilität und Automobilität inhaltlich und visionär bestimmen. Die effiziente Gestaltung von Mobilität wird gerade für die Stadtentwicklung zu einer unverzichtbaren Voraussetzung, zu der gleichermaßen die Automobilkonzerne einen konstruktiven Beitrag leisten sollten. Bislang sind solche Gedanken in der Autostadt allerdings eher Zukunftsmusik. Sie müßten eigentlich interdisziplinär vertieft werden. Der Raum reicht hier nur für eine Problemanzeige, nicht für eine Problemvertiefung. Solange jedoch die Blicke in der Autostadt auf 8- bzw. 12-zylindrige Motoren und rassige Sportwagen gelenkt werden, hat das Leitmotiv Nachhaltigkeit wenig Chancen an Boden zu gewinnen.

Die Autostadt blendet grundlegende Zukunftsfragen bislang jedenfalls weitestgehend aus. Sie ist voll und ganz auf die Erlebniswelt Auto zugeschnitten und trägt damit den Wünschen der Erlebnisgesellschaft Rechnung. Pointiert könnte man sogar sagen, daß sie für die sogenannte ›Generation Golf‹ konzipiert ist. Darf man Florian ILLIES' gleichnamigen Buch Glauben schenken, ist diese Generation in den 1980er Jahren, dem wohl langweiligsten Jahrzehnt des 20. Jahrhunderts groß geworden und zeichnet sich durch ein eher unpolitisches und gleichgültiges Verhalten aus.[9] Seine feuilletonistische Beschreibung der Kinder dieser Zeit scheint treffend in der Analyse. Was für diese Generation und vielleicht mehr noch für die nachfolgende Technogeneration zählt, ist das Erlebnis hier und jetzt. Die Stadt wird als Erlebnisraum verstanden und danach

---

9 Vgl. ILLIES, Florian: *Generation Golf*. Eine Inspektion, [9]Berlin 2000. Die Ausführungen von Illies können ohne weiteres als Problemanzeige für die Erlebnisgesellschaft herangezogen werden. Bezeichnenderweise werden als Kapitelüberschriften die Werbesprüche der Golf-IV-Kampagne ›Generation Golf‹ verwendet. Die in einem Satz auf den Punkt gebrachte Lebensphilosophie dieser Generation lautet, so Illies: »Die Suche nach dem Ziel hat sich erledigt.« (ILLIES, 197). Bei genauer Hinsicht dürfte sie sich allerdings als ein Trugschluß erweisen.

beurteilt, was sie zu bieten hat. Wer heute bspw. mit Blick auf die Ansprüche zukünftiger Generationen nach gesellschaftstragenden Werten und Zukunftsmodellen fragt, wird schnell ungewollt als Spielverderber oder Moralist abgestraft. Sicherlich ist durch die Erlebnisorientierung der zwischen 20 und 30jährigen eine Entpolitisierung und Entideologisierung von Werten vonstatten gegangen, deren gesellschaftliche Folgewirkungen nur schwer absehbar sind. Doch dürfte sich die Erlebnisgesellschaft kaum als das bestimmende und auf längere Sicht schon gar nicht als das einzige gesellschaftliche Leitbild erweisen.

Zugegeben, es ist im ›Schumizeitalter‹ äußerst schwierig, ein Problembewußtsein für die drängenden Fragen der Zeit zu schaffen. In der Autostadt finden sich hierzu zwar Ansätze, ihren wirklichen Entfaltungschancen scheint aber nur wenig Platz eingeräumt. Sowohl die bereits erwähnten Werte des VW-Konzerns Qualität, Sicherheit, soziale Kompetenz und Umweltbewußtsein als auch die Zielvorstellungen des VW-Pavillons Demokratie, Gleichheit und Gerechtigkeit wären bspw. unter dem Vorzeichen der Nachhaltigkeit auf ihre Glaubwürdigkeit, Wirkmächtigkeit und wechselseitige Bezogenheit zu befragen.[10] Zukunft werden auf Dauer wohl nur diejenigen Erlebniskomplexe haben, die sich den wachsenden gesellschaftlichen Herausforderungen mit Inhalten und Visionen stellen. Gerade wenn sie sich bewußt den Stadtbegriff aneignen und auf die damit verbundenen Ansprüche konstruktiv eingehen wollen, ist zu überlegen, wie spaßorientierter Erlebnisraum und zukunftsweisendes Stadtkonzept in ein kreatives Beziehungsverhältnis gesetzt werden können. Es geht dabei nicht unbedingt um die Frage, wie die Stadt der Zukunft auf dem Reißbrett aussehen könnte, sondern vielmehr darum, unter welchen Gesichtspunkten Städte realiter Zukunft haben. Hier sind konzeptionelle Ausblicke zu eröffnen, die vor allem die Integrationskraft von Städten in der Moderne skizzieren und nicht neue Grenzen unter dem Deckmantel des Stadtbegriffs ziehen.

10 Mit Blick auf die Mobilitätsfrage sind ebenso ihre Schattenseiten zu beleuchten. Zu den Opfern der Mobilität zählen nicht nur die Verkehrstoten, die mittlerweile eher beiläufig Jahr für Jahr von der Statistik beklagt werden, sondern auch die unzähligen Opfer von Verkehrsunfällen, die dauerhaft geschädigt sind oder über lange Zeiträume an den Unfallfolgen zu leiden haben. Ferner sind all diejenigen zu thematisieren, die aus was für Gründen auch immer an der mobilen Gesellschaft nicht teilhaben können.

Angelika SCHLANSKY

FUSSGÄNGERVERKEHR

ZUR FÖRDERUNG DER STRAẞE ALS LEBENSRAUM

1. VORWORT

Der Fußgängerverkehr erlebt derzeit eine Renaissance, weniger in Deutschland, mehr in anderen europäischen Ländern. Die Schweizer Regierung sieht im Fußgängerverkehr einen bedeutenden Faktor zur Entlastung des Verkehrsgeschehens.[1] In Großbritannien ist es vor allem das Gesundheitsministerium, das in der Förderung des Fußgängerverkehrs eine Möglichkeit sieht, die Kosten für das staatliche Gesundheitswesen zu senken.[2] In Dänemark ist nach dem Ölschock der 70er Jahre und der darauffolgenden Politik zur Minderung der Abhängigkeit vom Automobil viel zur Förderung des Fußgängerverkehrs unternommen worden – mit Erfolg für die Gestalt der Innenstädte.

In Deutschland hat der Fußgängerverkehr im Zuge des »immer schneller und immer weiter« der letzten Jahre abgenommen.

Angesichts der Tatsache, dass bei der Automobilisierung ein gewisser Sättigungsgrad erreicht ist, und im Grunde »nichts mehr geht«, schon gar nicht in den Städten, lohnt es sich, dem Fußgängerverkehr - der natürlichsten, und wenn man so will, der gottgegebenen Fortbewegungsart des Menschen - mehr Aufmerksamkeit zu widmen.

Im Folgenden werden zunächst die Hindernisse beleuchtet, die den Fußgängern buchstäblich im Weg stehen.

2. HINDERNISSE FÜR DEN FUSSGÄNGERVERKEHR

2.1. *Der Gehweg – geschützter Raum ?*

Die Fläche der Bürgersteige - ursprünglich gedacht als gesicherter Raum ausschließlich für Fußgänger[3] - wurde im Zuge der Automobilisierung der letzten 50 Jahre zugunsten von Parkstreifen, Parkbuchen und Radwegen nach und nach verschmälert. Die Mindestgehwegbreite von 1,50 m ist in Planerkreisen zur Standardbreite geworden, egal, ob es sich um eine Geschäftsstraße oder Wohnstraße handelt.

---

1 *Leitbild Langsamverkehr, Entwurf,* Eidgenössisches Departement für Umwelt, Verkehr, Energie und Kommunikation, 2002.

2 *making* T.H.E. *links*, Health Education authority, London, 1999

3 Radwege für Radfahrer, Fahrbahnen für Kraftfahrzeuge (Reichsverordnung 1934)

Eine benutzbare Gehwegbreite von 1,50m ist der Raum, in dem ein einzelner Mensch bequem gehen kann. Zu zweit nebeneinander zu gehen und wohlmöglich noch einem Dritten ohne Ausweichmanöver zu begegnen, ist bei dieser Breite nicht möglich.

Fußgänger sind nicht die einzigen Nutzer der Bürgersteige: Geschäftsleute plazieren hier ihre Auslagen und Stelltafeln, Radfahrer benutzen diesen Raum und klingeln häufig auch noch die Fußgänger weg, Autofahrer mißbrauchen den Bürgersteig zum aufgesetzten Parken.

In den neuen Empfehlungen für Fußverkehrsanlagen[4] ist zwar das Mindestmaß von 1,50m Gehwegbreite auf 2,10m angehoben; erst die Praxis wird zeigen, ob diese »Minimalausstattung« nicht abermals von den Straßenplanern als »Grundausstattung« mißinterpretiert wird.

2.2. *Der ruhende Verkehr*

Der Bau von Parkplätzen, Parkhochhäusern, Stellplätzen und Garagen war kein wirksames Mittel gegen das Abstellen des Autos im öffentlichen Raum. Der ehemals verpönte »Laternenparkplatz« ist zum Normalfall geworden, und darüberhinaus wird häufig zum Schutz des Autos aufgesetzt auf dem Bürgersteig geparkt. Tagsüber lichten sich die Reihen der in den Wohnstraßen parkenden Autos zwar, aber man kommt - vor allem mit Kinderwagen und als Rollstuhlfahrer - oft dennoch »nicht durch«. Vereinzelt falsch parkende Autos entwerten die Bürgersteige auch tagsüber für den Fußgängerverkehr. Ebenso hinderlich sind am Zaun oder an der Straßenlaterne angeschlossene Fahrräder.

2.3. *Andere Hindernisse im Gehwegbereich*

Der Raum und damit die Bewegungsfreiheit wird auch durch fest installierte Anlagen eingeengt, wie Verkehrsschilder und Straßenlaternen.

Ein weiteres Hindernis sind die hohen Bordsteine. Bordsteinabsenkungen gehören zwar in Kreuzungsbereichen mittlerweile zum Standard, nicht jedoch an Stellen mit Zielen auf der gegenüberliegenden Straßenseite, wie einem Supermarkt oder Einmündungen von Nebenstraßen.

Vorgartengrün kann für den Fußgängerverkehr hinderlich sein, wenn es den Gehwegbereich zu sehr beansprucht: Ausladende Hecken schränken den Bewegungsraum ein, überhängende Äste irritieren und belästigen vor allem Menschen mit Sehschwierigkeiten und eingeschränkter Beweglichkeit.

Die Nutzungsvielfalt und der Platzmangel auf den »Mehrzweckstreifen« Bürgersteig hindert Fußgänger daran, ungestört und sicher zumindest diesen Raum zur bequemen Fortbewegung in der Stadt zu nutzen.

---

4 Siehe Empfehlung für Fußverkehrsanlagen EFA 2002

2.4. *Kreuzungsbereiche*

Obwohl es laut StVO untersagt ist, 5,0m vor Kreuzungen zu parken, hält sich kaum ein Autofahrer daran. Querungswillige Fußgänger haben nicht einmal in diesen Bereichen eine ausreichende Sichtfreiheit auf das Verkehrsgeschehen. Dies gilt insbesondere für Kinder, die kleiner sind als ein Automobil hoch.

2.5. *Die Übergeordneten Strassen*

Die übergeordneten Straßen beeinträchtigen den Fußgängerverkehr in doppelter Hinsicht. Zum einen sind sie wegen der Menge des Kfz-Verkehrs für Fußgänger unwirtlich – kaum einer mag länger an einer Hauptverkehrsstraße entlanggehen, zum anderen sind diese Straßen kaum zu überqueren. Die Priorisierung der »Sicherheit und Leichtigkeit des öffentlichen Verkehrs«[5] hat dazu geführt, dass es an Hauptverkehrsstraßen kaum Querungshilfen gibt. Der Fußgängerverkehr als Teil des öffentlichen Verkehrs wird nicht entsprechend seiner Wertigkeit bei der Verkehrsplanung berücksichtigt.

Bei der Beurteilung der Straßen auf Eignung für den Fußgängerverkehr spielen viele Faktoren eine Rolle. Um sie zu erkunden, ist es sinnvoll, von der Wahrnehmung und den Bedürfnissen des Fußgängers auszugehen, sozusagen als Gegengewicht gegen die von Verkehrs- und Stadtplanern jahrzehntelang praktizierte »Windschutzscheibenperspektive«.

3. DIE WAHRNEHMUNG DES FUSSGÄNGERS

Fußgänger nehmen gegenüber allen anderen Verkehrsteilnehmern ihre Umgebung am intensivsten wahr. Schon das Sichtfeld der Fußgänger ist im Vergleich zu dem Sichtfeld anderer Verkehrsteilnehmer am größten, es wird nicht durch hohe Geschwindigkeit eingeengt. Die Sinnesorgane sind nicht durch den Fahrtwind, einen Helm oder ein (schallisoliertes) Gehäuse von vielen Eindrücken der Umgebung abgeschirmt. Der Fußgänger ist »nur« Mensch und als solcher im Prinzip am intensivsten mit seiner jeweiligen Umgebung verbunden.

Die Wahrnehmungen beziehen sich auf:

Geräusche
Verkehrslärm, Musik, Gespräche, spielende Kinder, Hundegebell, Vogelgezwitscher

Luft, Wetter
Geruch, Temperatur, Luftbewegung, Sonne, Regen, Schnee

---

5 »Hauptaufgabe der StVO ist es, die Sicherheit und Leichtigkeit des öffentlichen Verkehrs zu gewährleisten.« StVR, Einführung. Beck-Texte im dtv, 1995

Anblick
Menschen, Architektur, Verkehr, Geschäfte, städtisches Grün, Skulpturen, Wasser, Muster auf dem Bürgersteig

Körpergefühl
Räume, Sicherheit, Bewegungsfreiheit, angenehme stolperfreie Gehfläche, Sitzgelegenheiten, Schutz vor Witterung

die vier Jahreszeiten
Fußgänger, vor allem Kinder sind wohl die einzigen Verkehrsteilnehmer, die z.B. den Schnee als angenehm empfinden und nicht in erster Linie als Verkehrshindernis

Was also würde den Fußgängerverkehr fördern?

4. FÖRDERLICHES FÜR DEN FUSSGÄNGERVERKEHR

4.1. *Wohnstrassen*

Fußgängerverkehr beginnt vor der eigenen Haustüre.

Obwohl auch an Hauptverkehrsstraßen viele Menschen wohnen, werden nur jene Nebenstraßen als Wohnstraßen bezeichnet, die ein geringes Verkehrsaufkommen haben. Man könnte denken, dass »Spielstraßen« den Belangen des Fußgängerverkehrs entgegenkommen. Kann sich der Fußgänger hier tatsächlich sicherer fühlen?

Spielstraßen sind in der Straßenverkehrsordnung eindeutig definiert. Sie sind niveaugleich – es gibt hier also keinen Gehweg mehr. Fußgänger dürfen die Straße in ihrer ganzen Breite benutzen. Kinderspiele sind überall erlaubt. Der Fahrzeugverkehr muß Schrittgeschwindigkeit einhalten. Ein besonderes Verkehrszeichen weist die Autofahrer darauf hin, dass es sich bei dieser Straße um eine Spielstraße handelt. Das klingt zunächst positiv.

Zwar dürfen hier die Fahrzeugführer die Fußgänger weder gefährden noch behindern; wenn nötig, müssen sie warten. Andererseits dürfen die Fußgänger aber auch den Fahrverkehr nicht unnötig behindern. Auch in Spielstraßen wird von vielen Autofahrern das Tempolimit ignoriert. Wer gewinnt also dabei?

Wenn Eltern Spielstraßen fordern, werden sie mit dem Argument der hohen Kosten (niveaugleiche Pflasterung) abgewiesen. Aber das meinen die Eltern nicht!

Viel einfacher und kostengünstiger wäre eine Regelung, die es auf Wunsch der Bewohner ermöglicht, zeitweise - wenn die Kinder klein sind - einen bestimmten Bereich einer Wohnstraße z.B. am Nachmittag von parkenden Autos frei zu halten.

Solch eine Regelung erlaubt das Gesetz zur Sicherung des Straßenverkehrs[6] nicht.

Die Zeiten haben sich geändert, und die Vorschriften und Gesetze auch. »Genügten im Zeitalter der Pferdedroschke und des Ochsen- oder Eselkarrens noch weitgehend Ortssatzungen und Stadtrechte, um etwa ›gefährliches Rasen‹ in den Gassen oder Belästigungen der Anwohner und Fußgänger durch Verschmutzungen, Lärm und Staubaufwirbelungen zu unterbinden, so erforderten die Erfindungen des Otto-Motors und der anschließend von Daimler und Benz konstruierten Kraftfahrzeuge kurz vor der Jahrhundertwende ein umfassendes Einschreiten des Gesetzgebers, um den von diesen Maschinen ausgehenden Gefahren und schädlichen Auswirkungen auf die Umwelt wirksam begegnen zu können.«[7]

Die Straßenverkehrsbehörde erlaubt derartige Spielstraßen nicht, mit dem Argument der »Sicherheit der Kinder.« Dabei ist diese auch in offiziellen Spielstraßen nicht garantiert. In beiden Straßenarten müssen die Eltern auf ihre Kinder aufpassen.

Das Spielen auf der Straße findet auch in normalen Wohnstraßen statt. Zum Zeichen für die Autofahrer platzieren Eltern gut sichtbar liegende Roller oder/und »Spielstraßenschilder« an Straßenlaternen. Diese sind weder zugelassen noch verboten.

Und die Fußgänger haben sich angewöhnt, in vielen Wohnstraßen auf der Fahrbahn zu gehen. Das veränderte Verkehrsverhalten und andere Ansprüche an die Wohnstraßen erfordern neue gesetzliche Regelungen.

4.2. *Lebendige Geschäftsstrassen*

Fußgängerverkehr hat die »größte Brieftaschendichte«.[8] Nichts ist für das Geschäft förderlicher als die Berücksichtigung der Belange von Fußgängern. Das zeigen Stadtteilfeste am deutlichsten. Gute Geschäftsstraßen zeichnen sich nicht nur durch ein abwechslungsreiches, kleinteiliges Angebot mit interessanten Schaufenstern und kundenfreundlichem Verhalten der Geschäftsbetreiber aus, sondern auch durch ein Straßenambiente, das die zu Fuß gehenden Menschen anspricht, wie Bäume, Bänke und passende Laternen. Nicht Parkplätze und Parkhäuser in der Innenstadt ziehen die Kunden an, sondern die Qualität und Lebendigkeit eines Quartiers einer Stadt ist ausschlaggebend dafür, ob Menschen von außerhalb eine Stadt ansteuern oder nicht. Für ein lohnendes Ziel sind sie auch bereit, vom Parkplatz aus längere Wege zu Fuß zurückzulegen[9].

---

6 Durch das Grundgesetz im Jahr 1952 Bundesrecht geworden

7 *Straßenverkehrsrecht*, Einführung, Beck-Texte im dtv, 1999

8 Siehe auch: Hermann KNOFLACHER: *Fußgänger sein - Fussgänger bleiben*, in: *Fußgängerfreundliche Stadt- und Verkehrsplanung*, Tagungsband, 1995

9 siehe: *Erreichbarkeit innerstädtischer Einzelhandels- und Dienstleistungsbereiche* – untersucht am Beispiel der »Fußgängerfreundlichen Innenstadt Aachen«, Universität Bayreuth, 1995

Breite Bürgersteige sind in Geschäftsstraßen von ganz besonderer Bedeutung. Nicht nur, dass die Geschäfte genügend Platz für ihre Auslagen, Tische und Stühle haben - Fußgänger sollten zumindest hier auch problemlos zu zweit nebeneinander gehen können, nur so macht Paaren das Bummeln Spaß. Zwei sich begegnende Paare benötigen eine mindestens 3,50m breite, hindernisfreie »begehbare« Fläche.

4.3. *Quartiersplätze*

Fußgänger brauchen Attraktionen und Ziele in fußläufiger Entfernung, die ihnen die Möglichkeit gibt, hier auch zu verweilen.

Bei ansprechender Gestaltung bewohnergerechter Infrastruktur können Quartiersplätze eine besondere Bedeutung für die Kommunikation und Versorgung in der engeren Nachbarschaft haben. Ein Beispiel aus Bremen: Der Brommyplatz im Ortsteil Peterswerder. Hier treffen sich in der Grünanlage regelmäßig die Nachbarn zum Boulespielen. Auch Kinder können hier spielen. Es gibt genügend Bänke, von denen aus man das Geschehen beobachten kann – von Vorteil insbesondere für ältere Menschen. Die Grünanlage ist eingezäunt - ein Appell an die Hundehalter, ihre Hunde woanders auszuführen. Das funktioniert.

An diesem Platz befindet sich eine Straßenbahnhaltestelle, ein Zeitungskiosk, eine Apotheke und mehrere Restaurants. Eine Schule gibt es hier auch. Wäre hier noch ein Lebensmittelgeschäft, wäre der Quartiersplatz im Sinne eines Modells aus der Schweiz perfekt. Hier gibt es die Überlegung, zur Minimierung der Verkehrs- und Umweltprobleme die Stadt in kleine Bereiche mit Quartierszentren einzuteilen.[10]

Quartiersplätze können Knotenpunkte in einem städtischen Fußwegenetz bilden. Im Stadtteil Peterswerder ließe sich der Brommyplatz gut in ein solches integrieren[11].

4.4. *Fusswegenetz*

Wie jede andere Verkehrsart, so ist auch der Fußgängerverkehr auf ein Wegenetz angewiesen. Auch Fußgängerverkehr muß reibungslos funktionieren und »fließen« können. Er benötigt dazu:

~ technisch einwandfreie Wege mit gut benutzbarer Oberfläche
~ angenehme Wege mit ausreichender Breite
~ kurze Wegeverbindungen
~ Querungshilfen
~ Sitzgelegenheiten und Servicestationen

---

10 BOESCH,H., 1992: *Die Langsamverkehrsstadt.* Bedeutung, Attraktion und Akzeptanz der Fußgängeranlagen. Eine Systemanalyse; Zürich:ARF. Aus »VERKEHRSZEICHEN« 3/95, S.10

11 siehe auch: Angelika SCHLANSKY: *Zu Fuß im Stadtteil* – Studie zum Fußgängerverkehr am Beispiel Östliche Vorstadt – Bremen, 1996.

Gepflegte und freie Bürgersteige in den Wohnstraßen sind die feinsten Verästelungen dieses Netzes. Sie sind die »Zubringer« für die Quartiersplätze (Einkaufen, Haltestellen, Schulen) und Geschäftsstraßen. Diese wiederum könnten Teil der übergeordneten Fußwegeachsen sein. Nach Londoner Vorbild ist anzustreben, das gesamte Stadtgebiet mit einem Fußwegenetz (Greenways) zu überziehen.[12] Auf die Art könnten auch Wege zur Arbeit, zur Schule als tägliches Training zu Fuß - ungestört und sicher - zurückgelegt werden.

4.5. *Öffentlicher Personen-Nahverkehr (ÖPNV)*

Ein gut funktionierender Öffentlicher Personen-Nahverkehr bildet in jeder größeren Stadt das Grundgerüst für die Förderung des Fußgängerverkehrs und – durch Minderung des Parkdrucks – eine Voraussetzung für die Flächengewinnung für andere Nutzungen der City:
Will man die Leistungsfähigkeit und Akzeptanz des ÖPNV steigern, muß das Netz und der Takt verdichtet werden. ÖPNV muß sich auch auf das Umland ausdehnen.

Ein gutes Beispiel dafür ist »das Karlsruher Modell«, nach dem auch das Bremer Nahverkehrsnetz gestaltet werden soll. In Karlsruhe sind die komfortablen Straßenbahnen so ausgestattet, dass sie auch auf Eisenbahngleisen fahren können. Straßenbahngleise und DB-Gleise sind miteinander verknüpft. Fahrgäste gelangen ohne Umsteigen am Bahnhof in das städtische Umland und in die Vororte. So sind auch Freizeitausflüge ohne Auto möglich. Für Pendler verkürzt sich die tägliche Reisezeit. Sie kommen in einer kalkulierbaren Zeit staufrei ans Ziel.

5. RADVERKEHR

Das Fahrrad ist neben den Füßen das umweltfreundlichste und stadtverträglichste Verkehrsmittel. Die Förderung des Fahrradverkehrs kommt hinsichtlich der Entlastung der Straßen von Lärm und Abgasen dem Fußgängerverkehr zugute.

Fußgänger- und Radverkehr sind durch die Ausweitung der Verkehrsflächen für den MIV[13] miteinander in Konflikt geraten. Die Radfahrer selbst sind daran interessiert, dass der Radverkehr wieder auf die Fahrbahn verlegt wird. Dies wäre durch Fahrbahnmarkierungen auf den meist überbreiten Hauptverkehrsstraßen problemlos herzustellen. Der Vorteil wäre neben dem schnelleren Vorankommen für Fahrradfahrer auch deren bessere Sichtbeziehung zu den Autofahrern, und die Fußgänger hätten ihren Bürgersteig wieder für sich.

---

12 Walking – Making It Happen. London Walking Forum, 2000. Diese Greenways sind allen nichtmotorisierten Verkehrsteilnehmern vorbehalten (Fußgänger, Radfahrer, Skater, Reiter) und sind so angelegt, dass sie das Hauptverkehrsstraßennetz kaum tangieren.

13 MIV = Motorisierter Individual-Verkehr

Grundsätzlich ist darauf zu achten, dass Radwege und Fußwege getrennt gehalten werden, da die Geschwindigkeiten und Anforderungen an Belag und Verlauf teilweise sehr unterschiedlich sind. Bürgersteige sollten für Radfahrer und parkende Fahrräder tabu sein.

6. CAR-SHARING

Der Pkw hat für gewisse Zwecke eindeutige Vorteile gegenüber anderen Verkehrsmitteln. Das betrifft folgende Bereiche:

~ Transport von Haus zu Haus
~ Transport von sperrigen Arbeitsgeräten und Montageteilen für Gewerbe-treibende zur Ausübung ihres Berufes
~ »mit Gepäck zum Bahnhof«
~ Beförderung von Behinderten, Kranken
~ Transport von schweren Einkaufsgütern

Dies sind mehr oder weniger Ausnahmefälle. Zur Entlastung der Städte und zur Gewinnung wertvollster städtischer Flächen ist anzustreben, den »nicht notwendigen« Kfz-Verkehr weitestgehend auf andere Verkehrsmittel zu verlagern, damit der fahrende Verkehr reduziert und der ruhende Verkehr auf ein stadtverträgliches Maß begrenzt werden kann.

Eine gute Möglichkeit, den ruhenden Verkehr in der Stadt zu reduzieren, und dennoch den Komfort der Benutzung eines Pkws beizubehalten, ist das Car-Sharing.

Ein Car-Sharing-Auto kann von 6 bis 10 Personen benutzt werden. Dieser Personenkreis benötigt also nur 1 Parkplatz, und diesen selten, da solch »geteiltes« Fahrzeug meistens unterwegs ist. Ein privater Pkw ist im Schnitt 23 Stunden am Tag ein »Stehzeug«.[14] Car-Sharing funktioniert am besten in dicht bebauten Stadtteilen mit kurzen Wegen und einem guten Nahverkehrsangebot.

Viele Kommunen haben den Nutzen von Car-Sharing erkannt. In Hagen z.B. werden bei Bedarfsnachweis durch die Car-Sharing-Organisationen von der Stadt zentral gelegene, gut beleuchtete und an den Nahverkehr angebundene Stellplätze kostenlos zur Verfügung gestellt.[15] Allerdings handelt es sich dabei um Grundstücke im Besitz der Stadt, also nicht um öffentlichen Raum. Die Unterbringung von Standplätzen für Car-Sharing-Pkws ist derzeit nach StVO nicht möglich. Von den Car-Sharing-

14 BSAG: *Mobilitätsverhalten in Bremen*, 1991: Bremerinnen und Bremer fahren ihren (privat zugelassenen) Pkw durchschnittlich 41 Minuten am Tag.

15 aus: *Untersuchung der Eignung von Car-Sharing im Hinblick auf Reduzierung von Stadtverkehrsproblemen*, erstellt im Auftrag des Bundesministers für Verkehr, 1994

Organisationen wird eine Gleichstellung mit den Reservierungsmöglichkeiten von Teilen des Straßenraumes für Taxen und Behindertenfahrzeuge gefordert.

7. RECHTE DER FUSSGÄNGER

»Unnützes Hin- und Herfahren ist innerhalb geschlossener Ortschaften verboten, wenn andere dadurch belästigt werden« (§ 30, Abs.1 StVO). Das »unnütze Hin- und Herfahren« ist in der StVO nicht näher definiert: Die Fahrt zum nahegelegenen Bäkker ist jedenfalls nicht verboten!

Unzulässig ist das Parken auf Gehwegen, wenn es nicht durch das Verkehrsschild 315 erlaubt ist. Dennoch wird in den meisten Straßen auch ohne dieses Zeichen aufgesetzt auf den Gehwegen geparkt.

Das Parken vor Bordsteinabsenkungen und vor Kreuzungen und Einmündungen bis zu 5.0m ist ebenfalls verboten (§ 12 StVO). Aber kaum einer hält sich daran.

»Fußgänger müssen die Gehwege benutzen. Auf der Fahrbahn dürfen sie nur gehen, wenn die Straße weder einen Gehweg noch einen Seitenstreifen hat.«

»Fußgänger haben Fahrbahnen unter Beachtung des Fahrzeugverkehrs zügig auf dem kürzesten Weg quer zur Fahrbahn zu überschreiten, und zwar, wenn die Verkehrslage es erfordert, nur an Kreuzungen oder Einmündungen, an Lichtzeichenanlagen innerhalb von Markierungen oder auf Fußgängerüberwegen«[16]

Rechtlich und real werden die Straßen vom Kfz-Verkehr dominiert. Der Fußgängerverkehr wird in einer Weise geregelt, dass er dem Kfz-Verkehr so wenig wie möglich »in die Quere« kommt. Von einer Förderung des Fußgängerverkehrs per Gesetz kann in Deutschland (noch) nicht gesprochen werden.

8. VERKEHRSPOLITIK

Das Europäische Parlament hat 1988 die Europäische Charta für Fußgänger beschlossen. Danach hat jeder europäische Staat die Pflicht, durch bestmögliche Mittel detaillierte Informationen über die Rechte der Fußgänger und über humane und umweltfreundliche Verkehrsalternativen zu verbreiten; auch in der Schul- und Vorschulerziehung[17].

In **Großbritannien** hat die Regierung 1998 das »White Paper On Integrated Transport« herausgebracht und damit das Signal für einen grundsätzlichen Richtungswechsel in der Verkehrspolitik gegeben. Die Gemeinden sind nun berechtigt und sogar

16 Zitat aus StVO, §25

17 *Charta für Fußgänger*, Straßburg 1988, siehe Anhang

verpflichtet, Maßnahmen zu ergreifen, die den Umweltverbund stärken. Dazu gehört auch die Förderung des Fußverkehrs. Wie wir gesehen haben, bildet der ruhende Verkehr eine starke Einschränkung der Bewegungsfreiheit von zu Fuß gehenden Menschen. In Großbritannien wird nun in den meisten Gemeinden das Parken geregelt. Im Badeort Brighton wird das illegale Parken in einer Weise sanktioniert, die es ermöglicht, nicht nur die Gehälter des Überwachungspersonals zu finanzieren, sondern auch Verbesserungsmaßnahmen für den Fußgängerverkehr, wie Querungshilfen an Hauptverkehrsstraßen, Sitzgelegenheiten und Neupflasterungen durchzuführen.

Das englische Gesundheitsministerium arbeitet eng mit dem Verkehrsministerium zusammen. Zur Reduzierung der kostenintensiven Zivilisationskrankheiten sollen die Menschen ermutigt werden, jeden Tag mindestens 30 Minuten zu Fuß zu gehen. Eine Grundvoraussetzung dafür ist eine qualitativ hochwertige Fußverkehrsinfrastruktur.

In der *Schweiz* erleichtert seit 1985 das »Geh- und Wanderwegegesetz« die Mobilität der Fußgänger und stärkt ihre Rechte. Dieses Gesetz bezweckt die Planung, die Anlage und die Erhaltung zusammenhängender Fuss- und Wanderwegenetze. »Fusswegenetze erschließen und verbinden insbesondere Wohngebiete, Arbeitsplätze, Kindergärten und Schulen, Haltestellen des öffentlichen Verkehrs, öffentliche Einrichtungen, Erholungsanlagen sowie Einkaufsläden.«[18]

In *Dänemark* hat der Ölschock der 70er Jahre eine Stadtentwicklungs- und Verkehrspolitik bewirkt, die den Abbau der Abhängigkeit vom Automobil zum Ziel hatte. Von den Auswirkungen dieser Politik auf die Qualität der Städte profitiert der Fußgängerverkehr: Vormalige Parkplätze sind nun begehrte Uferstraßen, die zum Promenieren und Verweilen einladen.

Es ist notwendig, die Ziele der Verkehrspolitik auch in Deutschland zu revidieren, damit sich der Fußgängerverkehr als belebendes Element in unseren Städten wieder erholen kann.

Zum Schluss noch einmal eine schematische Zusammenfassung der positiven Auswirkungen der Förderung des Fußgängerverkehrs auf unterschiedlichste Bereiche.

9. ZUSAMMENFASSUNG

Tägliches Gesundheitstraining

Die Gesundheit und das Wohlbefinden kann durch das tägliche Training durch Wege zu Fuß gesteigert werden. Kinder erhalten ihre Bewegungsfreiheit auf dem Weg zur Schule und für Freizeitaktivitäten zurück, die sie für eine gesunde Entwicklung und ihr Selbstbewußtsein dringend brauchen.

---

18 Bundesgesetz über Fuss- und Wanderwege (FWG), Schweiz, 4.10.1985

Fitness für Ältere

Freie Bürgersteige mit glatten Oberflächen und ausreichender Breite erhöhen den Komfort und die Sicherheit beim Gehen, insbesondere für ältere Menschen. Die Stürze vermindern sich; gerade älteren Menschen helfen tägliche Wege zu Fuß, sich ihre Fitness und Unabhängigkeit bis ins hohe Alter zu sichern.

Verschönerung und Sicherung des Wohnbereichs

Zur Verschönerung des Wohnbreiches gehören freie und gepflegte Wege, Sitzgelegenheiten, Straßengrün und Quartiersplätze. Je schöner und bequemer das Wohnumfeld, desto mehr Menschen sind unterwegs, desto stärker wächst das Verantwortungsgefühl für das eigene Viertel.

Förderung von Nachbarschaften

Je weniger ruhender und fließender Verkehr sich in den Wohnstraßen befindet, desto eher ist es möglich, sich hier aufzuhalten, zu spielen. Das bringt Kinder und Eltern zusammen. Einsame Menschen können sich am Straßenleben beteiligen und sich als Teil der Gesellschaft fühlen, auch ohne Organisationsaufwand. Straßenfeste vermitteln dieses von allen vermisste und verkümmerte Gemeinschaftsgefühl.

Mehr Mobilität für alle

Die gute Erreichbarkeit von Schule, Arbeit, Einkaufen und Erholungsmöglichkeiten ohne Auto ist für viele Menschen, vor allem für Frauen, ein wichtiges Kriterium für die Wohnortwahl. Die kompakte Stadt ist das »beste Verkehrsmittel« und auch das sozial- und umweltverträglichste.

Steigerung des Sicherheitsgefühls

Ein hohes Fußgängerverkehrsaufkommen erhöht die soziale Kontrolle; dadurch wird Überfällen und Vandalismus entgegengewirkt, das Sicherheitsgefühl wird durch die Menge der anderen zu Fuß gehenden Menschen gestärkt.

Stärkung des Einzelhandels

Eine Steigerung des Fußgängerverkehrs bewirkt eine Stärkung und Entwicklung der Geschäfte in Nebenzentren, und umgekehrt.

Kostenersparnis für die Gemeinde

Die Kosten für die Maßnahmen zur Förderung des Fußgängerverkehrs sind im Vergleich zu Baumaßnahmen für den Kfz-Verkehr gering. Der Bau zusätzlicher Straßen und Parkhäuser kann durch die systematische Förderung von Radverkehr, Fußverkehr und ÖPNV eingeschränkt werden. Die Gemeinden sparen Geld für die Unterhaltung der Straßenverkehrsinfrastruktur und für die Folgen von Verkehrsunfällen.

10. ANHANG: ENTSCHLIESSUNG ZUM SCHUTZ DER FUSSGÄNGER UND ZUR EUROPÄISCHEN CHARTA FÜR FUSSGÄNGER

Das Europäische Parlament,

A. in der Erwägung, daß den Problemen der städtischen Ballungsgebiete im 4. Aktionsprogramm der EG für den Bereich der Umwelt eine wachsende Bedeutung beigemessen wird; unter Hinweis darauf, daß der Schutz des Fußgängerverkehrs wirksam zum Wohlergehen der Bürger, zur Wiederaufwertung der Ballungsgebiete und zur Erhaltung der geschichtlichen und städtebaulichen Werte sowie der Umwelt beitragen kann,

B. in der Erwägung, daß jeder einmal Fußgänger ist und der Fußgängerverkehr in Stadtgebieten einen erheblichen Anteil am Verkehrsaufkommen hat (zwischen 25 und 45%) und vor allem die schwächsten Verkehrsteilnehmer umfaßt (Kinder, ältere Menschen),

C. in der Erwägung, daß Fußgänger in jeden 3. tödlichen Verkehrsunfall verwikkelt sind und daß fast die Hälfte der Todesfälle bei Kindern auf solche Unfälle zurückzuführen ist,

D. in der Erwägung, daß die zahlreichen Verkehrsunfälle zum überwiegenden Teil auf zu schnelles Fahren zurückzuführen sind,

E. in der Erwägung, daß die gesellschaftliche Ideologie »Priorität für den Autoverkehr auf allen Gebieten«, die Stadtstruktur, den Straßenzustand, und die Flut von Privatfahrzeugen die Bewegungsmöglichkeiten der Fußgänger einschränken und die schwächsten Verkehrsteilnehmer, insbesondere Behinderte und Schwerbehinderte, die einen erheblichen Teil der europ. Bevölkerung ausmachen, von der Nutzung der öffentlichen Verkehrswege ausschließen,

F. in der Erwägung, daß der wachsende Anteil von älteren Menschen an der Bevölkerung das Problem des Schutzes der Fußgänger sowohl in quantitativer wie qualitativer Hinsicht verschärfen wird,

G. in der Erwägung, daß in den Städten, vor allem in den historischen Stadtkernen und in Industriegebieten, die Fußgänger wegen der hohen Luftverschmutzung und Lärmbelastung untragbaren Fortbewegungsbedingungen ausgesetzt sind und daß die Kinder diejenigen Fußgänger sind, die den Autoabgasen, vor allem Blei, am stärksten ausgesetzt und von Gehörschäden und Schädigungen des vegetativen Nervensystems aufgrund ihrer Gestalt und ihrer physischen Anfälligkeit am stärksten bedroht sind,

H. in der Erwägung, daß die Fußgängerzonen gegenüber den Bebauungsflächen und den Autoverkehrsstraßen lediglich als Restflächen betrachtet werden,

I. in der Erwägung, daß mit Ausnahme weniger Länder Maßnahmen zur Erhöhung der Verkehrssicherheit (Werbekampagnen, gesetzliche Maßnahmen, Erhaltung und Verbesserung der städtische Infrastruktur) vorwiegend auf die Autofahrer ausgerichtet waren und daß in der Ausbildung und in Programmen zur Fahrschulausbildung kaum ein Verhalten gefördert wird, daß den Fußgängern Rechnung trägt,

J. in der Erwägung, daß immer mehr Bevölkerungsgruppen die Umstellung auf eine menschenwürdige und umweltfreundliche Verkehrsentwicklung für dringend erforderlich halten,

1. ist der Auffassung, daß eine Politik zugunsten der Fußgänger den Angelpunkt für eine Politik darstellen muß, die darauf ausgerichtet ist, eine neue und menschlichere »Stadtmentalität« zu schaffen, weshalb sie zur grundlegenden Komponente der verkehrspolitischen, stadtplanerischen und baulichen Maßnahmen der Mitgliedstaaten werden muß;

2. verabschiedet zu diesem Zweck folgende

EUROPÄISCHE CHARTA DER FUßGÄNGER

I. Der Fußgänger hat das Recht, in einer gesunden Umwelt zu leben und die öffentlichen Straßen und Plätze zu angemessenen Bedingungen für die Sicherheit seiner körperlichen und seelischen Gesundheit frei zu benutzen.

II. Der Fußgänger hat das Recht, in Stadt- und Dorfzentren zu leben, die menschen- und nicht autogerecht gestaltet sind und über Einrichtungen zu verfügen, die zu Fuß oder mit dem Fahrrad leicht erreichbar sind.

III. Kinder , ältere Menschen und Behinderte haben ein Anrecht darauf, daß die Stadt einen Ort der Sozialisierung darstellt und ihre ohnehin schwache Stellung nicht noch weiter untergraben wird.

IV. Behinderte haben ein Recht auf spezifische Maßnahmen, die ihnen jede nur irgendmögliche selbständige Mobilität gewähren, und zwar durch Anpassung der öffentlichen Verkehrswege, verkehrstechnische Systeme und öffentliche Verkehrsmittel (Leitmarkierungen, Warnzeichen, akkustische Signale, behindertengerechte Busse, Straßenbahnen und Züge).

V. Der Fußgänger hat einerseits Anrecht auf möglichst ausgedehnte städtische Zonen, die ganz auf seine Bedürfnisse abgestellt sind und nicht bloße »Fußgängerinseln« darstellen, sondern sich in die allgemeine Struktur der Stadt harmonisch einfügen, und andererseits hat er Anspruch auf kurze, logische und sichere Wege, die miteinander verbunden und ihm allein vorbehalten sind.

VI. (sechs)Der Fußgänger hat insbesondere Anspruch auf:

Die Einhaltung der von wissenschaftlicher Seite als tolerierbar angesehenen Normen für Abgase und Lärmentwicklung bei Kraftfahrzeugen;

den allg. Einsatz umweltfreundlicher und leiser Fahrzeuge im öffentlichen Verkehr;

die Schaffung von grünen Lungen auch durch innerstädtische Aufforstung, Geschwindigkeitsbegrenzungen und eine strukturelle Neueinteilung der Straßen und Kreuzungen, um Fußgänger und Radfahrer wirksam zu schützen;

ein Verbot der Werbung, die zu einer falschen und gefährlichen Nutzung von Kraftfahrzeugen auffordert;

wirksame Signalanlagen, die auch für Blinde und Gehörlose wahrnehmbar sind;

besondere Maßnahmen, die den Aufenthalt auf Straßen sowie deren Zugang und Benutzbarkeit sicherstellen;

Anpassung der Form und Ausstattung der Kraftfahrzeuge mit dem Ziel, die gefährlichsten Teile zu entschärfen und die Signalanlagen wirksamer zu gestalten,

Einführung eines Systems der im Verhältnis zum Risiko stehenden Haftpflicht in dem Sinne, daß derjenige, der das Risiko schafft, die finanziellen Folgen tragen muß (wie z.B. in Frankreich seit 1985);

Einführung einer Fahrschulausbildung, die auf ein Fahrverhalten ausgerichtet ist, daß Fußgängern/langsamen Verkehrsteilnehmern Rechnung trägt.

VII. Der Fußgänger hat ein Recht auf freie und uneingeschränkte Mobilität, die sich mit Hilfe der integrierten Nutzung von Verkehrsmitteln erreichen läßt. Er hat insbesondere Anspruch auf:

ein umweltfreundliches, engmaschiges öffentliches Nahverkehrssystem, das den Bedürfnissen aller Bürger, auch der Behinderten, entgegenkommen muß;

die Einrichtung einer Infrastruktur für Fahrräder im gesamten Stadtgebiet; die Einrichtung von Parkflächen, die so angelegt sind, daß sie die Mobilität des Fußgängers und den Genuß architektonischer Werte nicht beeinträchtigen.

VIII. Jeder Staat hat die Pflicht, durch bestmögliche Mittel detaillierte Informationen über die Rechte der Fußgänger und über humane und umweltfreundliche

Verkehrsalternativen zu verbreiten; dies gilt auch für die Schul- und Vorschulerziehung.«

3. fordert die EG-Kommission auf, einen Europatag für die Rechte des Fußgängers durchzuführen, den Inhalt dieser Charta zu verbreiten und einen Vorschlag für eine entsprechende Richtlinie vorzulegen;

4. fordert die Mitgliedstaaten auf, alle erforderlichen Maßnahmen zur Verwirklichung der Ziele der Charta zu treffen und die tatsächliche Anwendung der geltenden Vorschriften zum Schutz der Fußgänger, insbesondere der Gemeinschaftsrichtlinien betreffend die Schadstoffemission von Kraftfahrzeugen und das Verbot von bleihaltigem Benzin genau zu kontrollieren und Verletzungen dieser Vorschriften streng zu ahnden;

5. hält die Einsetzung einer Arbeitsgruppe bei der EG-Kommission für zweckmäßig, die sich mit der Kartierung der gefährlichsten und in ihrer Funktion am stärksten beeinträchtigten Stadtgebiete befaßt und geeignete Lösungen für den Einzelfall erarbeitet;

6. beauftragt seinen Präsidenten, diese Entschließung dem Rat, der EG-Kommission, den Regierungen der Mitgliedsstaaten und den betroffenen Organisationen zu übermitteln.

beschlossen zu Straßburg, den 12. Oktober 1988

Jochen SAUTERMEISTER

LEBEN IN DER STADT

EINE UMWELTPSYCHOLOGISCH-ETHISCHE BETRACHTUNG

Menschen leben in Städten. Und selbst diejenigen, die nicht in ihnen leben, sind durch die Geschehnisse (in) der Stadt beeinflußt.[1] Ihre Bedeutung wird umso deutlicher, wenn man berücksichtigt, daß »zu Beginn des 21. Jh.s [...] mit 3 Mrd. Menschen die Hälfte der Erdbevölkerung in Städten«[2] lebt. Im Gegensatz zu natürlichen Formationen der Umwelt, wie Gebirge, Gewässer, Ebenen etc., auf die der Mensch nur bedingt Einfluß zu nehmen vermag, zählen Städte als gebaute Umwelt zu den Kulturleistungen des Menschen. Er ist ihnen nicht passiv unterworfen, sondern ist ihr Urheber, Planer und Erbauer und damit auch für sie verantwortlich.

Stadt ist nicht gleich Stadt: Lassen sich Städte einerseits bezüglich der Stadtgrößenklassifikation voneinander unterscheiden, so können sie andererseits auch hinsichtlich ihrer Lage, ihres Regionalcharakters, ihrer Funktionen, historisch-genetisch und kulturraumspezifisch typisiert werden.[3] Man führe sich nur eigene Stadterfahrungen vor Augen, um sich die Verschiedenheit von Städten vorstellen zu können. Ein Spaziergang durch Tübingen am Hölderlinturm vorbei, den Neckar entlang etwa stellt mit seinem romantischen Ambiente einen Kontrast zum Erleben der menschenüberströmten Mönckebergstraße in Hamburg dar. Was also generell für die menschliche Umwelt auszumachen ist, gilt auch für Städte: Sie haben Auswirkungen auf das Erleben und Verhalten des Menschen und wirken als Kulturprodukt des Menschen auf diesen selbst wieder zurück.

Dem Phänomen »Stadt« kann man sich unter vielfältigen Zugängen nähern.[4] Sozialwissenschaftliche, kulturwissenschaftliche, ökonomische, geographische und histori-

---

1 Vgl. KRUPAT, E., *People in cities.* The urban environment and its effects, Cambridge 1985

2 LICHTENBERGER, E., *Die Stadt.* Von der Polis zur Metropolis, Darmstadt 2002, 279

3 Vgl. HEINEBERG, H., *Stadtgeographie*, Paderborn ²2001, 69-71.

4 Vgl. hierzu die Beiträge dieses Sammelbandes. Unter dem Phänomen Stadt wird in diesem Beitrag das gefasst, was umgangssprachlich als städtisch bezeichnet wird. Eine nähere Eingrenzung wird gezielt unterlassen, weil es keine genuin umweltpsychologische Stadtdefinition gibt. Es soll daher genügen, die Stadt als kulturelle Siedlungsform derer zu verstehen, »die aus unmittelbarer agrarischer Produktion freigestellt sind.« (HÄUSSERMANN, H., SIEBEL, W., *Die Stadt war immer auch eine Maschine.* Ökologische Forderungen stehen oft im Widerspruch zu den Vorzügen urbanen Lebens, in: *Die Zeit* 23 (1988), 45-47, 46.) Sie erlaubt damit eine Differenzierung und Spezialisierung menschlichen Tuns, die hochkomplexe Sozialstrukturen zur Folge haben und Machtstrukturen ausbilden. Städte sind unter ökonomischem Gesichtspunkt zu-

sche Betrachtungsweisen werden flankiert von den Blickwinkeln der Architektur, der Kunst, des Verkehrs, der Kommunikation usw. Wenn im folgenden ein umweltpsychologischer Zugang gewählt wird, so steht vor allem das Erleben und Verhalten des Individuums im Zentrum der Untersuchung.[5] Damit wird humanwissenschaftlich-methodisch einer Subjektorientierung auch innerhalb der Theologischen Ethik Rechnung getragen,[6] die die besonderen Herausforderungen der Gegenwart an die individuelle Lebensführung im Alltäglichen berücksichtigt. Denn der radikale Pluralismus der Gegenwart[7] »zwingt [...] alle Individuen zur eigenen Lebensführung«[8]. Die Frage »Wie kann mein Leben gelingen?« erhält vor diesem Hintergrund verstärktes Gewicht.[9]

Ziel dieses Beitrages ist es daher, vor dem Hintergrund der Frage nach einer individuellen Lebensführung im städtischen Kontext umweltpsychologisch fundierte Thesen einer subjektorientierten Ethik der Stadt zu formulieren. Dazu wird in einem ersten Schritt die Notwendigkeit eines humanwissenschaftlich-anthropolo-gischen Zugangs für diese ethische Fragestellung dargelegt (1). Daraufhin wird in groben Strichen Begriff und Anliegen der Umweltpsychologie (2) und zentrale Themen und Inhalte einer Stadtpsychologie (Ambivalenz der Stadt, soziales Verhalten, Sicherheitsempfinden, Territorialität, Ortsidentität und Crowding) dargestellt, sofern sie für die hier verfolgte Fragestellung bedeutsam sind, und systematisch strukturiert (3). In einem vierten Schritt wird am Beispiel des Konzeptes von Manfred FISCHER eine normative Rahmentheorie aus umweltpsychologischer Sicht vorgestellt, an der sich die Stadtplanung orientieren soll (4). Vor dem Hintergrund dieser Überlegungen werden schließlich Thesen zu einer Ethik der Stadt formuliert, die ihren Fokus als wissenschaftliche Reflexion auf das Individuum legt. Dabei wird sich zeigen, daß sowohl sozialethische als auch umweltethische Implikate neben dem individualethischen Zugang als primäre Strukturierungsfaktoren des ethischen Handlungsfeldes[10] zu berücksichtigen sind (5).

---

gleich auch als Produktionszentren zu verstehen, vgl. FISCHER, M., *Stadtplanung aus der Sicht der Ökologischen Psychologie*, Weinheim 1995, 2-5.

5 Vgl. WEICHHART, P., *Humanökologie und Stadtforschung.* Lebensräume in Salzburg, in: B. GLAESER, P. TEHERANI-KRÖNNER (Hg.), *Humanökologie und Kulturökologie.* Grundlagen, Ansätze, Praxis, Opladen 1992, 371-403, 372f.

6 Vgl. HUNOLD, G.W., *Ethik in einer sich verändernden Welt*, in: *Theologische Quartalsschrift* 166 (1986), 1-7, 6f.

7 Vgl. LAUBACH, Th., *Lebensführung.* Annäherungen an einen ethischen Grundbegriff, Frankfurt a. M. u.a. 1999, 116-134

8 LAUBACH, Th., *Lebensführung*, 134

9 *ebd.*, 155-174

10 Vgl. *Lexikon der christlichen Ethik* 1 (A-K), hrsg. v. G.W. HUNOLD, Freiburg, Basel, Wien 2003, 20*

1. UMWELTPSYCHOLOGIE UND ETHIK

Die ethische Fragestellung nach gelingender Lebensführung im städtischen Kontext ist innerhalb der Ökologie als spezifisches Feld der angewandten Ethik anzusiedeln[11]. Insofern es nicht um den Begriff der Lebensführung geht, sondern um seine praktische Dimension in einem spezifischen Umweltkontext, bedarf es einer Sachanalyse, die die relevanten empirischen Grunddaten und theoretischen Modelle zur Kenntnis nimmt.[12] Wie erleben Menschen Städte? Stellen sie eine Belastung oder ein geeignetes Entwicklungsumfeld dar? Wie reagieren Menschen in bestimmten städtischen Umwelten? Übt die Stadt Einfluß auf das menschliche Verhalten aus? Gibt es städtische Umweltbedingungen, die es dem Menschen ermöglichen, sich wohler zu fühlen bzw. sich besser zu entfalten? Inwiefern tragen Städte zur Identitätsausbildung des Menschen bei?

Die Beantwortung derartiger Fragestellungen bedarf einer humanwissenschaftlichen Fundierung, wie sie in der Umweltpsychologie erarbeitet wird. Denn will Ethik den Menschen als endlich autonomes Wesen und dieser sich selbst in seiner Verfaßtheit als leiblicher ernstnehmen,[13] so muß eine Annäherung an die Frage nach gelingendem Leben in der Stadt eben auch die strukturellen empirischen Bedingungen zur Kenntnis nehmen. Die Aussagen und Ergebnisse der Umweltpsychologie besitzen damit ethische Relevanz. Denn die »inzwischen zugewachsenen empirischen Einsichten über die Bedingungen menschlicher Freiheitsverwirklichung werden damit zu ethisch bedeutsamen Voraussetzungen verantwortlicher Lebensführung«[14].

Die Strukturen des Mensch-Stadt-Verhältnisses können zugleich Grundlage sein, um eine bewußte Stadtplanung human-förderlich auszurichten. Da Menschen unterschiedliche Biographien, Lebensentwürfe und Neigungen aufweisen und umweltpsychologische Erkenntnisse einen wissenschaftstheoretisch und methodologisch begrenzten Aussagehorizont besitzen, können die Wirkungen solcher Stadtplanung jedoch nicht als Automatismen gelten. Auf der einen Seite versucht man mit den Strukturen gemäß den Paradigmen der empirischen Psychologie[15] allgemeingültige

---

11 Vgl. LAUBACH, Th., *Bioethik*, in: DERS. (Hg.), *Angewandte Ethik und Religion*, Tübingen, Basel 2003, 177-205, 188

12 Vgl. LAUBACH, Th., *Entscheidungen*. Die Anwendungsfälle sittlichen Urteilens und Handelns, in: G.W. HUNOLD/Th. LAUBACH/A. GREIS (Hg.), *Theologische Ethik*. Ein Werkbuch, Tübingen, Basel 2000, 264-273, 268f.

13 Vgl. SAUTERMEISTER, J., *Lebenskunst im christlichen Horizont*, in: Th. LAUBACH (Hg.), *Angewandte Ethik und Religion*, Tübingen, Basel 2003, 115-143, 126

14 HUNOLD, G.W., *Identität*, in: J.-P. WILS/D. MIETH (Hg.), *Grundbegriffe der christlichen Ethik*, Paderborn u.a. 1992, 31-44, 31

15 Vgl. SAUTERMEISTER, J., *Therapierte Autonomie*. Über den Beitrag der Psychologie, menschliche Freiheit zu verwirklichen, in: A. AUTIERO/S. GOERTZ/M. STRIET (Hg.), *Endliche Autonomie*.

Aussagen über den Menschen zu formulieren, auf der anderen Seite können sie jedoch nicht den Status anthropologischer Aussagen beanspruchen, weil sie nicht zu den »Konstitutionsbedingungen menschlichen Verhaltens und Handelns«[16] zählen.

Außerdem können umweltpsycholgische Sachzusammenhänge keine letzten Zielvorgaben hinsichtlich dessen bereitstellen, was erwünscht, gewollt, erstrebenswert ist. Die Umweltpsychologie klärt vielmehr die Sachverhalte auf, unter deren Berücksichtigung diese Zielperspektive, sprich: gelingendes Leben[17] eher realisiert werden können. Insofern vermögen ihre Erkenntnisse in Anlehnung an Alexander MITSCHERLICH durchaus von therapeutischem Nutzen zu sein.[18] Denn wenn sich auch die gesellschaftlich-geschichtlichen Verhältnisse wandeln, so bleiben die anthropologischen Grundbedürfnisse des Menschen sowie sein Anspruch auf Einlösung seiner Eigentlichkeit[19] dieselben. Somit hat eine Ethik der Stadt beides zu bedenken: sowohl die Frage nach der Zielperspektive als auch die Frage nach ihren Realisationsbedingungen und -möglichkeiten, die die humanwissenschaftlich-anthropologischen Prämissen zu berücksichtigen haben. Bevor dies jedoch geschehen kann, sollen Begriff und Anliegen der Umweltspsychologie geklärt werden, damit die Sachaussagen der Stadtpsychologie entsprechend disziplinär eingeordnet werden können.

2. BEGRIFF UND ANLIEGEN DER UMWELTPSYCHOLOGIE

Die Umweltpsychologie, auch Ökologische Psychologie genannt, ist eine junge Disziplin innerhalb der Psychologie. Ihre derzeitige Ausprägung hat sie erst in der zweiten Hälfte des 20. Jahrhunderts erhalten, wenngleich ihre Vorläufer bereits zu Beginn jenes Jahrhunderts zu verzeichnen sind.[20] Die Bezeichnung »Umweltpsychologie« bzw. »Ökologische Psychologie« verweist auf unterschiedliche Strömungen und Ausrichtungen, die sich dahinter verbergen. Im deutschsprachigen Raum bestand besonders seit den siebziger Jahren – im Zuge der bewußt werdenden Umweltkrise in den westlichen Industrienationen – die Tendenz, unter Umweltpsychologie »ein mehr *pragma-*

Interdisziplinäre Perspektiven auf ein theologisch-ethisches Programm, Münster 2003 (in Vorbereitung)

16 LAUBACH, Th., *Lebensführung*, 45

17 Mit LAUBACH gilt die Frage »Wie kann mein Leben gelingen?« als die »eigentliche anthropologisch-ethische Grundfrage, indem sie die ethische Frage ›Was soll ich?‹ und die anthropologischen Frage ›Wer bin ich?‹ einschließt« (LAUBACH, Th., *Lebensführung*, 46f.).

18 Vgl. MITSCHERLICH, A., *Thesen zur Zukunft der Stadt*, Frankfurt a. M., [7]1987, 17

19 Vgl. HUNOLD, G.W., *Wege transzendental-anthropologischer Argumentation*, in: A. HERTZ u.a. (Hg.), *Handbuch der christlichen Ethik 1*, Freiburg u.a. 1993, 46-67, 65

20 Einen übersichtlichen historischen Abriß der Umweltpsychologie bieten KRUSE, L./GRAUMANN, C.-F./Lantermann, E.-D., *Zur Einführung*, in: DIES. (Hg.), *Ökologische Psychologie*. Ein Handbuch in Schlüsselbegriffen, München 1990, 1-13, 3-8.

tisch, an bestimmten umweltrelevanten Sachverhalten oder Problemen orientiertes Forschungs- und Anwendungsfeld«[21] zu fassen. Dagegen sollte unter Ökologischer Psychologie »die wissenschaftliche Erforschung der Abhängigkeit des menschlichen Erlebens und Verhaltens von seinen [...] Umweltbedingungen zu verstehen«[22] sein. Diese Differenzierung hat sich allerdings nicht durchgesetzt,[23] wenn auch weiterhin solche Assoziationen mitbedacht werden sollten.[24] Im folgenden werden daher die Begriffe Umweltpsychologie und Ökologische Psychologie synonym verwendet.

Wird die Psychologie gemäß ihrer gegenwärtig üblichen Definition als Wissenschaft vom »Erleben und Verhalten von Menschen«[25] bestimmt, so gilt näherhin zu klären, was mit dem Begriff der Umwelt gemeint ist. Der Psychologe und Mediziner HELLPACH, der zugleich den Ausdruck der Psychologie der Umwelt geprägt hat,[26] unterscheidet drei Umwelten des Menschen: die natürliche, die soziale und die kulturelle.[27] Diese Differenzierung verhilft dazu, »die Forschungsschwerpunkte der Umweltpsychologie voneinander abzuheben«[28]. Umwelt stellt damit nicht nur eine Konstellation von Einzelreizen dar. Vielmehr wird darunter ein komplexes Konstrukt gefaßt, das in seiner strukturellen und dynamischen Verfaßtheit mitsamt seinen physischen, sozialen und kulturellen Dimensionen zu verstehen und zu beleuchten ist. Der Mensch steht dabei in einem reziproken Verhältnis zu seiner Umwelt, so daß auch die Ökologische Psychologie den »transaktionalen« Charakter dieser Beziehung zu berücksichtigen hat. Damit befaßt sich Umweltpsychologie »mit den Auswirkungen der phy-

---

21 HELLBRÜCK, J./FISCHER, M., *Umweltpsychologie.* Ein Lehrbuch, Göttingen u.a. 1999, 27

22 PAWLIK, K., *Umweltpsychologie und Ökopsychologie*, in: TACK, W.H. (Hg.), *Bericht über den 29. Kongreß der Deutschen Gesellschaft für Psychologie in Salzburg 1974*, Göttingen 1975, 275-276, 275

23 Vgl. SICHLER, R., *Umweltpsychologie*, in: STRAUB, J./KOCHINKA, A./WERBIK, H. (Hg.), *Psychologie in der Praxis.* Anwendungs- und Berufsfelder einer modernen Wissenschaft, München 2000, 646-661, 646f.

24 Vgl. Hellbrück, J./FISCHER, M., *Umweltpsychologie*, 27

25 SILBEREISEN, R./FREY, D., *Einführung: Was will die Psychologie?* Vom klassischen Anspruch zu neuen Herausforderungen., in: DIES. (Hg.), *Perspektiven der Psychologie.* Einführung und Standortbestimmung, Weinheim, Basel 2001, 7-44, 7. Diese Bestimmung gilt zugleich als eine »Kompromißformulierung, die eine Integration der beiden Extrempositionen darstellt: der älteren von der Ps. als Wissenschaft von der Seele u. der behaviourist. von der Ps. als Verhaltenswissenschaft« (Art. *Psychologie*, in: STÄDTLER, Th., *Lexikon der Psychologie.* Wörterbuch, Handbuch, Studienbuch, Stuttgart 1998, 870).

26 Vgl. HELLPACH, W., *Psychologie der Umwelt*, in: E. ADERHALDEN (Hg.), *Handbuch der biologischen Arbeitsmethoden.* Abt. VI: Methoden der experimentellen Psychologie. C, 3, Berlin 1924.

27 Vgl. HELLPACH, W., *Geopsyche*, Leipzig [4]1935, 3f.

28 LANTERMANN, E.-D./LINNEWEBER, V., *Umweltpsychologie*: Themen, Perspektiven und Anforderungen, in: SILBEREISEN, R./FREY D. (Hg.), *Perspektiven der Psychologie.* Einführung und Standortbestimmung, Weinheim, Basel 2001, 194-212, 195

sisch-materiellen und kulturellen Außenwelt sowie den räumlich-sozialen Einflußfaktoren auf das Erleben und Verhalten des Menschen«[29] und mit den Wechselwirkungen zwischen Mensch und Umwelt. Diese Definition impliziert ein Verständnis des Menschen als umweltabhängiges, aber zugleich auch seine Umwelt aktiv mitgestaltendes Individuum.

Ökologische Psychologie lässt sich vor dem Hintergrund dieser Bestimmung in verschiedene Themenbereiche und Zugangsweisen untergliedern. LANTERMANN und LINNEWEBEN schlagen dazu folgende Kategorien vor:[30] Zum einen lassen sich Forschungen, die sich auf spezifische Umwelten beziehen, bestimmen. Darunter lässt sich auch die Stadt als Forschungsbereich der Umweltpsychologie subsumieren. Hiervon sind Untersuchungen abzuheben, die spezifische Handlungsfelder zu ihrem Forschungsgegenstand erheben. Dazu würde die Untersuchung des Sozialverhaltens in bestimmten Kontexten, etwa in der Stadt, oder Stadtplanung zählen. Als dritter Bereich sind theoretische und methodische Grundlagenarbeiten zu verzeichnen. Eine ökologisch orientierte Stadtpsychologie ist somit insgesamt vorwiegend den ersten beiden Kategorien zuzuordnen, wenn auch die Schwerpunkte einzelner Untersuchungen eher nur einer Kategorie entsprechen. Dabei kommt das spezifisch umweltpsychologische Vorgehen zu tragen, menschliches Verhalten raumbezogen zu analysieren, wie es BARKER in seiner Theorie der Behavior Settings konzipiert. Behavior Settings stellen überindividuelle Mensch-Umwelt-Einheiten, »konkrete, raumzeitlich lokalisierbare quasistationäre, sich selbst erhaltende Sozialgeschehens-Systeme [...] die in in ihren Handlungsmustern auf das physische ›Milieu‹ abgestimmt sind«[31], dar.

Neben der Beschreibung und Erklärung dieser Wechselwirkungen hat die Umweltpsychologie wesentlich die Optimierung der Mensch-Umwelt-Beziehung zur Aufgabe,[32] so daß daher auch die bereits erwähnte Problemorientiertheit der Ökologischen Psychologie zu verstehen ist, der es zentral darum geht, zur Lösung gesellschaftlicher Probleme beizutragen. Zumeist ist hierfür ein interdisziplinäres Vorgehen geboten. Die Komplexität des Umweltkonzeptes erfordert zudem weitestgehend eine Abkehr von künstlich erzeugten Umwelten oder Laboren. Stattdessen sucht man die Alltags- und Lebenswelt der Menschen auf, um direkt Feldforschung zu betreiben.

Vor diesem Hintergrund ist methodisch betrachtet die Kombination von ganzheitlich-induktiven mit hypothetisch-deduktiven Vorgehensweisen der Ökologischen Psycho-

---

29 HELLBRÜCK, J./FISCHER, M., *Umweltpsychologie*, 29

30 Vgl. LANTERMANN, E.-D./LINNEWEBER, V., *Umweltpsychologie*, 201-203; andere Einteilungen wählen HELLBRÜCK, J./FISCHER, M., *Umweltpsychologie*, sowie Kruse, L./GRAUMANN, C.-F./LANTERMANN E.-D. (Hg.), *Ökologische Psychologie*.

31 KAMINSKI, G./ROGER G./BARKER, in: LÜCK, H.E./MILLER, R. (Hg.), *Illustrierte Geschichte der Psychologie*, München 1993, 194-198,196

32 Vgl. im folgenden auch LANTERMANN, E.-D./LINNEWEBER, V., *Umweltpsychologie*, 195-199.

logie erforderlich: »Zunächst versucht man, den jeweiligen Weltausschnitt zu beschreiben und ihn aufgrund der Zusammenhänge zu verstehen, die man entdeckt. Anhand dieser Beobachtung bildet man Hypothesen und Theorien, die man, wann immer es möglich ist, in experimentellen Untersuchungsansätzen zu überprüfen und zu erweitern versucht.«[33]

Eine Darstellung der Methoden, die in der Umweltpsychologie zum Einsatz kommen, will in diesem Rahmen nicht geleistet werden.[34] Vielmehr werden im folgenden zentrale Themen und Inhalte einer Stadtpsychologie vorgestellt, die für die Frage nach der individuellen Lebensführung im städtischen Kontext und für eine Ethik der Stadt von Bedeutung sind.

3. THEMEN UND INHALTE DER STADTPSYCHOLOGIE

Bereits seit den 60er Jahren des 20. Jahrhunderts hat sich innerhalb der Umweltpsychologie die psychologische Erforschung der Stadt ausgebildet. Dabei wurden und werden ganz unterschiedliche Themen und Inhalte behandelt:[35] Verhalten in der Stadt, Stadtwahrnehmung, Stadterleben, Kriminalität und Sicherheit, Gesundheit, Mobilität und Verkehr, soziale Beziehungen, prosoziales Verhalten, Stadtplanung und Stadtqualität u.a.m. Im folgenden ist es weder möglich, alle Themen und Aspekte vorzustellen, noch näher zu diskutieren.[36] Auch werden Unteraspekte der Stadt wie Wohnen und Nachbarschaft weitestgehend außer Acht gelassen, da sie auf kleinere Einheiten abzielen. Stattdessen sollen vor allem diejenigen Inhalte thematisiert werden, die für hier verfolgte Fragestellung besonders relevant sind.

3.1. *Ambivalenz der Stadt*

Als grundlegender Zugang zum Phänomen Stadt fällt deren ambivalenter Charakter auf. Städte wirken einerseits ausgesprochen attraktiv; sie bieten vielfältigen Möglichkeiten in sozialer, ökonomischer und kultureller Hinsicht. Andererseits können sie als

---

33 HELLBRÜCK, J./FISCHER, M., *Umweltpsychologie*, 92

34 Vgl. hierzu den Überblick bei HELLBRÜCK, J./FISCHER, M., *Umweltpsychologie*, 90-115, sowie die Beiträge von J.-L. PATRY, K.H. STAPF, M. KRAMPEN, L. BUSE und K. PAWLIK, G. SCHNEIDER, M. LALLI und S.E. HORMUTH, W. GLATZER sowie F. FLEISCHER im Handbuch L. KRUSE, C.-F. GRAUMANN, E.-D. LANTERMANN (Hg.), *Ökologische Psychologie*.

35 Vgl. FLADE, A., *Stadt- und Architekturpsychologie*, in: STRAUB, J./KOCHINKA, A./WERBIK, H. (Hg.), *Psychologie in der Praxis*. Anwendungs- und Berufsfelder einer modernen Wissenschaft, München 2000, 662-686, 666

36 Vgl. hierzu die jeweiligen Abschnitte in den einschlägigen Lehrbüchern: HELLBRÜCK, J./FISCHER, M., *Umweltpsychologie*; KRUSE, L./GRAUMANN, C.-F./LANTERMANN, E.-D. (Hg.), *Ökologische Psychologie*; BELL, P.A./FISHER, J.D./BAUM, A./GREENE, T.C., *Environmental Psychology*, Fort Worth [4]1996

erdrückend, überfüllt, stickig, anonym und bedrohlich wahrgenommen werden. Städte können somit den Menschen in verschiedene, einander widerstreitende Stimmungen versetzen. Vor diesem Hintergrund stellt sich in der Umweltpsychologie die Frage, ob die Stadt für den Menschen eine beeinträchtigende, ihn belastende Umwelt oder eine für ihn ideale, entwicklungsförderliche Umwelt darstellt.[37]

Positive Sichtweisen der Stadt heben darauf ab, daß Städte aufgrund ihrer vielfältigen Angebote dem Explorationsbedürfnis des Menschen[38] entsprechen und eine Herausforderung für den Menschen darstellen. Sie erlauben, »höher entwickelte psychische Bedürfnisse [...] nach Sinngebung, Imagination und Kreativität, nach Kommunikation und politischen Dialog zu befriedigen«[39]. Die Stadt stellt somit nach PROSHANSKY einen Lebens- und Sozialisationsraum dar, der wegen seiner zahlreichen Anregungen den Erwerb verschiedener Kompetenzen ermöglicht.[40]

Dagegen betont die negative Sichtweise den pathogenen Charakter der Stadt. Während die Humanethologie auf die Mitmenschen als Stressor in einer anonymen Massengesellschaft hinweist,[41] hebt der Psychologe MILGRAM den Aspekt der Überforderung in der Stadt hervor:[42] Aufgrund der zahlreichen und intensiven Reize durch die große Anzahl von Menschen, der Dichte ihres Zusammenlebens und ihrer Heterogenität liegt eine Überstimulation vor. Diese kann der Mensch nur dann bewältigen, wenn er eine Reizselektion vornimmt. So werden überwiegend persönlich bedeutsame Reize registriert, oder etwa durch unfreundliches, distanziertes Verhalten soziale Barrieren errichtet. Diese Bewältigungsstrategien können nun allmählich normbildend werden in dem Sinne, daß sich Städter sozial weniger engagieren und Fremde ignorieren. Die Auswirkungen im Sozialverhalten liegen auf der Hand: Stadtbewohner sind weniger bereit, Notleidenden zu helfen; andererseits dürfen sie selbst aber auch keine Unterstützung erwarten. Schließlich weist der streßtheoretische Ansatz von GLASS und SINGER darauf hin, daß der Mensch in der Stadt häufig aversiven Reizen ausgesetzt ist,

---

37 Vgl. den Überblick bei FISCHER, M., *Stadtplanung*, 5-9, sowie HELLBRÜCK, J./FISCHER, M., *Umweltpsychologie*, 448-468.

38 Vgl. hierzu den Sammelband VOSS, H.-G./KELLER, H. (Hg.), *Neugierforschung*. Grundlagen, Theorien, Anwendung, Weinheim, Basel 1981.

39 HELLBRÜCK, J./FISCHER, M., *Umweltpsychologie*, 449

40 Vgl. PROSHANSKY, H.M., *The city and self-identity*, in: *Environment and Behavior* 10 (1978) 147-169

41 Vgl. Eibl-EIBESFELDT, I./HASS, H., *Sozialer Wohnungsbau und Umstrukturierung der Städte aus biologischer Sicht*, in: I. Eibl-EIBESFELDT u.a. (Hg.), *Städte und Lebensqualität*. Neue Konzepte im Wohnungsbau auf dem Prüfstand der Humanethologie und der Bewohnerurteile, Stuttgart 1985, 49-85, 59

42 Vgl. MILGRAM, S., *Das Erleben der Großstadt*. Eine psychologische Analyse, in: *Zeitschrift für Sozialpsychologie* 1 (1970) 142-152 sowie DERS., *The experience of living in cities*, in: *Science* 167 (1970) 1461-1467

über die er zumeist keine Kontrolle auszuüben vermag. Diese Stressoren können gesundheitsschädigende Auswirkungen haben.[43] Der streßtheoretische Ansatz wird durch empirische Evidenz gestützt.[44]

Pointiert läßt sich mit KEUL der ambivalente Charakter der Stadt folgendermaßen beschreiben: »Die Stadt als Kulturzentrum, als historische Kulisse, als Ingenieursleistung, wird überlagert vom Metropolis-Filmbild des Molochs, des menschenfressenden Monsters.«[45]

3.2. ***Sozialverhalten***

Bereits MILGRAM hat mit seiner Überlastungsthese darauf hingewiesen, daß Städte Auswirkungen auf das Sozialverhalten haben. Doch wie steht es um ihre empirische Bestätigung? Empirische Analysen orientierten sich dabei weitgehend an Fragestellungen, die sowohl umwelt- als auch differentialpsychologisch ausgerichtet sind: Unterscheiden sich Städter hinsichtlich ihres sozialen Verhaltens tatsächlich von anderen Personengruppen? Verhalten sich Personen in städtischen Kontexten anders als etwa in ländlichen Gebieten?

Betrachtet man das Sozialverhalten im allgemeinen,[46] so lässt sich feststellen, daß sich das Lebenstempo in Städten erhöht, gar von der Stadtgröße abhängt.[47] Dies lässt sich nicht nur für die Fortbewegungsgeschwindigkeit von Fußgängern beobachten, sondern auch für die Ausübung bestimmter Alltagshandlungen, etwa des Einkaufs. Die

---

43 Vgl. GLASS, D.C./SINGER, J.E., *Urban stress:* Experiments on noise and social stressors, New York 1972

44 Vgl. den Überblick bei HELLBRÜCK, J./FISCHER, M., *Umweltpsychologie*, 452f. Im Hinblick auf Lärm im urbanen Kontext, der zu Leistungseinbußen und Schlafstörungen führen kann, sei verwiesen auf: FREEMANN, H.L./STANSFELD, S.A., *Psychosocial effects of urban environments, noise and crowding*, in: A. LUNDBERG (Hg.), *The environment and mental health:* A guide for clinicans, Mahwak 1998, 147-173.

45 KEUL, A.G., *Einleitung.* Wohlbefinden in der Stadt – Abriß eines Forschungsfeldes, in: DERS. (Hg.), *Wohlbefinden in der Stadt.* Umwelt- und gesundheitspsychologische Perspektiven, Weinheim 1995, 1-21, 2. Entsprechend werden in Absetzung zu Milgrams Überlastungstheorie Forschungsansätze verfolgt, die die Stadt als komplexes Phänomen mit sowohl positiven als auch negativen Aspekten untersucht, vgl. etwa GELLER, D.M., *Responses to urban stimuli:* A balanced approach, in: *Journal of Social Issues* 36 (1980) 86-100.

46 Vgl. den Überblick mit entsprechenden Verweisen auf empirische Untersuchungen: KEUPP, H., *Soziale Netzwerke*, in: KRUSE, L./GRAUMANN, C.-F./LANTERMANN, E.-D. (Hg.), *Ökologische Psychologie.* Ein Handbuch in Schlüsselbegriffen, München 1990, 503-509, 506-508 sowie HELLBRÜCK, J./FISCHER, M., *Umweltpsychologie*, 453-458.

47 Vgl. BORNSTEIN, M.H., *The pace of life revisited*, in: *International Journal of Psychology* 14 (1979) 83-90, sowie SADALLA, E.K.,/SHEETS, V.L./MCCREATH, H., *The cognition of urban tempo*, in: *Environment and Behavior* 22 (1990) 230-254.

Erhöhung des Lebenstempos kann damit als zusätzlicher gesundheitsschädlicher Stressor gelten.

Ein weiterer Aspekt des Sozialverhaltens besteht darin, daß Städter im Vergleich zu Landbewohnern mehr Kontakt zu Freunden und Arbeitskollegen haben, dagegen weniger Kontakt zu Verwandten oder Nachbarn unterhalten. Darin lässt sich ein »höheres Maß an Eigenentscheidung«[48] erkennen, weil Freunde und Bekannte nach Ähnlichkeit und Interessen ausgewählt werden. Dies kann zu einer Homogenisierung der sozialen Netzwerke führen, so daß Freundschaften oft über größere Distanzen hinweg bestehen und gepflegt werden. 1980 konnte FRANCK in einer Studie belegen, daß der Prozeß der Freundschaftsbildung in der Stadt oft längere Zeit in Kauf nahm und mit mehr Schwierigkeiten verbunden war als in einer Kleinstadt.[49] Inwieweit sich diese Ergebnisse jedoch verallgemeinern und auf heute übertragen lassen, muß an dieser Stelle offen bleiben, da entsprechende empirische Untersuchungen noch ausstehen. Ob dies als »Hinweis auf ein schwächer ausgeprägtes Gesellungsmotiv bei Städtern«[50] gewertet werden kann, scheint insofern zweifelhaft, als von Umweltfaktoren und Normen auf Persönlichkeitsfaktoren geschlossen wird. Vielmehr scheint es nahezuliegen, daß sich Bewältigungsstrategien der Überbelastung in städtischen Kontexten mit dem Sozialverhalten, genauer der Kontaktnahme mit anderen Personen wechselseitig beeinflussen, wie an zwei Phänomen verdeutlicht werden soll: (1) MILGRAM hat auf das Phänomen des vertrauten Fremden (familiar stranger) hingewiesen. Dabei handelt es sich um bestimmte Personen, die sich wiederholt an bestimmten Orten, wie im Bus oder in der S-Bahn, treffen, ohne dabei jemals eine Konversation zu betreiben.[51] Bemerkenswert ist, daß die Zunahme an Sympathie und ein gesteigertes Interesse an der anderen Person aufgrund des Kontaktes nicht zu einer Intensivierung des Kontaktes führt. Der Fremde wird zwar als Individuum wahrgenommen, aber eine persönliche Beziehung nicht aufgenommen. Es lässt sich vermuten, daß in diesem Fall das städtische Phänomen der Anonymität einen Einfluß ausübt, wie es auch für das zweite Beispiel gilt: (2) Hinsichtlich des Blickkontaktes einander fremder Personen lässt sich feststellen, daß er mit zunehmender Urbanisierung immer unüblicher wird.[52] Folgendes Beispiel mag dies veranschaulichen: Bei einer Wanderung auf der Schwäbischen Alb ist es weitaus

---

48 KEUPP, H., *Soziale Netzwerke*, 507

49 Vgl. FRANCK, K.A:, *Friends and strangers:* The social experience of living in urban and nonurban settings, in: *Journal of Social Issues* 3 (1980) 52-71

50 HELLBRÜCK, J./FISCHER, M., *Umweltpsychologie*, 454

51 Vgl. MILGRAM, S., *The individual in a social world*, Reading 1977

52 Vgl. hierzu die Studien von Newman, J./McCauley, C., *Eye contact with strangers in city, suburbs, and small town*, in: *Environment and Behavior* 9 (1977) 547-558, sowie MCCAULEY, C./COLEMAN, E./DEFUSCO, P., *Communters' eye contact with strangers in city and suburban train stations.* Evidence of short-term adaption to interpersonal overload in the city, in: *Environmental Psychology and nonverbal Behavior* 2 (1978) 215-225.

üblicher fremde Personen anzusehen und gar zu grüßen als auf der überfüllten Königsstraße samstagmorgens im schwäbischen Stuttgart. HELLBRÜCK und FISCHER ist damit zuzustimmen, wenn sie folgern: »Offenbar gehorcht Sozialverhalten je nach Urbanisationsgrad des Kontextes unterschiedlichen Normen. Entsprechend verändern Personen ihr Blickverhalten, wenn sie von der Vorstadt in die Innenstadt kommen.«[53] Diese Normen können als Resultat der spezifischen Reizkonstellation in der Stadt gewertet werden. Während der Blickkontakt manchmal verbunden mit einem Gruß im ländlichen Kontext als Höflichkeit und eventuell Wertschätzung gedeutet werden kann, würde er in Städten zum einen zu einer sensorischen Überlastung führen, zum anderen aber auch der in der Stadt üblichen Anonymität zuwiderlaufen.

Mit dem Stichwort Anonymität ist ein neben der Überforderung ein weiteres wichtiges Merkmal zu nennen. Die sogenannten Anonymitäts-Hypothese von SADALLA besagt, daß mit zunehmender Größe der Stadt Anonymität, Deindividuation und Deviation wachsen.[54] Delinquentes und antisoziales Verhalten lassen sich damit erklären, daß soziale Anonymität dazu enthemmt.[55] Als anonymes Mitglied einer Masse fällt der Einzelne nicht mehr als bestimmtes Individuum auf. In diesem Zustand der Deindividuation erscheint delinquentes Verhalten insofern weniger riskant, als die Wahrscheinlichkeit, identifiziert und bestraft zu werden, als gering eingestuft wird. Es liegt jedoch auf der Hand, daß mit dem Konstrukt der Deindividuation nicht hinreichend die positive Korrelation von Stadtgröße und Kriminalität erklärt werden kann. Vielmehr sind weitere Faktoren wie Mangel an Arbeitsplätzen, höhere Anzahl an stehlbaren Gütern, mehr Möglichkeiten für delinquente und deviante Subkulturen, größere Zahl antisozialer und zugleich geringere Zahl prosozialer Modelle u.a.m. zur Erklärung heranzuziehen.[56]

Der folgende Aspekt, mangelnde Bereitschaft, prosoziales Verhalten in der Stadt zu zeigen, darf nicht als generelle Schelte der Stadt und ihrer Bewohner missverstanden werden. Jedoch sprechen mit »wenigen Ausnahmen [...] auch die Ergebnisse umweltpsychologischer Studien für eine verringerte Hilfsbereitschaft des Stadtbewohners«[57]. Diese Einsicht korrespondiert mit der oben bereits vorgestellten Überlastungsthese

---

53 HELLBRÜCK, J./FISCHER, M., *Umweltpsychologie*, 454

54 Vgl. SADALLA, E.K., *Population, size, structural differentiation, and human behavior*, in: *Environmet and Behavior* 10 (1978) 271-291

55 Vgl. ZIMBARDO, P.G., *The human choices:* Individuations, reason and order versus deindividuation, impulse, and chaos, in: LEVINE, W.J.A.D. (Hg.), *Nebraska Symposium on Motivation*, Lincoln 1969, 237-307.

56 Vgl. HELLBRÜCK, J./FISCHER, M., *Umweltpsychologie*, 457, sowie FLADE, A., *Kriminalität und Vandalismus*, in: KRUSE, L./GRAUMANN, C.-F./LANTERMANN, E.-D. (Hg.), *Ökologische Psychologie.* Ein Handbuch in Schlüsselbegriffen, München 1990, 518-524

57 HELLBRÜCK, J./FISCHER, M., *Umweltpsychologie*, 455

von MILGRAM. AMATO konnte einen eindeutig negativen Zusammenhang zwischen Stadtgröße und Hilfsbereitschaft bei einer Untersuchung von 55 australischen Städten feststellen.[58] Ingesamt bestätigen Meta-Analysen die Stichhaltigkeit der Annahme der geringeren Hilfsbereitschaft unter Städtern.[59] Mangelnde Hilfsbereitschaft kann jedoch nicht einfachhin als Disposition des Menschen verstanden werden. Abgesehen von sozialpsychologischen Erklärungskonzepten zum Hilfeverhalten bei (Zuschauer-) Gruppen[60] tragen auch umweltpsychologische Konzepte zum besseren Verständnis bei. MATHEWS und CANON konnten im Labor- und im Feldexperiment nachweisen, daß Hilfeverhalten unter Lärm als starkem Stressor seltener auftritt.[61] Wenngleich es noch weiterer differenzierender umweltpsychologischer Untersuchungen bedarf, so lässt sich doch komplementär zur größeren Verbreitung delinquenten Verhaltens in der Stadt ein verringertes Aufkommen von prosozialem Verhalten beobachten. Beides hat Auswirkungen auf das Sicherheitserleben bzw. auf die Viktimisierungsfurcht als typisch urbanes Phänomen.

3.3. *(Un-)Sicherheitserleben*

Während manche Ergebnisse darauf hinweisen, daß die Kriminalitäts- bzw. Viktimisierungsfurcht unter Großstadtbewohnern nicht weiter verbreitet ist als in kleineren Städten oder Dörfern,[62] existieren in Städten objektiv mehr »viktimogene Zonen«, in denen die Wahrscheinlichkeit, Opfer von Gewalt zu werden deutlich erhöht ist.[63] Auch kann die Kriminalitätsfurcht schneller ansteigen, als es den faktischen Krimina-

58 AMATO, P.R., *Helping behavior in urban and rural environments:* Field studies based on taxonomic organization of helping episodes, in: *Journal of Personality and Social Psychology* 45 (1983) 571-586

59 Vgl. STEBLAY, N.M., *Helping behavior in rural and urban environments.* An meta analysis, in: *Psychological Bulletin* 102 (1987) 346-356. Vor diesem Hintergrund lässt sich auch die Beobachtung einordnen, daß Städter »vermehrt bei formellen Institutionen des Gesundheits- und Sozialwesens Unterstützung« suchen. Verstärkt wird diese Tendenz durch den Faktor, daß wichtige Bezugspersonen wie Freunde meist weiter entfernt leben und daher nicht so schnell als Ansprechpartner fungieren können, vgl. KEUPP, H., *Soziale Netzwerke*, 507.

60 Sozialpsychologisch betrachtet hemmen besonders folgende Prozesse die Bereitschaft, in Notsituationen einzuschreiten: Verantwortungsdiffusion, Bewertungsangst und pluralistische Ignoranz, d.h. wenn viele Personen nicht helfen, geben sie sich gegenseitig ein Vorbild für passives Verhalten, und der soziale Vergleichsprozeß führt dazu, daß die Personen die Notsituation als harmlos einschätzen. Die Hilfsbereitschaft ist dann am höchsten, wenn nur ein weiterer Zuschauer anwesend ist, vgl. BIERHOFF, H.W., *Prosoziales Verhalten*, in: STROEBE, W./HEWSTONE, M./STEPHENSON, G.M. (Hg.), *Sozialpsychologie.* Eine Einführung, Berlin, Heidelberg, New York ³1996, 395-420, 414-416.

61 Vgl.MATHEWS, K.E./CANON, L.K., *Environmental noise level as a determinant of helping behaviour*, in: *Journal of Personality and Social Psychology* 32 (1975) 571-577

62 Vgl. KERNER, H.J., *Kriminalitätseinschätzung und innere Sicherheit*, Wiesbaden 1980

63 Vgl. HELLBRÜCK, J./FISCHER, M., *Umweltpsychologie*, 457

litätsraten entspräche, wie TAYLOR und HALE erhoben haben.[64] Beide Ergebnisse sprechen dafür, daß »zwischen objektiv gegebener und subjektiv befürchteter Kriminalität keine einfache Beziehung herstellbar«[65] ist. Welche Umweltfaktoren können dann für die Entstehung oder Veränderung von Kriminalitätsfurcht relevant sein?

Ohne auf einzelne Untersuchungen näher einzugehen, lassen sich die Forschungsergebnisse wie folgt zusammenfassen:[66] Kriminalitätsfurcht nimmt zu bzw. ist stärker ausgeprägt, wenn die Wohnquartiere groß und heterogen besiedelt sind, die Nachbarschaftsbeziehungen weniger integrativ und durch geringere Kohäsion geprägt sind, wenn sich Jugendbanden und Obdachlose im Straßenraum aufhalten, Wohnungen und Häuser leer stehen, Fenster eingeschlagen und Wände z.B. mit Graffiti besprüht sind. HELLBRÜCK und FISCHER kommen zu dem Ergebnis: »Eine Armut und Verfall symbolisierende Nachbarschaft erweckt anscheinend den Eindruck, die soziale Ordnung sei zusammengebrochen, so daß keiner mehr vor Verbrechen geschützt ist.«[67]

Diesen Ergebnissen entspricht auch eine Studie zu (Un-)Sicherheitserleben in der Stadt von KARAZMAN-MORAWETZ. So konnte sie im Rahmen des Projekts »Wien – Sichere Stadt« nachweisen, daß Unsicherheitserfahrungen weniger das Ergebnis von berichteter oder direkt erlebter Kriminalität sind, als vielmehr aus in der Nachbarschaft wahrgenommenen Missständen in Verbund mit nachbarschaftlichen nichtkriminellen Konflikten resultieren.[68] Ebenso aufschlußreich ist die Studie von VRJ und WINKEL, die nachweisen konnten, daß in einer gute beleuchteten und überschaubaren Umgebung die Viktimisierungsfurcht geringer ist als in einer weniger einsehbaren.[69] Das Ergebnis lässt sich in das Defensible-space-Konzept von Newman integrieren.[70] Die Möglichkeit zur Verteidigung wird umso bedeutender, je bedrohlicher die Umwelt wahrgenommen wird. Neben der Art des Territoriums zählen zu den Verteidigungskomponenten auch Einsehbarkeit und Überschaubarkeit. Was unter Territorien in der

---

64 Vgl. TAYLOR, R. B./HALE, M., *Testing alternative models of fear and crime*, in: *Journal of Law and Criminology* 77 (1986) 151-189

65 HELLBRÜCK, J./FISCHER, M., *Umweltpsychologie*, 457. Vgl. hierzu die Studien MAXFIELD, M. G., *The limits of vulnerability in explaining fear of crime.* A comparative neighbourhood analysis, in: *Research in Crime and Delinquency* 21 (1984) 233-250, sowie HALPERN, D., *Mental health and built environment*, London 1995.

66 Folgende Aufzählung orientiert sich an HELLBRÜCK, J./FISCHER, M., *Umweltpsychologie*, 458.

67 HELLBRÜCK, J./FISCHER, M., *Umweltpsychologie*, 458.

68 Vgl. KARAZMAN-MORAWETZ, I., *Was macht Stadtbewohner unsicher?* Unsicherheitserfahrungen in zwei Wiener Stadtvierteln und ihre strukturellen Hintergründe, in: *Jahrbuch für Rechts- und Kriminalsoziologie* 1995/96, 17-37.

69 Vgl. VRJ, A./WINKEL, F.W., *Characteristics of the built environment and fear of crime.* A research note on interventions in unsafe locations, in: *Deviant Behavior* 12 (1991) 203-215.

70 Vgl. NEWMAN, O., *Defensible space*, New York 1972

Umweltpsychologie verstanden wird und wie sie mit dem Sicherheitsempfinden zusammenhängen, gilt es nun näher zu erläutern.

3.4. *Territorialität*[71]

Territorialität wird mehrfach mit Sicherheitserleben in Verbindung gesetzt.[72] Es besteht jedoch keine eindeutige Definition darüber, was in der Umweltpsychologie unter Territorialität verstanden wird. Während manche Autoren den Aspekt der Eigentümerschaft hervorheben, sehen andere den Kontrollaspekt als zentrales Bestimmungsstück. Unter Territorialität wird ein Muster von Verhaltensweisen und Einstellungen bzw. Kognitionen eines Individuums bezüglich eines physischen Raumes, Objektes oder Gedankengutes gefasst, das auf Kontrolle bzw. Eigentümerschaft beruht.[73]

ALTMAN hat vorgeschlagen drei Typen von Territorien hinsichtlich der Dauer der Besetzung, der durch sie ausgelösten Kognitionen, der personenspezifischen Ausgestaltung und der Wahrscheinlichkeit der Verteidigung gegenüber Eindringlingen zu unterscheiden:[74]
(1) Primäre Territorien, etwa die eigene Wohnung oder das Büro, werden als relativ dauerhaftes Eigentum vom Bewohner und anderen Personen wahrgenommen. Die Verweildauer ist dort in der Regel relativ hoch. Der Besitzer übt vollständig oder weitestgehend die Kontrolle über den Raum aus und gestaltet diesen personenspezifisch. Das unerwünschte Eindringen anderer wird prima facie als gravierender Verstoß gegen die Norm angesehen.
(2) In sekundären Territorien, wie Vorlesungs- oder Seminarräumen, halten sich die Personen nur gemäßigt lange auf. Sie sind zwar keine Eigentümer, doch gelten sie als eine der zugangsberechtigten Personen. Somit kommt ihnen auch ein gewisses Maß an Kontrolle und die zeitweilige Möglichkeit zu, den Raum in Maßen zu personalisieren.

(3) Dagegen verweilen Personen in öffentliche Territorien (z.B. Freibad, Campus, Museum) in der Regel seltener und besitzen keine Eigentümerschaft. Es ist schwer, die Kontrolle auszuüben, da auch andere Personen als potentielle Nutzer angesehen werden. Eine personenspezifische Ausgestaltung des Raums ist nur zeitlich begrenzt

---

71 Einen sehr guten theoretischen wie empirischen Überblick geben HELLBRÜCK, J./FISCHER, M., *Umweltpsychologie*, 335-360, sowie MILLER, R., *Territorialität*, in: KRUSE, L./GRAUMANN, C.-F./LANTERMANN E.-D. (Hg.), *Ökologische Psychologie*. Ein Handbuch in Schlüsselbegriffen, München 1990, 333-338.

72 Vgl. BROWER, S., *Territory in urban settings*, in: ALTMANN, I./RAPPORT, A./WOHLWILL, J.F. (Hg.), *Human behaviour and environment*. Bd.4, New York 1980, 179-207

73 Vgl. den Überblick bei HELLBRÜCK, J./FISCHER, M., *Umweltpsychologie*, 336.

74 Vgl. ALTMAN, I., *The environment and social behavior*. Privacy, personal space, territory, crowding, Monterey 1975. Folgende Darstellung orientiert sich an einer Modifikation von HELLBRÜCK, J./FISCHER, M., *Umweltpsychologie*, 337.

möglich und die Verteidigungswahrscheinlichkeit ist geringer. Man denke etwa an die Schwierigkeit, seinen Stammplatz im Freibad zu verteidigen, wenn andere Besucher früher gerade diesen angenehmen Ort im Schatten aufgesucht haben.

Besonders FISCHER hat darauf hingewiesen, daß die Verfügbarkeit primärer Territorien eine wesentliche Bedeutung für die Entwicklung und Aufrechterhaltung habituellen Wohlbefindens und seelischer Gesundheit einnimmt.[75] Territorialität steht in Zusammenhang mit dem Sicherheitsempfinden. Umso mehr Kontrolle ausgeübt werden kann, umso sicherer wird auch der Raum erlebt. Wohnungseinbrüche, die wenig materiellen Schaden verursacht haben, können daher eine hohe psychische Belastung darstellen, weil die Kontrolle und Verteidigungskompetenz über das eigene primäre Territorium in Frage gestellt wurde. Unsicherheitsgefühle, die sich durch extreme Übergange zwischen sehr verschiedenen Arten von Territorien ergeben können, lassen sich durch Übergangszonen zwischen privaten Bereichen als primären Territorien und öffentlichen reduzieren.[76] Solche abgestuften Raumkonzepte, die auch für den Bau von Wohnanlagen praktische Relevanz besitzen,[77] tragen dem Defensible-space-Konzept von NEWMAN insofern Rechnung, als sie mit dem semiprivaten und halböffentlichen Raum als Übergangs- oder Pufferzonen eine graduelle Stufung der Kontrolle und Verteidigungsmöglichkeiten erlauben. Die Bewohner leben damit in einer Umwelt, die ihnen aufgrund ihrer Merkmale erlaubt, »Funktionsträger ihrer eigenen Sicherheit zu sein«[78]. Entsprechend haben bauliche Merkmale so gestaltet zu sein, daß sich die Territorien zum einen in ihrer Art identifizieren lassen und daß zum anderen Einblicke in diese Räume begünstigt werden.

Doch nicht nur bezüglich des Sicherheitsempfindens und der Kontrolle dienen Territorien der Orientierung. Indem sie dem Menschen generell Vorhersehbarkeit, Ordnung und Stabilität ermöglichen, übernehmen sie nach EDNEY eine Organisationsfunktion.[79] Kompetente Personen erkennen, was in welchen Territorien möglich ist und was nicht. Ein banales Beispiel mag genügen: Während ich zu Hause den Geld-

---

75 Vgl. FISCHER, M., *Gesundheitspsychologie.* Die ökopsychologische Perspektive, in: SCHWENKMEZGER, P./SCHMIDT, L.R. (Hg.), *Lehrbuch der Gesundheitspsychologie*, Stuttgart 1994, 88-100 sowie DERS., *Umwelt und Wohlbefinden*, in: ABELE, A./BECKER, P. (Hg.), *Wohlbefinden*, Theorie, Empirie, Diagnostik, Weinheim ²1994, 245-266.

76 Vgl. HARLOFF, H.J./HINDING, B./SCHMOLL, R.M./WECKWERTH, H., *Bedeutung von Übergangszonen und Zwischenbereichen für Wohnerleben und Wohnhandeln*, in: HARLOFF, H.J. (Hg.), *Psychologie des Wohnungs- und Siedlungsbaus*, Göttingen 1993, 149-173.

77 Vgl. TAYLOR, R.B./BROWER, S., *Home and near-home territories*, in: ALTMAN, I./WERNER, C. (Hg.), *Home environments*, New York 1985, 183-212.

78 HELLBRÜCK, J./FISCHER, M., *Umweltpsychologie*, 439.

79 Vgl. EDNEY, J.J., *Human territories:* Comment on functional properties, in: *Environment and Behavior* 8 (1976) 31-47.

beutel sorglos auf den Küchentisch lege, werde ich mich davor hüten, ihn im Freibad offen auf meinem Badetuch liegen zu lassen, solange ich mich im Wasser befinde.

Das Phänomen der Ortsidentität bzw. Ortsbindung und die Beobachtung, daß man sich in der Regel an primäre Territorien, genauer an private Räume stärker örtlich gebunden als sich einer ganzen Stadt zugehörig fühlt, wird im nächsten Abschnitten behandelt.

3.5. *Ortsidentität*

PROSHANSKY hat darauf aufmerksam gemacht, daß Personen eine Ortsidentität ausbilden können, wenn eine bestimmte Umwelt für sie eine subjektspezifische Bedeutung gewinnt.[80] Die spezifische Umwelt gewinnt durch die Transaktionen des Subjekts mit ihr einen spezifischen Symbolgehalt. Die Umweltbindung ist sowohl kognitiver als auch emotionaler Art; und die Umwelt, sprich die Stadt, gilt dabei als Quelle von Emotionen. Je häufiger sich Bewohner in Situationen befinden, die positiv gefärbte Emotionsmuster aktivieren, desto stärker wird auch eine emotionale Bindung der Bewohner an die Stadt aufgebaut.

Wie bereits erwähnt, gilt das Zugehörigkeitsempfinden eher Stadtteilen oder kleineren Bereichen.[81] Für dieses Phänomen lassen sich folgende Erklärungsfaktoren anführen:
(1) Die Person erlebt sich dort in der Regel stärker als Verursacher erwünschter Veränderungen.[82] Das Erleben als Kausalagent stellt sich aber aufgrund der Kontrollkompetenz eher bei primären und sekundären als bei öffentlichen Territorien ein.
(2) In der Regel hält sich das Individuum häufiger in diesen Räumen auf, und die Anzahl der Person-Umwelt-Transaktionen steigt.
(3) Besonders vermittels des Charakters eines primären Territoriums erlebt das Individuum eine Kontinuität.[83]
(4) Wird die Umwelt als responsiv erlebt, d.h. als durch das Individuum gemäß seinem Absichten veränderbar, so hat das Auswirkungen auf die Identitätsentwicklung der Person, indem es zu einer positiven Selbstwertschätzung und einer positiven Selbst-

---

80 Vgl. PROSHANSKY, H.M., *The city and the self-identity*. Shumaker und Taylor sprechen in diesem Zusammenhang von »Ortsbindung«, vgl. SHUMAKER, S.A./TAYLOR, R.B., *Toward a clarification of people-place relationships*. A model of attachment to place, in: FEIMER, N.R./ GELLER, E.S. (Hg.), *Environmental psychology*. Directions and perspectives, New York 1983, 219-251.

81 Vgl. FELDMANN, R.M., *Settlement – identity. Psychological bonds with home place in a mobile society*, in: *Environment and Behavior* 22 (1990) 183-229.

82 PROSHANSKY, H.M., *The city and the self-identity*.

83 FISCHER, M., *Umwelt- und Gesundheitspsychologie*. Ein humanwissenschaftlicher Beitrag zur Bewältigung der ökologischen Krise, in: KEUL, A.G. (Hg.), *Wohlbefinden in der Stadt*. Umwelt- und gesundheitspsychologische Perspektiven, Weinheim 1995, 22-42, 32

konzeptentwicklung führen kann.[84] Das Selbstkonzept erweist sich umso differenzierter und anpassungsfähiger, wenn die Person sich in verschiedenen Settings verschiedenen Verhaltenanforderungen ausgesetzt sieht und sie weitgehend bewältigen kann. Die Möglichkeit einer Vielzahl an Behavior Settings, als »jener raum-zeitlich abgegrenzten und durch standardisierte Verhaltensmuster gekennzeichneten Umweltausschnitte, in denen sich das öffentliche Leben abspielt«[85], kann – wie bereits angedeutet – als ein Faktor städtischer Lebensqualität angesehen werden. Doch impliziert die Möglichkeit der Wahl zugleich die Notwendigkeit und gegebenenfalls die Qual der Wahl[86] und macht die eingangs erwähnte Anforderung an das Individuum zur eigenen Lebensführung als Aufgabe im radikalen Pluralismus der Gegenwart nochmals bewusst.

Eine ausgeprägte Ortsidentität trägt mittelbar zum psychischen Wohlbefinden der Person bei. »Wenn optimale Entwicklung mit wachsender Kontrolle über die Umwelt einhergeht und zugleich Kontrollerleben als Spielart des Wohlbefindens aufgefasst werden kann, so muß die städtische Umwelt, insbesondere die Großstadt, mit den hervorstechenden Merkmalen der Größe, Dichte und Heterogenität [...] prinzipiell als idealer Ort, als mit einem hohen ›Gesundheitspotential‹ ausgestattet bewertet werden«[87], so die Einschätzung von FISCHER. Damit eine städtische Identität aufgebaut werden kann, ist der Kontrollaspekt allerdings nur ein Element. Darüber hinaus lassen sich noch weitere wesentliche Faktoren nennen: die alltagsrelevanten funktionalen Komponenten Verkehr, Wohnen oder Versorgung, historische und ästhetische Sehenswürdigkeiten, Naturelemente oder Stadt-Image.[88] Die Ortsidentität als Substruktur der Ich-Identität[89] verknüpft damit das Selbstbild mit dem Stadtbild. Entsprechend der Identität als Abgrenzungs- und Integrationsphänomen ermöglichen Städte strukturanalog mit positiven Identitäts- bzw. Individualitätsmarkern (Sehenswürdigkeiten), mit funktional-praktikablen Arrangements (Verkehr, Wohnen und Versorgung), mit Erholungsräumen (Naturelemente) und positivem Ansehen (Image) Binnen- und Au-

---

84 Vgl. FISCHER, M./STEPHAN, E., *Kontrolle und Kontrollverlust*, in: KRUSE, L./GRAUMANN, C.-F./LANTERMANN, E.-D. (Hg.), *Ökologische Psychologie*. Ein Handbuch in Schlüsselbegriffen, München 1990, 166-175, 167f.

85 HELLBRÜCK, J./FISCHER, M., *Umweltpsychologie*, 479.

86 Vgl. SAUTERMEISTER, J., *Therapierte Autonomie*

87 FISCHER, M., *Umwelt- und Gesundheitspsychologie*, 32. Dieses Ergebnis findet überwiegend empirische Bestätigung, vgl. SCHNEIDER, G., *»Identität von« und »Identifikation mit« städtischer Umwelt*, in: PAWLIK, K./STAPF, K.H. (Hg.), *Umwelt und Verhalten*. Perspektiven und Ergebnisse ökopsychologischer Forschung, Bern 1992, 169-202

88 Vgl. die Zusammenstellung bei HELLBRÜCK, J./FISCHER, M., *Umweltpsychologie*, 480.

89 Vgl. PROSHANSKY, H./FABIAN, A.K./KAMINOFF, R., *Place identity*. Physical world socialization of the self, in: *Journal of Environmental Psychology* 3 (1983) 57-83.

ßendifferenzierungen, die Vertrautheit sowie herausfordernde Abwechslung bieten und zugleich entlastend der Orientierung dienen.

Diese Ansicht ignoriert jedoch nicht die Beschreibung der Stadt als Belastung für den Menschen, wie MILGRAM betont. So lässt sich nachweisen, daß Umweltstressoren eindeutig die Ortsidentität beeinträchtigen. APPLEYARD und LINTELL konnten zeigen, daß die Ortsbindung umso ausgeprägter war, je weniger Verkehrsbelastung in der Wohnstraße auftrat.[90] Darüber hinaus wird die Person in einer städtischen Wohngegend, die als anomisch und als eher verwahrlost sowie desintergativ gilt und durch weniger Kohäsion ausgezeichnet ist, kaum eine ausgeprägte Ortsidentität ausbilden,[91] wenn sie sich darin nicht als Kausalagent und als unsicher erlebt.[92] Schließlich kann auch das Gefühl von Beengtheit, in der umweltpsychologischen Forschung Crowding genannt, dazu beitragen, Streß auszulösen und damit mittelbar eine geringere Ortsbindung mitbewirken. Da in Städten hohe Populationsdichten zu verzeichnen sind, soll auf dieses Phänomen eigens eingegangen werden.

3.6. *Crowding*[93]

Gerade bei hohen Bevölkerungsdichten, wie es in Städten der Fall ist, kann es zum Gefühl der Beengtheit und des Unwohlseins kommen. Doch muß dies bei objektiv gegebener Enge nicht immer gelten. So fühle ich mich samstags auf der Stuttgarter Königsstraße nicht unbedingt beengt, sondern genieße es im Gegenteil auch einmal, mich in der Menge aufzuhalten; auch stört es mich nicht, wenn meine Wohnung zur Sylvesterfeier voller Gäste ist. Dagegen kann mich ein solcher Menschenauflauf an meinem Arbeitsplatz vor dem Computer massiv stören, wenn ich über Formulierungen nachdenke, oder wenn ich zu Hause einen geruhsamen Abend verbringen möchte. Ob und inwieweit Engegefühle auftreten, hängt also auch von der Art des Behavior Settings ab.

Um die verschiedenen Erfahrungen konzeptionell zu erfassen, entwickelte STOKOLS eine Typologie der Beengungssituationen:[94] Er unterscheidet zwischen primären und

---

90 Vgl. APPLEYARD, D./LINTELL, M., *The environmental quality of city streets.* The residents' viewpoint, in: *Journal of the American Institute of Planners* 38 (1982) 84-101.

91 Vgl. FISCHER, M., *Umwelt- und Gesundheitspsychologie*, 32.

92 Vgl. hierzu 3.3. Vor diesem Hintergrund lässt sich mittels der Konzepte Territorialität und Kontrolle etwa erklären, warum Mitglieder einer Jugendbande in solchen Gegenden eine ausgesprochene Ortsidentität ausbilden.

93 Einen guten Überblick bieten HELLBRÜCK, J./FISCHER, M., *Umweltpsychologie*,, 360-384, sowie SCHULTZ-GAMBARD, J., *Dichte und Enge*, in: KRUSE, L./GRAUMANN, C.-F./LANTERMANN, E.-D. (Hg.), *Ökologische Psychologie.* Ein Handbuch in Schlüsselbegriffen, München 1990, 339-346.

94 Vgl. STOKOLS, D., *The experience of crowding in primary and secondary environments*, In: *Environment and Behavior* 8 (1976) 49-86

sekundären Umwelten. Personen verbringen in primären Umwelten viel mehr Zeit, die Sozialbeziehungen zu anderen Personen sind dort ziemlich eng und wichtig, und dort werden in der Regel die subjektiv bedeutsamen Tätigkeiten ausgeführt. Zumeist stellen primäre und teilweise sekundäre Territorien solche primären Umwelten dar. Sekundäre Umwelten dagegen, meist öffentliche und eventuell sekundäre Territorien, werden dagegen nur temporär aufgesucht, die Sozialbeziehungen sind zumeist oberflächlich oder anonym. STOKOLS' These lautet nun, daß hohe Dichte in primärer Umwelt eher zu Crowding-Gefühlen führt als in sekundären. Denn hohe Dichte bedeutet in primären Umwelten ein höheres Bedrohungs- und Einschränkungspotential, als in primären Territorien erwünscht ist und erwartet wird. Zentrale Bedürfnisse werden eher depraviert, und es stellt sich ein intensiverer Beengungsstreß ein. In sekundären Umwelten dagegen wird die erlebte Beeinträchtigung als viel geringer bewertet, und das Gefühl der Beengtheit ist weniger stark ausgeprägt. Neben der kategorialen Unterscheidung von Beengungssituationen differenziert STOKOLS zwischen persönlicher und neutraler Beeinträchtigung. Sie ist neutral, wenn Merkmale der räumlich-materiellen Umwelt als Ursache angesehen werden; dagegen persönlich, wenn eine oder mehrere Personen als Urheber der Beeinträchtigung gelten.[95]

Die theoretischen Ansätze zum Crowdingphänomen reichen vom Reizüberlastungsmodell, das eine exzessive Stimulation als Ursache des Beengtheitsgefühls anführt, über das Verhaltenseinschränkungsmodell, das Crowdingempfinden als Wirkung eines eingeschränkten Verhaltensspielraums konzipiert, und über das ökologische Modell mit der Verknappung der Ressourcen als Crowdingfaktor bis zum Kontrollansatz, wonach hohe Dichte zu einem Kontrollverlust führen kann, der wiederum zwischen Dichte und Streß vermittelt. Denn Kontrollverlust beeinträchtigt die Fähigkeit, die Stimulation zu regulieren bzw. Verhaltensweisen auszuüben.[96]

Die Ausführungen zum Crowdingphänomen zeigen, daß Beengtheitsgefühle nicht unbedingt in Städten auftreten müssen. Wenn sie als sekundäre Umwelten angesehen werden, führt eine hohe Populationsdichte aufgrund der Subjektvermittlung nicht notwendig zu Crowding. Personenspezifische Differenzen sind vielmehr differentialpsychologisch zu erklären.

3.7. *Strukturmomente der Mensch-Stadt-Beziehung*

Nachdem zentrale Themen und Inhalte einer umweltpsychologisch ausgerichteten Stadtpsychologie vorgestellt worden sind, sollen im folgenden wesentliche Strukturmerkmale der Mensch-Stadt-Umwelt-Beziehung benannt werden, die für eine Ethik

---

95 Vgl. STOKOLS. D./OHLIG, W./RESNICK, S.M., *Perception of residential crowding, classroom experiences and student health*, in: *Human Ecology* 6 (1978), 233-252, 237

96 Vgl. zu den einzelnen Ansätzen HELLBRÜCK, J./FISCHER, M., *Umweltpsychologie*, 369-379.

der Stadt bedeutsam sind. Sie stellen den strukturellen Sachstand der umweltpsychologischen Forschungsergebnisse dar.

Allgemein gesprochen, steht der Mensch in einem Wechselverhältnis mit seiner Umwelt. Er gestaltet sie einerseits, und andererseits wird er von ihr beeinflußt. Ein erstes Strukturmoment dieser Mensch-Umwelt-Beziehung besteht nun darin, daß der Mensch durch die Umwelt einer Vielzahl und Vielfältigkeit an Reizen ausgesetzt ist, die er zu bewältigen hat. Diese Stimulationen können auf der einen Seite für die Person Herausforderung und Attraktivität bedeuten, auf der anderen Seite aber auch Streß und Überlastung. Unterschiede in der Reizverarbeitung sind jedoch nicht nur interpersonell. Je nach augenblicklicher Verfaßtheit können sie auch intrapersonal variieren. Entscheidend ist die Art und Weise, wie die Person die Überstimulation verarbeitet. Das zweite Strukturmoment verweist damit auf die Reizverarbeitung, Reaktion und Aktion der Person, inwieweit es ihr möglich ist, Kontrolle auszuüben, sprich »Ereignisse und Zustände seiner Umwelt beeinflussen, vorhersehen oder zumindest erklären zu können«[97]. Je nach empfundener und erwarteter Kontrolle bzw. Kontrollverlust erlebt das Individuum die auf es eingeströmten, einströmenden bzw. antizipierten Umweltreize als unterschiedlich belastend bzw. herausfordernd.[98]

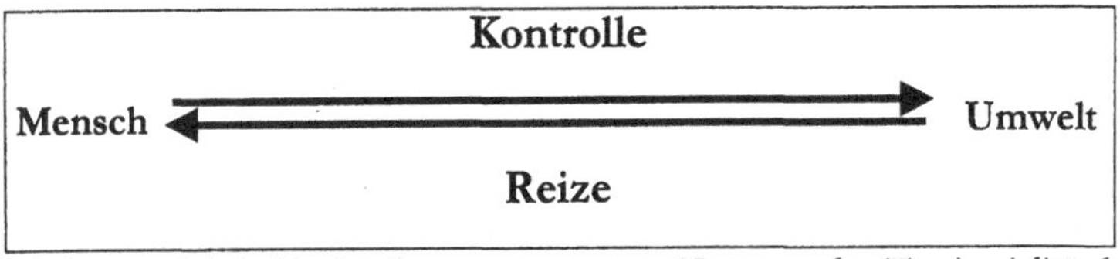

Räumlich lassen sich beide Strukturmomente am Konzept der Territorialität konkretisieren. Territorien übernehmen eine Organisations- und damit Entlastungsfunktion. Das Individuum kann sich im Blick auf wahrgenommene, beanspruchte und erwartete Kontrolle bzw. geringer oder keiner Kontrolle entsprechend planend und handelnd ausrichten. Dabei erhalten verschiedene Arten von Territorien unterschiedliche Bedeutung für die menschliche Lebensführung: Primäre Territorien sind für die persönliche Entfaltung im geschützten und kontrollierten Rahmen notwendig und damit für Wohlbefinden und seelische Gesundheit bedeutsam. Das Individuum erlebt sich dort als selbstmächtig und kompetent. In der Regel kann es durch Personalisation die Umwelt ihren Wünschen, Bedürfnissen und Neigungen entsprechend gestalten, damit sei-

---

[97] FISCHER, M./STEPHAN, E., *Kontrolle und Kontrollverlust*, 166.

[98] Damit sind noch nicht die Emotionsmuster bestimmt, die Umwelten bei Individuen auslösen können. Mehrabian und Russell vertreten beispielsweise die Theorie, daß es drei bipolare Grundmuster an umweltbedingten Emotionen gibt: Lust-Unlust, Errregung-Nichterregung und Dominanz-Unterwerfung. Werden diese mit dem persönlichkeitsspezifischen Emotionsmuster korreliert, ergibt sich der emotionale Gesamtzustand des Individuums, der sich in Annäherungs- bzw. Vermeidungstendenzen gegenüber der Situation äußert, vgl. MEHRABIAN, A./RUSSELL, J.A., *An approach to environmental psychology*, Cambridge 1974.

ner eigenen Person am meisten Ausdruck verleihen und vertraute sowie intime Beziehungen pflegen. Öffentliche Territorien dagegen haben funktionalen Charakter bzw. bieten Konstellationen, die für das Individuum alleine nicht zu arrangieren sind. Sozial-öffentliche Kontakte und externe Anregungen werden möglich. Ein Mensch, der sich nur in privaten Territorien aufhält, unterliegt der Gefahr, in seiner eigenen (kleinen, privaten Welt) zu verharren und sich darin zu verlieren. Menschen, die sich dagegen in extremo nur in öffentlichen Räumen bewegen, riskieren, sich selbst im Öffentlichen zu verlieren. Übergangsterritorien, also semiprivate und semiöffentliche Räume, erleichtern die Anpassung an die verschiedenen Territorien und begünstigen eine (persönlichere) Kontaktaufnahme und den Prozeß der Vertrauensbildung.

Mit dem Konstrukt der Territorialität als drittem Strukturmoment läßt sich auch das Crowding-Phänomen strukturell fassen. Faktische Dichte führt nur vermittels der Zuschreibung primärer bzw. sekundärer Umwelten zum subjektiven Gefühl der Beengtheit.

Hohe Population in Städten hat in Form der Überstimulation und Anonymität des Einzelnen Einfluß auf das Sozialverhalten, sei es prosozial, anormal oder delinquent bzw. antisozial. Der Reizüberlastung entspricht die Bewältigungsstrategie selektiver Aufmerksamkeit als viertes Strukturmoment und der Anonymität eher das Empfinden der Deindividuation. Beides hat zur Folge, daß das Individuum sich eher auf sich bezieht, sei es in passivem oder antisozialem Verhalten.

Personen empfinden sich dann als sicher, wenn sie gemäß dem zweiten Strukturmoment über bestimmte Räume Kontrolle bzw. Verteidigungsmöglichkeiten zu besitzen glauben. Dazu muß die Umwelt entsprechend gestaltet sein. Zudem kann die städtische Umwelt durch ein »anomisches« Erscheinungsbild eher den Eindruck von fehlender Ordnung und Kontrolle vermitteln und damit Unsicherheitserleben fördern. Gemäß dem dritten Strukturmoment bieten primäre Territorien dagegen in der Regel solche Räume, in der sich die Person sicher fühlt.

Inwieweit das erhöhte Lebenstempo in Städten mit dem ersten Strukturmoment der hohen Stimulation in Verbindung zu bringen ist, ist noch unklar. Es scheint, daß aufgrund der größeren Distanzen und der größeren Anzahl an Angeboten ein höheres Tempo zu deren Bewältigung als praktikabel erscheint und sich im städtischen Kontext habitualisiert.

Hinsichtlich der Persönlichkeitsentwicklung und Identitätsbildung vermittelt die Ortsidentität als Substruktur der Identität zwischen Selbstbild und Stadtbild. Die Ortsidentität kann sich umso stärker ausprägen, je mehr Strukturanalogien die Stadtstruktur zur Ich-Identität als Abgrenzungs- und Identifikationsphänomen aufweist. Im Blick auf diese Identität lassen sich drei psycho-soziale Grundgesetzlichkeiten des Arrangements, der Affirmation und der Instrumentalisierung aufzeigen.[99] Im Arrangement sucht der Mensch angemessen seinen Bedürfnishaushalt zu regulieren, um nicht durch fehlgewichtete Dominanzen außer Gleichgewicht zu geraten. Um Ziele zu erreichen und Bedürfnisse zu befriedigen, muß er sich in seiner ganzen Existenz instrumentalisieren, indem er sich selbst bestimmt und temporär andere Ziele und Bedürfnisse zurückstellt. Die Energie und Motivation zur Selbstbejahung gewinnt der Einzelne aus der vorgängigen Erfahrung sozialen Angenommenseins. Die Affirmation äußert und verwirklicht sich »in jeder Form des Lebenswillens«[100]. Diesen drei Grundgesetzen korrespondieren aus umweltpsychologischer Sicht bei einer ausgeprägten Ortsidentität – unter Auslassung der sozialpsychologischen Aspekte – bestimmte Momente im Stadtbild, so daß sich vier Strukturanalogien von Stadtbild und Ich-Identität ergeben:

a. Positive Identitäts- und Individualitätsmarker der Stadt entsprechen dem Aspekt der Individualität der Identität, die es als unverwechselbar im So-Sein erscheinen läßt.
b. Funktional-praktikable Einrichtungen und Arrangements in der Stadt korrespondieren mit den Gesetzlichkeiten des Arrangements und der Instrumentalisierung.
c. Erholungsräume, Räume für Erholung und Muße, finden im Aspekt der Affirmation im Da-Sein jenseits jeglicher Funktionalität ihr Entsprechung.
d. Dem positiven Stadt-Image schließlich entspricht die Affirmation in eigentlichem So-Sein.

Stadtbild	↔	Identität
Individualitätsmarker	↔	Individualität im So-Sein
Funktional-praktikables Arrangement	↔	Arrangement Instrumentalisierung
Erholungsräume	↔	Affirmation im Da-Sein
Positives Stadtimage	↔	Affirmation im So-Sein

Die Strukturmomente, die sich aus der Analyse der umweltpsychologischen Stadtforschung ergeben, können als grundlegend für die Mensch-Stadt-Beziehung angesehen werden. Sie sind zu berücksichtigen, wenn es um die Frage nach gelingender Lebensführung im städtischen Kontext geht. Das Konzept von FISCHER zeigt, daß sie bereits Eingang in eine umweltpsychologisch fundierte Stadtplanung gefunden haben.

---

99 Vgl. HUNOLD, G.W., *Identität*, 36-41

100 HUNOLD, G.W., *Identität*, 40

4. STADTPLANUNG AUS UMWELTPSYCHOLOGISCHER PERSPEKTIVE

Wenn Städte als Kulturprodukt des Menschen gelten, dann ist er ihnen nicht einfach ausgeliefert. Vielmehr können und müssen Menschen durch bewußte Stadtplanung und -gestaltung auf diesen Lebenskontext Einfluß nehmen. Doch woran hat sich ein solches Vorgehen auszurichten? Da die Ökologische Psychologie gerade das Mensch-Umwelt-Verhältnis in Blick auf menschliches Erleben und Verhalten erforscht, kommt ihr bei der interdisziplinären Stadtplanung eine besondere Rolle zu, insofern sie auch eine Optimierung dieses Verhältnisses anstrebt. Der Stadtbewohner erscheint dabei »als durch Bedürfnisse und Interessen geprägtes, sich potentiell als einzigartiges Individuum selbstverwirklichendes Subjekt«[101]. Damit hat Stadtplanung aus umweltpsychologischer Sicht das menschliche Subjekt angemessen zu berücksichtigen.[102]

Generell gilt Urbanität als Ziel der Stadtplanung und wird als »Wesen des Städtischen«[103] verstanden. Daher sollte nach FISCHERs umweltpsychologischen Annahmen »eine Stadt als umso urbaner gelten, je mehr sie als spezifischer Lebenskontext zur optimalen Persönlichkeitsentwicklung ihrer ›Nutzer‹ beiträgt, je ausgeprägter sie mit anderen Worten den Charakter einer entwicklungsförderlichen Umwelt aufweist«[104]. Damit der Mensch sich also ideal entwickeln kann, wird eine ideale Stadt mit katalytischer Funktion für die Persönlichkeitsentwicklung vorausgesetzt. Stadtplanung und Menschenbild sind damit aufs Engste miteinander verwoben. FISCHER, der die am meisten elaborierte umweltpsychologische Stadtplanungskonzeption vorgelegt hat – daher wird im folgenden ausschließlich auf FISCHERs Entwurf eingegangen, stützt sich dabei auf die psychologische Theorie optimaler menschlicher Entwicklung von BRANDTSTÄDTER und SCHNEEWIND[105]. Sie soll die entsprechenden psychologisch-anthropologischen Grundlagen bereitstellen.

4.1. *Zur Theorie optimaler menschlicher Entwicklung*[106]

BRANDTSTÄDTER und SCHNEEWIND verstehen den Menschen als »autonomes« Subjekt, das jedoch einer entsprechenden Umwelt bedarf, um sich optimal zu entwickeln. Das menschliche Selbstoptimierungspotential bedarf konstitutiv entwicklungsförderli-

101 FISCHER, M., *Innenstadtplanung und Urbanität aus psychologischer Sicht*, in: BRUNKEN, A./SCHAPER, B. (Hg.), *Handeln in der Innenstadt*. Kongreßband zum Bremer Handelssymposium vom 10.-11.03.1997, Bremen 1997, 73-96, 76

102 Hierauf hat besonders Manfred Fischer aufmerksam gemacht, vgl. FISCHER, M., *Stadtplanung aus der Sicht der Ökologischen Psychologie*.

103 FISCHER, M., *Innenstadtplanung und Urbanität aus psychologischer Sicht*, 74

104 *ebd.*, 77

105 Vgl. BRANDTSTÄDTER, J./SCHNEEWIND, K.A., *Optimal human development*. Some impications for psychology, in: *Human Development* 20 (1977) 48-64.

106 Vgl. auch die Darstellung bei HELLBRÜCK, J./FISCHER, M., *Umweltpsychologie*, 469-472.

cher Umstände. Je besser der Mensch seine Möglichkeiten verwirklicht, umso autonomer kann er seine Modelle von sich selbst und der Umwelt konstruieren. Jedoch sind diese innerpsychischen Repräsentationen verglichen mit den Idealvorstellungen von sich selbst und der Umwelt meist suboptimal. Um nun diese Diskrepanz zu verringern, stehen nach BRANDTSTÄDTER und SCHNEEWIND zwei Strategien zur Verfügung: Entweder bemüht sich die Person darum, neue Kompetenzen zu erwerben, oder es strebt ein Veränderung der Umwelt an. Individuen, die sich dementsprechend verhalten, streben als Ideal der Persönlichkeitsentwicklung den Typ des »Aktiven Nonkonformisten« an. Er läßt sich nach FISCHER folgendermaßen beschreiben:

> »Er verteidigt eigene, unabhängige Meinungen. Er akzeptiert die Normen von Majoritäten und Minoritäten gleichermaßen, wenn sie ihm rational erscheinen. Er plant langfristig und wertet dabei die Konsequenzen früherer Entscheidungen sorgfältig aus. Er versucht, seine Lebensumstände so zu gestalten, daß sie ihm eine Vielzahl von Handlungsmöglichkeiten eröffnen. Experimente, Reformen und Innovationen finden seine Zustimmung, ohne daß er dabei Risiken außer acht ließe. Er ist offen für Erfahrungen, auch wenn sie über Sozialpartner vermittelt werden, die andere Standpunkte vertreten. Obwohl seine autonomen Zielsetzungen und -revisionen auf rationaler Basis erfolgen, ist der Aktive Nonkonformist lustorientiert und intensiven emotionalen Empfindungen zugänglich.«[107]

Die ideale Persönlichkeit erscheint damit als rational-besonnene – sowohl hinsichtlich ihres Sozial- als auch Umweltverhaltens, die entwicklungs-, revisions- und pluralitätsoffen ist und dabei ihre Emotionalität zu integrieren versteht. Um dieses normative Persönlichkeitsmodell für die Stadtplanung aufzubereiten, schlägt er Operationalisierungen vor, denen er Merkmale hoher Urbanität und Konzepte, Modelle und Theorien der Ökologischen Psychologie zuordnet.[108] Diese Zuordnung versteht FISCHER als normative Rahmentheorie für eine umweltpsychologisch ausgreichtete Stadtplanung, die eine optimale Mensch-Umwelt-Kongruenz anstrebt.

4.2. *FISCHERs normative Rahmentheorie der Stadtplanung*

Wenn hier FISCHERs umweltpsychologische Rahmentheorie dargestellt wird, dann kann dies nur im Sinne eines Überblicks geschehen. Eine Explikation aller zugrundeliegenden umweltpsychologischen Konzepte, Modelle und Theorien würde den Rahmen dieses Beitrags sprengen;[109] als Hintergrund mögen die in Kapitel 3 vorgestellten Themen und Inhalte der Stadtpsychologie genügen. Vielmehr sollen im folgenden den

107 HELLBRÜCK, J./FISCHER, M., *Umweltpsychologie*, 469

108 Vgl. im folgenden FISCHER, M., *Innenstadtplanung und Urbanität aus psychologischer Sicht*, 79f.

109 Vgl. hierzu FISCHER, M., *Innenstadtplanung und Urbanität aus psychologischer Sicht*, 77-91, sowie HELLBRÜCK, J./FISCHER, M., *Umweltpsychologie*, 469-492.

Merkmalen einer optimal entwickelten Persönlichkeit Charakteristika förderlicher Umwelten bzw. Umweltbeziehungen zugeordnet werden, um eine Vorstellung über die Anwendung zu erhalten.[110]

~ Um sich angemessen in seiner Umwelt orientieren zu können, bedarf das Individuum einer internen Repräsentation dieser, die hohe prognostische Validität aufweist. D.h. die Person kann aufgrund mentaler Modelle, die hohen Aussagewert über die Umgebung besitzen, Umweltsituationen antizipieren und entsprechend Handlungen planen und ausführen. Dazu bedarf es einer differenzierten Repräsentation der Umwelt mitsamt ihren Veränderungen.
  Wenn eine Stadt ein lesbare, leicht im Gedächtnis kodierbare Stadtgestalt aufweist, fördert sie die Persönlichkeitsentwicklung. Ebenso gelten als Merkmale hoher Urbanität etwa ein unverwechselbares Stadtzentrum, individuell gestaltete Stadtteile bzw. -viertel, die mittels Gestaltungsprinzipien als »Teile eines Ganzes« identifiziert werden können, leicht zugängliche Informationen zur Stadtentwicklung und etwa nach Himmelsrichtungen benannte Hauptverkehrsstraßen.
~ Des weiteren zeichnet sich eine optimal entwickelte Persönlichkeit dadurch aus, daß sie eine positive Selbstwertschätzung und ein differenziertes Selbstmodell besitzt, das sich in verschiedenen Situationen angemessen anpassen kann. Auch das fördert neben der Orientierung eine optimale Handlungskompetenz.
  Eine Stadt, die viele und vielfältige Behavior Settings bereitstellt, sehr responsive soziale und physische Umwelten integriert und ein multifunktional, pluralistisch-interkulturell genutztes Stadtzentrum besitzt, das sowohl architektonisch und symbolisch pointiert ist, und die zudem historisch relevante Bausubstanzen erhält, weist entsprechend förderliche Umweltbedingungen auf.
~ Empathie, kommunikative und sozial-integrative Kompetenzen zählen ebenso zu den Charakteristika einer idealen Persönlichkeit, die durch eine Bereitstellung öffentlicher Gruppen-Territorien, wie Sitzarrangements oder Spielflächen u.a.m., durch eine symbolvermittelte Abstufung des Sozialverhaltens durch Übergänge zwischen öffentlichen, halböffentlichen, halbprivaten und privaten Territorien oder durch eine grundstücksverbindende Gestaltung von Innenhöfen gefördert werden kann.
~ Die Autonomie einer Person, ihre kritische Norm- und Rollendistanz sowie ihre Partizipationsbereitschaft können durch die Bereitstellung und Förderung alternativer Angebote, z.B. durch Biomärkte, Kampagnen zum Umweltschutz, Nutzung alternativer Energien und ihre Wiederverwertung, stadtweite Radfahr- und Fußwegnetze oder umwelt- und gesundheitspsychologische Stadtteilzentren, die Gemeinschaftssinn und nachhaltige Zukunftsperspektiven mit den Bewohnern entwickeln, entsprechend unterstützt werden.

---

110 Vgl. im folgenden HELLBRÜCK, J./FISCHER, M., *Umweltpsychologie*, 470f.

- Damit auch besonders beeinträchtigte und benachteiligte Personen, wie Behinderte oder Obdachlose, selbständig bei der Lösung umweltbedingter Anpassungsschwierigkeiten mitwirken können, sind eine behindertengerechte Gestaltung des öffentlichen Raumes oder Institutionen als Anlaufstellen für Nichtseßhafte dienlich. Darüber hinaus können die Toleranz wilder Stadtrandsiedlungen oder Abenteuerspielplätze in der Innenstadt als Merkmale hoher Urbanität gelten, die die Selbständigkeit bei der Lösung umweltbedingter Anpassungskrisen fördern.
- Wenn Personen einen explorative Variabilität und Spontaneität aufweisen, d.h. selbständig und eigenmotiviert eine Vielzahl und Vielfalt an Umwelten erkunden, dafür Interesse entwickeln und dabei in der Lage sind, ihre optimales Stimulationsniveau zu regulieren, weisen sie ebenfalls Merkmale einer optimalen Persönlichkeitsentwicklung auf.
- Als förderliche Umwelten bzw. Umweltbeziehungen können dafür gelten: funktional komplexe, variable und manipulierbare Umwelten, wie Biotope in Baulükken oder nicht-begradigte Bachläufe, raumzeitliche Variabilität der Umwelt bei gleichzeitiger Rhythmizität, order in diversity, etwa ständiger Wechsel zwischen Straßen und Plätzen beim Durchqueren der Innenstadt, oder die Schaffung von Foren für spontane Diskussionen.
- Schließlich zeichnet sich nach FISCHER eine optimale Persönlichkeit durch aktuelles und habituelles Wohlbefinden sowie durch körperliche, seelische und soziale Gesundheit aus. Eine Stadt mit hoher Urbanität kann dies fördern, indem sie Gelegenheiten zu anspruchsvollen, selbstvergessenden Aktivitäten bietet oder savannenähnliche Parkanlagen, ruhige Wasserflächen, vernetzte und zu Fuß erreichbare Erholungslandschaften sowie eine durch Artenvielfalt gekennzeichnete Flora und Fauna integriert[111]. Überdies sind eine kriminalitätsvorbeugende Architektur, soziale Netzwerke und Stützsysteme sowie eine Verminderung der Anzahl unbeeinflußbarer, unvorhersehbarer und unerklärbarer Stressoren für Wohlbefinden und Gesundheit hilfreich.

Wenn eine Stadt bzw. eine Stadtplanung bewußt derartige Elemente berücksichtigt, läßt sich als zusätzliches Oberziel eine nachhaltige Stadtplanung formulieren. Ein derartiger Urbanitätsgedanke beinhaltet einen »Lebensstil, mit dem die Interessen der ge-

---

111 Im Hintergrund dieser Vorschläge stehen die Biophilia-Hypothese und Savannen-Theorie. Beiden Ansätzen zufolge ist die Präferenz des Menschen für Natur und savannenähnliche Landschaften evolutionsgeschichtlich bedingt. Sie sind für ihn wohltuend und angenehm und versetzen ihn in einen Zustand der Tranquilität, der angenehmen Ruhe, vgl. WILSON, E.O., *Biophilia.* The human bond with other species, Cambridge 1984, sowie zur Savannen-Theorie ORIANS, G.H., *Habitat selection:* General theory and applications to human behavior, in: LOCKARD, J.S. (Hg.), *The evolution of human social bahavior*, New York 1980, 49-66; ORIANS, G.H./HEERWAGEN, J.H., *Evolved responses to landscapes*, in: Barkow, J.H. Cosmides, L. J. Tooby (Hg.), The adapted mind. Evolutionary psychology and the generation of culture, New York 1992, 555-579.

genwärtigen Generationen in einer Weise erfüllt werden, die die Erfüllung der Interessen künftiger Generationen nicht gefährdet«[112]. Wenn auch Stadtplanung immer geschichtlich, sozial, kulturell, politisch und ökonomisch bedingt und damit eine ideale Stadt Utopie ist, so bleibt unter diesen Bedingungen immer noch der Anspruch bestehen, Städte von Menschen für Menschen zu entwickeln, die eine hohe Urbanität aufweisen und mehr Lebensqualität bieten. Insofern könnte aus der Perspektive der Umweltpsychologie eine Imperativ für die Stadtplanung lauten: »Plane, fördere und entwickle die Stadt so, daß sie ein je höheres Maß an Urbanität verwirklicht und damit den Menschen in seiner Persönlichkeitsentwicklung fördert!«

In diesem Imperativ verdichtet sich das stadtspezifische Anliegen der Ökologischen Psychologie, zur Lösung gesellschaftlicher Probleme und einer Optimierung der Mensch-Umwelt-Beziehung beizutragen. Insofern dazu notwendigerweise wesentliche Zielbestimmungen für eine optimale Persönlichkeitsentwicklung mit allgemeinen Anspruch formuliert werden, die zugleich soziale und ökologische Konsequenzen fordern – wie die normative Rahmentheorie von Fischer mit seinen Umsetzungsbeispielen veranschaulicht hat – sind ethische Implikate unvermeidlich. Im folgenden werden daher Thesen zu einer Ethik der Stadt formuliert, die entsprechend der Ausgangsfrage die Bedingungen einer gelingenden Lebensführung des Individuums in der Stadt in den Mittelpunkt stellt, dabei aber auch sozial- und umweltpsychologische Aspekte einzubeziehen hat.

4.3. *Thesen zu einer Ethik der Stadt*

Folgende Thesen erheben keinen Anspruch auf Vollständigkeit, sondern sind vor dem Hintergrund des Einsichtsstandes umweltpsychologischer Stadtforschung zu verstehen und entsprechend dieser Bezugswissenschaft auf das Subjekt hin perspektiviert. Sie wollen vielmehr eine Facette des Phänomens Stadt als Lebenskontext des Menschen beleuchten und einen Beitrag zu der Frage nach der Lebensführung und gelingendem Leben in der städtischen Umwelt leisten. Dabei treten auch die Momente des Alltäglichen, der Subjektzentrierung, der Integration des ganzen Lebens sowie das Ineinander von Individualität und Sozialität als Elemente eines ethisch qualifizierten Begriffs der Lebensführung[113] in den Vordergrund. Sie korrespondieren mit den Strukturierungsfaktoren des Individuums, des Sozialen und der Umwelt als Lebenskontext. So wie sie sich gegenseitig durchdringen, nehmen auch die Thesen auf sie Bezug – allerdings aus einer dezidiert umweltpsychologischen Perspektive, wobei andere Betrach-

112 FISCHER, M., *Innenstadtplanung und Urbanität aus psychologischer Sicht*, 94

113 Vgl. LAUBACH, Th., *Lebensführung*, 81f.

tungsweisen, etwa sozialpsychologische,[114] außen vor gelassen werden. Eine umfassende Ethik der Stadt[115] ist also nicht intendiert.

Als endlich freiem kann es dem Menschen »nur« um die je größere Verwirklichung seiner Freiheit unter empirischen Bedingungen in geschichtlich-gesellschaftlichen Strukturen gehen und darum, seine Identität, in der er die »individuelle, mitgebrachte Struktur und vielfältige Bedingtheiten zum Ausgleich zu bringen hat«[116], zu finden bzw. auszubilden und damit als Mensch »letztlich [zu] gelingen«[117]. In diesem Sinne können die Thesen im Konzept einer »Therapie zur Autonomie« verstanden werden.[118] Indem grundlegende Strukturen des Mensch-Umwelt- genauer Mensch-Stadt-Verhältnisses erkannt sind, wird auch ein bewußter Umgang mit ihnen und damit eher die je größere Aktualisierung menschlicher Freiheit und Identitätsfindung als Ziel einer nachhaltigen, humanen Stadtentwicklung ermöglicht.[119]

Stehen gelingendes Lebens und Identität im Zentrum der Thesen, so werden diese über die beiden grundlegenden Strukturmomente der Reiz-Kontroll-Relation und der Ortsidentität im folgenden zu explizieren sein:

These 1: *Stadtplanung und -entwicklung haben die Person als Subjekt zu ihrem obersten Maßstab zu nehmen.* Das bedeutet, daß Stadtplanung nicht funktional reduktiv, etwa mit überwiegender ökonomischer Zweckrationalität, ausgerichtet sein soll. Die Stadt als Kulturprodukt des Menschen darf damit letztlich nicht als ästhetisches oder logistisches Objekt verabsolutiert werden. Vielmehr haben Städte der Mehrdimensionalität des Menschen zu entsprechen, diese zu fördern und dürfen ihn nicht funktional einschränken.[120]

These 2: *Städte sollen so entwickelt werden, daß sie die Ausbildung menschlicher Identität fördern.* »Übereinstimmung mit sich selbst und der ihn umgreifenden Wirklichkeit kann der einzelne nur gewinnen, wenn es ihm gelingt, die eigene individuelle Lebenswelt und die ihn vorausbeurteilende und anfordernde soziale Er-

---

114 Vgl. hierzu etwa das Themenheft *»Urban life. Applying a social psychological perspective«.* The *Journal of Social Issues* 36 (1980); 3

115 Vgl. hierzu etwa SIEVERNICH, M., *Stadt*, in: *Lexikon der Bioethik*, Gütersloh 2000, 433-435, 435.

116 HUNOLD, G.W., *Identität*, 32

117 *ebd*, 32

118 Vgl. SAUTERMEISTER, J., *Therapierte Autonomie*

119 Beide Aspekte sind grundlegend für eine Lebenskunst von Bedeutung, vgl. SAUTERMEISTER, J., *Lebenskunst im christlichen Horizont*, 125-135.

120 Exemplarisch sei das Tübinger Südstadtprojekt angeführt, das gezielt eine Mischung verschiedener Funktionen (Wohnen, Versorgen, Arbeiten und Freizeit) in einem Stadtgebiet anstrebt, vgl. hierzu die ausführliche Dokumentation von FELDTKELLER, A. (Hg.), *Städtebau: Vielfalt und Integration.* Neue Konzepte für den Umgang mit Stadtbrachen, Stuttgart, München 2001.

wartungswelt dem Widerstreit zu entheben und in eine sinnvolle Zuordnung zu bringen.«[121] Identitätsausbildung findet dabei immer in bestimmten Kontexten und Umwelten statt. Wie die Strukturanalyse der umweltpsychologischen Forschungsergebnisse gezeigt hat, gibt es jedoch städtische Bedingungen, die eine Ausbildung der Ortsidentität als Teil der Ich-Identität eher ermöglichen. Eine subjektorientierte Stadt-entwicklung hat diese, nämlich positive Individualitätsmarker, funktional-praktikable Arrangements, Erholungsräume und - wenn möglich - ein positives Stadt-Image, zu berücksichtigen.

These 3: Städte sollen so konzipiert sein, daß Individuen sich ihnen nicht »ausgeliefert« sehen, sondern sich als Kausalagent bzw. als selbstmächtig und kontrollierend erfahren können. Aufgrund der Reizvielfalt, -intensität und -häufigkeit, denen Personen in Städten besonders ausgesetzt sind, können Städte den Menschen überfordern und damit pathogen wirken. Räumliche Gestaltung, Variation von Reizdarbietung und Behavior Settings, Mitbestimmung in Planungsprozessen und Reduktion der Umweltbelastung auf bestimmte Grenzwerte sind entsprechend anzulegen.

These 4: Städte sollen bestmögliche Orientierung bieten, damit das Individuum möglichst optimal Handlungen planen, durchführen und evaluieren kann. Sowohl Arrangements innerhalb der Stadt als auch entsprechende Hinweise und Kennzeichnungen erleichtern die Orientierung. In Stadtplanung und -entwicklung sind sie ebenso zu berücksichtigen.

These 5: *Das Individuum soll sich bewußt in der Stadt orientieren und sich nicht »ausgeliefert« treiben lassen.* Indem die Stadt und ihre Bedingungen als Stressor fungieren können, ist ein bewußter Umgang mit ihnen geboten, um Streßsituationen bewältigen zu können. Sei dies in bewußter Reizselektion, in kognitiver Verarbeitung oder in bewußten Erholungs- und Mußephasen.

These 6: *Eingedenk der Ausprägung stadtspezifischen Sozialverhaltens bedarf es einer Grundhaltung der mitmenschlichen Offenheit.* Sie fördert nicht nur unmittelbar prosoziales Verhalten, sondern dient in gewissen Maßen zugleich der Verringerung der Anonymität. Dies hat nicht nur streßreduktive Funktion, sondern ermöglicht auch zwischenmenschliche Begegnungen, die der städtischen

---

121 HUNOLD, G.W., *Identitätstheorie*: Die sittliche Struktur des Individuellen im Sozialen, in: HERTZ, A. u.a. (Hg.), *Handbuch der christlichen Ethik* 1, Freiburg, Basel, Wien 1993, 177-195, 191.

Integrationsfunktion zu Gute kommt[122] und darüber hinaus dem Einzelnen eine »Horizonterweiterung« ermöglicht.

These 7: *Urbane Normen des Sozialverhaltens sind auf ihren Sinn hin kritisch zu beleuchten.* Wenn Streßbewältigungstechniken bzw. -mechanismen nach MILGRAM sogar normbildend sein können, ist zu hinterfragen, ob solche Normen nicht einer einseitigen Funktionalität dienen, aber dabei wesentliche Aspekte, die die Entfaltung des Menschen unterstützen, behindern.

These 8: Städte dürfen nicht als Gegenüber zur Natur und natürlichen Umwelt verstanden werden; sie sind vielmehr in ein umfassendes Umweltmodell zu integrieren. Eine Integration von Grünflächen, Pflanzen und Wasserelementen in das Stadtbild ist keineswegs nur ästhetisch zu verstehen, sondern dient auch dem Wohlbefinden und der Gesundheit von Personen. Entsprechend sollen Städte beide Dimensionen, Natur und städtebauliche Kulturprodukte, in angemessener Weise vereinen.

Die acht Thesen sind sehr allgemein gehalten. Ihre Konkretion ist bereits auf der Ebene bestimmter Stadtplanung anzusiedeln.[123] Dabei bleibt zu berücksichtigen: Städte können im letzten auch nicht ihrer Ambivalenz entzogen werden, wie es manche Stadtutopien zu propagieren suchen. Da Städte jedoch Kulturprodukt des Menschen sind, so ist dem Psychologen und Psychoanalytiker MITSCHERLICH beizupflichten, wenn er vor mehr als dreißig Jahren schreibt: »Stadtplanung wird auch in Zukunft den geheimen Auftrag behalten, ein Idealbild von unseren Idealen zu entwerfen.«[124] Denn »[b]essere städtebauliche Planung ist nicht zuletzt deshalb notwendig, weil sie allein mithelfen kann, die Freiheit zu individueller und vernünftiger Entwicklung in den einfachsten biologischen Voraussetzungen zu sichern.«[125]

122 Vgl. FELDTKELLER, A., *Die Stadt als »Integrationsmaschine«*, in: DERS. (Hg.), *Städtebau: Vielfalt und Integration.* Neue Konzepte für den Umgang mit Stadtbranchen, Stuttgart, München 2001, 10-17, 11f.

123 Vgl. hierzu das Modell von FISCHER im 4. Abschnitt dieses Beitrages.

124 MITSCHERLICH, A., *Thesen zur Stadt der Zukunft*, 11

125 *ebd*, 10

Roy LAZAR A.

YOUTH PASTORAL IN VIEW

VIOLENCE IN THE METRO-CITIES IN INDIA

What is very obvious escapes at times human observation and perception. For instance, *youth* and *city* have found until recently very little attention in Asian theological reflection and pastoral care, though two thirds of the population in the continent is not more than 35 years old and it has sheltered in the year 2000 one third of 3.5 billion urban population of the world. However, the problems and challenges, which are connected with youth and city pastoral care do not cease to exist because they have been ignored for a long time and nor do they disappear on their own. They have actually emerged to the forefront in the recent years due to the escalation of violence in different parts of the country. A short of observation of the problem of youth violence in the cities and the challenges it poses for pastoral care are dealt with in the following pages.

Violence and the Youth

Escalation of violence among youngsters in the cities is a multi-facetted problem that can be studied under very many topics. From the point of view of experience of violence, it can be divided under two categories, namely, *active violence* and *passive violence*. Active violence indicates the involvement of the doer in violent acts, which once again be divided under a) criminal violence and b) political and communal violence. Passive violence or exploiting violence is used to indicate violence from the point of view of the victims.

1. CRIMINAL VIOLENCE

R. K. RAGHAVAN, a police officer, says that crime in India identifies 23 mega-cities which are replete with violence and Delhi tops of the list with the highest share of urban crime followed by Mumbai and Bangalore. What is striking is that the enormous growth of crime rate among the youth is on the increase day by day and the majority of the heinous crimes in India today are being committed by those perceived as the most innocent – the young. The National Crime Records Bureau in its latest report states that young people (in the age group between 16 to 25) are responsible for 56% of all the crimes committed in the country. Delhi Police Chief V. N. SINGH remarks that ›ninety three percent of all serious crimes committed this year (1998) have been committed by the young trying their hand at crime for the first time‹.[1] The problem of

1 THE EDITORIAL TEAM: *Young Menace*, in: India Today-Online Edition, Jan.11, 1999, p.1

juvenile delinquency, drug addiction and student protest add substantially to the increase of national crime rate. Moreover, there is an increase in crimes among the socially and economically well-placed especially in the urban areas, which P.S. BAWA calls as *the crimes of affluence* and he asserts that »a new genre of ›civilized‹ lawbreaker or a ›gentleman‹ criminal has cropped up«.[2]

1.1. *Political and Communal Violence*

Forms of political and communal violence include the militant insurgence among the tribal youth in the northeast and central regions of the country, communal clash between Hindu and Muslim fundamentalists, violent protest of the Dalith groups and political subversion provoked by the Marxist and Maoist militants like *Naxalites*[3] and People War Groups. Youth are also very often part of communal violence staged at the interest and instigation of a particular caste, religion and linguistic group. The outbreak of violent orgy in Bombay and other cities after the demolition of Babri Masjid on 6th December 1992 and daily occurrences of morbid attacks on minorities and weaker sections of the society indicate the seriousness of the communal violence in the country.

1.2. *Exploiting Violence*

Dalith and tribal people, women and children are the prime victims of the exploitive violence in Indian society. A brief look at violence against the depressed classes shows the deplorable state of the human right situation in the country. For example, there were 35, 252 crimes registered in 1995 against the Daliths and among them 688 murders, 2086 terrorist attacks, 1143 rapes and 729 burning of houses and property. *Ranbir Sena,* a private army of the rich landlords, killed 61 Daliths including 27 women and 7 children on the eve of the Republic Day Celebration 1998 in order 'to teach the poor a lesson' in not raising their voice against exploitation. Violence against the Dalith and tribal people is on increase day by day. For instance, 'the state of Bihar witnessed between 1990 and 1999 nearly 35 instances of caste-based massacres and the total number of victims was about 400 out of those who were killed 350 were from the lower castes'.[4] A survey conducted in 1971 and repeated in 1996 in 69 villages Gujarat of, the state where Mahatma GANDHI was born, revealed the continuing forms of discrimination. For instance, 30% of the panchayats (village administrations) still observe open

---

2 BAWA, P. S., *Urban policing,* in: Seminar, *http://www.india-seminar.com/1999/483/483 bawa.htm Monday,* 25 June 200, p. 2

3 *Naxalites* are the members of a Marxian revolt movement which emerged in 1950s in a village called *Naxalbari* in West Bengal. It advocates militancy for a total revolution.

4 Ramakrishnan, V., *The Recent History of Brahmin Massacres of Dalith Blacks,* in: Dalitstan Journal, Online edition, Volume 1, Issue 2 (Oct. 1999), p.1-3, here p. 2, also refer, in: Frontline Vol. 16, Online edition, (Feb. 27 - Mar. 12, 1999) No. 05

or subtle untouchability, 75% of villages still prohibit Daliths from entering the temples and 23% of the Dalith villagers still incur physical or verbal assault for using certain village roads.[5] The record of crimes committed against the poor goes to prove that the practice of caste discrimination has not diminished even after fifty years of independence in spite of the constitutional and protective measures for the weaker sections of the society.

Young women are probably the most affected section of the population by violence and they are subjected to all kinds of atrocities, from infanticide, eve-teasing, molestation, harassment at work, rape, murder and to being burnt alive by their own families. According to an Indian Police report there were 5,513 dowry deaths during 1996 and this is more than 8% from the previous year.[6] The female/male ratio in India actually decreased from 972 to 1000 in 1901 to 900 to 1000 in the year 2000, which indicates that killing of girl children and aborting female foetus are still not rare practices. Male literacy rate according to the Census 2001 is 78.85% while the corresponding figure for females is only 54.16% and of the estimated 60 million children still out of school, 35 million are girls. All these numbers indicate the gender discrimination done to the women population in the country.

Children are the third major group of victims of violence in the Indian context. The problem of child labour is a big shame for the country. It is estimated that India has the highest number of children, who are submitted to severe physical labour. It could run between 60 and 115 million (Report of Human Rights Watch 1996). According to an UNESCO report in 1997 out of 240 million working children in the world 42 million are in India though the 1991 Census claimed that there were only 11.28 million of working children showing a decline of 2.22 million since 1981.[7] L. Mishra, who fights against child labour in the country, asserts that there are more than 100 million children who are out of school today in India.[8] Articles 24, 39 and 45 of the Indian Constitution speak elaborately about the rights of the children. The legal measures, like the Children's Act 1933 and the successive Factories Act 1948, Mines Act 1952 and finally the Child Labour Regulation and Abolition Act 1986, prohibit child labour and advocate free and compulsory education for children but the plight of the children of the

---

5 Cf. THORAT, Sukhdeo, *The Hindu Social System and Human Rights*: Enforcement with respect to Former Untouchables in India, pp. 17-19, Quoted in: N. P. DIVAKAR, Ed. *Black Paper on Broken Promises & Daliths Betrayed*, NCDHR, Secundrabad, 1999

6 Cf. RAGHAVAN, R. K., *Analysing crime*. In: THE HINDU Vol. 15, No. 24, Nov. 21 - Dec. 04, 1998

7 Cf. MAURYA, O.P., *To eradicate an evil*, in: Frontline, online edition, 19/9 (27 April – 12 May 2002)

8 Cf. MISHRA, Lakshmidhar, *Child Labour in India*, Oxford University Press, Delhi, 2000

marginalized people has not improved very much. All the constitutional and legal measures need political will and public commitment for rigorous implementation.

Root Causes

There are many causes for the escalation of violence among the youth in the urban areas. They range from population explosion to the ambivalence in the pastoral ministry.

2. POPULATION EXPLOSION

A youth, according to the demarcations of the United Nations, is a person who belongs to the age group from 15 to 24 years but the Government of India has defined for all political and administrative purposes *youth-hood* as being between 15 and 34 years covering a span of 20 years.[9] Youth population in the country has been keeping phase with the growth in general population. 32.05% of the population was classified as youths in 1961 and it was 33.6% in the year 1991. The following table shows the growth of the youth population in the last four decades.

	1961			1981			1971			1991		
Age	Total	Male	Female	Total	Male	Female	Total	Male	Female	Total	Male	Female
15-19	8.2	8.2	8.2	8.6	8.9	8.4	9.6	9.9	9.4	9.4	9.7	9.1
20-24	8.5	8.5	8.9	7.6	7.6	8.2	8.6	8.4	8.8	8.9	8.6	9.2
25-29	8.3	8.9	8.4	7.5	7.2	7.8	7.6	7.5	7.8	8.3	7.9	8.6
30-34	7.3	7.7	6.6	6.6	6.5	6.8	6.4	6.3	6.5	7.0	6.9	7.1

Abb. 1: *% Youth Population in India in 1961, 1971, 1981, 1991*[10]

Saraswathi S., 1988, p.3. Note: Census 1981 and 1991 exclude Assam and Jammu Kashmir respectively.

The numbers speak for themselves that every third Indian belongs to the age group of ›youth‹ and together with children (0-6 years) and adolescences (7-14 years) persons below 35 years make more than two thirds of the nation's total population. And the majority of the youth population is in urban areas though 77% of India's population is

[9] Cf. SARASWATI, S., *Youth in India*, ICSSR, New Delhi, 1988, p. 1

[10] Cf. *Census of India* 1991

living in the villages.[11] The growth rate of urban population between 1981 to 1991 was 43% but in the rural areas it was only 18%, which is much less than that of national average of 23.6%. India is now firmly set on the path of rapid urbanization[12] and it is mainly the young population, which seeks better prospectus in the metropolitan cities. Total population in 27 cities with more than one million people consists 25.6% of the total population and among them 16 million live in slums. Population explosion speeds up the growth of slums in the urban areas. Below are the first five mega cities and their total and slum population:[13]

No	Name of the City	Total Population	Slum Population
1	Greater Mumbai (Bombay)	11.9	5.8
2	Delhi Municipal Corporation	9.8	1.8
3	Kolkata (Calcutta) (within urban limit only)	4.6	1.5
4	Bangalore	4.3	0.4
5	Chennai (Madras) (within urban limit only)	4.3	0.8

Though the Census 2001 identifies 1.8 million slum dwellers in New Delhi an unofficial study claims that more than 8 millions live in an estimated 1200 slums, 50 resettlement colonies and 1500 unauthorised colonies in and around the capital. The average family size in slums is 5 members with 75% of it being below the age of 30 years and 75% of them have an average wage of less than 40 USD per month. The horrible living conditions of slums defy any possible description. There are only 4 water tapes for 2500 families and 1 toilet seat for 200 people in a settlement colony in Delhi. While the Delhi Corporation claims to supply 275 litres of water for a person per day in contrast to 175 litres in London a slum dweller gets hardly 30 litres per day. 71% slum residents complained that their children were denied admission in schools on frivolous grounds and 70% complained of lack of medical facilities in the neighbourhood thus being forced to go to unregulated private medical institutions.[14] If such is the condition of slums in the capital, there is very less to imagine about the situation in other cities. For example, number of slums in and around Bangalore, ›the silicon valley

[11] Cf. BRONGER, D., *Die Siedlungsformen:* Dörfer, Städte, Metropolen, in: ROTHERMOND D., *Indien*, pp. 38-58

[12] Cf. BAWA, P. S., *Urban policing,*

[13] Cf. *Census of India 2001*

[14] Cf. COMMENT: *People and Planning,* in: Seminar, HYPERLINK http://www.india-seminar.com http://www.india-seminar.com /2000/491/491.comment.htm Monday, 25 June 2001

of India‹, is estimated to be 750 and more 65,000 children live in the streets.[15] The major section of immigrants to the cities consists of Dalith and tribal people. It is estimated that an average of 60,000 tribal people migrate every year during the lean months to industrialised cities like Baroda in search of employment and they naturally land up in slums or on pavements.[16] In many instances slums serve as fountainhead of violent escalation in the metros.

Poverty

Poverty in India is defined as per person consumption expenditure of less than Rs 400 (less than 10 USD) per month at current prices (year 2000) and for a family of five this amounts into Rs 24,000 per year. The official estimate of people living below the poverty line in 1999 was 27% of the total population whereas 31% of the urban population lived below the poverty line.[17] Poverty and deprivation breeds violence in the urban society.[18] J. GALTUNG who has done extensive research in peace studies insists that ›violence occurs as people are so affected that their actual physiological and psychic (spiritual) actualisation is less than the potential one‹.[19] There could be many causes for poverty in India but the main one would be injustice prevalent in the society, which is nothing but structural violence inflicted on the poor. Authors like James GILLIGAN are strongly convinced that structural violence is at the starting point of individual aggressive behaviour. Analysing violence he says that ›any approach to a theory of violence needs to begin with a look at the structural violence in the country‹.[20] Structural violence makes the marginalized not only economically poor but also culturally and socially alienated as well, and drives them into a pathological state of dependency. The existing dominant and exploitive power structures cause unjust situation for the poor and keep them under the thump without any rights and privileges thus leading to subversion, which is revolutionary violence. Violence is used in turn in order to suppress the subversion of the marginalized. It is a vicious circle of structural, subversive and suppressive violence. Moreover, dominant political and social systems promote conflicts in cities in order to protect their economic and political interests

---

15 Cf. THOMAS, Pradip, *Armut, Entwicklung und die Kirche in Bangalore*, Indiens Silicon-Valley, in: Jahrbuch Mission 2001, Kirche in der Stadt, pp.89-97

16 DEVY, Ganesh, *Tribal voice and violence*, in: Seminar, http://www.india-seminar.com/2000/491/491.ganeshdevy.htm, Monday, 25 June 2001

17 Cf. BHALLA, Surjit S., *Indian poverty: ideology and evidence*, in: Seminar online edition, http://www.india-seminar.com/2000/491/491.ganeshdevy.htm, Monday, 25 June 2001

18 GALTUNG, J., *Strukturelle Gewalt.* Beiträge zur Friedens- und Konfliktforschung, Reinbek, 1975, p.9.

19 GALTUNG, J., *Strukturelle Gewalt.* Beiträge zur Friedens- und Konfliktforschung, Reinbek,1975, p.9.

20 GILLIGAN, J., *Violence: Reflections on a National Epidemic*, Vintage Books, New York, 1996, p. 191

and the youth are used as pans by unsocial elements for such canny political calculation.

Illiteracy

Literacy and basic education in India is a phenomenon of serious concern although literacy rate of the general population has indeed improved from 24.02% in 1961 to 40.76% in 1981 correspondingly 46.89% of males and 24.82% of females among the youth population. According to the 1991 Census 52.21% of the total population, out of which 64.13% of males and 39.29% of females were literate and literacy rate has gone up to 65.38% in 2001. However the number of school dropouts is very much alarming. The dropout rate at primary school level is a serious problem with regard to youth literacy. The percentage of dropouts before they reach fifth standard in three major states are given below:

State	Boys	Girls	Total
West Bengal	74.5	73.7	74.2
Maharastra	50.0	60.3	54.5
Karnataka	58.9	68.9	63.4

Abb. 2: *Dropout Rates in Classes I-V (1979-80)*[21] *% of Dropouts*

Saraswathi S., 1988, p. 52

The figures indicate that less than half of the primary school attendants complete their schooling and reach secondary school and hardly a few hundred thousand reach higher education. Dropout children generally land up in big cities as cheap labourers and they find their habitat either in the slums or on the pavements and become prey to unsocial elements. Moreover, the number of dropouts among girls shows that the female population is very much affected by this problem and most of these girls land up as 'nowhere children' and seek their fortune as paper-pickers in urban areas[22] if not through beggary or prostitution.

Juvenile Delinquency

There is an enormous growth in the crime rate among the juvenile delinquents in the last thirty years on international, as well as, national level. For instance, the total of juvenile crime cases under IPC (Indian Penal Code) in 1971 was 26,846 constituting 2.8% of the total cognisable crimes in the country, which constituted a volume of 40 per million population. But the total number increased to 59,345 in 1982, 4.4% of the total crime rate. The most vulnerable age group prone to crime and anti-social activi-

21 *Report of Ministry of Human Resource Development*, Government of India, 1982

22 Cf. MISHRA, L., ibid., 2000

ties, according to the Survey on Crime in India 1993, was for boys between 14 to 18 and for girls 14-17 years. According to the observations of V. N. SINGH, Delhi Police Chief, majority of young criminals in urban areas come from socially and economically well placed or middle class families.

Unemployment

Unemployment is another interrelated factor, which is very detrimental to youth welfare. The table below indicates the quantum of the qualified and registered unemployed young labour force in the country.[23]

Age group	Women	Educated	Total in all categories
Up to 14	60.4	170.0	258.8
15-19	855.2	2,739.5	4,722.0
20-24	1,517.8	5,006.8	9,039.8
25-29	980.0	3,136.0	6,134.1
29-34	399.3	1,096.4	2,357.6
Total	4,002.1	12,535.9	23,546.8

Abb. 3: *Registered Work Seekers (Dec.1984)*

(Nos. in thousands)

Another element worth taking note of here is the availibility of a sizeable youth force, which is neither employed nor unemployed, especially a large portion of female youth who defile any categorisation with regard to employment. They are not employable due to illiteracy or cultural constraints and customs thus causing a drastic repercussion on the social fabric. Unemployment and exploitation lead a number of young people to yield to frustration but to join hands with groups and organisations that propagate violent revolution. The problem of youth violence in such situations has a direct correlation with social and political protests.

Drug Addiction

Use of »mind-alerting substances« or »natural psycho-active plants« (like *cannabis, poppy, khat and datura*) has been prevalent in the traditional Indian society and the social and

23 SARASWATI points out ›data on the magnitude of unemployment are available from different sources but they do not tally and are not comparable‹. Cf. SARASWATI S., *ibid.*, p. 71

cultural norms regulated the abuse in drug consumption.[24] Nevertheless, drug addiction was considered for long time to be a problem only in the western countries but not in India and legal measures against drug abuse were not considered. Though supply of opium for oral consume was controlled by the Government of India in 1959 there was no ardent measures due to the revenue that flow from drug business. International traffic in drugs, political connivance with drug lobby and process of globalisation and tourism have accelerated the growth of drug consume in the country. The studies in the 1980s on drug abuse have showed that there were more than one million people hooked on drugs and majority of them were young. It is startling for the churches to know that a sizeable portion of those affected young people were with Christian background. For instance, a study among the university students in Delhi and Bangalore stated that 10-20% of the drug abusers were from Christian families though the Christians constituted only less than 3% of the total population.[25] Drug abuse is a colossal problem in the northeastern region of the country, which is identified very much as a Christian area; and a rather alarming fact is that the 52% of the addicts are testing HIV positive.[26] This phenomenon is not going to be any less grievous in the future neither in extent nor with regard to intensity thanks to the process of globalisation, growth in international tourism and aggressive onslaught of the mass media.

Student Unrest

Occurrences of violent and organised protests by students have become regular features on the campuses of educational institutions in the country. Out of 2,206 student demonstrations in 1966, more than 480 turned out to be very violent. The agitation in 1991 against the attempt by the then prime minister, V.P. SINGH, to implement the Mandal Commission Report on reservations and the outbreak of violence in Kerala university in 1992 against the appointment of a particular individual as the chancellor - are some of the recent gory incidents indicating the seriousness of the problem.[27] The reasons on the academic level are:[28] inadequate teaching and learning facilities, cur-

---

24 Cf. CHARLES, Molly, *The drug scene in India*, in: Seminar, 10th Sept. 2001, *http://www.india-seminar.com/2002/504/504.mollycharles.htm*

25 Cf. MOHAN, D., et al., *Drug Abuse in India*, AIIMS, New Delhi, 1981., IBID., *Revised Edition*, 1988-89.
Also refer O'TOOLE, M., *Drugs and Youth in India*, OYN, Goa, 1987

26 Cf. BRITTO, G., *Management of Drug Abuse in India*, in: KALATHUVEETTIL, J., *Serving the Youth in India Today*, KJ Publication, Bangalore, 1993, pp. 288-296 here p. 290

27 Cf. BANU, Z., *Violence in College Campus: an Analysis of the Political Dimension*, in: Rally, Vol. 71, No. 10, (March 1995), p. 21

28 Cf. ALTBACH, *Turmoil and Transition*: Higher Education and Student Politics in India, New Delhi, 1967;
AHLUWALIA, Sagar, *Youth in Revolt*, New Delhi, 1967;

riculum irrelevant to the needs of the students' future, poor teacher-student relationship, inefficiency and lack of scholarship on the part of the teachers, lack of motivation and orientation on the part of the students. The social and family milieu of the students, deprivation and alienation, anxiety about the future employment chances, interference of politics in the organisation and management of student bodies are indicated as some of the main causes of student protests on non-academic level.[29]

2.2. *Religious Fundamentalism*

Religious fundamentalism has become a thorn in the flesh for India, which is known traditionally for tolerance and its multiplicity of cultures. Neo-Hindu Movements have emerged in the past with a determination to safeguard the interest of Hindu religion and people and thus protect the unity of the nation. *Hindu Mahasaba* (Great Assembly of Hindus) ›*Rashtrya Swayamsevak Sangh*‹ (RSS - National Voluntary Society)[30] were launched initially with the sole aim of strengthening the unity of the nation by consolidating moral and religious life founded on the Hindu *Dharma*. From being religious and cultural movements they gradually metamorphosed in to political forces. *Vishwa Hindu Parishad* (VHP - World Council of Hindus) was formed in 1964 with outspoken political goals and it does not mince words with regards to its political ambition and strategies. Its primary aim is to re-establish *Ram Rajya*, the reign of God Rama, in the country. The ›cultural reductionism‹[31] of fundamentalist movements has worsened the situation of Dalith and tribal people and stand as bulwark against growing political empowerment of the marginalized people.[32] Moreover, they have intensified the power game in politics due to their ›distorted, undemocratic and bogus nationalism‹.[33] Moreover they claim that Muslim fundamentalism has now forced them to raise hand against them in order to protect themselves. India has a long history of violence between the Hindu majority and Muslims but recently fundamental forces also have targeted Christians. The United Christian Forum for Human Rights in New Delhi has documented more than 120 attacks in the past years against Christian individuals, churches and schools, allegedly by Hindu fundamentalists.

VISHWA Yuwak Kendra, *Dynamics of Student Agitations*. 1982;
DASGUPTA, Sugata, Ed., *The Great Gherao of 1969*, New Delhi 1972;
UGC, *Report of the Committee to Enquire into the Working of the Central Universities* 1984, New Delhi

29 Cf. SARASWATI, S., *ibid.*, pp. 322-336

30 Cf. SESHADRI, H.V., *RSS - a Vision in Action*, Jayanana Prakashna, Bangalore, 1988.

31 Cultural Reductionism insists on monoculture rooted only in Hinduism denying all other cultural roots in India. Cf. ITA, *The Challenge of Hindutva:* An Indian Christian Response, No.24

32 Cf. KOTHARI, R., *Rise of the Daliths and Renewed Debate on Caste*, in: EPW, June 1994, pp.1589-1594

33 Ibid. No. 36

2.3. *Corruption and Misadministration*

The biggest disaster for the country is the bureaucracy that is corrupt beyond redemption. The prominent journalist Kuldip NAYAR says that ›corruption is endemic‹ in the country and there is hardly any government official in any of the public service departments who has not succumbed to this malady. There might be a very few exceptions who could be accredited with a concern for the common good and welfare of the local people.[34] Corruption in public life in India has now become so prevalent that not being corrupted is seen as insane behaviour. Gunnar MYRDAL, the author of *The Asian Drama* indicates that ›the rate of corruption that has crept into Indian public administration is colossal‹.[35] India is ranked among the top ten corrupt nations in the world - seventh according to one study and eighth according to another.[36] *Ecclesia in Asia* rightly indicates that ›people are helpless against corrupt politicians, judiciary officials, administrators and bureaucrats‹ (EA 8). The worse affected are the Dalith and tribal people. Moreover, as J. PATHY says the developmental programs of the government have missed the target of serving the poor. He states that ›the furiously pursued mega hydroelectric projects, mining and industrial ventures, wanton commercial loggings, cash crop plantation, agribusiness, land settlement schemes, *villagefication*, refuge settlements, highway projects, forestation programs, biosphere reserves, game sanctuaries, national parks, expansion of the market economy and the like have together irretrievably wrecked the life of the tribal people‹.[37] Most of the industrial development projects have not only neglected the need of the indigenous people but also have robbed them of their land and driven them out to the slums and pavements of the mega cities.[38] Moreover, there is no comprehensive *National Rehabilitation Policy* to help the affected people and justice system is unfortunately not within the reach of the poor, hence, they land in large metropolitan cities as menial labourers, if not criminals.

---

34 TULIP, N., *Wars on the ›outsider‹* in: The Indian Express, (1997) March 31, p.10

35 Quoted in BATTACHARJEE, T. K., *Integration in the North East* - a Left View, in: B C BHUYAN, *Political Development of the North East*, Part II, New Delhi, 1992, p. 134

36 Cf. MITRA, Chandan, *The Corrupt Society*, Viking, New Delhi 1998, p. 37. Refer also SINGH, N. K., *The Politics of Crime and Corruption*, Harper Collins, New Delhi, 1999; SEN, Amartya & DREZE J., *Indian Development*, Oxford, New Delhi 1997

37 PATHY, J., *What is Tribe?* What is Indigenous? Turn the Tables towards the Metaphor of Social Justice, in: Religion and Society, XXXVIII, 3 & 4, 1991, p.23

38 Cf. ROY, A., *The Greater Common Good*, in: Frontline (Online Edition) Volume 16 - Issue 11, May. 22 - June 04, 1999, pp. 1-31; also refer KOTHARI, R., *Growing Amnesia*, p. 150 Quoted in: JOHN, T. K., 1996, Reprinted in: JAYASEELAN, L., *Church Response to the phenomenon violence in North-East India*, Manipur, 1999, pp.85-123, here pp.107-108

2.4. *Violence among Christian Youth*

The escalation of violence in the last few decades among the Christian youth from the marginalized communities, namely, tribal and Dalith communities, has become a matter of serious concern for the society in general and for the Christian community in particular. There are many reasons for their aggressive protests, namely,

~ discrimination,
~ economical deprivation,
~ denial of constitutional rights.

Discrimination and cultural alienation is considered to be one of the main causes for the escalation of violence. Article 17 of the Constitution of India states that ›untouchability is abolished and its practice in any form is forbidden‹[39] and the *Untouchability Offences Act 1955* enumerates direct and indirect offences with regard to discrimination on the basis of caste and creed and advocated severe punishments against such crimes. However, caste discrimination is still prevalent even among the Christian communities.[40] The tribal people have been facing discrimination for centuries. As J. PATHY describes ›they are made to feel inferior in matters of their own life-style, dance, dress, house, art, customs and folklore, their history is disdained, and their language, religion and culture are severely impaired and stigmatised. This is a kind of cultural ethnocide‹.[41] Moreover, havoc has been done to them in the name of social integration thus provoking them for violence in order to protect their cultural identity and heritage.

Various measures have been taken up since the colonial rule to alleviate the plight of the Daliths, but their status quo has not improved very much. For example, the literacy rate among the Daliths is only 37.41%, and it is still lower among the Dalith women (23.75%). Only 16.3% of the Dalith enter into higher education (1991 Census). Unemployment and poverty are crucial problems among the Dalith population. The representation of Daliths in Class I, Class II and in Class III employment sectors is 10.25%, 12.06% and 15.73% respectively in spite of 18% reservation in employment for them. According to the 1991 census 45.4% of the Daliths are still landless agricultural daily wage labourers and 71.8% of them own less than one hector land.

The bone of discontent between the Dalith Christians and the society is the stepmother attitude of the government toward the former in sanctioning the constitutional

---

39 *The Constitution of India with Short Notes*, Lucknow, 1966

40 Cf. KOILPARAMBIL, G., *Caste in the Catholic Community in Kerala*, Cochin, 1982; RAJSHEKAR, V.T., *Christians and Dalith Liberation*, Bangalore, 1987; KANANAIKAL, J., *Scheduled Caste Converts and Social Disabilities*: A Survey in Tamil Nadu, New Delhi, 1990

41 PATHY, J., *What is Tribe? What is Indigenous?* Turn the Tables towards the Metaphor of Social Justice, in: Religion and Society, XXXVIII, 3&4, 1991, p. 23, Quoted in: KARIAPURAM, M.G., *Government Policy Towards the Tribals and Tribal Alienation in India*, IMR, September (1996), pp. 26-31

provisions, which are given to the Daliths belonging to other religions. The policy of ›*compensatory discrimination*‹[42] for the exploited people in order to offer them a possibility was already envisaged during the colonial period. The British government excluded Buddhists, Sikhs and Christians form the reservation benefits sanctioned by the Government of India Act 1936 on the ground of Minority Rights already assured to them. Although this clause was amended to include first Sikhs in 1956 and then Buddhists in 1990 in the list of the Scheduled Castes thus entitling them for the constitutional privileges, the plea of the Dalith Christians for the same privileges guaranteed by the constitution has not been given a heed until today. According to Fr. S. LOURDUSAMY, the Executive Secretary for SC/ST/BC Commission of the CBCI, »this denial of reservation benefits to Dalith Christians is a gross violation of the Articles 14, 15, 16 and 25 of the Constitution of India which ensure equal opportunities and freedom of religion. It is also against the Article 18 of the UNO Declaration of Human Rights«.[43] Hence, denial of constitutional rights induces in the affected people disgust and aggression, especially the youth who feel that the door to social justice has been slammed at their face.

3. MEDIA AND VIOLENCE

Albert BANDURA and his colleagues proposed ›*the social learning* or *social modelling theory*‹[44] to understand the root cause of violence. According to them aggression is a learned behaviour and it is imitated from models. Applying *the social-learning theory* to criminality it was proved that violence in media (especially in TV and film) enhance aggressive potentials in children.[45] Though it is still disputable the correlation between aggression and violence in the media cannot be totally ruled out. Media plays a decisive role in violence among the youth and in the cities. By presenting role models and by presenting not only news but also views media contributes for the escalation of violence especially in the urban centres where access to print or electronic media is available. Ac-

---

42 Cf. WEBSTER, J.C.B., *Dalith Christians*: A History, 1992, pp.129-190. It is program of ›preferential treatment of historically disadvantaged sections of the population‹ built into the constitution and implemented through subsequent legislation as well as judicial decisions.

43 LOURDUSAMY, S., *Dalith Christians Cry for Justice*, in: Integral Liberation, Vol. 2, No.3 (Sept. 1998) p.155

44 Cf. BANDURA, A., ROSS, D., ROSS, B.A., *Transmission of aggression through imitation of aggressive models*, in: Journal of Abnormal Social Psychology, 63(1961), pp. 575-582;
BANDURA, A., *Aggression*: A social learning analysis, New York, 1973.
BANDURA, et al, *Vicarious reinforcement and imitative learning*, in: Journal of Abnormal and Social Psychology, 67(1963), pp.601-607.
GELFAND, D.M., et al., *The effects of adult models and described alternatives on children's choice of behaviour management techniques*, in: Child Development, 45 (1974), pp.585-593.

45 Cf. BERKOWITZ, L., *ibid.*, pp. 230ff.

cording to National Readership Survey in 1999 the 62% of 183 million daily newspaper readers in India and 33% of the 69 million homes with TV are in urban areas.[46] 1.4 million households have access to Internet out of which 65% are in the metros and majority of Internet users belong to the age group between 20 to 35 years. Youngsters imitating the film heroes in committing murders or robberies are usual occurrences in different parts of the country. Hence, it is a well-proven fact in India that media plays an important role in causing violence especially among the youth in the cities.

3.1. *Ambivalence of Pastoral Ministry*

As discussed earlier, the challenges of youth and city pastoral has found until today very little place in theological reflection and Christian life in the country. That is reason why 46% of the youth find the youth pastoral ministry in the church dissatisfactory and their percentage is higher in areas where Christians are more in number; for instance, 61% of the youth in Kerala, 59% in Tamil Nadu 50% in North East find the youth pastoral not relevant for their life. The reasons for their disgruntle, as pointed out by the youth, are: domination of the clergy, lack of interest and encouragement from the authority, lack of spirituality, caste and class discrimination, male domination in the church, lack of lay leadership and feeling of helplessness and disinterest among the youth.[47]

Moreover, the challenges and issues of city life find also very little place in pastoral reflection and ministry. What Truman B. DOUGLASS says in this regard holds good in the Indian context as well: »There are three great areas of our world which churches have not really penetrated. They are: Hinduism, Islam and the culture of modern cities«.[48] Basing on H. M. CONN's observation four important reasons could be pointed out for such a negligence especially in city pastoral:

a. the cultural reading of the Bible, which almost equates city with centres of evil,
b. the confusion of middle class ideals and values with that of Christianity, which offers very little place for the poor, the weak, the defeated, the ›non-person‹,
c. privatisation of faith, thus showing indifference to social and structural evils,
d. a class/caste consciousness in the Christian community leading to a superficial approach to Christian faith and practice.[49]

Pastoral ministry at the parish level and in a special way for the youth is related to arranging some liturgical celebration paying very little or no attention to the social

46 Cf. SWAMI, P., *Recording media trends*, in: THE HINDU Volume 16 - Issue 20, Sep. 25 - Oct. 08, 1999

47 JOSEPH, G., *Towards a National Youth Perspective*: Findings of the National Catholic Youth Survey, Vol. I., Bangalore, 1995, pp.xiv-xv

48 Quoted in CONN, H. M., 1987, p. 20

49 Cf. HARVIE, M. C., *Ibid.*, pp. 28-31

problems that are met by the urban youth. As J. P. PINTO describes ›many urban parishes have become service institutions of liturgical and sacramental goods without any personal contact‹.[50]

Nevertheless, the magnitude of charitable and educational works by the Christian churches in India has to be acknowledged for their service to the poor. There are also many programmes in the recent years undertaken to alleviate the unjust conditions of the exploited people. However, there is a widespread feeling that these steps appear mostly as mere pious appeals on the part of the church leadership and lack in commitment and co-ordination. In some instances the church has worked against the interest of the exploited people.[51] As T. BALASURIYA says, »The churches on the whole are concerned with the poor, the aged and the sick; but they do not deal with the causes of poverty and infirmity in such a way as to remove justice and bring about greater sharing. ... The religions also had their weakness and unworthy alliances with unjust social systems. They tended to legitimise exploitation, castism, feudalism, absolutism and sometimes obscurantism. Yet these have been the life forces of Asian's millions«.[52]

Christian missions in India were initiated predominantly during the colonial period; hence theological reflection and pastoral praxis were inspired by the ›colonial theologies‹, which the missionaries brought with them. N.L. ERSKINE describes the results of such theologies:

> These theologies, made by dominant classes and found convenient by colonial missionaries and carried by them, stressed hierarchy, power, submission, resignation and other-worldly salvation, rather than community, friendship, obedience to truth, pursuit of justice and the Reign of God on earth. ...Colonial theology could not, cannot, address our situation: the threats to our life and freedom; our struggles for food and dignity. It cannot speak for us; cannot speak from within our encounter with God, from within our cries and tears, nor from within the sufferings colonialism has inflicted on us.[53]

It was very much applicable with regard to the tribal and Dalith people. The zealous missionaries were unfortunately not aware of the intricacies of the Indian social sys-

50 PINTO, J. P. *Basic Christian Communities and Inculturation*, in: Vidyajyothi 50 (1986), p. 267

51 Cf. PRABHAKAR, M.E., *Liberty to the Captives*, Deenapur, 1987

52 BALASURIYA, T., *Planetary Theology*, pp.135, 138

53 ERSKINE, N. L., *Decolonising Theology*: A Caribbean Perspective, New York, 1981, pp. 6-9, 116-117, here quoted from RAYAN, S., *Decolonising the Theology*, in: JNANADEEPA, Vol. 1/2 (July 1998) No. 2.6

tem,[54] as a consequence the age-old burden of agony and pain, tears and bloodshed, enslavement and bondage of the Dalith tribal Christians did not find proper place either in the theological reflection or in the pastoral ministry. According to Samuel Rayan the unfortunate result of colonial theology is an irrelevant pastoral praxis:

> Thus the colonial Church and its theology failed to be prophetic, failed to develop a prophetic vision and voice. They had no Gospel for the poor, no Gospel of liberation of the oppressed as Jesus had; and no Gospel of challenge to exploiters, plunderers and worshippers of wealth, weapon and war. That is why the Church missed the meaning of the Asian Revolution.[55]

The situation did not become better as the native clergy took up the reigns of theological articulation as well as pastoral administration. The result of such an inadequate approach to theological reflection is a pastoral ministry, which is negligent to the experience and needs of the poor.[56]

4. GUIDELINES FOR YOUTH PASTORAL IN MEGA CITY

4.1. *Clarity of Option*

The greatest challenge in pastoral ministry in the given context is clarity in option and the urgency to make audible and concrete. The concern of the church for the youth was – unfortunately for too long a period – not evident in the pastoral praxis. They were taken for granted and dealt with most of the time not as *subjects* and *partners* in the ministry but as *objects* and *recipients*. By the very strength of numbers ›the church in India cannot be other than *a church for and of the young*‹.[57] ›Church‹, insists E. KLINGER quoting Medellin documents, ›recognises in young people the constant renewal of life of humanity and discovers in it a symbol for herself, namely, the church is a true youth of the world‹.[58] Hence, youth pastoral in the country demands first and foremost a ***preferential option*** on the part of the church as well as of the society for young people, an option that is to be made tangible through genuine solidarity with the young for their cause, demonstrated by creative and concrete programs for their welfare. Furthermore, options and directions in youth ministry are not to be forced down from above but

54 CHATTERJI S.K, *Why Dalith Theology?* In: MASSEY, J. *Indigenous People*: Daliths, pp. 179-200, here p. 183

55 RAYAN, S., *Decolonising the Theology*, in: JNANADEEPA, Vol. 1/2 (July 1998) No. 2.8

56 Cf. CHATTERJI, S.K., *Indigenous Christianity and Counter-Culture*, in: Religion and Society, June (1989) pp. 1-17;
CAPLAN, L., *Religion and Power*. Essays on the Christian Community in Madras, 1989

57 DIJAN, P., 1984, p.156

58 Cf. KLINGER, E., *Die Schule*. Ein Ort der Hoffnung. In: FUCHS, O./WIDL, M., *Haus der Hoffnung*. Festschrift für Rolf Zerfaß, Patmos, 1999, pp. 144-150, here p. 148

they must emerge from below and the persons concerned need to partake in the process of identifying and committing oneself to it.[59] Preferential option for the youth means in concrete terms means accepting the young people as subjects and partners and offering them solidarity and commitment for their struggle.

What H. WINDISCH says about the focus of pastoral ministry in the present days is also valid with regard to youth ministry in the Indian context, namely, 'the care and concern for the individuals as subjects demands the strategic emphasis in pastoral ministry nowadays. Pastoral care must accompany the young people in his or her process of becoming a person, who is created in the image of God. Specialised individual pastoral care of the youth to assist their development into responsible adulthood is the need of the hour. Therefore, pastoral has to be a competent praxis of accompanying persons in their historical life situation, so that they discover the meaning and purpose of life and arrive at them as individuals as well as members of the human community'.[60] And R. ZERFAß emphasizes that individual care does not diminish but it rather augments the communitarian interests in pastoral ministry. He entreats an active pastoral ministry for the individual persons for the sake of building up a genuine Christian community.

> We must bring the dignity and uniqueness of the individual persons to the centre of our theological reflection so that the Christian communities become habitats where one becomes really a human being, i.e., where one is able to discover the meaning and way of his individual life and also his call (vocation) and to find possibilities to live it.[61]

It means in other words that ›man, as a subject in his individuality and *contextuality* is the focal point of pastoral ministry‹.[62] Such a pastoral ministry sets a precondition for youth pastoral, namely, to accept them as *the subjects* as well as *the agents* of pastoral ministry. It is the task of theology to avoid ›confrontation and opposition‹ between the subjectivity of the individual and the communitarian interest of the society and to establish in a ›true spirit of being Asian‹, in other words, ›the spirit of complementarities and harmony‹,[63] between the two complementary poles of human life.

---

59 Cf. ZERFAß. R., *Dem Krankenhaus ein Gesicht geben.* Theologische Entdeckungen im Umgang mit OE: Betroffene beteiligen, in: I. SCHMITT/M. HINKEL, *Prozesse der Organisations- und Kulturentwicklung in der Krankenhäusern der Franziskanerinnen von Waldbreitenbach*, Waldbreitenbach, 1993, pp. 60-67

60 WINDISCH, Hubert (Hg.) *Seelsorge neu gestalten* - Fragen und Impulse, Styria, 1995, p. 36

61 ZERFAß, R., *Biographie und Seelsorge*, in: Trierer Theologische Zeitschrift 97 (1988), pp. 262-273, here p. 273

62 Cf. KNOBLOCH, S., 1995, p. 162

63 Cf. *Ecclesia in Asia*, 2000, No. 6

A *preferential option* for the youth demands untainted *solidarity* with them in their struggle. FABC stated rightly in 1995 that ›church should build up solidarity with the youth against the *forces of death*‹[64] and Asian Bishops qualified the extension of the pastoral of solidarity once again in 1998 as they said, »*our social commitment starts at the level of being in solidarity with the people,* especially the poor and the marginalized in our Asian society«.[65] Moreover, an *option* in the pastoral praxis should not be merely *for* the youth but also it must be *with* the youth. It demands a tremendous amount of humility and openness to the Holy Spirit to accept the young people as partners in the work of the Kingdom of God.

The success of youth pastoral depends very much also on the nature of the approach in the youth ministry. Most of the directives in the form of statements, messages, guidelines and the programs in the field of youth pastoral in the country emerge from an approach of condescension betraying the belief that anything good comes ›*from-top-to-down*‹. An authentic and harmonious cooperation with the young people for peace necessitates a dialogic approach, which anticipates a communication that is free of domination and overpowering and *we-know-everything* attitude. Openness to the opinions of young people and building up a culture of dialogue in mutual sharing of views and ideas will certainly pave the way for a peaceful non-violence pastoral for justice and communal harmony.

4.2. *Pastoral for Reconciliation and Justice*

India as a nation and as a cultural entity needs a process of healing. According to V. S. NAIPAUL India is burdened with *a wounded civilisation* and it has an unfinished chapter of sorting out its historical injuries heaped up by successive colonisations.[66] Furthermore, there is a dearth of humiliation, alienation and unjust deprivation in the history of the tribal and Dalith communities and revolt of young people from these communities is a cry for apology and retribution. The repercussion of the wounded history is the outbreak of fundamental and radical movements, which advocate intolerance in the society and spread communal violence. Therefore, pastoral ministry needs to pay attention in this regard to make the youth realise that »the teaching of Christ even requires that we forgive injuries and extend the law of love to include every enemy, according to the command of the New Law«.[67] The main emphasis of the pastoral praxis among the marginalized people, according to Bishop MINZ, should begin with recon-

---

64 Cf. FABC, Christian Disciples in Asia Today. Service to Life, No. 15.5

65 FABC, »*What the Spirit Says to the Churches*« (Rev. 2, 7). A Vademecum on Pastoral and Theological Orientation of the FABC, reprinted in: VJTR, 2/62 (1998), pp. 124-134

66 Quoted in: MENAMPARAMPIL, Thomas, *Dialogue in Troubled Times*, in: VJTR, 65 (May 2001), pp.325-339, here p.327

67 GS 28

ciliation, namely, reconciliation among the tribes, with the mainstream and then also with the dominant forces in the society.[68] Violent revolt of young people for justice is an urgent reminder for a mission that still remains unaccomplished. And church by her very nature has a leading role to play in this area of ministry of reconciliation because Jesus Christ is the *reconciler* who has *reconciled* the entire creation with the Father »[*der versöhnte Versöhner*]«.[69]

A culture of peace as it has been already insisted, begins with reconciliation but if it is not accompanied by retribution it will not bring about the desired results. Therefore what T.K. JOHN proposes should unfold in concrete praxis:

> »The specific Christian link between silent and submissive, suppressed situations and violence is reconciliation rooted in justice. Hurt feelings, feelings of revenge and vindictiveness and the cry for justice need to be more quickly recognized and responded to. Only then will the ground be ready for efforts at reconciliation. If reconciliation, however, is not grounded in justice will be one-sided and ineffective. It will only support the offender and strengthen the hands and structures of oppression.«

Therefore, any pastoral to counteract the problem of violence among young people must pay careful attention to works of retribution and justice. L. BOFF is convinced that there is no other harmonious way than this for the peaceful society. He pleads that ›the first step to create an ethnically, culturally and religiously pluralistic society is to do reparation for the poor as well as for the slandered and degraded cultures; and to that task belongs also paying compensation for the nature destroyed, so that the people concerned could return to their cultural basis on their own.‹[70]

4.3. *Prophetic Pastoral*

The nexus between religions and structural violence in the society may not appear so explicit in the Asian and Indian context. Therefore, if church is genuinely concerned about young people who believe in violence to establish a just social order, she has to undertake measures to fight for the eradication of structural violence. Such a pastoral ministry begins with a commitment for truth, because »violence flourishes in lies, and

---

68 Cf. MINZ, N., *Theology of Janatha (People)*: A Tribal Perspective, in: Religion and Society, XXVII (1980), No. 4, pp.35-45, also refer IBID. *Theology of Janatha*: A General Perspective in Chotanagpur, in: CHATTERJI, S.K., Ed., *Essays in Celebration of the CISRS Silver Jubilee*, CLS, Madras, 1983, pp.180-193

69 ZERFAß, R., *Wie geht's Deinem Schalom?* In: GARHAMMER, E., et al., ... *und führe uns in Versöhnung*, München, 1990, pp. 182- 192, here p. 191

70 BOFF, L., *Ich wechsele den Weg, aber nicht die Richtung.* Brief an alle Hoffnungsgefährten, in: *ila.* Zeitschrift der Informationsstelle Lateinamerika, Bonn, 157 (Juli/Aug. 1992), p . 34; IBID., quoted here from, THIELEN, H., *Befreiung*, Lambert 1994, p. 55

needs lies. It seeks to gain respectability in the eyes of the world by pretexts that have nothing to do with its reality and are often contradictory.«[71] Therefore, clarity in prophetical mission and courage in confronting evil cannot spring from the basis other than the incorrigible commitment for truth, which means in reality, as Geiko MÜLLER-FAHRENHOLZ says, ›is to be in continuous struggle for an authentic picture of reality... and to confront ceaselessly the network of lies or falsehood‹.[72] Furthermore, pastoral in the face of revolutionary violence among the young people cannot overlook the urgent task of confronting the pest of corruption in the society. ›We shall never advance on the way of building a society of justice, equality and fraternity unless we are able to control the corruption in our body politic‹.[73] A twofold action of cleansing the dirt of corruption within the ecclesial structures and in the society at large is a solid contribution on the part of the church to prevent the young people from violent means for the sake of building a just society.

4.4. *Education for Peace*

The role of Christian education has not been free of controversy and criticism and its contribution for the status of ›a bankrupty of humanism[74] in the country is in a way justifiable. Unfortunately institutional side of Christian education in Asia has not been on the side on which to look first for a significant social protest role'.[75] If the Christian churches are keen on contributing their mite for the cause of peace and communal harmony they have to reconsider their educational ministry and introduce creative pedagogical methods in educating young people in non-violence and peace praxis. Attention needs to be paid with regard to the ultimate goals of the education pastoral, methods of education and innovation in peace education. Therefore, in defining the objectives of educational ministry as N. METTE explains that all in the church must be convinced of the fact that ›education for peace is one of the key missions of the church‹.[76] Being conscious of such responsibility the Synod of Asian Bishops recommends to Christian educators in the country ›to have a clear direction towards human promotion and innovative measures to cultivate an ambient where students receive not only the formal education but also an integral human formation‹ (EA 37). Naturally the question is raised whether such an attempt is possible within the given struc-

71 JP II, *Peace Day Message 1980*, No.2

72 MÜLLER-FAHRENHOLZ, G., *Erwecke die Welt*, Gütersloh, 1993, pp.123-124, also refer J. CHRISTIAN, *Powerless of the Poor.* Toward an Alternative Kingdom of God Based Paradigm of Response, California, 1994 pp. 214ff., also Byran L. MYERS, *Walking with the Poor*, pp. 77-80

73 EDITORIAL, *Corruption and Politics*, in: VJTR, 65 (May 2001), pp.321-324, here p. 324

74 JOHN, T.K., *Social Change and Education*, in: VJTR 61 (1997), pp. 784-799, p. 790

75 *Ibid.*, 79

76 Cf. METTE, N., *Zum Friedenshandeln erziehen*, in: EICHER, P., *Das Evangelium des Friedens*, München, 1982, p. 165-166

ture of educational enterprise, where it is used as organ of the state power. But solution does not lie in severing the link with the government structures in the field of education but in finding out ways and means to work as salt and leaven in the existing structures.

David MAYBURY-LEWIS, an anthropologist and founder of the Cultural Survival Movement in Harvard University, is convinced that the root cause for violence lies in ignorance and prejudices on the part of every one concerned. »Violence done to indigenous peoples is largely based on prejudices and discrimination that must be exposed and combated. These prejudices are backed up by widely held misconceptions, which presume that traditional societies are inherently obstacles to development or that the recognition of their rights would subvert the nation state«.[77] Asian Bishops accept with all sincerity that ›prejudice is very much alive in Asia‹[78] and it is very much true in the country as well. Such prejudices cannot disappear by themselves unless a concerted effort is undertaken for ›a renewed education of attitudes and for a new inspiration in public opinion‹,[79] in order to build harmony and peace in the world. Peace is a relationship and a process of socialisation; hence, peaceful behaviour has to be learned like any other aspects of human interaction. Education for peace starts with clearing the prejudices and even ignorance that hinders a healthy social cohabitation. John Paul II insisted in his PEACE DAY message in 1979 on the necessity of peace education: »TO REACH PEACE, TEACH PEACE«. He appealed to ›parents and educators to help children and young people to experience peace in the thousands of everyday actions that are within their capacity, at home, at school, at play, with their friends, in team work, in competitive sport, and in the many ways in which friendship has to be established and restored; and that is the original contribution of children to peace‹.[80] *Evangelii Nuntiandi* pleads that ›young people trained in faith and prayer must become more and more the apostles of peace‹ (EN 72). Christian communities in India must realize this task as an essential aspect of their ministry and it has to be carried out as an inter-religious project in collaboration with all the religions as well as others who are committed to the cause of peace. It is an urgent but also a wonderful task of all religions to discern various sources of peace education in their particular religious heritage and exchange them with other religious communities to inculcate them in the

---

77 Quoted in GOULET, Denis, *The Search for Authentic Development*, in: BAUM, G./ELLSBERG, R., *The Logic of Solidarity*, Orbis, 1989, p. 128

78 FAPAI, p. 337

79 GS 82

80 JP II, *Peace Day Message 1979*, here refer: METTE, N., *Zum Friedenshandeln erziehen*, in: EICHER, P. *Das Evangelium des Friedens*, München, 1982, p. 165-166

DEUTSCHE BISCHOFSKONFERENZ, *Unsere Hoffnung* – Beschlußwort der Gemeinsamen Synode der Bistümer in BRD, 1975, Offizielle Gesamtausgabe I, Freiburg, 1976 young people. Educational measures for peace also demand further research and support to assist the peoples of the little traditions to rediscover their cultural heritage.

The positive disposition and readiness in young people for violence even if it is for a worthy cause presupposes their lack of clarity and trust in the non-violent methods. The general trend in the society at large is to uphold violence and aggression as the rightful method and candid support for the *theory of just war* was very evident during the recent military operations in different parts of the world for various reasons. Young people seem to be being contaminated by such dangerous and unhealthy development in the society. Therefore, any pastoral against violence among the young people must find means and ways to restore in the young generation trust in the non-violent method to encounter violence.

4.5. *Think Globally but Act Locally*

A religion has to become the beacons of hope. »The world does not need multiplication of hopelessness though religion. It is indeed in need of and in search of the opposite force, namely, the dynamic power of hope to balance it.«[81] ›Christian communities‹, as K. RAHNER desires, ›must blossom like an oasis of hope in the desert of the hopeless world‹.[82] The conviction that peace in the world is not possible without peace among the religions should bring all the religions to build up young people to be ›harbingers of hope‹. Peace pastoral for the youth will be more effective with an ›*Alliance of Hope*‹ at the national and international level.[83] Therefore, any attempt to curb youth violence must be open and ready for dialogue and to join hands with the emerging subaltern communities in order to restore to the ›centre those who are at the periphery‹ (R. ZERFAß). The universal the church, as voice of the voiceless, has a vital role to play at local as well as at the international level.[84] The Christian communities in India as part of the church, ›a Global player‹[85] must cooperate with universal church as well as international bodies and coordinate the local efforts and to tackle the problem of

---

81 DEUTSCHE BISCHOFSKONFERENZ, *Unsere Hoffnung* – Beschlußwort der Gemeinsamen Synode der Bistümer in BRD, 1975, Offizielle Gesamtausgabe I, Freiburg, 1976

82 Cf. RAHNER, K., *Perspektiven der Pastoral der Zukunft,* in: BÜHLMANN, W., Ed. *Weltkirche*, Styria, Graz, 1984, p. 233

83 *WCC Action Theme for Coordination of Asian Initiatives*: People's Plan 21, 1992

84 Cf. GUGGENBERGER, W., *Universale Kirche und Neue Weltordnung.* Zehn Thesen zur politischen Kraft des Evangeliums angesichts der Globalisierung, in: ZKTh 120 (1998) pp. 420-423; SCHALÜCK, H., *Bleibt die Kirche im Dorf?* – Globalisierung als Herausforderung an das kirchliche Selbstverständnis, in: GABRIEL, K., Jahrbuch für Christliche Sozialwissenschaft, 41(2000), 130-146

85 Cf. MAIER, M., *Die Kirche als ›Global Player‹* – Theologische Überlegungen zu einer menschengerechten Globalisierung, in: GABRIEL, K., Jahrbuch für Christliche Sozialwissenschaft, 41(2000), pp. 130-146

youth violence. A ›globalisation of solidarity and partnership‹ is an essential aspect of pastoral against violence in general and youth violence in a special way. Only such a network of initiatives at micro level will bring lasting peace for the country as well as for the global community.[86] The remedy for the culture of death and cutthroat competition due to economical globalisation lies in a globalisation of humanitarian initiatives for the peace cultivating a ›civilisation of love‹. As Hans KÜNG points out such a globalisation demands a global ethos[87] and the basis of the global ethos is the Golden Rule. But it is not to advocate a ›mono-culture‹ rather to cultivate an ambient of tolerance and fraternity where every community, religion and country finds place to be proud of its cultural heritage and has means to develop it. Such an *ecumenism of world responsibility* is not an easy task but an inevitable one.

---

86 KEßLER, W., *Aufbruch zu neuen Ufern*. Ein Manifest für eine sozial-ökologische Wirtschaftsdemokratie, Publik-forum Dokumentation, Oberursel, 1990, pp. 147ff.

87 Refer: *Our Global Neighbourhood*, UN Commission on Global Governance, Oxford, 1995; *Our Creative Diversity*, Report of the World Commission on Culture and Development, Paris, 1995; *Universal Ethics Project*, UNESCO, 1997; *World Economic Forum*, Davos 1997; *Third Millennium Project*, Valencia, 1997; *Indira Gandhi Conference*, New Delhi, 1997. WEBER, F., *Gerechtigkeit und interkulturelle Beziehung*, in PThI. Vol. 2, 2000, pp. 348-362

Klaus KOZIOL

GLOBALISIERUNG ODER DIE RENAISSANCE DER REGION

Die Gegenwart ist auch nicht mehr das, was sie einmal war, ist man versucht zu sagen, angesichts des rasanten Tempos, in dem eine gesellschaftliche Entwicklung schon die nächste wieder überholt. Rasant veraltet das gesellschaftliche Wissen und gleichzeitig verlieren tradierte Einordnungs- und Verhaltenshilfen in Form von Institutionen zunehmend ihre dienliche Funktion. Und das gerade in Zeiten, die große Anforderungen stellen, neue Entwicklungen bewerten zu müssen, von denen man ahnt, dass sie gravierende Auswirkungen für die Menschheit nach sich ziehen. Was im »Großen« gilt, gilt auch für das alltäglich »Kleine«. So ist die Entscheidung für einen Beruf keine mehr für ein ganzes Leben, weiß man doch nicht, ob nicht der gewählte Beruf von der gesellschaftlichen und technologischen Entwicklung in kurzer Zeit weggespült wird. Oder wie steht es mit der Sicherheit, seine mitmenschlichen und partnerschaftlichen Beziehungen auf Dauer zu halten, wenn z.B. genau so viele Ehen geschieden wie geschlossen werden. Die Geschwindigkeit der Veränderungen ist ein Charakteristikum unserer Zeit, eine Geschwindigkeit, die leicht das Gefühl der Fremdheit evoziert.

Doch nicht nur die Geschwindigkeit der Veränderung ist Grundlage für das Gefühl der Fremdheit, sondern auch die Menge der Anfragen und Probleme, zu denen der einzelne immer weniger einen erfahrungsmäßigen Bezug hat, doch die ihn zwingen, eine wie auch immer geartete Einordnung vornehmen zu müssen. Man nehme hier nur die aktuellen kriegerischen Konflikte oder das auf die weltpolitische Lage gemünzte Schlagwort: kein Frieden ohne Gerechtigkeit. Doch was heißt Gerechtigkeit und wie ist diese zu erreichen? Es fehlt zu diesen Themen meist der unmittelbare, erfahrungsmäßige Bezug und durch den Bedeutungsverlust der Institutionen als »Einordnungshelfer« ist der einzelne zunehmend gezwungen, selbst Einordnungen vorzunehmen, obwohl dies oftmals eine Überforderung darstellt. Dass hier die Massenmedien, und hier speziell das Fernsehen, in dieser Situation die Relevanzinstitutionen geworden sind, die mit ihren spezifisch »mediengerechten Lösungen«[1] die Verhaltens- und Einordnungsfolie liefern, soll hier nur angedeutet werden. Doch gerade die Massenmedien geben den Blick frei auf fremde Phänomene und Probleme, bei denen man nolens volens gezwungen ist, eine Einschätzungsposition zu beziehen. Dazu zugespitzt Hermann LÜBBE: »Nie hat eine Gesellschaft ihre Lebensbedingungen weniger verstanden als die unsrige, nämlich aus der Perspektive eines jeden einzelnen, der innerhalb der Gesellschaft seine Lebenserfahrungen machen muss. Wieso ist das so? Das ist deswegen so, weil die soziale Reichweite unserer Lebenserfahrungen mit der

---

1 KOZIOL, Klaus: *Die Tyrannei der mediengerechten Lösung.* Zur Weltaneignung durch Massenmedien, München 2000

Zunahme des Differenzierungsgrades der Gesellschaft, in der wir leben, abnimmt und weil sie überdies abnimmt mit der Zunahme der Geschwindigkeit ihres Differenzierungsprozesses.«[2] »Tachogene Weltfremdheit« nennt dies Odo MARQUARD.[3] »Tachogene Weltfremdheit« meint, dass sich der einzelne ob der Geschwindigkeit der Veränderungen in allen Bereichen des menschlichen Lebens zunehmend unbehaust fühlt, vieles um sich herum - vor allem über die Massenmedien - zwar wahrnimmt, doch dieses die Kreation eines tragfähigen Weltbildes nur noch erschwert. So gesehen »entwikkeln sich Verfügungs- und Orientierungswissen auseinander. Verfügungswissen ist die Kenntnis von Ursachen, Wirkungen und Mitteln, Orientierungswissen handelt von Zwecken und Zielen.«[4]

Diese »tachogene Weltfremdheit« findet ihrerseits statt in einem ökonomisch-politisch-gesellschaftlichen Prozess, der mit Globalisierung beschrieben wird. Das heißt: Die Konfrontation des einzelnen mit Phänomenen, zu denen er keine erfahrungsmäßigen Bezüge hat, wird nahezu ins Grenzenlose ausgedehnt, mit der Konsequenz, dass solche Kenntnis nur seine Orientierungsschwäche noch weiter vorantreibt. In dieser Konsequenz bedeutet Globalisierung eine »Entterritorialisierung des Sozialen«[5], »was bedeutet, dass der Raum der Gesellschaft nicht mehr durch Anwesenheit an einem Ort definiert und begrenzt wird. (Das) ist eine Schlüsselerfahrung der modernen Gesellschaft, wodurch diese sich von vormodernen Epochen unterscheidet. Das bedeutet: geographische und soziale Netze fallen auseinander. Man muss nicht an einem Ort leben, um zusammen zu leben, und an demselben Ort zu leben heißt keineswegs, zusammen zu leben.«[6] Was dies heißt, wissen Menschen, die in Firmen arbeiten, deren Arbeitszeitentakt so rund um die Welt abgestimmt ist, dass man seine Arbeit nach 8 Stunden seinen Kollegen auf der anderen Seite des Globus weitergibt, der wiederum einem anderen, so dass sich weitere 8 Stunden später der (Welt-)Kreis wieder geschlossen hat und der Beschäftigte hierzulande die um zwei »Arbeitstage« fortgeschrittene Arbeit wieder aufnehmen kann. Dieser Beschäftigte »lebt« zwar nicht zusammen mit seinen Kollegen rund um die Welt, aber er muss mit ihnen denken, will heißen: wenn er an dem Produkt effektiv weiterarbeiten will, müssen seine Denk- und Handlungsstruktur mit denen seiner Kollegen stimmig sein, sonst gelingt das gemeinsame Produkt nicht. Hier müssen ähnliche Denkstrukturen gegeben sein, die man auf

---

2 LÜBBE, Hermann: *Zeit-Verhältnisse.* Zur Kulturphilosophie des Fortschritts, Graz-Köln-Wien 1983, S. 54

3 MARQUARD, Odo: *Zeitalter der Weltfremdheit?* In: DERS., *Apologie des Zufälligen*, Stuttgart, S. 76-97, hier: S. 82

4 MITTELSTRAß, Jürgen: *Das Maß des Fortschritts.* In: Frankfurter Allgemeine Zeitung 31.01.02

5 BECK, Ulrich: *Wie wird Demokratie im Zeitalter der Globalisierung möglich*? In: DERS. (Hrsg.): *Politik der Globalisierung*, Frankfurt a.M. 1998, S. 7-66, hier: S. 12

6 ebenda

der anderen Seite aber beim langjährigen realen Nachbarn ob der diversifizierenden Weltbilder nicht mehr sicher zu vermuten hat. Räumliche Nähe bedeutet nicht selbstverständlich eine mentale Nähe im Denken und Handeln. Ob man so weit gehen kann wie Olaf ZORZI: »Die wirklich Fremden in der modernen Gesellschaft sind ausgerechnet die Daheimgebliebenen«[7]? Die Daheimgebliebenen sind sich vielleicht wirklich fremd, nur ob es bei den in die Welt hinausgegangen oder -gezappten »Welteinheimischen«[8] anders ist, mag wahrlich bezweifelt werden. Eines aber kann man sagen: »(...) die Heimat als Ort des guten Lebens lässt sich immer weniger dort finden, wo man durch Zufall der Geburt schon ist. (...) Heimat muss durch Lebenskünste und kluge Allianzen fortwährend neu erfunden werden.«[9]

Aber nicht nur Heimat muss neu erfunden werden, auch überkommene staatliche Bezugsgrößen sind auf dem Prüfstand ob ihrer Relevanz in den sich verändernden globalen Verflechtungen, so auch der Nationalstaat: »Er (der Nationalstaat, Ko.) hat offensichtlich und anscheinend unwiederbringlich seine zentralen Attribute – seine innere und äußere Souveränität und seine soziokulturelle Homogenität – verloren. (...) Es scheint vielmehr, als ob der Nationalstaat in einem System des komplexen Regierens aufgehoben wird, in dem verschiedene Ebenen des Regierens institutionell ausdifferenziert und integriert sind.«[10] Dieses komplexe Phänomen kann hier nur angerissen werden. Der Nationalstaat definiert sich durch die Identität von Kultur, Gemeinschaft und der Regelungs- und Steuerungsverbindlichkeit innerhalb eines fest umrissenen Territoriums. Wenn diese drei Topoi grundlegend für den Nationalstaat sind, dann sind alle drei durch die gegenwärtig stattfindenden Veränderungen vehement angefragt: Das Bewusstsein, dass Kultur identitätsstiftend noch immer das kollektive Gedächtnis bildet und nach außen das Verhältnis zu anderen definiert, ein solches Bewusstsein ist zumindest in Zeiten globalisierter Durchdringungen disparater geworden. Ist eine solche kulturelle Grundlage brüchig, dann ist es auch schwierig, wenn nicht gar unmöglich, sich als Teil eines zusammengehörigen Soziogebildes zu verstehen, das durch die jetzt als zufällig definierte territoriale Dimension zusammenhalten wird. Ulrich BECK spricht hier dann von »Soziosphären«. Diese »bewegen sich auf einander überschneidenden Bahnen, ohne sie je zu berühren. Sie sind das genaue Gegenteil einer funktional integrierten Gemeinschaft.«[11] Wie sollte dies auch möglich sein in einer

---

7 ZORZI, Olaf: *Abenteuer, wohin man blickt* – Anmerkungen zur Ethnographie (in) der Moderne. In: BROSZIEWSKI, Achim, EBERLE, Thomas Samuel, MAEDER, Christoph (Hrsg.): *Moderne Zeiten*, Reflexionen zur Multioptionsgesellschaft, Konstanz 2002, S. 169-182, hier: S. 171

8 ebenda

9 SLOTERDIJK, Peter: *Der gesprengte Behälter*. Notiz über die Krise des Heimatbegriffs in der globalisierten Welt. In: Spiegel-Spezial Nr. 6, 1999, S. 24-29, hier: S. 29

10 GRANDE, Edgar: *Die Aufhebung des Nationalstaates:* Perspektiven des Regierens in Europa. In: Jahrbuch Arbeit und Technik, hrsg.v. Werner FRICKE, Bonn 1999, S. 378-391, hier: S. 378

11 BECK, Ulrich, a.a.O., S. 51

multipolaren und multioptionalen Welt, in der kulturelle Weltbilder in ihrer auch je territorialen Eigenart zunehmend unwirksam werden. Wobei nun - auch von diesem Zugang her - der Nationalstaat angefragt ist: »In einer Welt, in der den Menschen die Gestaltung des gemeinsamen Lebens aus der Hand gleitet, sie nicht mehr sind als Punkte in lose verkoppelten, sich ständig verändernden Netzwerken, gibt es keine eindeutig identifizierbaren Zentren der Macht mehr, in denen Entscheidungen mit großer Tragweite getroffen werden.«[12]

Es gibt mit der »Globalisierung neue Zonen der Unregierbarkeit«[13], da der »Staat« in seiner territorialen Nationalstaatsausprägung zunehmend weniger Möglichkeiten hat, für sein Gebiet Normen zu etablieren und deren Kontrolle dann auch über Sanktionen durchzusetzen. Letztlich geht der Staat seines Gewaltmonopols verlustig. Ein Firmensitz ist schnell verlegt und wenn man das Thema Jugendschutz im Internet betrachtet, sieht man, wie schwierig – wenn nicht unmöglich – ein Alleingang eines Staates ist: eine gemeinsame Kampagne aufgrund unterschiedlicher Interessen und Traditionen ist eher unwahrscheinlich. Somit werden im Bereich eines Nationalstaates mit seinen demokratisch legitimierten Institutionen politisch relevante Vorgänge und Entscheidungen praktisch nur nachträglich legitimiert, die von supranationalen, nicht demokratisch legitimierten Akteuren, meist unter Ausschluss der Öffentlichkeit beschlossen worden waren. Am offensichtlichsten ist dies bei den Gesetzen, die in supranationalen Institutionen verabschiedet wurden und die zur nachträglichen Zustimmung in die Länderparlamente gelangen - und dies ist immerhin in rund 50% aller auf Landesebene zur Abstimmung kommenden Gesetze der Fall.[14] Weit weniger sichtbar sind Entscheidungen transnationaler Wirtschaftskonzerne, die einer Kontrolle der demokratischen Öffentlichkeit völlig entzogen sind. Wenn man die Auguren der neuen weltweiten Netzkommunikation hört, erstaunt es nicht, dass diese nahezu selbstredend den Nationalstaat schon emeritiert haben und nur noch von »Cyberstaat« sprechen. Juan Luis CEBRIAN, dessen Studie als Vorlage für einen Bericht des Club of Rome diente, geht in diese Richtung: »So könnte man sich durchaus vorstellen, dass es einmal einen virtuellen Staat mit eigenen Bürgern, eigenen Machtverhältnissen, eigenen Zielen und eigener Souveränität geben wird.«[15] Diese Relativierung des Nationalstaates bedeutet, dass sich eine zentrale Bezugsgröße für politische Abläufe, aber auch eine Grundlegung für bisher gekannte Formen der Demokratie zunehmend verflüchtigt und sich hier ein Vakuum im Koordinatensystem politischen Handelns breit macht. Solche Unschärferelationen auf dem Gebiet nationaler Politik evozieren neue Zonen der Unsicherheit. Klare Zuordnungs- und Bedeutungsgrößen im politischen Handeln der einzelnen

---

12 MÜNCH, Richard: *Globale Dynamik, lokale Lebenswelten*, Frankfurt a.M. 1998, S. 373

13 GRANDE, Edgar: Arbeitspapier 2/2001, TU München S. 6

14 siehe Michael ZÜRN: *Regieren jenseits des Nationalstaats*, Frankfurt a.M. 1998, Teil II

15 CEBRIAN, Juan Luis: *Im Netz-die hypnotisierte Gesellschaft*, Stuttgart 1998, S. 138

Bürger gehen zunehmend verloren, auch wenn man bedenkt, dass andere Agenten für Verhaltenssicherheit wie Institutionen oder politische Ideologien eine Phase der Dehierarchisierung durchmachen. Dieser Prozess der Entterritorialisierung ist von kaum zu überbietender Brisanz: »Wenn sich das Zusammenleben aus räumlicher Bindung löst, wenn eine Woge transnationaler Mobilität von Menschen, Wirtschaft und Risiken das territoriale Apriori aufhebt, dann ändert sich alles. Darum lautet die entscheidende Frage, ob die Demokratie diese Revolution überlebt und eine Transformation des Politischen möglich ist. Und was geschieht, wenn sie misslingt?«[16]

Die Demokratie ist nicht ein für alle Zeiten kondensiertes Produkt, sondern gewachsen und lebendig in konkreten territorialen Bezügen, keine frei flowtierende Staatsform, sondern je gewordene Konkretion in territorialen und historisch je einmaligen Prozessen. Doch was bleibt von der »territorialen Prämisse« nach der Diffundierung des Nationalstaats?

Schnell wird hier dagegen gehalten, dass eine solche Phase nur eine Phase des Übergangs hin zu einer »Weltzivilisation« ist, in der »virtuelle Staatsbürger« mit einem »universellen Bewusstsein« leben würden. Die ganze Welt würde einem dann zur Heimat, Demokratie zu einer globalen Demokratie. Eine solche Sichtweise geht auch aufgrund anthropologischer Überlegungen in eine völlig falsche Richtung. Die ganze Welt als vertrautes Terrain zu begreifen ist für den je einzelnen unmöglich, aber gerade vertrautes Terrain benötigt er, um seinem Verhalten Stabilität zu vermitteln. Der Mensch braucht »befriedete Räume«[17], um eine Entlastung für sich zu ermöglichen, um nicht permanent jede Verhaltensentscheidung neuen bedrohenden Unwägbarkeiten aussetzen zu müssen. Insofern sind »befriedete Räume« überlebensnotwendig, will man im Meer der anthropologisch grundgelegten Weltoffenheit nicht verloren gehen. Negativ sehen wir, was eine »Suche nach befriedeten Räumen« eben auch heißen kann, nämlich ein Erstarken von Fundamentalismen, seien sie religiöser oder politischer Provenienz. Einfache »Heilslehren« bieten Halt in Zeiten der Angst, Bewährtes, Hilfreiches, auch »Heiliges« zu verlieren. Auch die in den letzten Jahren wieder zu konstatierende Revitalisierung der Familie als Rückzugsort mit kaum einlösbaren emotionalen Zuschreibungen zeugt von dem Wunsch nach Beheimatung und Nähe. Und gerade hier bei dem Wunsch und der Suche nach Beheimatung kommt die regionale Kleinräumigkeit ins Spiel, denn: »Während bestimmte wirtschaftliche Tätigkeiten immer weitere Räume zu ihrer Entfaltung brauchen und dabei jede Bodenhaftung verlieren, suchen Menschen immer kleinere Räume, in denen sie sich zu Hause fühlen und ein Gefühl der Zugehörigkeit entwickeln können.«[18] Wo man befürchtet, sich im Globalen zu verlieren, wird Überschaubares vor Ort wieder wichtiger, wo man Uniformierung vermutet,

---

16 BECK, Ulrich: *Die »Warum-nicht-Gesellschaft«.* In: Die Zeit vom 25.11.1999

17 ELIAS, Norbert: *Über den Prozess der Zivilisation*, 2. Band, Frankfurt a.M. 1976, S. 321

18 DAHRENDORF, Ralf: *Recht und Ordnung.* In: Frankfurter Allgemeine Zeitung vom 21.11.2001

dort zählt wieder das individuell Unverwechselbare, wo alles nach der »großen Welt« giert, dort hat plötzlich das Lokale wieder seinen Wert.

Zwei Hinweise darauf, dass man mit dieser Behauptung nicht falsch liegt: In dem Medium für das globale Zeitalter, dem World-Wide-Web, dem Internet, sind Abrufe von Informationen aus der Region im Ranking der Abrufangebote weit oben angesiedelt. Nicht so sehr die »Welt« interessiert beim Surfen und selektierten Auswählen, sondern die Informationen aus der eigenen Stadt oder der eigenen Region, ob aktuelles Kinoprogramm oder die Betreuungsangebote der Babysitter.[19] Besonders interessant ist, dass Prognosen für die Internetnutzung der Jahre bis 2005 gerade »regionalen Angeboten« eine hohe Bedeutung zumessen.[20] Schwarzmalern, die den kontinuierlichen Bedeutungsverlust des Regionalen und Lokalen auf der Wichtigkeitsagenda der je einzelnen klagend im Globalen aufgehen sehen, mag dies ein erster Hinweis sein, dass auch hier eine Pendelbewegung, vom Globalen zum Lokalen, vonstatten geht. Auch diejenigen, die eine Verflüchtigung bürgerschaftlichen Engagements vor Ort vorhersagten, müssen überrascht sein, »dass das so verstandene freiwillige gemeinwohlorientierte Engagement relativ weit verbreitet ist. Sowohl der Werte-Survey 1997, als auch die Studie des sozioökonomischen Panels (SOEP), als auch der ›Freiwilligen-Survey 1999‹, der im Auftrag des Bundesministeriums für Familie, Senioren, Frauen und Jugend als Repräsentativerhebung der deutschen Wohnbevölkerung durchgeführt worden ist, kommen übereinstimmend zu dem Befund, dass mehr als 30% der Bevölkerung in irgendeiner Form und in irgendeinem Bereich der Gesellschaft engagiert ist. So geht die zuletzt genannte Studie davon aus, dass sich in Deutschland 34% der Bevölkerung, das heißt ca. 22 Millionen Personen, freiwillig, unentgeltlich und gemeinwohlorientiert engagieren.«[21] Und ein solches Engagement geschieht zumeist vor Ort, wenn man sich die Betätigungsfelder ansieht: An der Spitze steht »Sport und Bewegung« vor »Freizeit und Geselligkeit« und »Kultur und Musik«.[22] Besonders interessant ist auch, dass »der Anteil freiwillig Engagierter in der Zeitspanne von 1985 und 1994 um 5 Prozentpunkte angewachsen ist.«[23] »Gegen die weitverbreitete Annahme, dass bei der Jugend die Bereitschaft zum Engagement fehle, spricht u.a. eine Studie des Kreisjugendringes Rems-Murr e.V. aus dem Jahr 1997, die belegt, dass dort 61,5 Pro-

19 siehe VAN EIMEREN, Birgit/HEINZ, Gerhard: *ARD/ZDF-Online-Studie 2000: Gebrauchswert entscheidet über Internetnutzung.* In: Media Perspektiven 8/2000, S. 342 und OEHMICHEN, Ekkehardt und SCHRÖTER, Christian: Fernsehen, Hörfunk, Internet: Konkurrenz, Konvergenz oder Komplement? In: Media Perspektiven 8/2000, S. 364

20 so KLINGLER, Walter u.a.: *Mediennutzung der Zukunft.* In: Media Perspektiven 10/1998, S. 491

21 OLK, Thomas: *Bürgerengagement und aktivierender Staat* – zwei Seiten einer Medaille? In: BROSZIEWSKI, Achim, EBERLE, Thomas Samuel, MAEDER, Christoph (Hrsg.): a.a.O., S. 83-97, hier: S. 89

22 ebenda

23 ebenda

zent der 13- bis 18jährigen Mitglieder in Jugendverbänden und Jugendorganisationen sind. Gut die Hälfte von ihnen (33,5 Prozent) übt in diesen Gruppen eine ehrenamtliche Funktion aus.«[24] Das Lokale und (Sub-) Regionale verliert nicht an Bedeutung, sondern nimmt, je mehr »das Globale« um sich greift, zu. Roland ROBERTSON hat hier den Begriff der »Glokalisierung«[25] eingeführt. Das Kunstwort meint, dass Prozesse der Globalisierung untrennbar mit einer Vitalisierung des Lokalen verbunden sind, Globalisierung und Lokalisierung als Teil ein und desselben Prozesses. Das »Think global, act local« ist zumindest in der zweiten Hälfte richtig. »Act local« heißt nicht nur, dass die Aufforderung hierzu gilt, sondern dass das auch dem tatsächlichen Bedürfnis der Menschen entspricht. Ob es allerdings möglich ist, global zu denken, muss – siehe die obigen Ausführungen – mit einem großen Fragezeichen versehen werden.

Was bedeutet nun aber eine solche Renaissance der Region in der Bedeutungszuweisung durch die Bürger für das politische Handeln und das politische System, welche Konsequenzen macht sie notwendig, letztlich: Wie ist Demokratie sowohl unter den Bedingungen supranationaler Machtzentrierung, dem Souveränitätsverlust des Nationalstaates als auch einer Revitalisierung des Lokalen und Regionalen neu zu akzentuieren und neu zu beleben? Es kann im hier möglichen Rahmen nicht darum gehen, alle zur Zeit diskutierten neuen demokratischen Politikmodelle ausführlich zu beleuchten, sondern es geht um richtungsanzeigende Alternativen.

Eine erste mögliche Alternative wäre – falls das tatsächlich unter Alternative subsummiert werden kann und nicht als Zwangsläufigkeit bei einem »Weiter-So« –, dass weiterhin Entscheidungen großer Reichweite in supranationalem Rahmen gefällt werden, dort zumeist ohne demokratische Legitimation und nationalstaatlichen Institutionen nur die Umsetzung der supranationalen Beschlüsse obliegt. Das ist die noch »zahme« Variante. Die »aggressive« Form lässt dem Nationalstaat nicht einmal mehr das »Wie« der Umsetzung, sondern auch das »Wie« wird im transnationalen Verbund festgelegt und es obliegt dem Nationalstaat nur noch, sicher zu stellen, dass die Umsetzung nach den Vorgaben erfolgt. Eine demokratische Entscheidungsfindung ist hier nicht vorgesehen, eine demokratische Kontrolle sehr beschränkt. Die Machtverteilung liegt bei diesem »Weiter-So« klar bei der supranationalen Ebene oder gar bei transnationalen Interessengruppen. Demokratische Legitimierungen sind hier nicht von Relevanz.

Die Vorstellung, demokratische Vollzüge ins Geflecht sowohl globaler Entscheidungen als auch in die Faktizität real existierender Nationalstaaten einzubinden, das soll mit den Überlegungen einer »kosmopolitischen Demokratie« erreicht werden. Die entscheidende Frage hierbei ist, wie demokratische Prinzipien der Machtausübung und

---

24 Bericht der ZUKUNFTSKOMMISSION DES LANDES BADEN-WÜRTTEMBERG: Dezember 1999, S. 148

25 ROBERTSON, Roland: *Glokalisierung*: Homogenität und Heterogenität in Raum und Zeit. In: BECK, Ulrich (Hrsg.): *Perspektiven der Weltgesellschaft*, Frankfurt a.M. 1998, S. 192-220

Machtkontrolle sowohl innerhalb des Nationalstaats, aber gerade auch zwischen und vor allem jenseits der Staaten zur Geltung gebracht werden können. »Dafür bedarf es keiner Weltregierung oder eines föderalen Super-Staates, sondern einer ›transnationalen allgemeinen Struktur politischen Handelns‹ - einer transnationalen Struktur, die alle Ebenen von und alle Mitwirkenden beim globalen Regieren umfasst, von Staaten, multinationalen Konzernen und internationalen Institutionen bis zu sozialen Bewegungen und Individuen.«[26] Es geht hierbei um den Aufbau eines Geflechtes transparenter Machtzentren mit jeweils klar definierten und demokratisch legitimierten Aufgaben und Rechten. Die Befürworter dieser Überlegung wollen bestehende supranationale Einrichtungen demokratisieren, so über eine direkt gewählte zweite Kammer der UN-Vollversammlung oder eine gewählte Kontrolle von Weltbank und anderen weltweit operierenden Organisationen. »Das kosmopolitische Recht wäre des weiteren auf allen Ebenen auf Zwangsmittel angewiesen, die es durch neue institutionalisierte und demokratisch legitimierte militä-rische Strukturen zu etablieren gilt. Schließlich wären die Institutionen und Operationen der globalen Ökonomie demokratischen Interventionen unterworfen, um das Prinzip demokratischer Autonomie in Strukturen und Funktionsweise des globalen Marktkapitalismus zu verankern.«[27] Das Modell »kosmopolitische Demokratie« will versuchen, »das Primat der Machtpolitik beim globalen Regieren durch ein Primat demokratischer Entscheidungsfindung zu ersetzen.«[28] Es geht letztlich also um ein Ernstnehmen der internationalen Verflechtungen, aber gerade auch um deren Einbinden in demokratische Entscheidungen und Kontrollen. Nationalstaaten spielen in diesen Überlegungen keine hervorgehobene Rolle mehr.

In einem weiteren Modell der Einpassung faktischer Politik- und Ökonomiebeziehungen in demokratische Formen und Prozesse, spielt der Nationalstaat eine noch unbedeutendere Rolle, aber ebenso die supranationale Ebene. Das Modell ist ganz auf die Region konzentriert und könnte als »Kreation neuer Regionalstaaten« charakterisiert werden. So konstatiert das Kenichi OHMAE in »The end of the nation state«.[29] Er geht hierbei davon aus, dass die Grenzen eines Nationalstaates für Unternehmen nicht mehr existent sind, da sie in einer grenzenlosen Gesellschaft etwas zusammenfassten, was nicht zusammen gehört und deshalb mit Subventionen am Leben erhalten werden müssen, um ihrerseits die Idee des Nationalstaats zu erhalten, so sein Beispiel Italien mit einem industriestarken Norden und einem ökonomisch schwachen Süden. Deshalb sieht er schon gewachsene »natürliche« wirtschaftliche Zonen, welche die Größe

26 MCGREW, Anthony: *Demokratie ohne Grenzen?* Globalisierung und die demokratische Theorie und Politik. In: BECK, Ulrich (Hrsg.): *Politik der Globalisierung*, Frankfurt a.M. 1998, S. 374-422, hier: S. 401

27 a.a.O., S. 403

28 a.a.O., S. 404

29 OHMAE, Kenichi: *The end of nation state.* The rise of Regional Economies, Glasgow 1995

eines »Regionalstaates« haben, für ökonomisch ideal. Er denkt hierbei an Einheiten mit 5 bis 20 Millionen Einwohnern. Diese Regionalstaaten könnten dann auch adäquat in Konkurrenz zueinander treten. Nationalstaaten wären obsolet, die Globalisierung hieße Konkurrenz von konkurrenzfähigen Regionen. Hier könnte dann die Einheit von politischer und ökonomischer Einheit mit den Grundprinzipien repräsentativer Demokratie stattfinden. »Mit den kleinräumigeren Märkten würde ein Stück Souveränität der politischen Gestaltung auf die lokalen, regionalen und nationalen Ebenen zurückverlagert. Von der Borniertheit vergangener Formen des Lebens würde sich diese Rückverlagerung auf die kleineren politischen Einheiten dadurch unterscheiden, dass sie nur im Rahmen schon entwickelter europäischer und globaler Zusammenarbeit möglich ist.«[30] Der Weltentwicklungsbericht 1999/2000 der Weltbank »Globalisierung und Lokalisierung« geht in eine ähnliche Richtung.[31]

OHMAE macht auch konkrete Vorschläge solcher Regionalstaaten: »The territorial dividing lines that to do make sense belong to what I call ›region states‹ - geographical units like nothern Italy; Baden-Würtemberg (or the upper Rhine); Wales; San Diego/Tijuana; Hong Kong/southern China; the Silicon Valley; (...) In a borderless world, these are the natural economic zones.(...) These region states may or may not fall within the borders of a particular nation.«[32] Solchen Regional-Staaten fiele die gesamte Steuerungskompetenz und die Steuerhoheit zu. (Aktuelle Initiativen bundesdeutscher Ministerpräsidenten, jedes Bundesland müsse selbständig seine Steuern festlegen dürfen, gehen schon in diese Richtung.) Hier wird das als politische Forderung virulent, was die regionale politische Kulturforschung als Identität von erlebter Geschichte, historisch bedeutsamer Grenzziehung, kollektiver Schlüsselerlebnisse und gemeinsamen Wirtschaftsformen als Grundlage für ein Wir-Bewusstsein in einer Region sieht.

Vier je unterschiedliche Modelle für die Domestizierung der Globalisierung in demokratische Formen und Abläufe wurden beschrieben. Die fünfte Alternative geht sozusagen als Synthese von dem Weiterbestehen der Trias Lokalität/Regionalität – Nationalstaat - supranationale Ebene aus. Die darauf sich gründende »Mehrebenendemokratie« soll nun grobschnittartig dargelegt werden: Hierbei geht es darum, dass der Souveränitätsverlust des Nationalstaates nicht nur eine Kompetenzverlagerung nach oben zu supra- und transnationalen Einheiten bedeuten muss, sondern das auch durch eine »Rückkehr nach unten«, hin zu den Städten, Gemeinden und Regionen kompensiert werden kann und muss. »Diese neuen Gestaltungschancen müssen auf den unteren Ebenen aber auch aufgegriffen und in eine Erneuerung von lokaler Demokratie umgesetzt werden. Stadt und Gemeinde müssen als Orte des Zusammenlebens wieder

---

30 MÜNCH, Richard: *Globale Dynamik, lokale Lebenswelten*, Frankfurt a.M. 1998, S. 407

31 Frankfurt a.M. 2000

32 OHMAE, Kenichi, a.a.O., S. 80f.

entdeckt werden. (...) Hier eröffnen sich bessere Chancen für die Verwirklichung der republikanischen Idee von Demokratie, als dies auf der Ebene des Nationalstaats jemals möglich war.«[33] Diese Überlegungen fügen sich bestens in die oben skizzierten faktischen Bedeutungszuschreibungen der Bürger für die lokale und regionale Ebene. Politik im weitesten Sinne beginnt dort, wo sie in ihren Folgen und Nebenfolgen erlebbar und in ihren Begründungsrelationen noch nachvollziehbar ist. Und genau hier muss Demokratie wieder erlebbar werden. Wenn man das bürgerschaftliche Engagement vor Ort sieht, zeigt sich, dass sich die Bürger das auch für ihren überschaubaren Lebensbereich wünschen. »Um diesen Chancen einer Wiederbelebung lokaler Demokratie im republikanischen Sinne gerecht zu werden, müssen die Bürger ihre Gemeinde wieder in Besitz nehmen, unter ihr mehr verstehen als den zufälligen Ort von Arbeit und/oder Wohnen. Ihre Gemeinde müssen sie wieder zu ihrem Lebensmittelpunkt machen, der sie wegen seiner besonderen Identität und inneren Vielfalt auch für einen großen Teil ihrer Zeit an sich binden kann.«[34] »Es wird in Zukunft mehr als bisher darauf ankommen, Städte und Gemeinden in vollem Bewusstsein als Orte des guten Lebens gemeinsam zu gestalten.«[35] Doch das kann noch nicht ausreichen. Der faktisch existente Nationalstaat und die Machtkonzentrierung auf supranationaler Ebene können ja durch das verstärkte Augenmerk auf Gemeinden und Regionen nicht ausgeblendet werden, und sollen es auch nicht. »In einem solchen Modell einer globalen Mehrebenendemokratie käme der lokalen Politik die Aufgabe der Gestaltung des guten Lebens zu, der nationalen Politik die Aufgabe der Repräsentation von Rechten und Interessen, ihres Ausgleichs untereinander und ihrer Bündelung für die nächst höhere Ebene der supranationalen Politik. Auf der supranationalen Ebene ginge es um die Koordination nationaler Lebensweisen und Interessen, auf der globalen Ebene um die Kooperation von Nationen und supranationalen Einrichtungen im Interesse der Erhaltung eines gemeinsamen Lebensraumes.«[36]

Die Skizzierung der je unterschiedlichen Funktionen der einzelnen Politikebenen kann hier nur rudimentär erfolgen, und müsste auch noch mit inhaltlichen Konkretionen gefüllt werden. Was aber wichtig erscheint, ist, dass die Notwendigkeit der einzelnen Ebenen gesehen und ernst genommen wird. Die »Zähmung« der Globalisierung wird nicht durch immer mehr Globalisierung erfolgen können, sondern durch eine Einbeziehung der Menschen in politische Abläufe und Bezüge. Und dies kann und muss im überschaubaren, kleinräumigen Rahmen geschehen. Wichtig erscheint aber auch, dass hier nicht blauäugig vom »Verschwinden« des Nationalstaates ausgegangen wird, sondern dessen Existenz ernst genommen wird.

---

33 MÜNCH, Richard, a.a.O., S. 408

34 ebenda, S. 409

35 ebenda, S. 410

36 ebenda, S. 408f.

Zuletzt: Unsere freiheitliche demokratische Gesellschaft lebt davon, dass es bei ihren Bürgern eine bewusste Bejahung und ein aktives Eintreten für diese Werte gibt. Mangelt es daran, wird eine Gesellschaft ihre wertemäßigen Grundlegungen nicht mehr am Leben halten können. »Freiheitsrechte sind Angebote an den Beteiligten, die dieser annehmen, aber auch ausschlagen kann. Der Staat allerdings ist darauf angewiesen, dass die Mehrzahl der Freiheitsberechtigten ihre Freiheit tatsächlich wahrnimmt. Die Eigentümer- und Berufsfreiheit erlauben dem Berechtigten sich am Erwerbsleben zu beteiligen, dieses aber auch zu unterlassen. Würde aber die Mehrzahl der Menschen als Diogenes in der Tonne leben, wäre der Finanz- und Steuerstaat ebenso wie die soziale Marktwirtschaft ohne ökonomische Grundlage. (...) Und stellen Sie sich vor, am nächsten Sonntag seien Wahlen und keiner ginge hin, so wäre die Demokratie an ihrer eigenen Freiheitlichkeit gescheitert. Deshalb ist der freiheitliche Staat auf Gedeih und Verderb darauf angewiesen, dass seine Bürger freiheitsfähig sind und diese Freiheitsfähigkeit immer wieder erneuern.«[37] Und diese Kultur der Freiheitsbefähigung gelingt dort am besten, wo die Auswirkungen für das »gute Leben« am direktesten erlebbar sind - nämlich in den kleinräumigen Einheiten Gemeinde und Region. Dort ist im besten Sinne die Schule der Demokratie. Deshalb ist es auch von besonderer Wichtigkeit, die Ge-meinden und Regionen im Bewusstsein vor allem der jungen Bürger zu verankern. Eine völlig falsche Praxis ist es daher, Regionalberichterstattung in den Rundfunkmedien nahezu ausschließlich in den Sendeformaten auszustrahlen, die im Umfeld von volkstümlicher Musik vorwiegend von älteren Menschen gehört werden. Je jünger ein Programm erscheinen will, desto weniger kommt regionale Berichterstattung im Programm vor. Jugend wird mit Welt, Region mit Alter identifiziert. Eine solche Zuordnung – auch im Kopf der Macher – schadet letztlich der Demokratie, aber auch dem steigenden Interesse für die kleinräumige Überschaubarkeit. In globalisierten Welten gewinnt, so paradox dies scheinen mag, das Nicht-Globale, die Gemeinde und die Region vor Ort, an Bedeutung. Aber dies muss erst ins Bewusstsein der Entscheider und Multiplikatoren gelangen. Aber für die Wahrnehmung der Realität ist es nie zu spät.

---

[37] KIRCHHOF, Paul: *Der Öffentlichkeitsantrag des öffentlichen Rundfunks als Befähigung zur Freiheit.* In: ABELE, Hanns, u.a. (Hrsg.): *Werte und Wert des öffentlich-rechtlichen Rundfunks in der digitalen Zukunft*, Potsdam 2001, S. 9-21, hier: S. 15

Caballo VILLAR BELEN

LA DIMENSIÓN EDUCATIVA DE LA CIUDAD

BASES CONCEPTUALES PARA LA ACCIÓN

»Las ciudades del futuro son necesariamente, y por vocación, ciudades educadoras (...)

la ciudad educadora supera una noción simplemente funcional;
es un proyecto de resurgimiento y revitalización de la *civitas*«
(CARNEIRO, 1997: 409).

Una mirada rápida sobre el mundo nos permite constatar de partida que, en la actualidad, aproximadamente el 50% de la población mundial vive en ciudades de más de 100.000 habitantes y, según todos los indicios, la tendencia es a proseguir en esta línea. Pero los grandes núcleos urbanos, con los criterios -o falta de ellos- que hoy guían su configuración, son incapaces de absorber a tanta población en condiciones dignas de habitabilidad. Muchas de las urbes contemporáneas han perdido su vocación inicial de ser lugares de encuentro, intercambio y convivencia, pero deben comenzar a poner los medios que les permitan recuperar estas dimensiones pues, sin duda, la ciudad es el laboratorio en el que se está jugando, en gran parte, el futuro de la humanidad y de la actual civilización.

Asumiendo una estrategia relacional todos -instituciones, empresas, colectivos e individuos- tenemos que contribuir a un desarrollo sostenible, equilibrado, humano y pacífico para lograr ciudades habitables y solidarias. De no ser así, la ciudad no tendrá futuro.

1. SOBRE EL AMBIENTE URBANO. CARACTERÍSTICAS Y PROBLEMÁTICA.

El análisis y la reflexión en torno al papel que puede jugar la ciudad en el espacio educativo de este nuevo milenio se sitúa, como mínimo, en dos escenarios complementarios: la globalización, como proceso que lleva asociado a modo de contrapartida el auge de la dimensión local; y la configuración de una »sociedad red", en acertada metáfora de Castells (2000), que encuentra su mejor entorno de concreción en el municipio, en el territorio próximo.

El mundo de flujos globales que nos ha tocado vivir, apunta López de Aguileta (2000: 56), está propiciando un cierto movimiento de vuelta a lo local y a la escala humana, procurando un contrapeso a las tendencias de transnacionalización. Frente a la homogeneización, la búsqueda de una identidad personal y colectiva »se convierte en la fuente fundamental de significado social" (San Salvador del Valle, 2000: 25). Por otra parte, en un entorno que incrementa progresivamente su complejidad, la solución a los problemas de carácter socioeducativo ha de ser, necesariamente, relacional; consensuada entre los diferentes agentes presentes en un territorio concreto, en una realidad social aprehensible.

Como consecuencia de una globalización de marcado carácter económico y de la propagación del pensamiento único -que a través de los medios de comunicación enfatiza los elementos de progreso y oculta los evidentes signos de regresión (Ramonet, 2000)- se está aplicando a escala mundial un modelo de ciudad basado en criterios economicistas que maximizan el volumen construido por unidad de superficie, apurando los límites de las normativas vigentes en los diferentes países. Y el criterio económico como absoluto es, sin duda, un poderoso instrumento de deterioro del patrimonio natural y construido en las diferentes sociedades. En este sentido, apunta Denche Morón (2000: 42), socióloga urbanista, que »las ciudades han pasado de ser el mejor instrumento del que se ha dotado la humanidad para satisfacer sus múltiples necesidades, a ser focos desestabilizadores y desestabilizados en su interior, donde las tensiones y disfunciones tradicionales se incrementan, a la par que se acelera la depredación de sus entornos inmediatos y contribuyen (de forma severa) a la crisis ambiental a escala planetaria«.

En general, la ciudad actual presenta una preocupante tendencia hacia la homogeneización de espacios, lugares, culturas, estéticas y gentes, con la consecuente pérdida de diversidad y empobrecimiento social y cultural. Una ciudad que asume un modelo disperso para situar en diferentes zonas de su territorio los espacios de trabajo, consumo y ocio, lo que debilita considerablemente el sentido de pertenencia, de barrio, de comunidad. Y sin un sentimiento de identidad con el entorno que se habita, resulta muy difícil implicarse en su mejora y transformación. Una ciudad dispersa, por otra parte, »incompatible con la sostenibilidad física y social, al tratarse de un modelo muy depredador del entorno, consumidor poco eficaz de recursos naturales y favorecedor de la aparición de fenómenos de dualización social y de desequilibrio económico« (González García, 2000: 123).

Una ciudad que genera procesos de vulnerabilidad y exclusión, entendida ésta como pérdida de los derechos sociales fruto de conquistas históricas en las sociedades democráticas. Una ciudad que, en el caso de nuestro entorno más próximo, está teniendo dificultades para integrar a la población inmigrante, especialmente a aquella que procede de países no comunitarios. Ciudades, en muchas ocasiones con déficits importantes de equipamientos públicos colectivos y de zonas verdes y, sobre todo, con muy diferentes posibilidades de acceso real a los servicios y recursos para demasiados colectivos y personas.

Urbes que se terciarizan, que pierden progresivamente sus fuentes tradicionales de empleo, como el pequeño comercio y las industrias familiares. Ciudades que dependen para su subsistencia de la explotación de recursos naturales, energéticos, alimenticios, que provienen de entornos periurbanos y rurales, generando y exportando contaminación acústica y lumínica, residuos, emisiones de gases, etc.

Ciudades con políticas selectivas para la rehabilitación de viviendas, generadoras de fuertes contrastes entre centros y periferias. Ciudades, en definitiva, con una patente desarticulación social y territorial y con un manifiesto déficit democrático.

2. REFERENTES CONCEPTUALES PARA EL ANÁLISIS DE LA DIMENSIÓN EDUCATIVA DE LA CIUDAD

Pero la ciudad es también un importante contenedor de creatividad, progreso, iniciativa cultural, evolución... y laten en ella muchas realidades con un fuerte potencial educativo. Partimos así de la constatación de que todo territorio o entorno educa, de que todo medio es educativo en la medida en que ofrece estímulos que modelan la forma de ser, de pensar y de vivir de sus habitantes. Pero sólo se convertirá en educador en la medida en que tome conciencia de su potencial y lo organice. En esta idea radica el punto de partida para referirse a la Ciudad Educadora, una de las mejores sistematizaciones teóricas -y con interesantes realizaciones prácticas, tal y como se viene comprobando en la última década- que, en el marco de este contexto centra su discurso en la relación entre la realidad urbana y su dimensión educativa.

La metodología de trabajo que encontramos en el trasfondo de las dinámicas que generan iniciativas como esta es la de los proyectos estratégicos territoriales, a modo de documentos político-técnicos consensuados entre el municipio y la sociedad civil. Proyectos que se caracterizan por una redefinición del papel del ayuntamiento y de los ciudadanos en el proceso de »hacer ciudad".

Ante una realidad en la que los ciudadanos esperan que la Administración resuelva todos sus problemas y organice todos los servicios necesarios para satisfacer sus necesidades y demandas, se abre paso una nueva concepción de la Administración caracterizada por su dimensión relacional, y este nuevo enfoque puede concretarse con mayor facilidad en el espacio local. El ayuntamiento, sin abandonar sus responsabilidades, debe imponer menos y dialogar más con los agentes sociales, consensuando objetivos básicos y prioritarios a conseguir en el desarrollo de la ciudad, potenciando la concepción de servicio público.

El desarrollo humano de las comunidades -contando en primer lugar con los recursos propios y desde la coordinación y complicidad de los diferentes agentes-, se concreta siempre en un territorio determinado, en un espacio físico y social en el que los medios, posibilidades y límites son tangibles. Se hace necesario pues un proceso de descentralización que legitime competencialmente y dote de recursos económicos a las Administraciones más próximas a los ciudadanos para facilitar dinámicas de organización comunitaria que se concreten en una planificación social a largo plazo y consensuada, orientadora del desarrollo.

En este enfoque, la participación de los vecinos, individual y grupalmente desde las asociaciones u otros colectivos, es fundamental para la credibilidad y operatividad del proyecto; y la democracia cultural y la animación y gestión culturales como metodologías de trabajo, imprescindibles.

Se deduce pues que el presente de la ciudad educadora, la potenciación de la dimensión educativa de la ciudad, pasa necesariamente por el diálogo y la coordinación entre los diferentes agentes que conviven en ella, de forma que se pueda ir haciendo realidad la construcción de un sistema formativo integrado a modo de proyecto de desarrollo consensuado en el territorio (Alfieri, 1990, 1994).

3. EDUCACIÓN Y CIUDAD: UNA LECTURA EN CLAVE HISTÓRICA

Asumiendo una filosofía heredada de la cultura clásica griega, pero con una conceptualización relativamente reciente, el término »Ciudad Educadora" se desvela en nuestros tiempos como un referente ineludible para potenciar el desarrollo endógeno de las comunidades en clave educativa.

A partir de los años 70, y tomando como punto de partida el Informe *Aprender a Ser*, promovido por UNESCO y coordinado por Edgar Faure, diferentes autores procedentes de los más diversos campos científicos y disciplinares, pero siempre con una perspectiva educativa, fueron dándole forma a una idea-fuerza que en la actualidad orienta proyectos de desarrollo en localidades con muy diferentes características poblacionales, históricas, culturales, económicas, organizativas...

Que el medio en el que se vive educa es una realidad que no se pone en duda, pero, como indicamos anteriormente, la diferencia entre una ciudad educativa y una educadora estriba en la conciencia que todos sus moradores tienen de que los espacios construidos y las relaciones cotidianas que en ellas se desarrollan, individual y colectivamente, determinan su potencial educativo, condicionando la calidad de vida. No en vano »la ciudad no sólo nos enseña y nos educa, sino que también nos define desde el punto de vista del entorno construido (...). El hecho de vivir en las ciudades se convierte no simplemente en una cuestión de saber dónde estamos, sino de quién somos« (Proshansky y Gottlieb, 1990: 14)

La ciudad que se define como educadora entiende el medio como entorno, agente y contenido educativo en la medida en que se puede y debe aprender *en la ciudad*, sobre todo si se logran coordinar sus diferentes ofertas educativas; *de la ciudad*, pues constituye un espacio de educación informal riquísimo; y *la* propia *ciudad*, acercándonos a su historia, a sus recursos, a sus posibilidades, a su futuro... Se trata de una filosofía que asume los conceptos de educación integral y permanente como eje de sus políticas y trabaja a escala local con propuestas integradoras que conjugan esfuerzos e intereses de todos los agentes para conseguir un desarrollo equilibrado y sustentable. En definitiva, y valiéndonos de las palabras de Trilla (1993: 182), »la ciudad no puede ser un simple contenedor o un amontonamiento de instituciones, programas e intervenciones educativas sectoriales, desconectadas entre si y cada una de ellas, como suele ocurrir, con vocación de autosuficiencia (...). La densidad de elementos culturales y de ofertas educativas del medio urbano es un factor de educabilidad, pero también lo es -y no necesariamente de forma contradictoria- la organización y complementariedad de los estímulos y las ofertas".

Desde el mencionado Informe hasta el momento actual late una misma sensibilidad que fue evolucionando y adoptando diversas formas en función del momento histórico.

Los años *70*, con su bonanza económica a raíz del auge industrial, van poniendo de manifiesto que los conocimientos básicos de lectura, escritura y cálculo transmitidos por la escuela tradicional son ahora insuficientes para desarrollarse en la vida cotidiana. De este modo, comienza a hacerse evidente la necesidad de contar con una población más culta y se intuye que, de algún modo, la ciudad puede facilitar la labor de la escuela.

Pero en ese intento de apertura de la escuela al medio, ésta sigue siendo el centro del universo educativo, y todas las propuestas que realiza el territorio tienen un sesgo escolar. La institución educativa por excelencia será el único cauce de comunicación entre la ciudad y la infancia, excluyendo de este necesario diálogo a todo aquel sector de población que por su edad o condición socio económica permanece ajena a la dinámica desarrollada en el interior de los muros escolares.

Fruto de la superación de estas limitaciones, que corren parejas a las evoluciones sufridas en el campo educativo y en la dinámica social, llegan unos *años 80* que ayudan a resituar el posicionamiento de la escuela y de la ciudad en el diálogo educativo. La escuela asumirá como misión transformar las vivencias que el territorio ofrece en cultura, por lo tanto, la ciudad deberá potenciar experiencias educativas. Es el momento álgido de las visitas de los escolares a museos, exposiciones, fábricas, teatros, mercados, etc., así como del debate de la apertura de las instalaciones escolares fuera del horario académico para poder ser aprovechadas y rentabilizadas por la comunidad. Sin duda este debate, todavía inconcluso en muchos lugares de nuestra geografía, obliga a reflexionar -especialmente en las zonas rurales- sobre la necesidad de poner las infraestructuras de los centros educativos a disposición de la iniciativa ciudadana, como espacios y lugares de encuentro y generación de proyectos colectivos de los vecinos.

La década de los 90 resulta fundamental en la operativización de este concepto. La celebración en Barcelona del Primer Congreso Internacional de Ciudades Educadoras (1990), con la aprobación de la Carta que sistematiza los principios y compromisos de los ayuntamientos que desde aquel entonces la suscriben, ayuda a poner en marcha un movimiento internacional que va sensibilizando a los gobiernos locales y a la población con relación a su responsabilidad en la construcción colectiva del espacio común que se habita.

Los veinte principios que componen la Carta, con el hilo conductor y el objetivo último de incidir en el incremento de las posibilidades de calidad de vida de todos los habitantes del municipio, quizá se puedan agrupar en tres grandes bloques que dan idea de la concepción y el alcance de esta dinámica:

Un primero que resume su filosofía: educar para la diversidad y la cooperación internacional desde la valoración y preservación de la propia identidad de la ciudad, asumiendo el intercambio como elemento fundamental para el enriquecimiento mutuo.

Un segundo recoge las claves de la metodología de trabajo necesaria para implementar este tipo de proyectos: una concepción amplia de la política educativa municipal. No sólo se educa a través de las políticas y programas que desarrollan los departamentos de educación sino también desde las decisiones tomadas en instancias relacionadas con el urbanismo, la economía, la salud, etc. Desde esta perspectiva se hace necesaria una colaboración no sólo interdepartamental sino también entre los diferentes niveles de la administración con competencias. La calidad de espacios, infraestructuras y servicios de la ciudad habla de su sensibilidad educativa.

El tercer bloque agrupa ideas que bien se podrían considerar objetivos y herramientas de construcción de la ciudad: la infancia y la juventud también deben ser agentes activos en esta ciudad consciente de su papel educador. La información y el asociacionismo son los mecanismos que pueden impulsar la participación e implicación activa de las personas en los asuntos de la colectividad. Y la integración intergeneracional, en una sociedad que separa en función de la edad, ingresos económicos, problemáticas… un reto a conseguir.

Es así como, desde hace aproximadamente una década, nuestras comunidades locales se vienen situando en un nuevo escenario que demanda y posibilita experiencias innovadoras que inciden en el desarrollo del binomio ciudad-educación.

En este reciente escenario, definido por nuevos lugares y ambientes de aprendizaje y producción cultural, que utiliza la ciudad como pedagogía, que procura otros agentes y gestiona cívica y relacionalmente el territorio, se necesita también una nueva ciudadanía que Carneiro (1997: 399-404) caracteriza como:

- Democrática, en tanto que asume, valora y defiende los derechos humanos y las libertades fundamentales en la convivencia.
- Social, en la medida en que se asocia y vive la solidaridad como »camino y meta de acumulación de capital social«, haciendo imperar la justicia social.
- Paritaria, en la que hombres y mujeres se puedan situar en un plano de igualdad de oportunidades.

~ Intercultural, construyendo la identidad desde la apertura a lo diferente, desde la adquisición de nuevas competencias relacionales y comunicacionales.
~ Ambiental, con una nueva ética de relación con la naturaleza.

4. ALGUNAS EXPERIENCIAS PARA DESARROLLAR LA DIMENSIÓN EDUCATIVA DE LA CIUDAD

Iniciativas como la »Ciudad de los Niños«, los »Proyectos Educativos de Ciudad«, los »Mapas Educativos« o los »Educadores Urbanos«, desarrollados en diferentes municipios de nuestra geografía, y que comentaremos muy brevemente, inciden en las claves que nos aproximan a las Ciudades Educadoras, ejemplificando cómo se pueden operativizar los principios descritos para hacer las ciudades más habitables y humanas.

Partiendo de una fuerte crítica a la ciudad actual, diseñada por y para los adultos -mayoritariamente de sexo masculino e insertados en el mercado laboral- el pedagogo italiano Francesco Tonucci desafía a los gobiernos locales para que asuman el principio de convertir a los niños y niñas en parámetro para el diseño urbanístico y convivencial de las ciudades. Esta sugerente idea, que comenzó a desarrollar en su Fano natal, se plasma con claridad en su obra La ciudad de los niños (1997), en la que defiende con vehemencia que una ciudad habitable, con calidad de vida para todos sus vecinos, debe estar pensada para la infancia y participada en su concepción y construcción por los mismos niños del lugar. A modo de ejemplo, transcribimos un pequeño fragmento del referido libro:

> »Hasta ahora, y con mayor acento en las últimas décadas, se pensó, proyectó y evaluó la ciudad tomando como parámetro un ciudadano medio con las características de adulto, hombre y trabajador, y que corresponde con el elector fuerte. De este modo la ciudad perdió a los ciudadanos no adultos, no hombres y no trabajadores, ciudadanos de segunda categoría, con menos derechos o sin ellos (...)
>
> Los nuevos barrios, populosos y feos, de la periferia, se llaman ›ciudades dormitorio‹. Pero ›dormitorio‹ para quien? Sólo para los adultos trabajadores que marchan por la mañana y vuelven por la noche. Sus hijos, sus padres, también a menudo sus mujeres, viven allí; para ellos esos barrios no son \`dormitorio´, sino \`residencia´. Entonces no tiene sentido caracterizarlos con ese nombre como si justificáramos la ausencia de lugares sociales, de encuentro y de ocio, porque ›al fin y al cabo allí sólo se duerme‹.
>
> La respuesta es, pues, sustituir al ciudadano medio, adulto, hombre y trabajador por el niño«
>
> (TONUCCI, 1997: 33)

Otras de las iniciativas que en este momento se están desarrollando para potenciar la dimensión educativa de las ciudades son los *mapas educativos* y *proyectos educativos de ciudad*. Los primeros recogen la realidad educativa de la localidad y su potencial, a modo de inventario de la distribución en el territorio de las instituciones, equipamientos, espacios, etc. con proyección educadora; siempre con el objetivo de servir de instrumento que permita contrastar las realidades con las expectativas, orientando así el desarrollo.

Por su parte, los proyectos educativos de ciudad son documentos en los que, fruto de una reflexión y redefinición de las relaciones entre territorio y educación, se proyectan líneas estratégicas de actuación en materia educativa. Parten del trabajo colaborativo de diversas instituciones y agentes sociales que, agrupados en torno a diferentes temáticas socioeducativas (exclusión social, participación comunitaria, consejos escolares municipales...), realizan el diagnóstico de la realidad en el municipio y establecen las opciones básicas, principios rectores, objetivos y líneas de acción en este campo.

Como se puede constatar, con dimensiones y un grado de complejidad muy desigual, ambas iniciativas inciden en la identificación de recursos, en la planificación y en la coordinación como medios para contribuir al desarrollo del territorio a medio plazo.

Esta dinámica va poniendo de manifiesto la necesidad de contar con nuevos profesionales capacitados para desempeñar una labor relacional y de puesta en valor de los recursos en clave educativa. Hay ayuntamientos que están apostando por contratar *educadores urbanos* como profesionales que potencian la función culturizadora de la ciudad, ayudando a utilizar y optimizar la infraestructura creada; que fomentan programas capaces de dar respuesta a las demandas de la ciudadanía surgidas de los nuevos usos del tiempo libre y de consumo cultural; que favorecen la participación de los ciudadanos en la política cultural municipal (González Fernández, 2002).

El análisis de estas y otras experiencias de realidades locales que han trabajado en los últimos años con estilos que nos aproximan a la filosofía de la Ciudad Educadora ofrecen pautas para determinar las características de estos proyectos (Trilla, 1999). Se trata de iniciativas que se fraguan en una realidad local concreta, con sus necesidades y potencialidades, pero siempre con vocación de universalidad, con posibilidad de ser transferibles. Desde la gestación hasta la evaluación del proyecto, la participación de los vecinos de la localidad es imprescindible. Integran lugares, funciones y destinatarios en un intento de crear cohesión e identidad colectiva, preocupándose especialmente por la redistribución de los recursos educativos y culturales, de forma que haya una compensación a favor de los barrios más deficitarios o excluidos.

Son proyectos que demandan la colaboración de diferentes departamentos municipales y la aportación de diversas disciplinas en el análisis de las problemáticas y en la búsqueda de soluciones. Por último, y por su propia naturaleza, estas iniciativas generan una formación cívica vivencial que se refleja en la convivencia y calidad de vida de la localidad que los genera.

En definitiva, son experiencias que buscan educar para conservar, educar para concienciar, educar para transformar; en claro paralelismo con los pilares de la educación del futuro que propone el Informe Delors (1996): aprender a conocer, aprender a hacer, aprender a convivir, aprender a ser.

5. A MODO DE CONCLUSIÓN: LOS FUTUROS POSIBLES

Los futuros de la ciudad educadora pasan, necesariamente, por una toma de conciencia y compromiso colectivo en el quehacer educativo. Una ciudad, villa o aldea será educadora en la medida en que sus espacios y actividades vayan adquiriendo significación educativa, en la medida en que sus agentes sociales vayan interiorizando su dimensión educadora y actuando en consecuencia. Para que un proyecto urbano sea sustentable y garantice la supervivencia de sociedades y espacios, debe satisfacer, por lo menos, tres principios: respetar la libertad individual, contar con el compromiso social y garantizar la responsabilidad ecológica. En este sentido, los balances de las políticas desarrolladas en los entornos urbanos deben medir y valorar no sólo la producción de viviendas, carreteras, etc.; sino también la calidad de vida, la integración de los ciudadanos en el entorno, la reducción de desplazamientos o la posibilidad de participación en tareas de carácter social.

Los »ecobarrios«, por ejemplo, como proyectos que priorizan estas dimensiones, son un claro exponente de territorios articulados en base a signos de identidad cultural, con una heterogeneidad de usos y funciones en su espacio, con buenas conexiones con el resto de la ciudad y un acceso fluido a servicios y equipamientos de carácter central. Promueven una política de potenciación de los espacios públicos colectivos y de los transportes públicos o alternativos (a pie o en bicicleta), lo que repercute en las posibilidades de encuentro y comunicación diaria con los vecinos y, por tanto, en el incremento de las oportunidades de creación de tejido social.

El nuevo Proyecto urbano, sin duda, »necesita de un territorio estructurado sobre la accesibilidad y aprehensión por el individuo. Esta accesibilidad sólo se puede producir en la unidad mínima de apropiación social y perceptiva, el barrio, y necesita disponer de una red estructurada de equipamientos públicos sobre las que se realicen las actividades sociales" (Hernández Aja, 2000: 86). La descentralización como principio rector de las políticas que inciden en la vida de la ciudad es pues requisito esencial, en tanto que a el van asociadas las posibilidades de participación activa de las personas en los asuntos de la comunidad. El futuro pasa no sólo por la búsqueda de formas de implicación que permitan trasformar a los residentes en ciudadanos, sino también por la creación de plataformas de participación conjunta de usuarios, políticos y técnicos, de tal modo que sea factible determinar problemáticas y consensuar líneas de intervención para atajar los problemas colectivos.

Puesto que la construcción de un futuro sustentable depende de lo que estamos haciendo en el presente resulta imprescindible y urgente que todas las personas y actores sociales, desde una perspectiva relacional, comencemos a pensar con otros parámetros. El papel de las administraciones locales, las más próximas a los ciudadanos y con capacidad para consensuar políticas con otros agentes territoriales, es en este sentido relevante. En nuestro contexto más próximo, se hace necesario introducir cambios en la legislación que regula las funciones de los municipios para que se hagan efectivos los principios de autonomía y suficiencia financiera, consiguiendo una descentralización competencial y una dotación presupuestaria que realmente posibilite asumir dinámicas de prestación efectiva de servicios y desarrollo comunitario cogestionado y sostenible.

El propio municipio, para ser más ágil en la detección de necesidades, en la respuesta a las mismas y en el diálogo con la sociedad civil, precisa innovar en su estructura organizativa, una estructura que permita la descentralización en su territorio y la coordinación entre departamentos. En este sentido avanzan modelos como el de compactación de servicios, que asume una organización municipal en áreas o ámbitos más globales y no en departamentos como tradicionalmente se viene haciendo. Un ámbito de servicios personales o de servicios a la comunidad con responsabilidad en temas educativos, de cultura, deporte, tiempo libre, medio ambiente, sanidad, servicios sociales, etc. favorece el trabajo coordinado y en equipo entre los profesionales, así como una labor más interdisciplinar y, por tanto, más rica en el análisis y en la búsqueda de soluciones a los problemas.

Precisamente el diseño de políticas integrales, basadas en estudios multidisciplinares es la clave para el inicio de un desarrollo comunitario endógeno. La realidad social es compleja y todos los aspectos se presentan interrelacionados, por lo que una respuesta simple y unilateral no será suficiente para incidir en su modificación.

En todo este proceso de construcción de una ciudad educadora la planificación y la evaluación de procesos y resultados deviene imprescindible, pues es ya en la propia planificación coordinada y consensuada entre los agentes territoriales donde se van creando sinergias que permiten la transformación social. La consolidación de equipos profesionales interdisciplinares y el trabajo en red son las únicas herramientas que nos pueden aproximar a una realidad más sensible con los temas socioeducativos y medioambientales y a un pacto ciudadano que permita la transformación de la ciudad educativa en educadora.

6. BIBLIOGRAFÍA

AJUNTAMENT DE BARCELONA (1990): *La ciudad educadora.* Barcelona: Ajuntament de Barcelona.

ALFIERI, F. (1990): »*El papel de las instituciones locales en el sistema formativo integrado*«, en Ajuntament de Barcelona: *La ciudad educadora.* Barcelona: Ajuntament de Barcelona, pp. 163-174.

ALFIERI, F. (1994): »*Políticas xuvenís e administracións públicas*«. En *Congreso galego da xuventude. Xoves: somos quen.* Santiago de Compostela: Xunta de Galicia, pp. 9-46.

CABALLO VILLAR, M.B. (2001): *A Cidade Educadora. Nova perspectiva de organizaçao e intervençao municipal.* Lisboa: Instituto Piaget.

CARNEIRO, R. (1997): Educaçao para a cidadanía e cidades educadoras. En *Broteria*, nº 144, pp. 391-413.

Carta de Cidades Educadoras. Declaración de Barcelona, 1990.

CASTELLS, M. (2000): *La sociedad red.* Madrid: Alianza.

COLOM, A. (1998): *La educación urbana.* En Sarramona, J.; Vázquez, G. y Colom, A.: *Educación no formal.* Barcelona: Ariel.

DELORS, J. (coord., 1996): *Informe UNESCO. La educación encierra un tesoro.* Madrid: Santillana.

DENCHE Morón, C. (2000): »*La ciudad, paradigma de la nueva crisis.* Madrid como ejemplo«. En *Documentación Social.* Monográfico Ciudades habitables y solidarias, nº 119, abril-junio, pp. 39-57.

FAURE, E. (coord., 1974): *Aprender a ser: la educación del futuro.* Madrid: Alianza-Unesco (3ª edición).

GONZÁLEZ Fernández, J.L. (2003): »*Experiencia de tranversalización:* Educadores urbanos de A Coruña«. En *Congreso bianual Concellos e servicios persoais á comunidade.* Concello de Narón. CD-rom.

GONZÁLEZ GARCÍA, I. (2000): »*La variedad urbana:* una condición necesaria para la calidad de vida en la ciudad«. En *Documentación Social.* Monográfico Ciudades habitables y solidarias, nº 119, abril-junio, pp. 115-136.

HERNÁNDEZ AJA, A. (2000): »*Barrios y equipamientos públicos, esencia del proyecto democrático de la ciudad*«. En *Documentación Social.* Monográfico Ciudades habitables y solidarias, nº 119, abril-junio, pp. 79-93.

LÓPEZ DE AGUILETA, I. (2000): *Cultura y ciudad. Manual de política cultural municipal.* Gijón: Trea.

PROSHANSKY, H. y GOTTLIEB, N.M. (1990): »*El punto de vista de la Psicología Ambiental sobre el aprendizaje del medio urbano*«. En AJUNTAMENT DE BARCELONA: *La ciudad educadora.* Barcelona: Ajuntament de Barcelona, pp. 105-114.

RAMONET, I. (2000): »El pensamiento único«. En ALBIÑANA, A. (ed.): *Pensamiento crítico vs pensamiento único.* Madrid: Debate, pp. 15-17.

SAN SALVADOR DEL VALLE, R. (2000): *El desarrollo de la ciudad mediante un modelo relacional de intervención.* En VARIOS: *Los centros cívicos ante el nuevo milenio. Nuevos retos de participación, descentralización y territorio.* Madrid: Miraguano, pp. 19-70.

SANTOS SILVA, A. (1998): Educaçao em meio urbano. En CONSELHO NACIONAL DE EDUCAÇAO: *Educaçao e meios urbanos: problemas e caminhos do desenvolvimento.* Lisboa: Ministerio de Educaçao.

TONUCCI, F. (1997): *La ciudad de los niños.* Madrid: Fundación Germán Sánchez Ruipérez.

TRILLA BERNET, J. (1993): *Otras educaciones. Animación sociocultural, formación de adultos y ciudad educadora.* Barcelona: Anthropos.

TRILLA BERNET, J. (1999): »*La ciudad educadora.* De las retóricas a los proyectos«. En *Cuadernos de Pedagogía,* nº 278, pp. 44-50.

VARIOS (1999): *As cidades e os rostros da exclusao.* Porto: Universidade Portucalense.

VERDAGUER, C. (2000): *»De la sostenibilidad a los ecobarrios«.* En *Documentación Social.* Monográfico Ciudades habitables y solidarias, nº 119, abril-junio, pp. 59-78.

Winfried ROMBERG

»DISPOSITION, COMMODITÄT UND CIMETRIE«

BAROCKE URBANISIERUNG IM VORFELD NEUZEITLICHER MODERNE AM BEISPIEL WÜRZBURGS
ZUM 250. TODESTAG DES BAUMEISTERS BALTHASAR NEUMANN

0. FRAGESTELLUNG UND ZIELSETZUNG

Die vorliegende Studie möchte in historischer Perspektive am Beispiel Würzburgs die politologisch-soziologischen Hintergründe und Implikationen europäischer Stadtentwicklung im Konnex der frühneuzeitlich-absolutistischen Herrschaftsausformung exemplarisch beleuchten.[1] Diese funktionale Bestimmung bis hin zur Endgestalt der ›Haupt- und Residenzstadt‹ im 18. Jahrhundert[2] prägte zugleich in initiatorischer Weise einen neuen Stadttypus richtungsweisender Art: In ihm verbanden sich in charakteristischer Weise die bis in die Gegenwart mittelbar bis aktuell fortwirkenden Phänomene von gesteigerter Zentralität, Verstädterung und v. a. Urbanisierung mit traditionalen, teils retardierenden Systemelementen älterer Gesellschaftsordnung. Makrohistorisch eingebettet war dieser Prozeß in den für die neuzeitliche Moderne fundamentalen Paradigmenwechsel von monopolistischer Fürstenherrschaft zum bürgerlichen (liberal, plural wie wirtschaftlich bestimmten) Selbstbewußtsein. An dieser Stelle wird exemplarisch die Genese und Korrespondenz von barockem vormodernem Städtebau und urbanem Mentalitäts-wandel umrissen. Mit Blick auf das übergreifende Theorem der Modernisierungs-theorie soll dabei der progressive Ideengehalt von barocker Rationalität und Urbanistik verdeutlicht werden.[3]

---

1 Zur Übersicht über die Fülle der stadthistorischen Literatur und Forschungstendenzen s. GERTEIS, Klaus: *Die deutsche Stadt in der frühen Neuzeit.* Zur Vorgeschichte der ›bürgerlichen Welt‹, Darmstadt 1986. SCHILLING, Heinz: *Die Stadt in der frühen Neuzeit*, München 1993 (*Enzyklopädie deutscher Geschichte* Bd. 24).

2 Nach absolutistischem Verständnis bilden die Merkmale von Hauptstadt und Ort der Residenz eine untrennbare Einheit, so namhaft vertreten durch Friedrich Carl VON MOSER, *Deutsches Hofrecht*, Leipzig 1755: »Die Residenz ist die ordentliche Wohnung des Regenten an dem Ort, wo der eigentliche Sitz des Hofes und der Collegien ist. Hier ist der Regent eigentlich zu Haus.« Zit. n. SCHOTT, Herbert: *Das Verhältnis der Stadt Würzburg zur Landesherrschaft im 18. Jahrhundert*, Würzburg 1995 (*Quellen und Forschungen zur Geschichte des Bistums und Hochstifts Würzburg* Bd. XLVIII/*Mainfränkische Studien* Bd. 58), S. 182, Anm. 2.

3 Vgl. SCHILLING (Anm. 1), S. 17-20. REINHARD, Wolfgang: *Sozialdisziplinierung - Konfessionalisierung - Modernisierung.* Ein historiographischer Diskurs, in: BOŠKOVSKA-LEIMGRUBER, Nada (Hrsg.): *Die Frühe Neuzeit in der Geschichtswissenschaft.* Forschungstendenzen und Forschungserträge, Paderborn 1997, S. 39-55, bes. S. 48-55. MERGEL, Thomas: *Geht es weiter voran?* Die

Basierend auf der neueren historischen Urbanistik-Forschung (DE VRIES 1984, HOHENBERG/LEES 1985, REULECKE 1985)[4] wird unter dem vielschichtigen Begriff der Urbanität insbesondere die qualitative, politisch-institutionelle sowie soziologisch-kulturelle Ausbildung des städtischen Charakters eines Ortes selbst wie eines spezifisch städtischen Bewußtseins verstanden. Im Blickpunkt stehen dabei die komplexen handlungs- und planungs- sowie mentalitätsgeschichtlichen und sozialtopographischen[5] Aspekte dieses in die Entstehung der neuzeitlichen Moderne verwobenen Urbanisierungsprozesses, der seine volle Kraft freilich erst seit dem 19. Jahrhundert entfalten sollte.

1. WÜRZBURGS WEG ZUR HAUPT- UND RESIDENZSTADT IM ÜBERBLICK

Die historische Stadtentwicklung Würzburgs läßt sich grundlegend in drei Entwicklungsstufen zusammenfassen:

1.1. *Frühe Siedlungsgeschichte und Domstadt*

1. Die Stadtwerdung Würzburgs reicht zurück bis in die Anfänge der Diözese, der ältesten nachantiken Bistumsgründung (742/43) östlich des gallo-fränkischen Raumes.[6] Der (erste) Dombau rechts des Maines (788ff.) gab den Anstoß zur Entfaltung einer der Domimmunität westlich vorgelagerten Handwerker- und Dienerschaftssiedlung, *suburbium Wirceburgense* oder *urbs Wirzeburgensis* genannt, die sich unter der Ägide der hiesigen Bischöfe während des gesamten Mittelalters stetig fortentwikkelte. So entstand nach planerischen Gesichtspunkten die städtebauliche Achse vom Dom über die Domstraße (als Markt sowie Fest- und Prozessionsstraße) zur steinernen Mainbrücke (Baubeginn vor 1133 als höherwertiger Ersatz der älteren Main-Furt).

Modernisierungstheorie auf dem Weg zu einer Theorie der Moderne, in: Ders./WELSKOPP, Thomas (Hrsg.): *Geschichte zwischen Kultur und Gesellschaft.* Beiträge zur Theoriedebatte, München 1997, S. 203-232.

4 DE VRIES, J.: *European Urbanization 1500-1800*, London 1984. HOHENBERG, P. M./LEES, L. H.: *The making of urban Europe 1000-1950*, Cambridge/Mass. 1985. REULECKE, Jürgen: *Geschichte der Urbanisierung in Deutschland*, Frankfurt/M. 1985.

5 RUBLACK, Hans-Christoph: *Probleme der Sozialtopographie der Stadt im Mittelalter und in der frühen Neuzeit*, in: EHBRECHT, Wilfried (Hrsg.): *Voraussetzungen und Methoden geschichtlicher Städteforschung*, Köln-Wien 1979 (*Städteforschung* Reihe A; Bd. 7), S. 177-193.

6 SCHICH, Winfried: *Würzburg im Mittelalter.* Studien zum Verhältnis von Topographie und Bevölkerungsstruktur, Köln-Wien 1977 (*Städteforschung* Reihe A; Bd. 3). WAGNER, Ulrich (Hrsg.): *Geschichte der Stadt Würzburg*, Bd. I, Stuttgart 2001. Zur schnellen Übersicht s. STEIDLE, Hans/WEISNER, Christine: *Würzburg.* Streifzüge durch 13. Jahrhunderte Stadtgeschichte, Würzburg 1999. Vgl. BOSL, Karl: *Historische Grundstrukturen der fränkischen Stadt* - Entstehung, Typus, Funktion, München 1984.

2. Weitere Impulse für die Stadtbildung lieferten die urkundliche Übertragung aller hoheitlicher Stadtrechte in die Hände des Bischofs (1030), die - bemerkenswerterweise pentagonale Symmetrie anstrebende[7] - Stadtummauerung sowie die Anlage eines Kranzes von stattlichen Kloster- und Stiftskirchen (St. Burkard, St. Jakob, St. Stephan, Stifte Haug und Neumünster) nach ottonischem Stadtideal. Die an überörtlichen Verkehrsrouten gelegene Siedlung wuchs bis zum 14. Jahrhundert durch die spezifische Verbindung von religiösen (diözesaner Kilians-Kult), politischen (Herrschaftssitz) und wirtschaftlichen Elementen (Gewährung von Märkten, Verbindung von liturgischer und merkantiler Messe zum Festtag des Diözesanpatrons St. Kilian oder Allerheiligen). Sie bildete schließlich den Zentralort der bischöflichen Territorienbildung im Mittelainbereich. Auf diese Weise repräsentierte Würzburg eine insgesamt typische »geistliche Stadt« des Mittelalters.[8]

1.2. *Der Antagonismus von Bischof und Bürgerstadt*

1. Spätestens seit dem frühen 14. Jahrhundert wich allerdings die einstmalige Interessenübereinstimmung einem komplexen, wirtschaftlich und politisch motivierten Konflikt um die ständische Selbstverwaltung und kommunale Unabhängigkeit als freie resp. Reichsstadt, der sich bis zum Krieg zwischen dem bischöflichen Landesherrn und dem städtischen Gemeinwesen steigerte.[9] Nach dem ultimativen Sieg der bischöflichen Seite über die Bürgerschaft (Schlacht von Bergtheim 1400)[10] konnte die Stadt keine eigenständige politische Wirkmacht mehr entfalten. In städtebaulicher Hinsicht belegt dies etwa das Fehlen bürgerschaftlicher Großbauten (abgesehen von der Marienkapelle 1379ff.). Von dieser Entwicklung beeinflußt verlor Würzburg endgültig die einstige überörtliche Raumfunktion als Handelsplatz an die umliegenden Reichsstädte,

---

7 Vgl. HUMPERT, Klaus/SCHENK, Martin: *Entdeckung der mittelalterlichen Stadtplanung*. Das Ende vom Mythos der »gewachsenen Stadt«, Stuttgart 2002, bes. S. 32, 368f.

8 Vgl. MERZBACHER, Friedrich: *Die Bischofsstadt*, Köln-Opladen 1961 (*Arbeitsgemeinschaft für Forschung des Landes Nordrhein-Westfalen* Heft 93), S. 20ff. DAUCH, Bruno: *Die Bischofsstadt als Residenz der geistlichen Fürsten*, Berlin 1913 (*Historische Forschungen* Heft 109), S. 131-139.

9 SCHUBERT, Ernst: *Die Landstände des Hochstifts Würzburg*, Würzburg 1967 (*Veröffentlichungen d. gesellschaft f. Fränkische Geschichte* IX, 23), S. 36-42. Vgl. PRESS, Volker: *Bischof und Stadt in der Neuzeit*, in: KIRCHGÄSSNER, Bernhard/BAER, Wolfram (Hrsg.): *Stadt und Bischof*, Sigmaringen 1988 (*Stadt in der Geschichte* Bd. 14), S. 137-160, bes. S. 139-142. MÜLLER-MERTENS, Eckhard: *Bürgerlich-städtische Autonomie in der Feudalgesellschaft*, in: Zeitschrift für Geschichtswissenschaft 29 (1981), S. 205-225. Vgl. MÖNCKE, Gisela: *Zur Problematik des Terminus »Freie Stadt« im 14. und 15. Jahrhundert*, in: PETRI, Franz (Hrsg.): *Bischofs- und Kathedralstädte des Mittelalters und der frühen Neuzeit*, Köln-Wien 1976 (*Städteforschung* Reihe A; Bd. 1), S. 84-94.

10 Vgl. ROMBERG, Winfried: *Die Schlacht von Bergtheim* – Epochenwende Mainfrankens, in: *Frankenland* 52 (2000), S. 413-422.

v.a. Nürnberg.[11] Auch die Verbindung von städtischer Sezession und Reformation im Bauernkrieg 1525 konnte dem längst entschiedenen Machtkampf keine Wendung mehr geben.[12]

2. Im Gefolge dieser Konfliktsituation wurde die linksmainische Höhenstellung auf dem Marienberg oberhalb der Stadt sekundär aufgewertet zum verteidigungsfähigen Herrschaftssitz des Bischofs (seit 1253), bis zum 16. Jahrhundert dienlich vor allem zum Schutz vor inneren Wirren wie Untertanenrevolten. Der sukzessiv zur Landesburg resp. -festung ausgebaute Marienberg übernahm diese Funktion bis zur endgültigen (Rück-)Verlegung des Residenzortes in die Stadt im frühen 18. Jahrhundert (s.u. Kap. II). Selbst über den Zusammenbruch des fürstbischöflichen Regierungssystems in der Napoleonischen Zeit (Säkularisation 1803) hinaus blieb diese Landesfestung von signifikanter militärischer Bedeutung (bis zum Krieg von 1866), darin die durchaus repressiven Züge der jeweiligen Herrschaft vergegenwärtigend.

1.3. *Der Sieg des Absolutismus: Würzburg als geistliche Residenzstadt*

Mit Beginn der frühen Neuzeit mehrten sie die Versuche der Fürstbischöfe, die sowohl strukturell, verfassungspolitisch wie kulturhegemonial bereits entschiedene Machtbalance zu ihrer vollständigen Oberhoheit immer weiter auf institutionellem Wege zu konsolidieren. Korrespondierend setzten sie daher den Residenzcharakter der Stadt Würzburg etappenweise durch:

1. Fürstbischof Julius Echter von Mespelbrunn (reg. 1573-1617), der herausragenden Bischofs-Gestalt im konfessionalistischen Zeitalter, gelang mit der Gründung des nach ihm benannten Juliusspitals (1579) erstmals wieder einen städtischen Ansitz zu schaffen im Rahmen seines umfassenden frühabsolutistisch-gegenreformatorischen Staatsprogrammes (sog. ›landesherrlichen Regiment‹).[13] Von ihm regelmäßig zeitweise genutzt, blieb das Spital bis zum Bau der barocken Residenz formell das herrschaftliche Stadtpalais und wurde als solches bis um 1700 barock ausgebaut. Neben der nicht minder gewichtigen Errichtung der Universität (1582)[14] trug

---

11 Vgl. KNEFELKAMP, Ulrich: *Die Städte Würzburg, Bamberg und Nürnberg.* Vergleichende Studien zu Aufbau und Verlust zentraler Funktionen in Mittelalter und Neuzeit, in: *Bericht des Historischen Vereins Bamberg* 120 (1984), S. 205-224, bes. S. 217-224.

12 RUBLACK, Hans-Christoph: *Gescheiterte Reformation.* Frühreformatorische und protestantische Bewegungen in süd- und westdeutschen geistlichen Residenzen, Stuttgart 1978 (*Spätmittelalter und Frühe Neuzeit* Bd. 4), bes. S. 3-75.

13 SCHUBERT (Anm. 9), S. 166-174. RUBLACK (Anm. 12), S. 50-68. Vgl. PRESS, Volker: *Stadt und territoriale Konfessionsbildung,* in: PETRI, Franz (Hrsg.): *Kirche und gesellschaftlicher Wandel in deutschen und niederländischen Städten der werdenden Neuzeit,* Köln-Wien 1980 (*Städteforschung* Reihe A; Bd. 10), S. 251-296, hier S. 284-296.

14 Um seinen unbedingten Herrschaftsanspruch zu dokumentieren, ließ Echter in gleicher Weise auch in der Universität demonstrativ ein Zimmer als Wohnung einrichten. Vgl. BAUMGART,

diese Stiftung über den innovativen Zug staatlicher Sozialfürsorge hinaus manifeste politische Intention: Mittels des positiven Karitas-Auftrages gründete Julius Echter in pragmatischer Weise eine Herrschaftsbasis innerhalb der Stadt. Diese war durch den ihr zugrundeliegenden sozial-humanitären Fundamentalkonsens moralisch abgesichert und getragen von den begünstigten Bevölkerungsgruppen.[15] In architektonischer Hinsicht bildete das Juliusspital mit seinem achsensymetrischen palazzo-artigen Baukörper geradezu einen Prototypus solch frühabsolutistischer Auffassungen.[16] Die flankierend einsetzende Sozialdisziplinierung[17] (einschließlich der breitenwirksamen städtischen Volksmission seitens der Jesuiten[18]) entschärfte die potentiellen Unruheherde innerhalb der Untertanenschaft noch weiter, trug zur letztendlichen konfessionellen Befriedung bei und förderte den entsprechenden obrigkeitlich-administrativen Landesausbau. Im 18. Jahrhundert schließlich waren die Würzburger Bürger weitestgehend an die patriarchal bevormundende Fürstenherrschaft und entsprechendes kameralistisches Verwaltungshandeln angepaßt und in vielfältiger Weise davon abhängig. Sie verharrten in weithin apolitischer Gesinnung, nach außen hin wehrunfähig wie gleichermaßen -unlustig.[19]

2. Der abschließende Sieg über die letzten Vorrechte der ständischen Korporationen (v. a. des Domkapitels und der »Landschaft« einschließlich der Stadt Würzburg) unter Fürstbischof Johann Gottfried von Guttenberg (reg. 1684-1695) vollendete schließlich den Triumph der (wahl)monarchischen Herrschaftsform über das nach Herkommen und Struktur nachmittelalterliche Ständewesen und führte zu einem

---

Peter: *Konfessionalisierung und frühmoderne Staatlichkeit in Franken*: Das Beispiel des Fürstbischofs Julius Echter, in: Würzburger Diözesangeschichtsblätter 62/63 (2001), S. 575-589.

15 WENDEHORST, Alfred: *Das Juliusspital in Würzburg*, Bd. I: Kulturgeschichte, S. 43. In diesem Zusammenhang steht auch die Vorschrift der Stiftungsurkunde, daß die hier aufgenommenen Waisen in ihrem weiteren Lebensweg dem Fürstbischof zu besonderer Anhängerschaft verpflichtet sein sollen, s. WEIß, Wolfgang/ROMBERG, Winfried: *Helfen und Heilen*. Der Stiftungsbrief Julius Echters als Leitbild für die Stiftung Juliusspital heute, Würzburg 2002, S. 9.

16 Zusammenfassend KRAUS, Erasmus: *Hofhaltungen in Würzburg 1675-1719*, in: Mainfränkisches Jahrbuch für Geschichte und Kunst 27 (1965), S. 51-81, hier S. 55.

17 Vgl. WILLOWEIT, Dietmar: *Katholische Reform und Disziplinierung als Element der Staats- und Gesellschaftsorganisation*, in: PRODI, Paolo (Hrsg.): *Glaube und Eid*, München 1993 (*Schriften des Historischen Kollegs Kolloquien* 28), S. 113-132. MAIER, Hans: *Sozialdisziplinierung* – ein Begriff und seine Grenzen, ebd., S. 237-240. REINHARD (Anm. 3), S. 39-48.

18 Vgl. BOSL, Karl: *Stellung und Funktionen der Jesuiten in den Universitätsstädten Würzburg, Ingolstadt und Dillingen*, in: PETRI (Anm. 9), S. 163-177.

19 DAUL, Hansjoachim: *Ratsfähige Oberschichten in Franken*, in: RÖSSLER, Helmuth (Hrsg.): *Deutsches Patriziat 1430-1740*, Limburg 1968 (*Schriftenreihe zur Problematik der deutschen Führungsschichten in der Neuzeit* Bd. 3), S. 231-256, bes. 233. SCHOTT (Anm. 2), S. 653.

insgesamt gemäßigten Absolutismus geistlicher Ausprägung.[20] Handlungsgeschichtlich waren damit zugleich die faktischen wie verfassungsrechtlichen Voraussetzungen für die Umformung Würzburgs zur Haupt- und Residenzstadt geschaffen. Der Abkehr von der bisherigen doppelten Hofhaltung der Fürstbischöfe auf dem Marienberg und in der Stadt, diesem letzten Rest älterer ambulanter Herrschaftsausübung und Resultat der skizzierten Machtkollisionen, folgte nun konsequenterweise die absolutistische Präsenz des Souveräns in einem institutionell ortsfesten und städtischen Domizil.[21]

2. Der barocke Ausbau Würzburgs: Politik, Ästhetik und Gesellschaft

2.1. *Der entscheidende Schritt: Der Bau der Residenz*

Der Baubeginn des Würzburger Residenzschlosses im Jahres 1720 bildete den entscheidenden Schritt für die angestrebte Neuordnung, welche Fürstbischof Johann Philipp Franz von Schönborn (reg. 1719-1724) mit spürbarer Ungeduld betrieb.[22] Auffälligerweise wurde diese bedeutungsvolle Maßnahme offiziell jedoch nicht herrschaftssystematisch, sondern lediglich zweckrational mit Kostenersparnis begründet.[23]

Das im Lauf von mehr als zwei Jahrzehnten erstehende Residenzgebäude, das 1744 schließlich Richtfest feiern konnte, diente zuvörderst der barocken Repräsentation der fürstlichen Allmacht und bildete die festliche Kulisse für die vielfältigen Akte des Hof- und Staatszeremoniells.[24] Darüber hinaus kam in diesem monumentalen Bauwerk und seiner Nutzung die Verbindung der drei für den Absolutismus charakteristischen

---

20 SCHUBERT (Anm. 9), S. 174-187. SCHOTT (Anm. 2), S. 1-4, 11-20, 46-55, 650. Vgl. ROMBERG, Winfried: *Johann Gottfried von Guttenberg.* Zum 300. Todestag eines bedeutenden Würzburger Fürstbischofs, in: Frankenland 50 (1998), S. 406-416. HERSCHE, Peter: *Intendierte Rückständigkeit:* Zur Charakteristik des geistlichen Staates im alten Reich in: SCHMIDT, Georg (Hrsg.): *Stände und Gesellschaft im alten Reich*, Stuttgart 1989 (*Veröffentlichungen des Instituts für Europäische Geschichte Mainz*, Beiheft 29), S. 133-149.

21 KRAUS (Anm. 16), S. 59. Vgl. die undatierte, wohl zu Ende des 17. Jahrhunderts entstandene Denkschrift über einen neuen Residenzbau bei Quellen zur Geschichte des Barocks in Franken unter dem Einfluß des Hauses Schönborn, I. Teil, 2. Halbband, bearb. v. FREEDEN, Max H., Würzburg 1955, Nr. 658, S. 519-523.

22 VON FREEDEN: *Quellen* (Anm. 21), I/2, Nr. 633, S. 503

23 Ebd., I/2, Nr. 633, S. 503; Nr. 645, S. 511.

24 Hierzu gehörten z. B. Namenstag und Geburtstagsfest, jährliche Gedenkfeier anläßlich Wahl- und Konsekrationstag des Herrschers bis hin zum ›pompe funèbre‹ bei dessen Tod sowie Kirchenfeste, Palliumempfang, Belehnungen, Staatsbesuche u. dergl. m.; s. ZIMMERMANN, Gerda: *Der Hofstaat der Fürstbischöfe von Würzburg von 1648 bis 1803* – Verfassung und Entwicklungsgeschichte, Diss. iur., Würzburg 1976, bes. S. 111-118, 187-247. Vgl. FRIEDHOFF, Jens: *»Magnificence« und »Utilité«.* Bauen und Wohnen 1600-1800, in: DIRLMEIER, Ulf (Hrsg.): *Geschichte des Wohnens*, 5 Bde., Stuttgart 1999, Bd. 2, S. 505-788, hier S. 648-684.

Herrschaftsstützen von Verwaltung, Heer und merkantiler Wirtschaftspolitik zum Ausdruck: An den Baubeginn knüpfte der Fürstbischof die Absicht, ein staatsmonopolistisches Konjunkturprogramm zwecks *soulagement*[25] von Stadt und Land aufzulegen. Bei dieser handelte es sich freilich um eine hochgegriffene, durch keine der damaligen Wirtschaftstheorien näher spezifizierte Hoffnung, die ihr Ziel sogar weit verfehlen sollte (s. u. Kap. III). Daneben hatte die Residenz einen Teil der Staatsbehörden sowie Dienerschafts- und Beamtenwohnungen zu beherbergen, diente also der bürokratischen Systemstützung. Durch alle barock-repräsentative Ästhetik verziert, blieb schließlich mit dem Burgfrieden und der Palastgarde der militärische Aspekt der Herrschaftswahrung stets präsent.[26] Das Residenzschloß als zentraler Ort der ›pleine souveraineté‹ mit seinen Funktionen und Prinzipien von Regierungssitz, Hofhaltung und entsprechender Repräsentation erlaubte solchermaßen die unabdingbare räumliche Nähe und unmittelbare Kontrolle der beherrschten Untertanen.[27] So gilt die Würzburger Residenz zurecht als »Denkmal der absoluten Fürstengewalt« (Max H. VON FREEDEN).[28]

2.2. *Das Stadtbauprogramm Balthasar Neumanns*

1. Dieser entscheidenden Umformung des Staatswesens entsprach die umfassende Integration der Stadt Würzburg in den neuen gewaltmonopolistischen und (freilich nur idealiter) uniformen Fürstenstaat. Obrigkeitlich gelenkt umfaßte sie sowohl administrative, (staats)wirtschaftliche, bauliche wie allgemein kulturelle Aspekte, wie

---

25 Zit. n. SCHOTT (Anm. 2), S. 184; vgl. Urkunde der Grundsteinlegung bei FREEDEN, Quellen (Anm. 21), I/2, Nr. 791, S. 617, wo von großem Nutzen für das gesamte Fürstbistum die Rede ist. Vgl. PRESS, Volker: *Der Merkantilismus und die Städte.* Eine Einleitung, in: Ders. (Hrsg.): *Städtewesen und Merkantilismus in Mitteleuropa*, Köln-Wien 1983 (*Städteforschung* Reihe A; Bd. 14), S. 1-14.

26 SCHERF, Andreas: *Johann Philipp Franz von Schönborn, Bischof von Würzburg (1719-1724), der Erbauer der Residenz*, München 1930 (*Schriften zur bayerischen Landesgeschichte* Bd. 4), Neudruck Aalen 1973, S. 85. ZIMMERMANN (Anm. 24), S. 94.

27 Vgl. ELIAS, Norbert: *Die höfische Gesellschaft.* Untersuchungen zur Soziologie des Königtums und der höfischen Aristokratie, Neuwied 1969, S. 70. Ex negativo belegt diesen Umstand auch der Bau und Bezug des Residenzschlosses Versailles 1682 durch König Ludwig XIV. Dadurch blieb der Antagonismus von Hauptstadt und Residenz ungelöst bestehen, bis die Revolutionäre König Ludwigs XVI. zur Rückkehr nach Paris zwangen (5.11.1789) und ihn damit faktisch zu ihrem Gefangenen machten. Der Absolutismus der Bourbonen und die Französische Revolution sind also zugleich als urbanistische Probleme zu sehen; vgl. FURET, François/RICHET, Denis: *Die Französische Revolution*, Deutsche Ausgabe Frankfurt/M. 1987, S. 19f., 36-40, 103-106, 117-123.

28 VON FREEDEN, Max H.: *Würzburgs Residenz und Fürstenhof zur Schönbornzeit*, Würzburg 1948 (*Mainfränkische Hefte*, Heft 1), S. 31.

dies im zeitgenössischen Begriff der *Policey* zusammengefaßt zum Ausdruck kommt.[29] Wie skizziert, prädisponierte dabei der Hauptstadtcharakter als Mittelpunkt und Zentralort des Staatswesens die Funktionen von Macht-, Verwaltungs- und militärischem Zentrum für den absolutistischen Territorialstaat, des sog. Hochstiftes Würzburg. Die Stadt Würzburg wurde gewissermaßen weit mehr als je zuvor zum staatlichen Subsystem vereinnahmt. Ihrer älteren landständischen Sonderrolle weitgehend entkleidet, wurde sie nunmehr auf ihre wirtschaftlichen, administrativen und allgemein-kulturellen Funktionen im Dienste von Fürstenwillen und Hofhaltung reduziert.[30]
Damit wurde mit innerer Logik auch die städtische Baupolitik wie das Weichbild der Stadt auf die Residenz orientiert. Der absoluten Stellung des Souveräns entsprach deshalb der von Balthasar Neumann (1687-1753)[31] entworfene und von Fürstbischof Johann Philipp Franz genehmigte Entwurf von 1720[32], die Stadt in qualitativ neuartiger Weise in großem Maßstab umzugestalten. Nur durch dieses politische Übergewicht und das damit verbundene ästhetisch-kommunikative Konzept einer inszenatorischen Projektion der Herrscherautorität nach außen konnte ein solches städtebauliches Gesamtkunstwerk entstehen als Ausdruck der ›potestas‹ und ›majestas‹ des handelnden Fürsten.[33]

2. Die in Würzburg bis dahin gewachsene städtebauliche Situation konnte freilich wohl kaum den Ansprüchen eines barocken Fürstenhofes und des absoluten Herrscherwillens resp. solch planender Staatsvernunft gerecht werden: Die Mehrheit der einfachen Fachwerkhäuser in meist eng verwinkelten, licht- und luftarmen Gassen, die mittlerweile baufälligen Überreste und aufragenden Torsi des inneren Stadtmauerberings mit den halb verfüllten alten Gräben davor ließen die Stadt als völlig unstrukturierte Häuser- und Gemäuermasse erscheinen. Die wahllos eingestreuten Weinberge

---

29 HUBATSCH, Walther: *Ziele und Maßnahmen landesherrlicher Politik im Absolutismus gegenüber den Städten aus der Sicht eines Verwaltungshistorikers*, in: PRESS (Anm. 25), S. 30-44. LEISER, Wolfgang: *Die Stadt im süddeutschen Kleinstaat des ancien régime*, ebd., S. 111-134, bes. S. 121-134. SCHIERA, Pierangelo: *Polizeibegriff und Staatlichkeit im aufgeklärten Absolutismus.* Der Wandel des Staatsschutzes und die Rolle der Wissenschaft, in: WILLOWEIT, Dietmar (Hrsg.): *Staatsschutz*, Hamburg 1994 (*Aufklärung* 3/2), S. 85-100.

30 SCHOTT (Anm. 2), bes. S. 649-657. Vgl. SCHUBERT (Anm. 9), S. 153. BORST, Otto: Kulturfunktionen der deutschen Stadt im 18. Jahrhundert, in: RAUSCH, Wilhelm (Hrsg.): *Städtische Kultur in der Barockzeit*, Linz 1982 (*Beiträge zur Geschichte der Städte Mitteleuropas* VI), S. 1-34.

31 Vgl. Biographien von VON FREEDEN, Max H.: *Balthasar Neumann.* Leben und Werk, München-Berlin 1981. REUTHER, Hans: *Balthasar Neumann*, München 1983. HANSMANN, Wilfried: *Balthasar Neumann.* Leben und Werk, Köln 1986.

32 Ediert bei VON FREEDEN, Max H.: *Balthasar Neumann als Stadtbaumeister*, Berlin 1937 (*Kunstwissenschaftliche Studien* Bd. 20), Nachdruck Würzburg 1978, S. 109f.

33 EHALT, Hubert Ch.[ristian]: *Ausdrucksformen absolutistischer Herrschaft.* Der Wiener Hof im 17. und 18. Jahrhundert, München 1980 (*Sozial- und wirtschaftshistorische Studien* Bd. 14), bes. S. 112f. SAGARRA, Eda: *A Social History of Germany 1648-1914*, London 1977, bes. S. 25.

und Nutzgärten, die Disparität der Bebauung von Siedlungskern und Vorstädten sowie das Fehlen von größeren Verkehrsachsen und Plätzen vermittelten ein ebenso verwirrendes wie diffuses Bild einer in damalig pejorativem Wortsinne »gothischen« Stadt, obgleich Würzburg durchaus (ältere) Planungsvorgaben vorweisen konnte und der welterfahrende Monsieur DE BLAINVILLE sie auf seiner Durchreise 1705 als recht angenehmen Ort beschrieb.[34]

3. Die administrative und praktische Realisierung dieser urbanistischen Initiative Neumanns wurde dabei mittels der modernen Errungenschaften von Bürokratisierung und Rationalisierung (im Sinne Max WEBERs) angeordnet, institutionell wie personell abgestützt und dauerhaft durchgesetzt: Das fürstbischöfliche Baumandat von 1721 formulierte die normativen Leitlinien der Baupraxis, welche bis 1808 Gesetzeskraft behalten sollte.[35] Über die entsprechende Ausführung wachte die eigens zuständige Baukommission.[36] Neumanns städtebaulichen Intentionen garantierte schließlich seine Bestellung 1733 zum *hof kriegs- feldt- statt- und landbaumeister*, i.e. zum ranghöchsten Ingenieur und Architekten des Fürstbistums sowie universalen Bauleiter, Sachverständigen, Gutachter und Inspektor mit weitreichenden Kompetenzen in den einschlägigen Gremien (Hofbau- und Stadtbaukommission; Assessor im städtischen Oberrat). Diese Konzentration einer Vielzahl von Führungspositionen auf mehreren Funktionsebenen sicherte umsichtig Neumanns beherrschenden Einfluß und erlaubte das Handeln über die zuweilen engen Grenzen des bürokratischen Apparates hinweg, so daß er seinen individuell entworfenen Konzeptionen zum Durchbruch verhelfen konnte.[37]

---

34 Zur baulichen Situation Würzburgs s. die Umzeichnungen nach dem Stadtplan Neumanns von 1715 bei SEBERICH, Franz: *Das Stadtmodell »Würzburg um 1525« im Mainfränkischen Museum*, Würzburg 1968 (*Mainfränkische Hefte*, Heft 50), Abb. 4-6, 21, 25. SCHICH, Winfried: *Die topographische Entwicklung Würzburgs im Hoch- und Spätmittelalter (1000-1400)*, in: WAGNER (Anm. 6), S. 183-210. STADT WÜRZBURG, BAUREFERAT (Hrsg.): *Stadtbild Würzburg*. Eine Analyse zur Stadtsanierung, Würzburg 1997, S. 2-33. FLIERL, Günther: *Das Alignement der Türme*. Raumordnung in den Stadtkernen von Ochsenfurt und Würzburg, in: Frankenland 54 (2002), S, 337-342. HUMPERT/SCHENK (Anm. 7), S. 32, 368f. SCHWAMMBERGER, Adolf (Hrsg.): *Aus des Herrn de Blainville Reisen durch Holland, Deutschland, die Schweiz und Italien* die Kapitel Franken, Würzburg 1975, S. 40.

35 Ediert bei VON FREEDEN: *Quellen* (Anm. 21), I/2, Nr. 978, S. 741-743.

36 VON FREEDEN, *Neumann als Stadtbaumeister* (Anm. 32), S. 14-20. SCHOTT (Anm. 2), S. 196-204.

37 VON LÜDE, Annegret: *Studien zum Bauwesen in Würzburg 1720 bis 1750*, Würzburg 1987 (*Mainfränkische Studien* Bd. 40), S. 45-51, 84-86, 94-145. In letztgenanntem Sinne erbat Neumann bald nach Regierungsantritt Fürstbischof Friedrich Karls von Schönborn, mehr Kompetenzen, da er »zu wenig gewicht oder gewald habe und nicht recht fort kommen (könne,) mehrere direction per gnädigstes decretum (...) gnädigst zuzudencken.« Zit. n. LOHMEYER, Karl: *Die Briefe Balthasar Neumanns an Friedrich Karl von Schönborn und Dokumente aus den ersten Baujahren der Würzburger Residenz*, Saarbrücken 1921, S. 4.

4. In seinem großangelegten Projekt zur Verbesserung des Weichbildes, das sukzessive immer weitreichendere Form annahm, wurden unter Neumanns Ägide Straßenbegradigungen durchgeführt, Schneisen durch ältere Siedlungsgebiete geschlagen, baumbestandene Alleen und städtebauliche Platzräume angelegt (Residenz-, Rathaus-, Marktplatz). (Abb. 1) Ebenso wurden Hausfassaden *modellmäßig* nach vereinheitlichten Vorgaben (weder Bemalung oder Stuckierung noch Erker, Überbauten u. dergl.) und Baufluchten gestaltet, gefördert u. a. durch großzügige Steuerbefreiungen für die bauwillige Bürgerschicht. Schließlich konnte auf Teilen der mittelalterlichen Befestigungs-Trasse eine umlaufende Ringstraße mit repräsentativen Stadthäusern geschaffen werden. Sämtliche Meliorisierungen wurden dabei städtebaulich auf die Funktion und den Wohnort des Fürstbischofs orientiert: der Durchbruch der Hofstraße von der Residenz zur Kathedrale mit der Schönborn'schen Familiengrablege (1721-1736) als point de vue verlängerte die schon bestehende Ost-West-Achse von Festung, Dom und Mainbrücke, letztere aufgewertet durch ein ausdrucksstarkes politisch-theologisches Statuen-Programm. Auf diese Weise wurden die konstitutiven Elemente des geistlichen Staates barock-absolutistischer Prägung als städtebauliche Fixpunkte miteinander verbunden.[38] Zugleich verdeutlichte diese Verbindung von barock-rationaler Progressivität und Respektierung vorfindlicher Traditionen den durchaus typisch konservativen Charakterzug der geistlichen Staaten insgesamt. Freilich war hierdurch Durchformung zu absoluter Regularität ausgeschlossen, wie in den zeitgenössischen Stadtneugründungen wie z. B. Erlangen (1686ff.) oder Karlsruhe (1715ff.) verwirklicht. Neumann intendierte somit eine Transformierung der älteren Siedlungsanlage zu barocker Gestalt unter Respektierung historisch-politisch verbindlicher Vorgaben.[39]

Einen besonderen Aspekt bildete der aufwendige Bau der Bastionär-Fortifikation, welche die Stadt gürtelartig umschloß und mit ihrer Wehrhaftigkeit die Haupt- und Residenzstadt schützte. In ästhetisch-repräsentativer Hinsicht unterstrich sie mit ihrer großräumigen Massivität die eherne Festigkeit der Fürstenmacht und dieses Militärapparates.[40]

---

38 Zusammenfassend VON FREEDEN: *Neumann als Stadtbaumeister* (Anm. 32), S. 44-52, 73-101. MEYER, Otto: *Religion und Politik um die Alte Mainbrücke*, in: Mainfränkisches Jahrbuch 23 (1971), S. 136-170.

39 Vgl. HERSCHE (Anm. 20). Wie wenig ›revolutionär‹ Neumann Würzburg umgestaltete, belegt in diesem Zusammenhang z.B. die Respektierung älterer Sicht- und Visierungs-achsen, etwa im Bereich des Marktplatzes; freundliche Mitteilung von Herrn Dipl.-Ing. Günther FLIERL, Würzburg.

40 SEBERICH, Franz: *Die Stadtbefestigung Würzburgs*. II. Teil, Würzburg 1963 (*Mainfränkische Hefte*, Heft 40). Vgl. NEUMANN, Hartwig: *Architectura militaris*, in: *Architekt und Ingenieur - Baumeister in Krieg und Frieden*. Ausstellungskatalog der Herzog August Bibliothek Wolfenbüttel, Wolfenbüttel 1984, S. 282-404, hier 284, Anm. 1.

5. Zu den ästhetisch-ideologischen Intentionen traten zweckrationale Erwägungen: Die Ablösung des Fachwerkbaues durch Steinbauten diente der erhöhten feuerpolizeilichen Sicherheit. Desweiteren entwarf Neumann in zahlreichen Rissen den neuen Typus des Stadthauses für Beamte und gehobenes Bürgertum.[41] Das Modell des städtischen Adelspalastes hingegen war schon mit den Domherrenhöfen vorgegeben.[42] Unter der Regierung Friedrich Karls von Schönborn (reg. 1729-1746), des jüngeren Bruders Johann Philipp Franz' und dessen drittem Amtsnachfolger, kam die effektive Versorgung mit Frisch- und Abwasser sowie die Pflasterung der Straßen hinzu.[43] Als grundlegende Lebensnot-wendigkeiten und Infrastrukturleistungen gewährleisteten diese sozialhygienischen Erschließungsmaßnahmen zusätzlich die städtische Funktionalität, entschärften im besonderen die gesundheitlichen Gefahren der Stadt und schufen damit die Voraussetzungen für die weitere demographische und strukturelle Fortentwicklung. Auf diese Weise brachte der barocke Absolutismus mit seiner obrigkeitlich-polizeilichen Zielrichtung einen technisch-instrumentellen Innovationsschub und eröffnete in dieser planungsgeschichtlichen Hinsicht den Weg zur modernen Urbanistik.[44]
Die so entstehende genuin politische Stadtarchitektur demonstrierte mit ihren zugrundeliegenden Kategorien von Festigkeit, Nützlichkeit und Symmetrie die Rationalität, Modernität und Repräsentativität der obwaltenden Herrschaftsform. Zugleich manifestierte sich in der Erschaffung solch künstlerischer und kultureller Leistungen die Allmacht des Fürsten wie sein zumindest theoretisch erhobener Paternalitätsanspruch in der überpartikular-gesellschaftsweiten Sorge für das Gemeinwohl. Die klare Hierarchisierung von Residenzschloß und hinführender bzw. untergeordneter Stadtgliederung brachte dabei das ständische Staatskonzept zum Ausdruck.[45]

6. Die städtische Sinnbestimmung Würzburgs wurde dadurch definitiv geklärt: ihr Charakter als ländlicher, teilweise bislang noch ackerbürgerlich geprägter Sied-

---

41 VON FREEDEN: *Neumann als Stadtbaumeister* (Anm. 32), S. 23-34, 37-41, 90-93.

42 Vgl. LUSIN, Jörg: *Die Baugeschichte der Würzburger Domherrenhöfe*, Würzburg 1984.

43 Zusammenfassend SCHOTT (Anm. 2), S. 212-223. Im Sinne absolutistischer Policey spricht der Autor, S. 212, in diesem Zusammenhang durchaus zurecht von »Pflasterpolitik«.

44 Vgl. STUBER, Gerhard: *Die Energie- und Wasserversorgung als Voraussetzung für die moderne Stadtentwicklung* - eine Aufgabe kommunaler Selbstverwaltung, in: SYDOW, Jürgen (Hrsg.): *Städtische Versorgung und Entsorgung im Wandel der Geschichte*, Sigmaringen 1981, S. 9-28, bes. 23-28. RODENSTEIN, Marianne: ›Mehr Licht, mehr Luft‹. Gesundheitskonzepte im Städtebau seit 1750, Frankfurt/M. 1988, bes. S. 15-34. LAVEDAN, Pierre et. al: *L'Urbanisme a l'Époque Moderne.* XVIe – XVIII Siècles. Paris 1982, bes. 73-80.

45 Entsprechende Begrifflichkeiten bei VON FREEDEN: *Quellen* (Anm. 21), I/2, Nr. 658, 666, 670, 676, 723, 743, 791, 978, 1656 u. ö. Vgl. SCHÜTTE, Ulrich: *»Ordnung« und »Verzierung«.* Untersuchung zur deutschsprachigen Architekturtheorie des 18. Jahrhunderts, Braunschweig-Wiesbaden 1986, S. 11-39, 152-160.

lungsort wurde weitgehend zurückgedrängt. Für Viehhaltung, Misthaufen und Schweinegestank wie ehedem war in ihren Mauern nicht länger Raum noch Berechtigung, was noch Fürstbischof Adam Friedrich von Seinsheim (reg. 1755-1779) in der Spätphase der barocken Urbanisierung zu Anfang der 1760er Jahre indigniert beklagte und Auslagerung von derartigem anordnete.[46] Vielmehr verkörperte Würzburg mittlerweile den Kosmos des Souveräns und sollte infolge die Arbeits- und Wohnstadt der Staatsbeamten und Fürstendiener bilden, ohne sich lediglich in allgemein anthropologischen Belangen zu erschöpfen. Damit veränderte sich die städtische Funktionalität nun *strukturell* und in systematischer Weise in Richtung neuzeitlicher Urbanität hin zu stärkerer Rationalisierung, Planung und Bürokratisierung von Stadtaufbau und Bevölkerungsverhalten. Die Zielsetzung bestand allerdings im streng etatistischen Dienste, bis die Epoche der Aufklärung ihr demokratisches Städtebau-Konzept des »embellissement« durchsetzen konnte.[47]

So kann Neumann mit seinem durchgreifenden, rund vier Jahrzehnte verfolgten Konzept als der städtebauliche Vollender der historischen Entwicklung Würzburgs zur Residenzmetropole des Absolutismus gelten - in enger Abstimmung mit seinen hauptsächlichen Auftraggebern Johann Philipp Franz und Friedrich Karl von Schönborn.

3. DIE STADT DES »HONNÊTE HOMME« - SOZIOLOGISCHE URBANISIERUNGSIMPULSE

Nachdem die Leitlinien der fürstbischöflichen Städtebaupolitik vorgestellt worden sind, sollen im folgenden deren sozioökonomische sowie soziokulturelle und mentalitätsgeschichtliche Aspekte mit ihren innovativ-vorausweisenden Merkmalen beleuchtet werden. Mangels umfassenderer sozialgeschichtlicher Erforschung Würzburgs im Untersuchungszeitraum muß die Darstellung jedoch schlaglichtartig bleiben.

46 SCHOTT (Anm. 2), S. 203f. Bereits Friedrich Carl von Schönborn befürwortete dezidiert die Trennung von Residieren, Wohnen und (bäuerlichem) Wirtschaften und beklagte sich insbesondere »mitt mist, erden etc. ewig ohnsauber und ewig in ohnruhe« gehalten zu werden oder »von fuhren [sc. Fuhrwerken], huner [sc. Hühner], gäntz und anderem lermen« behelligt zu werden. Brief an Kurfürst-Erzbischof Lothar Franz von Schönborn (21. 1. 1719), in: *Quellen zur Geschichte des Barocks in Franken unter dem Einfluß des Hauses Schönborn*, I. Teil, 1. Halbband, bearb. v. HANTSCH, Hugo/SCHERF, Andreas, Augsburg 1931, Nr. 605, S. 488.

47 Vgl. HAROUEL, Jean-Louis: *L›Embellissement des Villes*, Paris 1993. BISPING, Mascha: *Die ganze Stadt dem ganzen Menschen?* Zur Anthropologie der Stadt im 18. Jahrhundert. Stadtbaukunst, Architektur, Ästhetik, Medizin, Literatur und Staatstheorie, in: BERGENGRUEN, Maximilian et al. (Hrsg.): *Die Grenzen des Menschen.* Anthropologie und Ästhetik um 1800, Würzburg 2001 (*Stiftung für Romantikforschung* Bd. XVI), S. 183-203.

3.1. *Sozioökonomische Aspekte*

1. Die umrissene Funktionsverschiebung der Stadt verursachte weitreichende sozioökonomische Veränderungen im Sinne demographischer Urbanisierung: die Aufwertung zum residenzstädtischen Zentralort, die Vermehrung des Hofstaates und die Masse der für den Residenzbau und die Anlage der Stadtbefestigung benötigten Arbeitskräfte, der unerwünschte Zustrom mittelloser Arbeitssuchender sowie das zahlreiche, von der Bürgerschaft allgemein ungeliebte Militär (1788 etwa 18,4% der kommunalen Gesamtbevölkerung; s.u.) ließen Würzburg zu einem Ballungsraum mit entsprechenden Versorgungsproblemen werden. Daraus resultierte eine von den Landesherren in dem Maße nicht erwartete allgemeine Teuerung der Lebenshaltungskosten und latente Unruhestimmung in der Untertanenschaft (u.a. Streiks von Berufsgruppen oder Studententumulte), was der erhofften sozialstabilisierenden Konjunkturwirkung des barocken Baubooms kraß zuwiderlief.[48]

Daraus resultierte eine uneinheitliche und widersprüchliche Entwicklung:

Zum einen führte die Konzentration unterschiedlicher Bevölkerungsschichten auf engem Raum und das soziale Gefälle zu erheblichen Konfliktherden, v. a. zum Überangebot an Unbeschäftigten, wodurch sich zunehmend eine proletarische, zu Kriminalität neigende und latent gewaltbereite Unterschicht verfestigte. Während des gesamten 18. Jahrhunderts sollte es den städtischen Behörden (als Ausführungsorgan der staatlichen) nicht gelingen, insbesondere diese Virulenz in den Griff zu bekommen, weder mit polizeilich-repressiven Mitteln (Verbotsverordnungen, *»Rumorknechte«* als Polizeieinsatzkräfte), noch in arbeitspolitischer oder sozialfürsorglicher Hinsicht (städtisches Armeninstitut und Arbeitshaus).[49] Damit stellte sich bereits im Würzburg der Barockzeit in aller Deutlichkeit das soziale Problem der Verstädterung in seiner (vor-)modernen Massenform. Freilich öffnete sich in dem eher bescheidenen Würzburg die Schere des Sozialgradienten nicht so weit wie in den ganz großen Metropolen des Kontinents, beispielsweise etwa Wien.[50]

Zum anderen wandelte sich die Berufsstratigraphie: Der Hofapparat sowie das damit verbundene Dienstleistungsgewerbe einschließlich Kunsthandwerk weitete sich geradezu überproportional aus. Dieser neu sich bildende tertiäre Sektor scheint nach zeitgenössischen Maßstäben in Würzburg zu Ende des 18. Jahrhunderts so weit etabliert

---

48 SCHOTT (Anm. 2), S. 186, 395-468, 570-577; vgl. ebd., Anhang 6, S. 704-706.

49 SICKEN, Bernhard: *Fremde in der Stadt.* Beobachtungen zur »Fremdenpolitik« und zur sozioökonomischen Attraktivität der Haupt- und Residenzstadt Würzburg gegen Ende des 18. Jahrhunderts, in: KRÜGER, Kersten (Hrsg.): *Europäische Städte im Zeitalter des Barock:* Gestalt - Kultur - Sozialgefüge, Köln-Wien 1988 (*Städteforschung* Reihe A; Bd. 28), S. 271-329. Vgl. WEHLER, Hans-Ulrich: *Deutsche Gesellschaftsgeschichte.* Erster Band, München 1987, S. 177-202.

50 LICHTENBERGER, Elisabeth: *Wien* – Das sozialökologische Modell einer barocken Residenz um die Mitte des 18. Jahrhunderts, in: RAUSCH (Anm. 30), S. 235-262, bes. S. 257-260.

zu sein bis hin zur Integration in die langsam erwachsende staatliche Sozialsicherung.[51] Es sollte jedoch nicht gelingen, mit dem protoindustriellen Manufakturwesen innovative Produktionsweisen zu kreieren und damit einen tragfähigen sekundären Sektor zu eröffnen.[52]

2. Die Anwerbung auswärtiger Spezialkräfte brachte schließlich den neuen Typus des Hofkünstlers nach Würzburg, ausgezeichnet durch hohe Fachkompetenz, Risiko- und Leistungsbereitschaft sowie zunehmend akademische Professionalisierung.[53] Als (zumindest zeitweise) Träger des Hoftitels waren sie von der Steuerzahlung und dem nachmittelalterlichen Zunftzwang - die geltende Zunftordnung datierte von 1543! - enthoben (langsamer Berufsaufstieg zu Geselle und Meister; Begrenzung der Meister- und Mitarbeiterzahl). Sie vermochten zwar einen Widerpart zu den überzogenen Forderungen der Zünfte zu bilden, blieben aber ansonsten notwendigerweise an den fürstlichen Auftraggeber gebunden.[54] Einzig der Monarch eröffnete ihnen die Möglichkeit zum beruflichen und sozialen Aufstieg. Nur für diesen waren ihre exklusiven Luxuswaren erschwinglich und letztendlich bestimmt. Auch waren ihrer Monopolstellung innerhalb der patriarchalen Gesellschaftsordnung durch gebotene Pflichtschuldigkeit und weitgehende Verfügbarkeit für den Dienstherren enge Grenzen gesetzt, was - neben vom Fürsten gestifteten Bildungsreisen - auch längere Arbeitseinsätze an entfernteren Bauvorhaben einschließen konnte.[55] Balthasar Neumann im besonderen blieb wegen seiner dezidiert höfischen Profilierung zeitlebens das »Geschöpf« der einflußreichen Schönborn-Familie, was er gerade bei mehreren Wechseln seiner Dienstherren schmerzlich erfahren mußte.[56] Bei den genannten Berufsvergünstigungen handelte es sich in nuce lediglich um Privilegierungen privatrechtlicher Na-

---

51 Vgl. KOLB, Peter: *Soziale Versorgungseinrichtungen, Medizinal- und Gesundheitswesen*, in: KOLB, Peter/KRENIG, Ernst-Günther (Hrsg.): *Unterfränkische Geschichte*, Bd. 4/1, Würzburg 1998, S. 367-436.

52 SCHOTT (Anm. 2), S. 544-556. LOIBL, Werner: *Manufakturen* – riskante Unternehmen im kleinstaatlichen Merkantilismus, in: KOLB/KRENIG (Anm. 51), Bd. 4/1, S. 335-365.

53 Zusammenfassend VON LÜDE (Anm. 37), S. 52-84.

54 GRIEßINGER, Andreas/REITH, Reinhold: *Obrigkeitliche Ordnungskonzeptionen und handwerkliches Konfliktverhalten im 18. Jahrhundert.* Nürnberg und Würzburg im Vergleich, in: ELKAR, Rainer S.: *Deutsches Handwerk in Spätmittelalter und früher Neuzeit.* Sozialgeschichte - Volksgeschichte - Literaturgeschichte, Göttingen 1983 (*Göttinger Beiträge zur Wirtschafts- und Sozialgeschichte* 9), S. 117-180, hier S. 170. SCHOTT (Anm. 2), S. 186-196.

55 Vgl. hierzu pointiert STEIDLE, Hans: *Tiepolo. Kunst geht nach Brot?* Absolutistisches Mäzenatentum und die künstlerische Freiheit, Würzburg 1996.

56 In den Regierungen der beiden Fürstbischöfe, den erklärten Schönborn-Gegnern Christoph Franz von Hutten (1724-1729) und Anselm Franz von Ingelheim (1746-1749) wurden Neumanns Kompetenzen z. T. erheblich restringiert, VON LÜDE (Anm. 37), S. 98-100, 120-122, 142-144.

tur, schufen also dauerhaft keine neue berufsständische Schicht. Um sich dauerhaft niederzulassen, erstrebten die Hofkünstler deshalb zumeist die Bindung an das örtliche patrizische Bürgertum (Neumann etwa durch Einheirat) oder die definitive Aufnahme in die höfische Gesellschaft (v. a. durch verliehene Nobilitierung).
Erst mit dem allmählichen Durchdringen des höfischen Kunstlebens in bürgerliche Kreise ebnete sich nach Mitte des 18. Jahrhunderts der Zugang zu einem breiteren Publikum. Obgleich die Hofkünstler noch keineswegs ein emanzipatorisch-modernes, an bürgerlichem Kunstgebrauch und (Massen-)Markt orientiertes Unternehmertum darstellten, so schlugen sie vielmehr in eher tastender Suche den anfänglichen Weg zur Entstehung autonomer Wirtschaftszweige ein.[57]

3. Ungeachtet dessen entwickelte sich Würzburg durch die Berufung der Hofkünstler zu einem künstlerischen resp. kunsthandwerklichen Zentrum von überregionaler und sogar internationaler Bedeutung (cf. Neumann, die Künstlerfamilien Oegg, Bossi u. Tiepolo). Der großmaßstäbliche Repräsentationsdrang der Fürstbischöfe, insbesondere der Schönborns, verlieh die Stadt daher auf quasi staatswirtschaftlichem Wege eine Entwicklungsperspektive als kulturelle Metropole und Vorort gehobenen Lebensstils mitsamt gestiegenen Konsumansprüchen und entsprechenden Berufssegmenten im tertiären Sektor. Allerdings wurde diese positive Entwicklung durch die andauernde Überforderung der städtischen Kapazitäten (Versorgung, Verwaltung und Aufrechterhaltung der öffentlichen Ordnung, Sozialfürsorge, Steuererhebung) erkauft. Der Kapitale wurden nämlich für all diese fortlaufedn zu erbringenden Sonderleistungen im allgemeinen keine staatlichen Ausgleichsleistungen bzw. Auffangmaßnahmen gewährt.[58]

3.2. *Sozialräumliche Aspekte*

1. Die räumliche Verdichtung und funktionale Konzentration zur Haupt- und Residenzstadt überlagerte und überschichtete die in Würzburg historisch vorgegebene Bipolarität von Bischofs- und Regierungssitz einerseits und Bürgerstadt andererseits. Die aufgewerteten Gesellschaftsgruppierungen von Hofstaat, Beamtenschaft und Militär traten akzentuierter in den Vordergrund und führten zu sozialer wie ökonomischer Segregation. So differenzierte sich mit dem Residenzbau die sozialräumliche Gliederung zusehends in den Altstadtbereich (samt Mainviertel und Vorstädten) und in das neu hinzukommende »gehobene« Wohnviertel. Dieses schloß sich an der nordöstlichen Peripherie entlang der heutigen Kapuziner- und Theaterstraße in unmittelbarer Nachbarschaft an das Stadtschloß (sowie an das aristokratische Domviertel) an.[59]

---

[57] STÜRMER, Michael: *Höfische Kultur und frühmoderner Unternehmer*, in: Historische Zeitschrift 229 (1979), S. 265-297.

[58] SCHOTT (Anm. 2), S. 650-657.

[59] Zur Sozialstruktur der Würzburger Stadtviertel s. SICKEN (Anm. 49), S. 296-298.

Diese Entwicklung betrieb Neumann gezielt durch den Erwerb von Bauerwartungsland in bevorzugter residenznaher Lage (Eigenhaus Kapuzinerstr. 2 v. 1723). Als »Trendsetter« erhöhter sozialer Mobilität resp. Statuserhöhung bestimmte er durch die Ortswahl und Baugestalt seines Wohnsitzes die »uptown« für die alsbald nachziehenden Beamten und Hofkünstler. Durch dessen baldige - vielleicht klug spekulierte - Veräußerung (1725) konnte er immerhin das (im Stadtzentrum gelegene) Stadtpalais der einflußreichen Adelsfamilie von Hutten durch Gebäudetausch erwerben.[60] Auf diese Weise wird auch in sozialtopographischer Hinsicht sein Aufstieg in die oberen Spitzen der ständischen Sozialordnung sinnenfällig illustriert.

2. Desweiteren erfolgte eine ebenfalls von Neumann angeregte sukzessive Differenzierung der funktionalen, städtebaulichen und sozialtypologischen Räume nach den Bedürfnissen von Repräsentation (Residenzgebäude, Straßenachsen), Wohnen (Stadthäuser), Erholung (Alleen) sowie Handel und Wirtschaft. Letzteren diente der sogenannte Marktbau, das erste große öffentliche Kaufhaus Würzburgs, angelegt im Rahmen der Regulierung des städtischen Marktplatzes (1739ff.).[61] In dieser sich zunehmend konturierenden Aufspaltung und Trennung der einzelnen Stadträume und -funktionen kann bereits ein erster früher Ansatz von Citybildung gesehen werden, wobei sich der Innenstadt- und Wirtschaftsbereich vom Residenz- und Regierungsareal annex der Wohnstätten des Hofstaates abzuheben begann.
Im individuellen Wohnbereich der gehobenen Bevölkerungsschicht trat schließlich mit dem Typus des Stadthauses eine neuer sozialräumlicher Ort hinzu. Mit seiner - je nach Amt und Stand geziemenden - Größe und Repräsentativität sowie Bequemlichkeit und seiner Disposition zur Nützlichkeit spiegelte er das urbane Raumverständnis im kleinen wieder.[62]

3. Schließlich soll nicht die Problematik der gesamten Entwicklung übersehen werden. Vor allem die Bürgerstadt und Befestigung traten auseinander: Die Bestimmung zur Landesfestung beschränkte den Stadtraum empfindlich und überlud ihn in sozialer wie wirtschaftlicher Hinsicht mit dem kaum integrierbaren Militär.[63] Die minder- und unterprivilegierten Schichten, so die frondienstbaren Schanzarbeiter und Soldaten, wurden oftmals in Elendsquartieren und anspruchslosen Kasernengebäuden versammelt. Darüber notierte bereits ein Zeitgenosse: »enfin aller orden armseligkeit, aller orthen elend«.[64] Dissoziierung und Dichotomie ließen die Interessengemeinschaft von Hof und Stadt vollends in zwei Welten zerfallen, wie dies auch allgemeines Phä-

---

60 VON FREEDEN: *Neumann als Stadtbaumeister* (Anm. 31), S. 23-34.

61 Ebd., S. 93-99. SCHOTT (Anm. 2), S. 204-208.

62 S. o. Anm. 41 sowie FRIEDHOFF (Anm. 24), S. 634-648.

63 Vgl. STOOB, Heinz: *Die Stadtbefestigung*. Vergleichende Überlegungen zur bürgerlichen Siedlungs- und Baugeschichte, besonders der frühen Neuzeit, in: KRÜGER (Anm. 49), S. 25-54.

64 Zit. n. VON LÜDE (Anm. 37), S. 87. SCHOTT (Anm. 2), S. 223-247.

nomen damaliger Stadtentwicklung zu sein scheint.[65] Das Bild der dichtgedrängten Haupt- und Residenzstadt täuschte lediglich Homogenität und soziale Ausgeglichenheit vor (Abb. 2).

3.3. *Soziokulturelle Aspekte*

1. Als führender, wenn nicht zentraler Protagonist der Urbanisierung Würzburgs machte sich Balthasar Neumann das veränderte soziale Leitbild zueigen: in seiner Person wußte er Fachkompetenz und Intellektualität, Einsatzfreude, Leistungsvermögen und Risikobereitschaft mit besonderem Organisationstalent zu verbinden. Sein gesellschaftliches Ideal verkörperte die entstehende bürgerliche Oberschicht der Kameral-Juristen. Gestützt auf ihre akademische Ausbildung und eng an den absolutistischen Staat gebunden, bildeten diese die aufstrebende funktionale Wissenselite innerhalb des barocken Herrschafts- und Sozialsystems.[66] Als Träger gesellschaftlich-kultureller Öffentlichkeit griffen sie in programmatischer Weise das (ältere) Ideal der »honneteté« auf, den höfisch kultivierten Lebensstil, freilich mit dezidiert bürgerlicher Sinnbestimmung und überständischem Anspruch.[67] So verwies Neumann in seiner initiatorischen Denkschrift von 1720 eigens auf die Gruppierung der »honetten« Leute, »sonderlich denen Juristen«. Als besondere urbane Einzelform ihres kulturellen Umganges erwähnte er in diesem Zusammenhang Spaziergänge entlang der neu angelegten Alleen. Diese Geselligkeit solle nach Neumann »scheinbar« (scil. sichtbar in aller Öffentlichkeit) und »ergötzlich« sein.[68] Sie diente mithin der standesgemäßen intellektuellen Unterhaltung wie gleichermaßen der formalisierten Hervorhebung des gehobenen Beamtenstatus, am schöpferisch-ästhetischen Fürstenwillen aktiv zu partizipieren und diesen so innergesellschaftlich zu kommunizieren.

2. Wie sehr Neumann sich an der Elitebildung beteiligte, bezeugt ebenfalls seine Denkschrift über die akademische Professionalisierung der Ingenieurausbildung,

---

65 Vgl. ENNEN, Edith: *Mitteleuropäische Städte im 17. und 18. Jahrhundert*, in: RAUSCH, Wilhelm (Hrsg.): *Die Städte Mitteleuropas im 17. und 18. Jahrhundert*, Linz 1981 (*Beiträge zur Geschichte der Städte Mitteleuropas* V), S. 1-20, hier S. 16.

66 Vgl. BLEEK, Wilhelm: *Von der Kameralausbildung zum Juristenprivileg.* Studium, Prüfung und Ausbildung der höheren Beamten des allgemeinen Verwaltungsdienstes in Deutschland im 18. und 19. Jahrhundert, Berlin 1972 (*Historische und pädagogische Studien* Bd. 3), bes. S. 61-82. OESTREICH, Gerhard: *Policey und prudentia civilis*, in: SCHÖNE, Albrecht (Hrsg.): *Stadt - Schule - Universität - Buchwesen und die deutsche Literatur im 17. Jahrhundert*, München 1976, S. 10-21. WEITZEL, Jürgen: *Merkantilismus und zeitgenössische Rechtswissenschaft*, in: PRESS (Anm. 25), S. 45-82.

67 Vgl. BURCKHARDT, Carl. J.: *Der Honnête Homme.* Das Eliteproblem im siebzehnten Jahrhundert, in: DERS.: *Gestalten und Mächte.* Reden und Aufsätze, München 1941, S. 71-96. REVEL, Jacques: *Vom Nutzen der Höflichkeit*, in: ARIÈS, Philippe/DUBY, Georges (Hrsg.): *Geschichte des privaten Lebens*, 5 Bde., Deutsche Ausgabe Augsburg 2000, Bd. 3, S. 173-211.

68 Bei VON FREEDEN: *Neumann als Stadtbaumeister* (Anm. 32), S. 109.

welche allerdings von den zuständigen Autoritäten zu den Akten gelegt wurde.[69] Auch aus diesem Entwurf sprach der rationale Geist bürgerlicher Tüchtigkeit und Gestaltungsfreude. Neumann verfocht mithin in seinem persönlichen Werdegang wie in seinem städtebaulichen Programm den grundlegenden Sozialisationsprozeß in Richtung der bürgerlichen Leistungsgesellschaft, was sich in seiner Generation freilich nur tendenziell gegen die traditionellen Vergesellschaftungsformen von Adel und städtischem Patriziat mit ihrer jeweiligen Berufung auf Geburt und Stand richtete. Die erstrebte Veränderung der sozialen Kategorien verblieb vielmehr innerhalb der akzeptierten Grenzen des voraufgeklärten 18. Jahrhunderts. Entsprechend intendierte resp. erwirkte sie keine tiefergehende Umschichtung, sondern intendierte nur die individuelle beruflich-gesellschaftliche Karriere im Sinne akkulturativer Aufstiegsstrategie.[70] In seiner für profilierte Architekten von damals durchaus typischen hohen Stellung[71] repräsentierte Neumann damit die aus der bürokratischen Administration neu hervorgehende bürgerlich-intellektuelle Schicht. In frageloser Loyalität akzeptierte er die althergebrachten Standesschranken, die politisch-kulturelle Leitfunktion des Adels und das staatsautoritäre Denkmuster des absolutistisch definierten Gemeinwohls. Nicht ohne Grund wurde er deshalb angelegentlich als *Ohr des Fürsten* und *oculus domini* bezeichnet.[72] Er verstand sich weder als modernen, einem abstrakten Staatsideal folgenden Beamten, noch verfolgte er aufgeklärt-emanzipatorische Kulturformen zivilgesellschaftlicher Öffentlichkeit.[73] Bei allem Selbstbewußtsein und Stolz auf die eigene Lei-

---

69 VON FREEDEN: *Quellen* (Anm. 21), I/2, Nr. 1266, S. 973-976.

70 Vgl. MÜNCH, Paul: *Ökonomische Verhältnisse und soziale Bedingungen der deutschen Ständegesellschaft*, in: HERRMANN, Ulrich (Hrsg.): *»Die Bildung des Bürgers«.* Die Formierung der bürgerlichen Gesellschaft und die Gebildeten im 18. Jahrhundert, Weinheim-Basel 1982 (*Geschichte des Erziehungs- und Bildungswesens in Deutschland* Bd. 2), S. 38-56. KRELL, Eva: *Bürgertum und Hofgesellschaft.* Zur Rolle »bürgerlicher Höflinge« an kleineren deutschen Fürstenhöfen, in: FEHRENBACH, Elisabeth (Hrsg.): *Adel und Bürgertum in Deutschland 1770-1848*, München 1992 (*Schriften des Historischen Kollegs*, Kolloquien 31), S. 187-201. GALL, Lothar: *Vom Stand zur Klasse?*, in: Historische Zeitschrift 261 (1995), S. 1-21. VAN DÜLMEN, Richard: *Kultur und Alltag in der Frühen Neuzeit*, 3 Bde., München^2 1999, Bd. 2, S. 214-219. MAURER, Michael: *Die Biographie des Bürgers*: Lebensformen und Denkweisen in der formativen Phase des deutschen Bürgertums (1680-1815), Göttingen 1996 (*Veröffentlichungen d. Max-Planck-Instituts f. Geschichte* 127), bes. S. 39-66, 615-620.

71 FRIEDHOFF (Anm. 24), S. 690-698.

72 VON FREEDEN: *Quellen* (Anm. 21), I/2, S. XXVII.

73 Vgl. die einschlägigen Werke von KOSELLECK, Reinhard: *Kritik und Krise.* Ein Beitrag zur Pathogenese der bürgerlichen Welt, Freiburg-München 1959 (*Orbis Academicus* 5). HABERMAS, Jürgen: *Strukturwandel der Öffentlichkeit.* Untersuchungen zu einer Kategorie der bürgerlichen Gesellschaft, Neuwied 1962 (*Politica* Bd. 4). RUPPERT, Wolfgang: *Bürgerlicher Wandel.* Studien zur Herausbildung einer nationalen deutschen Kultur im 18. Jahrhundert, Frankfurt/M.-New York 1981. SCHULZE, Winfried: *Vom Gemeinnutz zum Eigennutz.* Über den Normenwandel in der ständischen Gesellschaft der frühen Neuzeit, in: Historische Zeitschrift 243 (1986), S. 591-626.

stung blieb er ein Diener seines Fürsten und dem höfischen Etikette- und Wertesystem des »honnête homme« verpflichtet, um freilich mit seinen künstlerischen, städtebaulichen und gesellschaftsarchitektonischen Entwürfen das Gemeinwohl auf weit subtilerem Wege zu beherrschen.

3. Wie diese Urbanisierung schließlich im Projektstadium verblieb, bezeugt schlaglichtartig - neben der schon erwähnten immer noch verbreiteten ackerbäuerlichen Lebensweise einschließlich Schweinehaltung - die achtlose, zuweilen mutwillige Zweckentfremdung der angelegten Baumalleen als Bleichplatz und Hornviehweide seitens der Stadtbevölkerung.[74] Dadurch wurde um so deutlicher die Notwendigkeit staatlich gelenkter sozialregulierender und -disziplinierender Maßnahmen zur fortschreitenden Flankierung des stadtplanerischen Konzepts bestätigt. Das Postulat bestand in der (bereits schulischen) Heranbildung zum Typus des zivilisierten Stadtbürgers, der solchermaßen stadtfähig die urbanen Vorzüge zu schätzen und zu genießen wisse.[75] Der maßgeblich von Balthasar Neumann angestoßene Prozeß der soziokulturellen Urbanisierung zeitigte mithin sukzessiv eigene Modernisierungsimpulse. Die Frage nach dem in Würzburg des 18. Jahrhunderts tatsächlich erreichten Urbanisierungsgrad muß jedoch zukünftiger Forschung vorbehalten bleiben.

4. Resümee und Ausblick: Stadt und Urbanität an der Schwelle zur Neuzeit

1. Wie sich am Beispiel Würzburgs beispielhaft zeigte, wurzelt die Stadt der Gegenwart in vielen Hinsichten im frühneuzeitlichen Obrigkeitsstaat.[76] So war auch in dieser Stadt am Main die schicksalhafte Entwicklung zum politischen, sozialen und ökonomischen Subsystem des fürstlichen Absolutismus im 18. Jahrhundert weitestgehend zur Irreversibilität verfestigt. Abgesehen von der defizitären sozialökonomischen Bilanz, erscheinen heute sowohl materielle wie strukturelle Impulse in gewandelter, verbürgerlichter resp. nachbürgerlicher Gestalt. Dies betrifft sowohl Infrastruktur, Verkehrsführung oder Haustypus, als auch die spezifischen urbanen Prinzipien von städtebaulicher Planung, Rationalisierung und Bürokratisierung, Ausweitung von Konsumansprüchen, formalisiert differenzierter Kommunikation und sozialräumlicher Divergenz. Schließlich scheint bereits anfänglich die Problematik und Ambivalenz des modernen Stadtwesens zwischen Zentralität und Funktionsauslagerung, verstädterter Massengesellschaft und Marktmacht sowie Planungsohnmacht und sozialkulturellen

74 SCHOTT (Anm. 2), S. 211. Vgl. ZÜCKERT, Hartmut: *Barockbau-Erfahrungen von Bauherren und Untertanen*, in: MÜNCH, Paul (Hrsg.): *»Erfahrung« als Kategorie der Frühneuzeitgeschichte*, in: *Historische Zeitschrift* Beiheft 31 (2001), S. 451-469.

75 Vgl. SCHOTT (Anm. 2), S. 556-570. Zum grundsätzlichen Fragehorizont s. REINHARD (Anm. 3).

76 Vgl. GERTEIS (Anm. 1), S. 30. ENNEN (Anm. 65), S. 5.

Kommunikationskrisen auf. Als Schwellenepoche liefert die - obgleich überaus ambitionierte doch alles andere als utopische - Stadtplanung und Stadtwerdung des Barock somit zentrale Themenstellungen für die Urbanität der Moderne, die teils in Kontinuität, teils in transformatorischer Weise fortwirken.

Der geraffte Ausblick auf die weitere stadtgeschichtliche Entwicklung Würzburgs soll dies abschließend verdeutlichen: Nach barocker Blüte und Konsolidierung in der Aufklärungszeit folgte mit der Säkularisation des Fürstbistums 1803 (sowie dem Intermezzo des Großherzogtums unter Ferdinand von Toskana 1806-1814)[77] und der letztendlichen Eingliederung Würzburgs in den neubayerischen Staat eine weitere Verbürgerlichung sowie der unvermeidliche Absturz in Provinzialität.[78] Durch die empfindliche Einbuße des Kapitalen-Status (unbeschadet der Nutzung als eine der vielen wittelsbachischen Nebenresidenzen) gingen Würzburgs einstmalige Exklusivität und besondere Aura verloren. Seitdem dominierte hier die rezeptive Haltung, unter städtebaulichem Aspekt ebenso wie in allgemein sozioökonomischer Hinsicht: Der staatliche Auftraggeber bevorzugte im 19. Jahrhundert zeitgemäße, ihm gefällige Architekturen mit der Folge eines merklichen stilistischen Bruches mit der örtlichen und historischen Bautradition.[79] Ebensowenig brachte die vor Ort eher zögerliche und kleinmaßstäbliche Industrieansiedlung eine durchgreifend veränderte Entwicklungsperspektive.
Die strukturell verfestigte zentralörtliche Bedeutung als regionales Oberzentrum mit Schwerpunkt auf der Verwaltung blieb hingegen gewahrt (Bistumsadministration, Regierung von Unterfranken).[80] In dem Maße, wie die durchtragenden Institutionen aus fürstbischöflicher Zeit, so v. a. Universität und Juliusspital, die Stadt bis heute ebenso wirtschaftlich wie soziokulturell charakterisieren, behielt analog im Stadtbild die barocke Überformungsschicht ihre Verbindlichkeit. So bestimmen die Neumann'schen Sicht- und Verkehrsachsen bis heute den innerstädtischen Bewegungsfluß von Verkehr und nicht zuletzt der ökonomisch durchaus relevanten Touristenströme, nach-

---

77 SCHÄFER, Dieter: *Ferdinand von Österreich.* Großherzog zu Würzburg, Kurfürst von Salzburg, Großherzog der Toskana, Graz-Wien-Köln 1988, bes. S. 208-224.

78 WEIß, Wolfgang: *Kirche im Umbruch der Säkularisation.* Die Diözese in der ersten bayerischen Zeit (1802/03-1806), Würzburg 1993 (*Quellen und Forschungen zur Geschichte des Bistums und Hochstifts Würzburg* Bd. XLIV). Vgl. ROMBERG, Winfried: *Eine religiöse Stimme zum Franzoseneinfall 1796*, in: Würzburger Diözesangeschichtsblätter 62/63 (2001), S. 463-474. BOEHM, Laetitia: *Säkularisation und Stadtkultur.* Zur Auswirkung des Reichsdeputationshaupt-schlusses von 1803 auf süddeutsche Bischofsstädte, in: KIRCHGÄSSNER/BAER (Anm. 8), S. 97-136.

79 HEYMANN, Hanna-Katarina: *Studien zur städtebaulichen Entwicklung Würzburgs im 19. Jahrhundert*, Würzburg 1941, bes. S. 7-9, 58-69. STADT WÜRZBURG, BAUREFERAT (Hrsg.): *Stadtbild Würzburg* (Anm. 34), S. 46-57.

80 Vgl. HEROLD, Alfred: *Würzburg.* Analyse einer Stadtlandschaft, in: Berichte zur deutschen Landeskunde 35 (1965), S. 185-229. WAGNER, H.-G./PINKWART, W. (Hrsg.): *Würzburg.* Stadtgeographische Forschungen, Würzburg 1987 (*Würzburger geographische Arbeiten*, Heft 68).

folgend ergänzt und erweitert (Nord-Süd-Transversale samt Straßenbahnführung um 1900; heutige Tangentenverläufe). Die recht spät erfolgende symbolträchtige Entfestigung 1868 schließlich befreite Würzburg von der einschnürenden Bastionärbefestigung. Auf deren Umriß konnte nun konzentrisch zu den barocken Allee-Straßen der zeittypische Landschaftspark mitsamt Ringstraße und großbürgerlichen Villenbauten angelagert werden, heute die unverzichtbare »grüne Lunge« der Stadt.[81] So kann Würzburg auch nach den schweren Kriegsverlusten (Bombardierung am 16. März 1945) als eine in ihren Strukturen von barocker Rationalität geprägte und von traditionalen Institutionen bestimmte wie gleichermaßen moderne Stadt gelten. Daraus ergeben sich schließlich Probleme der aktuellen Stadtentwicklung v. a. wie skizziert die Synthese der urbanen Divergenzen in den spezifischen Bedingungen der ökonomischen, technisierten, sozialen und sich globalisierenden Gegenwart.[82]

81 VERSCHÖNERUNGSVEREIN WÜRZBURG (Hrsg.): *Das Würzburger Glacis.* Geschichte und Probleme eines wertvollen Kulturdenkmals, Würzburg 1964.

82 Vgl. STADT WÜRZBURG, BAUREFERAT (Hrsg.): *Sanierung Innenstadt*, Würzburg 1997.

5. ABBILDUNGEN

Abb. 1: *»Grundriß der Großherzoglichen Residenzstadt Würzburg«.*
Steindruck v. E. SEILER, um 1810.

Abb. 2: *»Accurate Vorstellung der Hoch Fürstl. Bischöffl. Residenz und Haupt-Stadt Würtzburg des Herzogtums Francken«.*

Perspektivische Stadtansicht von Norden her. Kupferstich von Johann Baptist Homann 1723 nach einem Entwurf von Balthasar NEUMANN. Das Blatt gibt die städtebaulichen Vorhaben B. NEUMANNs in Idealform wieder

II

ÖKONOMISCH ETHTISCH

Gerhard DROESSER

ORTSANGABEN

VORÜBERLEGUNGEN ZU EINER ETHISCHEN THEORIE DER STADT

1. EINSTELLUNGEN: ABSTRAKTES UND KONKRETES ALLGEMEINES

Wie ist das Verhältnis von ethischer Theorie und dem Gegenstand »Stadt« zu bestimmen? Ist »Stadt« überhaupt ein Gegenstand, aus welcher Materie und aus welcher Form? Und ist ethische Theoriebildung über Stadt überhaupt möglich, und wenn, ist sie sinnvoll?

Die Kategorien der modernen Ethik, egal, ob sie aufs Soziale oder Individuelle ihren Schwerpunkt legen, sind ja zunächst aufs Universale ausgerichtet: suchen Freiheit, Würde, Person und Wirtschaft, Politik und Recht, Sozialität und ihre Vollzugsweisen in Arbeit und Politik etc. im Allgemeinen zu klären. Sie sind nicht auf konkrete Menschen und konkrete Orte begrenzt. Moderne Ethik verfährt deduktiv und gleichmacherisch. Die Verwirklichung der abstrakten ethischen Ideale wird dem ebenso abstrakten wie reinen guten Willen aufgegeben. Die kontingente Empirie gilt als in sich wertlose Materie der moralischen Formung.

Wer eine solche Einstellung zum Maß der Realitätsbeurteilung wählt, für den scheint das Verhältnis zum konkreten Stadtobjekt nur ein akzidentelles sein zu können.

Der Geltungsanspruch universalistischer Ethik wird als überzeitlicher und überräumlicher formuliert. Die Gebundenheit an ihre Entstehungsgeschichte und zwar nicht als Entwicklung eines »reinen« Gedankenzusammenhangs, sondern als Ausdruck der Erfahrungen, Interessen, Einsichten konkreter Menschen, wird ausgeklammert wie nicht anders die Frage nach ihrer Wirksamkeit in tatsächlichen Praxisverbindungen. Dieser idealistische Denktypus wird der empirischen Erscheinung nach vom uniformisierten Besonderen globaler Stadtarchitektur bestätigt.

> Sur tout le reste, le grand mot aujourd'hui, c'est l'uniformité. C'est dommage qu'on ne puisse abattre toutes les villes pour les rebâtir toutes sur le même plan, niveler les montagnes, pour que le terrain soit partout égal: et je m'étonne qu'on n'ait pas ordonné à tous les habitants de porter le même costume, afin que le maître ne rencontrât plus de bigarrure irrégulière et de choquante variété.
>
> Benjamin CONSTANT, *De l'esprit de conquête*

Eine Ethik aber, die die soziale Wirklichkeit in ihrer städtischen Konzentration zu verstehen sucht, kann gar nicht anders, als dieser grauen Einförmigkeit zu opponieren -

ohne jedoch allgemeine ethische Formbestimmungen aufzugeben. Allerdings so, daß sie als Vermittlungen gefaßt werden zwischen den besonderen vergangenen und künftigen Geschichten von Akteuren sowie zwischen den Unterschieden, in denen sich das Zusammen dieser Geschichten akzentuiert. Gerade für die Stadt ist das Universale die Regulierungsformel des Besonderen, aber als ein Moment, das durch das Besondere gleichwertig bestimmt wird.

Eine Ethik von unten zielt auf das individuelle in sich vieldeutige Allgemeine. Die Stadt ist ihr der Ort der Einigungen ebenso wie der Erzeugung von Vieldeutigem und Differentem.

Die Frage wäre dann: welche Gestalt nimmt das subjektive Ethos von Individuen oder von Gruppen an, wenn es von städtischen Gegebenheiten determiniert ist oder, wenn es sich in den Tonarten des *Städtischen* artikuliert? Wenn städtische Realitäten die Vielfalt des subjektiven Ethos provozieren, wie bestimmt sich dieses Ethos als Aktivum, wenn es seine Situiertheit transzendiert? Ferner: Ist die Stadt nur Ermöglichung und Konditionierung individueller Praxen, die gleichwohl ihren Zielen nach ihre eigenen Wege gehen, oder wird das Städtische in diesen Zielsetzungen wenigstens mit-thematisiert? Läßt sich ein spezifisches Ethos erfassen, das sich das Städtische selbst als nachdrückliches Ziel vornimmt?

Es genügt nicht, die Theorie abstrakter Moralität durch ebenso abstrakt allgemeine Theorien gesellschaftlicher Systeme zu ergänzen oder zu ersetzen. Auch deren Kategorien sind in ihrer Brechung durch das städtische Ensemble zu relativieren. Aber zweifelsohne sind diese Theorien die Instrumente, sich der städtischen Wirklichkeit zu nähern: sie eröffnen das Sehfeld, in dem das ihr Eigentümliche erscheinen kann, durch das Verstehen freilich nur zu halten ist, wenn der theoretische Ansatz empfänglich und elastisch bleibt für Negationen und Modifikationen.

Die universale Ethik ist abhängig von gesellschaftlichen Entwicklungen, die wir unter dem Stichwort *Moderne* zusammenfassen - auch wenn sie sich häufig dieser Abhängigkeit nicht mehr bewußt ist. Die Moderne aber ist in den Städten entstanden. Sich diese Ursprünge bewußt zu machen, gehört damit durchaus zu den Selbstkonstituierungsakten jedenfalls der hermeneutischen Ethik, die sich ihrer eigenen geschichtlichen Herkunft - wie nicht anders der geschichtlichen Bedeutung ihrer Gegenstände - zu vergewissern sucht.

Das ethische Verstehensinteresse ist aber kein ausschließlich archäologisches - oder es ist eine Archäologie, die den Verstehenshorizont von Gegenwart und Zukunft zu erschließen und sinnhaft zu bestimmen sucht. Die Aufschlüsselungen der Vergangenheiten zerbrechen den Schein des Selbstverständlichen, in dem sich unsere Alltagspraxen - oder wenigstens unsere Alltagsdeutungen - einrichten. Wir rekonstruieren nach vorwärts und gewinnen eine kritische - unterscheidungsfähige - Haltung, die uns erlaubt, die Prozesse, den Aufbau, Differenzierung und Vernetzung von Strukturen zu studieren. Die Rekonstruktion der objektiven Ethosformen ermöglicht dann - in einem zweiten Schritt - unsere subjektive Situiertheit zu bestimmen und im Zuge dieser Selbstklärung zu einer skeptisch erfahrenen Praxis zu gelangen. Strukturverstehen ist mithin kein Metaphysikersatz, sondern bleibt Phase des sich aktualisierenden subjektiven Selbst.

2. ZEICHEN - SYNTHESEN: ALLTAGSPRAGMATIK UND HERMENEUTISCHER BEGRIFF

Warum ist das Thema »Stadt« für die ethische Theorie, die sich zu einem Verstehen der Moderne bestimmt, wichtig? Warum genügt es nicht, sich allein mit Großinstitutionen wie Staat und Wirtschaft zu befassen? Denn es ließe sich ja sagen, aus systemtheoretischer Perspektive, daß die Bedeutung des Städtischen von ihnen gänzlich aufgezehrt sei, daß die Stadt der Gegenwart ihnen gegenüber kein Für-sich-sein, keine Selbstbedeutung behaupten kann, daß sie nur die Erscheinung des politischen und ökonomischen Weltwesens sei. So veranschaulichte Max WEBER am Idealtypus der italienischen Renaissancestadt einen der entscheidenden Durchbrüche okzidentaler Rationalität, in dessen Beschreibung seine Beobachtungen zu den Städten der eigenen Gegenwart nur eingesprengt sind, nicht zu einem spezifischen Stadttypus verbunden werden. Aber, selbst wenn es so wäre, daß die Stadt nur als weit zurückliegende Konstitutionsbedingung Wesensmoment der heutigen Gegenwart ist, ist dennoch zu fragen, wo und wie die Makrostrukturen sich denn überhaupt zur Geltung bringen. Die Definitionen ihres Wesens würden ebenso willkürlich wie steril, wollte man darauf verzichten, den Spuren ihres Erscheinens im empirisch Faktischen nachzugehen, sich von ihnen führen zu lassen. Deutungsbegriffe, die vorausgesetzten idealtypischen *Wesen* und die Verweisungsphänomene, sie sind niemals identisch, sie gehen niemals glatt auf. Aber das Verstehen findet zu sich und seinem Gegenstand nur, indem es diese Spannung zuläßt, die es dann in sinnrelevanten, wenn auch immer hypothetischen Konstruktionen bewältigt. Insofern könnte die Stadt der Raum sein, in dem gesellschaftliche Strukturierungsprozesse ihre komplexe und widersprüchliche, aber anschauliche Realität haben, eine Realität, die zur Deutung provoziert.

Anschauliche Realität: ist zweifellos ein problematischer Begriff. Denn weder das »Anschauen« noch das »Angeschaute« geht mit den empirischen Sinnen und dem, was in sie fällt, zusammen.

Jedes wahrgenommene Objekt - ein Haus, eine Straße - verweist auf einen Horizont von Bedeutungen, ist bestimmt als Moment oder *Zeichen* eines Ganzen, in das es hineinkomponiert ist. Das Ganze ist ein bestimmter Sinnzusammenhang, der den besonderen Akt des Wahrnehmenden a priori bestimmt. Der Sinnzusammenhang des Städtischen greift durch das wahrnehmende Subjekt und das wahrgenommene Objekt hindurch. Er ist als solcher nicht unmittelbar sichtbar, und dem, der ihn wahrnimmt oder lebt, nur partiell bewußt. Die Straße ist allgemeines Zeichen, offene Vorgabe für vielerlei Gebrauch, und sie ist besonderes Zeichen, Verweisung auf den jeweils bestimmten Gebrauchszusammenhang: des Gehens oder Fahrens, des Sichtreffens oder Sichvereinzelns.

Das Präzisieren der Stadterfahrung - das reflektierende Aufhellen des gegebenen Sinnzusammenhangs ist folglich ein Vergleichen, ein gegenseitiges Sichauslegen zwischen dem äußeren Objekt und den inneren Vorstellungsbildern.

Ein Objekt kann in noch ganz andere Kontexte als den des Städtischen eingeordnet werden, etwa als Beispiel einer kunstgeschichtlichen Erörterung, die durchaus die Einzigartigkeit eines Bauwerks betonen mag, es dennoch aus dem städtischen Sinnzusammenhang löst und in die Entwicklungsreihe eines städteübergreifenden Epochenstils hineinstellt. Aus der hypothetisch gewählten Perspektive der individuellen Objektivität und Einheit »Stadt« aber interessiert ein bestimmtes Objekt in seiner Funktion für die konkreten Stadtbenutzer, als Moment einer *Sozialstruktur*. Auch dann ist es vergleichbar mit anderen Objekten, die an anderen Orten dieselbe Funktion erfüllen. Aber es spielt seine Rolle hier für diese Stadtbevölkerung und nicht für jene an einem andern Ort. Die Andersheit wird durch die Vergleichbarkeit nicht aufgehoben. Das Stadtgebilde nach seiner objektiven Seite wäre demnach ein Fächer von Deutungsstrukturen, Möglichkeiten, die durch die Praxis der Stadtbenutzer verwirklicht werden. In ihrem Lebensvollzug sind die Individuen ständig zur Auswahl, Kombination und Akzentuierung dieser Strukturangebote bestimmt. Die soziale und sachliche Umwelt wird aus subjektiver Perspektive durch eine Vielfalt von Zeichengebungen erschlossen; im Gebrauchen werden die Objekte so oder so gedeutet, wobei die Subjekteinheit des jeweiligen »Ich« als Bedingung des Unterscheidens, Zusammenhaltens vorausgesetzt ist bzw. aus der Reflexion der bestimmten Gebrauchsweisen zurückgewonnen wird. Zum Können des modernen Menschen gehört, den häufig geforderten Perspektivenwechsel möglichst reibungslos fließend vorzunehmen, oder verschiedene Perspektiven gleichzeitig aufrechtzuerhalten, im Sichauslegen-auf-Anderes zugleich bei sich selbst zu sein.

Ist so das individuelle Subjekt an der Bedeutungskonstitution von Objekten wesentlich beteiligt, so sind seine Sinndeutungen doch nicht unmittelbar der individuellen Willkür zugemutet. Die Wahl des individuellen Vorhabens verläuft über *generelle soziale Schemata*, die ihm durch Sozialisation zugeeignet und durch die sozialen Praxen, an denen es lebenslang teilnimmt, bestätigt und fließend auskorrigiert werden. *Instrumentelle Wissensformen* bestimmen etwa, wie man sich auf der Straße zu bewegen hat, um sein Ziel sicher zu erreichen. Die Regeln der Verkehrsordnung - als abstrakte Formeln - sind vermittelt mit der Erfahrung des konkreten städtischen Verkehrs, mit der Erinnerung an erlebte Szenen, mit der Vorstellung von Wegen, die sich für die subjektive Zielerreichung als günstig oder ungünstig erwiesen haben. Diese subjektiven Skizzen setzen die objektive Gegebenheit von Verkehrs-systemen voraus, als der Ermöglichung und Begrenzung der subjektiven Bewegungen. Der vorgeordnete Stadtplan ist die Institution, auf die sich alle Verkehrsteilnehmer beziehen müssen, die in ihrer Praxis angenommen und bestätigt, aber auch auf seine Brauchbarkeit faktisch geprüft und entsprechend verändert wird. Und zwar ohne daß der einzelne Nutzer sich um Planung und Technik kümmern kann - das ist Sache der *Experten*, für kollektive Bedürfnisse kollektive Mittel zu besorgen. Auch die Experten realisieren nicht die Stadtwirklichkeit als solche, sondern nur Ausschnitte wie Verkehr, Wohnen, Gesundheit etc..

Und auch im Hinblick auf die Benutzer sind die von ihnen geplanten Realstrukturen noch offen, müssen erst erweisen, ob und wie sie angenommen werden.

Der Experte vollzieht die Umsetzung des Plurals der subjektiven Pläne zur objektiven Einheit, die als Halbprodukt erneut in die subjektiv gedeuteten Verkehrsbewegungen eingeht.

Was den Stadtzusammenhang ausmacht, wäre er demnach das Zusammenspiel sozialer Deutungen, das individuelle Deutungen - etwa biographischer Sinnverständigung - nicht ausschließt, für diese vielmehr selbst ein eigenes Muster bereithält.

> Ein höchst verworrenes Quartier, ein Straßennetz, das jahrelang von mir gemieden wurde, ward mir mit einem Schlage übersichtlich, als eines Tages ein geliebter Mensch dort einzog. Es war, als sei in seinem Fenster ein Scheinwerfer aufgestellt und zerlege die Gegend mit Lichtbüscheln.
>
> Walter BENJAMIN, *Einbahnstraße*

Die sozialen Wissensschemata beziehen sich nicht auf an sich sinnlose Objekte, sondern auf Produkte, die Objektivationen von ihnen inspirierter und angeleiteter Praxen sind. Ihre Verstehensform identifiziert ihre Tätigkeitsform. Jemand will einen Brief verschicken und macht sich zum Postamt auf. Sein konkretes Tun impliziert und entfaltet das Wissen um die institutionelle Funktionsweise der Post, die sich sinnlich am Amtsgebäude - durch das Symbol des Posthorns bezeichnet - repräsentiert. Ist der Brief dann abgegeben und die Aufgabe erledigt, ihre Fortführung anderen Rollenträgern des Wissenschemas anvertraut, springt es wieder in den Status subjektiver Möglichkeit zurück, bis zum nächsten Mal: Der individuelle Akteur hat das offene Realschema auf seine Weise konkretisiert, für sich eingeholt und bestätigt.

Praxis und Praxisdeutung sind Modi der menschlichen Selbstverwirklichung, aufeinander bezogen, ohne gänzlich zur Deckung zu kommen. Hat das Verstehen in sich die Tendenz, sich auf die ihm geläufigen Modelle festzustellen, also an einem an sich vieldeutigen Geschehen nur bestimmte Seiten zu abstrahieren, andere abzublenden, so wird ihre Ratio ständig durch neue und überraschende Situationen irritiert und zu neuen Nachfragen herausgefordert. Die miterlebten Möglichkeiten des Abweichens geben dem Plan erst Kontur, machen seine richtige Durchführung zum Thema. Das Irritierende führt nicht nur zu Modifikationen, sondern, wenn es die Oberhand gewinnt, zum Aufgeben, womöglich Zerbrechen des Voraus-geplanten - abhängig von der seelischen Gesamtverfassung des Akteurs. Trotz der Robustheit pragmatischer Zusammenhänge verläuft nicht alles nach dem Muster des »Um zu«.

Ebenso ist das *Verstehen zweiten Grades* - die theoretische Reflexion - das nicht direkt in bestimmte Praxiszusammenhänge involviert ist, sondern ihre Bedeutung im Zusammenhang des sozialen Ganzen der Stadt zu begreifen sucht, seinem Gegenstand permanent inadäquat. Seine Konstrukte holen die Vieldeutigkeit des Stadtobjekts nicht ein. Es liegt richtig, wenn es dieses sein Unangemessensein akzeptiert, sich der verändernden Wirklichkeit öffnet, ohne sie je beherrschen zu können. Das Verstehen kann der Praxis bestenfalls nur raten.

Andererseits, das Verstehen, das Deuten von Wirklichkeit, ist nicht ausschließlich auf das Gewordene beschränkt, per se ist es nicht bloße Bestätigung eines Soseins. Sofern es Sprache ist, ist es auch ein Anderes, das das Sosein überschritten hat, eine Distanz, die auf andere Möglichkeiten als die faktisch realisierten zu achten erlaubt. Im naiven wie im theoretischen Verstehen des Vergangenen und Gewordenen ist derart der Ausgriff aufs Ungewordene und Zukünftige angelegt. Hermeneutik des Topischen transzendiert auf U-topisches, auf Suchbegriffe, zu denen die theoretische Reflexion einmal Phänomene, sodann Theoriestücke sozialer Makrostrukturen experimentierend in Kontext setzt. »Stadttheorie« wäre das fließende Einigen von Phänomenen und Begriffsstrukturen zu einem Sinnobjekt, das in exemplarischen Zeichen sichtbar wird. Hier müssen die Deutungen sich bewähren: was tragen sie für das Verständnis der Phänomene aus? Hier haben sie sich der Kritik auszusetzen: welche Phänomene sind neu und erzwingen ihre Revision oder Alternativdeutungen?

Nochmals: Läuft die moderne Lebenspraxis der Strukturform Stadt nicht schon längst davon?

Die Materialisierungen der Makrostrukturen könnten sich zwar das Terrain einstiger Stadteinheit derart durchgreifend angeeignet und anverwandelt haben, daß von dieser nicht einmal mehr der traditionelle Name zur Bezeichnung ganz andersartiger nichtstädtischer Sozialgebilde übrigbleibt, für die die bürokratische Poesie neue Namen wie »Albstadt« oder »Weinstadt« kreiert hat.

Man spricht denn auch vom »Ballungsraum«, von »Agglomerationen«, oder weniger bedrohlich von der »Region«. Die den Makrostrukturen beiherspielenden und von ihnen als indifferent gesetzten Phänomene würden sich dann überall und nirgends zeigen, sie wären nur zufällig mit diesem oder jenem Ort verknüpft. Die räumliche Distanz zwischen Wohnung und Arbeitsplatz, die zunächst bekanntlich durch die Konstruktion von Massenverkehrsmitteln effektiv aufgefangen wurde, führte, als das Auto zu einem für viele erschwinglichen und von allen begehrtem Luxusgut wurde, zu einem dem massenhaften Individualverkehr angepaßten und ihn wiederum provozierenden Straßenbau. Die technische Funktionalität der Asphaltpisten verlor ihre Beziehung zum Schönen, die der Eisenbahnbau im XIX. Jahrhundert mühelos erreichte.

Weder auf Natur noch auf gewachsene Bauensembles nahm der Straßenbau Rücksicht. Selbst Kirchen, also: »heilige Orte« des traditionalen Gemeinschaftslebens, wurden abgerissen oder verstümmelt.

Beim Bau des Münchener Stadtrings wurden ganze Viertel von der Stadtmitte abgetrennt; in Stuttgart wurde der prägende Bahnhofsvorplatz für den Autoverkehr zurechtgerichtet und die Fußgänger unter die Erde, in die Klettpassage, verbannt. Auf klägliche Weise freilich erneuerte auch die Passage ihrerseits großstädtische Tradition; ausgestattet mit Geschäften imitiert und trivialisiert sie das Pariser Vorbild. Eine Stadt, die sich keine Passage leisten konnte, war als zweitklassig disqualifiziert.

Wer sich heute in dem komplizierten System von Stadtautobahnen, verbunden durch aufwendige Auf- und Abfahrten, über Kreisel und durch kilometerlange Tunnel, durch Stuttgart bewegt, für den ist die Stadt zu einem *Epiphänomen* geworden - ein anderes System, in das man nur durch nachdrückliche Entscheidung überwechseln kann.

Durch die Verkehrsnetzwerke der Region überkreuzen sich die Radien verschiedener Städte, die Stadtmitten werden zu relativen Verdichtungen. Die Umwelt der Region wird durch die auf immer weitere Relationierungen offenen Verkehrssysteme bestimmt. Die Stuttgarter S-Bahn reicht heute bis Herrenberg, mit der Deutschen Bahn und mit Bussen aber kommen Pendler täglich bis von Singen und von Rottweil. Für Banker ist der Weg nach Zürich oder Frankfurt eine Selbstverständlichkeit.

> Où mène cette rue?
> - Quelle rue?
> - Celle-ci, dans cette direction.
> - Ce n'est pas une rue, monsieur, c'est une avenue, Deren Avenue; elle va jusqu' à Hamilton; vous y êtes presque maintenant.
> - Il y a des maisons jusqu'-là?
> - Bien sûr, monsieur.
> - Et c'est grand, Hamilton?
> - Mon dieu, naturellement ce n'est pas aussi grand que Bleston, mais c'est un bon morceau de ville.
> - Et après?
> - Il y a d'autres routes et d'autres villes. Vous êtes étranger, sans doute?
> - Je voulais aller vers la campagne...
> - Vous avez de jolis parcs à Hamilton, Queen's Park surtout, n'est-ce pas, Wendy?
>
> Michel BUTOR, *L'Emploi du Temps*

Aber auch um diese Veränderungen oder Auflösungen des Städtischen zu bestimmen, bedarf es eines bestimmten Stadtbegriffs, der Vergleichs- und Negationsmöglichkeiten gewährt. Gesellschaftstheorie als Hermeneutik wird notgedrungen in einen Prozeß von Unterscheidungen hineingezogen.

Die Eigenbedeutung des Städtischen mithin müßte sich in spezifischen *Mesostrukturen* zu erkennen geben, die den verallgemeinernden Realtendenzen nicht nur widerstehen, sondern sie zum Aufbau, zur Erhaltung und Förderung der eigenen Identität nutzbar machen können. Die Selbstbehauptung des Städtischen im allgemein Gesellschaftlichen würde dann zunächst durch Modelle der Interpenetration von Strukturen verschiedener Niveaus und ihrer Konzentration zu einem bestimmten Strukturgefüge darzustellen sein.

Wenn man die Hypothese, daß auch die moderne Stadt eine eigentümliche Sozialform ist, es bleiben sollte und auch werden kann, riskiert, dann gilt es, sie zu begründen durch das Beschreiben und Rekonstruieren der *Integrationsleistungen*, die diese Identität erfüllen, konkret machen. Diese Leistungen werden, so ist anzunehmen, auf verschiedenen Ebenen und aus verschiedenen Perspektiven erbracht. Das »Stadtwesen« wird als *multirelationaler und multiperspektivischer* Begriff konzipiert.

Daß in der Vielheit eine Einheit ist, daß sie einen bestimmten Sinnzusammenhang bildet, ist die Voraussetzung, die es nach und nach rekonstruktiv zu erfüllen heißt. Es gilt, Kategorien zu entwickeln - oder vorgegebene Kategorien darauf einzurichten, die die eigentümliche Brechung der Stadtstrukturen in den Gesellschaftsstrukturen und umgekehrt sichtbar machen.

Die Kategorien sind begriffliche Fixierungen, von denen einmal zu erwarten ist, daß sie zu den *objektiven* Strukturen hinführen, sie zu einem Gegenstand-für-uns werden lassen, und die auf der anderen Seite Orientierungsformen *individueller* Erkenntnis sind, Erkenntnis nämlich der Individuen, die auf ihre Situiertheit im städtischen Getriebe *reflektieren*, die ihre Lebensgeschichte in städtischen Kontexten vollziehen und über sie ins Klare kommen wollen. Die sozialen Formen, die sich als »Stadt« kreuzen, werden dadurch in den Horizont ethischer Verständigung hereingenommen: sie gelten als Ethosformen.

Das Studium der objektiven Ethosformen erfolgt im Hinblick auf Verinhaltlichungen der Selbstbestimmung individueller Existenz, die ja als Akzentuierung der subjektiven Erkenntnisform die je eigene lebensgeschichtliche Disposition und Frage sich im Auffassen und Beurteilen ihres Gegenstands vorab aller Konklusion und Antwort immer schon zur Geltung bringt. Die individuelle Erfahrung, sofern sie sich erzählend darstellt und damit der Selbst- und Fremdkontrolle öffnet, das Insistieren auf der eigenen Geschichte, dem Erleben und Verarbeiten der städtischen Wirklichkeiten, ist umgekehrt und unverzichtbar Interpretationsschlüssel auch für die umfassendere Stadttheorie, für die die individuellen biographischen Stadtdeutungen zu Dialogpartnern der Begriffsbildung werden. Die objektiven Stadtstrukturen und die individuellen Welten der Stadtbewohner sind aufs engste miteinander verschränkt.

3. VERSTÄDTERUNG: DIFFUSIONEN, TRANSFORMATIONEN

Auch die *Subsysteme* - Wirtschaft, Politik, Familie - sind eine idealtypische Konstruktion. Sinnlich sichtbar werden sie in der Stadt nur in Spuren. Das Phänomen ist dann ebenso Funktion wie Symbol für das Ganze. So das Rathaus, der Regierungssitz oder die Fabrik.

Aber der Betrachter kann nicht sehen, wie die Systeme funktionieren, - dazu müsste er sie verstehen und ihre speziellen Logiken erlernen - sondern eben nur ihre Fassade. Auch sie wäre für ihn sinnlos, würde er sie nicht sogleich mit seinem eigenen Vorwissen deuten, mit Erfahrungen, die er persönlich oder durch Erzählungen, Belehrungen von Anderen verinnerlicht und den Allgemeinbegriffen von »Staat« und »Wirtschaft« assoziiert hat. Das städtische Ensemble ist einerseits ein objektives architektonisches Gebilde, andererseits eine ständige Sinnleistung der Stadtbenutzer. Man geht »in die Stadt«, und dann aufs »Amt« oder ins »Kaufhaus«, man überschreitet die Schwelle von einem Aussen in ein Innen, um dort mit anderen Menschen als Systemvertretern spezifische Kommunikationen und Kooperationen aufzunehmen. Der Marktplatz ist die Drehscheibe, ein Zusammen und Angebot von Möglichkeiten, unter denen die Individuen wählen, auf die sie sich einlassen und die sie arrangieren müssen, um ihre Selbsterhaltung zu besorgen, mehr noch, um sich selbst zu verwirklichen.

Und auch der sinnlich wahrnehmbare Marktplatz ist wiederum nur Symbol für das soziale Wissen um die in der Stadt konzentrierten Möglichkeiten. Die Mitte ist in der Stadt, ohne notwendig mit ihrem historisch festgezeichneten Mittelpunkt zusammenzufallen. Kirchen werden zu Cafés, Konzertsälen oder Wohnungen. Die neuen Industrien, die Supermärkte und die Discotheken werden in der verkehrsgünstigen Banlieue angesiedelt. Alte Produktionsstätten werden geräumt, auch jahrhundertealte Umschlagsplätze wie »Les Halles« – der Bauch von Paris - anderen Verwendungen zugeführt.

> Quant au centre commercial souterrain auquel a été attribué le noble nom de *forum*, le plus étonnant est que son auteur soit encore classé parmi les architectes mais l'ensemble est si mal construit, avec des matériaux si pauvres, que sa ruine prochaine est inéluctable. On peut même dire qu'elle a déjà commencé.
>
> Eric HAZAN, *L'invention de Paris*

Die öffentlichen Bauten der alten Stadt repräsentierten die Einheit der Bürgerschaft gegenüber der Partikularität der Einzelnen. Deren individuelle Stadtpläne werden durch das Zeichen des Campanile relativiert, sie wissen sich in das bestimmte soziale Allgemeine integriert. Die moderne Stadt übernimmt die signifikatorische Leistung des alten Zentrums - es bleibt architektonischer Höhepunkt, Schaufenster, Schaltstelle der Administration - aber es ist doch die Frage, ob das Zeichen heute noch die Kraft hat, das Bewußtsein bürgerschaftlicher Einigung zu vermitteln. Das Allgemeine, auch wenn es von allen wahrgenommen wird, ist offen für eine Fülle privater Deutungen. Für das Denken in Netzwerkmodellen ist das historische Stadtzeichen eben nur eines unter vielen. Wobei die Subzentren - nach Zerstörung der dörflichen Mitten - vielerorts das Niveau einer prägnanten Selbstsignierung noch nicht erreicht haben und gerade darum dem alten und fernen Zeichen ein Übergewicht zugeschrieben wird. Die Gründung von Subzentren und damit auch ihrer Bürgerschaft ist noch nicht fertig. Der Bau von »Bürgerhäusern«, die nicht mehr als Annex von Turnhallen, sondern in anspruchsvoller Qualität aufgeführt werden, zeigt aber, daß das sozialethische Konzept der »Bürgerschaft«: die Vermittlung des Privaten ins Allgemeine erneuert wird, wenn auch modifiziert: Es ist verständliche und notwendige Reaktion auf den ersten sozialtechnokratischen Schub der Moderne. Gegen die administrativ verordnete Gleichheit setzt sich eine andere demokratische Form, die der Wahrnehmung von Gemeinschaftsinteressen von unten, wobei das Allgemeine: die Gemeinde, als Plural verschiedener Bürger-engagements konstelliert.

So differenzieren sich nicht nur die gesellschaftlichen Systeme , sondern auch deren Einrichtungen, mit denen sie auf eine städtische Einheit Bezug nehmen. Die städtische Mitte wäre dann als solche nicht mehr greifbar, es sei denn als Netz der verschiedenen funktionalen Mitten, die den Bewohnern einer städtischen Region Systemzutritt verschaffen. Und auch die funktional bestimmten Mitten vervielfältigen sich - es gibt in einer Großstadt viele Märkte, Verwaltungen, Krankenhäuser, Einrichtungen mit fester Zuständigkeit für ein bestimmtes Areal und solche, die den Bewohnern der Gesamtstadt an sich zur freien Wahl stehen. Man kann das Theater oder Krankenhaus am andern Ende der Stadt aufsuchen, wenn man bereit und imstande ist, für den erwarteten Nutzen die Kosten aufzubringen. Die städtischen Beziehungen eines Individuums sind teils vorstrukturiert, teils durch eigene Entscheidung vermittelt. Ist ein Stadtteil mit Dienstleistungseinrichtungen schlecht versorgt, desto mehr Mühe muß das Individuum für sein materielles Lebensarrangement aufbringen, seine Freiheitschancen im Äußerlichen verbrauchen.

4. BASIS-SYSTEME: TECHNISCHER FORTSCHRITT, ALLGEMEINER NUTZEN

Die Stadt ist die soziale Grundform, die das Zusammenleben vieler Menschen auf einem begrenzten Territorium ermöglicht. Rein quantitativ schon sind Städte Knotenpunkte der Gesellschaftsstrukturen. Wenn auf dem Land mehr Menschen wohnen als in den Städten, so fällt doch ihre Zahl nicht ins Gewicht, sie zerstreut sich in der Weite des Raums.

In Deutschland vollzog sich die Auflösung flächendeckender ländlicher Kultur und ihrer traditionellen Lebensform massiv erfahrbar in den Fünfziger- und Sechzigerjahren des XX. Jahrhunderts. Die Landwirtschaft wird technisiert, industrialisiert und kapitalisiert. Die modernen Kommunikationsmittel - Radio, Fernsehen - propagieren den städtischen Lebensstil zur Leitkultur, die städtischen Bildungssysteme - von der Berufsschule bis zum Gymnasium - werden nicht mehr nur sporadisch, sondern als allgemeine Bedingung beruflicher Qualifikation beansprucht. Die ländlichen Gemeinschaftsbeziehungen verlieren ihre sachorientierte Grundlage.

Es ist das komprimierte Quantum, in dem sich die Fülle gesellschaftlicher Möglichkeiten erst manifestiert. Zusammenleben von vielen Menschen auf begrenztem Raum ist nur durch Erfindung komplizierter rationaler Mittel, durch *Sozialtechnologie* zu bewältigen. Die Stadt ist ein Produkt menschlicher Intelligenz, die sich entschieden und bewusst als *gesellschaftliche* Intelligenz verwirklicht. Produkt menschlicher Intelligenz ist freilich auch die Kultur traditionalen Landlebens. Aber seine Lebensformen werden so realisiert und erlebt als wären sie eine spezielle Formung in der umfassend ordnenden Natur. Die Grundfigur des Landlebens ist der *Zyklus*. Wiederum: Gegen das Symbol des »Kreises« ist nicht einfach der »Pfeil« geschichtlicher Entwicklung als Charakteristikum der Stadt zu setzen. Auch das städtische oder gesellschaftliche Leben verläuft zu einem beträchtlichen Teil in Zirkularitäten. Bedürfnisse müssen von Tag zu Tag befriedigt werden. Daß das im allgemeinen verläßlich geschieht, dafür sorgen *instrumentelle* Systeme. Diese Systeme sind *ausdifferenziert*; nur so kann die Leistungssteigerung erreicht werden, die für die Versorgung von einer großen Zahl von Menschen unabdingbar ist.

Die Praxispläne der traditionellen Landkultur sind von jedem der kooperierenden Subjekte durchschaubar. Jeder kennt jeden und die ihm und anderen zufallenden Aufgaben. Das soziale und technische Wissen ist dem Kreis der Produktion adäquat. Dagegen sind die in der Stadtkultur objektivierten Pläne nicht länger durch ein jedermann zugängliches kollektives Wissen bewahrt. Das aus dem Kollektiv und seinem Erfahrungswissen emanzipierte Individuum kennt nicht mehr die Baumethoden des gesellschaftlichen Instrumentariums, von dessen Funktionieren es gleichwohl essentiell und unausweichlich abhängig ist. Wasser, Elektrizität, Wohnung, Nahrung und Kleidung etc. werden von ihm nicht erzeugt, sondern eingekauft. Der konsumierende Einzelne ist abhängig von der Gesellschaft als dem universalen Produzenten, in dem er als produzierender Einzelner seinen verschwindend kleinen Beitrag leistet. Das Individuum partizipiert nicht mehr am sozio-technischen Gesamtwissen, sein Wissen ist der gesamtgesellschaftlichen Produktion entfremdet. Die materielle Produktion vermittelt nicht mehr zugleich das Wissen um die soziale Identität.

Die instrumentellen Systeme sind *kollektive Mittel*, die von jedermann akzeptiert und als Bedingung für die je eigene Zielrealisierung beansprucht werden. Als Bedingung des Fortgangs des gesellschaftlichen Lebens sind sie institutionalisiert, ihr Unterhalt zieht selbst einen beträchtlichen Teil der gesellschaftlichen Produktivität auf sich.

Die Herstellung von Verkehrsmitteln zum Beispiel ist ein eigenwertiges gesellschaftliches Ziel, das die Ziele der einzelnen Verkehrsteilnehmer zwar formal bestimmt - die schnelle und sichere Durchführung von Interaktionen ermöglicht - nicht aber inhaltlich über das »Was« der Interaktionen verfügt. Institutionalisierte Mittel sind verwendungsoffen, aber so geformt, daß sie jeder im gleichen Sinn - etwa dem der Fortbewegung - gebrauchen kann. Daß sie richtig gebraucht werden, dazu genügt nicht nur ihre dingliche Objektivation - daß es Straßen, Bahnen, Busse etc. gibt - sondern es bedarf ebenso der Verkehrsregeln, die die Benutzer kennen müssen und die gegen willkürliche Interpretationen auch mit Zwangsmitteln durchgesetzt werden können. Ihre materielle Einrichtung ist also zugleich mit bestimmten sozialen Verhaltenserwartungen verkoppelt. Die individuelle Freiheit wird einerseits erweitert, andererseits auch eingeschränkt. Das gesellschaftliche Mittel ist da und macht sich geltend als zweite, eben die gesellschaftliche Natur. Ihre Regeln bewähren sich daran, daß sie von der Mehrheit der Benutzer als nützlich erfahren werden, dass generell der Vorteil den Nachteil überwiegt.

Nicht nur als Mittel der eigenen Zielerreichung, sondern als wirksamer Schutz vor Beeinträchtigungen und Schäden, die dem einen Individuum durch die willkürlichen Zielsetzungen anderer - und sei es nur als deren Nebenwirkung - widerfahren könnten. Es ist nützlich, daß die Qualität des Trinkwassers nicht in privatem Ermessen steht, sondern als Angelegenheit öffentlichen Interesses wahrgenommen und verwaltet wird.

Kollektive Mittel sind folglich aufgehoben im *Ethos allgemeinen Nutzens.* Daß sie ihre Funktion tatsächlich erfüllen, ist Aufgabe der städtischen Verwaltung, die sich eben als öffentliche Einrichtung direkt auf das *Gemeinwohl* bezieht, durch ihre ethische Praxis die technische Seite der Stadtform gestaltet, distanziert von den Interaktionen der Privatsubjekte in der Stadt. Dem ist nicht entgegen, daß die technische Ausführung öffentlicher Aufgaben wieder an Privatbetriebe vergeben wird, wenn nur die Kontrolle der Ausführung der instrumentellen Pläne in den Händen der Administration verbleibt.

Aber wie die Bedürfnisse, so sind auch die Mittel ihrer Befriedigung entwicklungsfähig. Die Zirkularstrukturen sind offen für eine Fortschrittsgeschichte. Mit der Verfeinerung der Bedürfnisse verfeinern sich die technischen Apparaturen. Technik und Demokratisierung - im Sinne der Nivellierung der individuellen Lebensstile - gehen zusammen. Nur mit Hilfe der Technik geschieht, daß, was zunächst das Luxusgut Weniger ist, bald zum Gemeingut, zum Standard des Durchschnittlebens werden kann. Die Technik beschränkt ihre Angebote nicht auf bestimmte Personenkreise, die sich etwa durch Herkommen oder soziale Ehre distinguieren, sie adressiert sich an jedermann. Umgekehrt: wer an den Produkten der Technik teilhaben will, muß die Rolle des Jedermann übernehmen.

Die Unterscheidung von sozialen Gruppen und Individuen erfolgt dann nur nach ihrer Kaufkraft, dem Verfügenkönnen über das abstrakte Äquivalent Geld. Das Geldquantum, das dem je Einzelnen zur Verfügung steht, ist aber nicht beliebig, sondern nach objektiven Vorgaben ungleich verteilt. Soziale Schichtungen werden durch das Einkommen fixiert. Die Unterschiede in der Kaufkraft, an der das Distinktionsbedürfnis der Konsumenten allein sich realisieren kann, werden von den Produzenten und Verteilern der Warenströme ins Kalkül gezogen. Das Allgemeine, die Güterproduktion für alle, ist dann doch wieder in sich besondert, nach bestimmten Konsumentengruppen ausgerichtet. Die Waren für die »Reichen« und die für die »Armen« sind häufig an einem Ort, dem Supermarkt, aufgehäuft. So gibt es für jedermann alles zu haben, aber von unterschiedlicher Qualität, zu unterschiedlichem Preis. Die Warenwelt, und damit das Selbstbewußtsein der Konsumenten, changiert zwischen den Vorzeichen von Gleichheit und Ungleichheit. Denn auch die Distinktion durch die bessere und teure Ware ist ja wiederum Fiktion, sofern auch sie Kundenkreisen in London, Paris und Berlin und anderswo angeboten wird und vielleicht in China produziert ist.

5. MARKT: LOKALE UND TRANSLOKALE KOMMUNIKATION

Die Stadt ist Drehachse sozialer Möglichkeiten, aus denen die Individuen ihre Lebensinhalte bilden. Das städtische Angebot ist das Komplement zur individualisierten Lebensform. Es ist die Stütze, ohne die unter der Form moderner Großsysteme nicht zu leben wäre. Von ihnen wird das Individuum als vereinzeltes Einzelnes bestimmt. Es wird angesprochen als abstraktes Allgemeines, eingefordert werden bestimmte, professionell kanalisierte produktive Fähigkeiten, aber das individuelle »Wer« des Leistungsträgers bleibt definitionsoffen. Für seine Leistung erhält das Individuum Lohn: ein bestimmtes Quantum Geld, dem allgemeinen Äquivalent, zugewiesen.

Die distribuierten Geldwerte muß es selbst in konsumierbare Güter umsetzen - es muß sich selbst als Leistungsträger reproduzieren. Die Selbstreproduktion vermittelt sich über das im städtischen Raum konzentrierte Warenangebot an Sachgütern und Dienstleistungen, die Sozialbeziehung realisiert sich im Tausch von Geld gegen Ware, im Kauf von Gebrauchswerten.

Oder umgekehrt: die gesellschaftliche Produktion verliert sich ja nicht irgendwohin, sondern präsentiert ihre Produkte entweder direkt oder als durch den Tausch umgewandelt auf dem Markt. Jeder individuelle Produzent ist - wegen der Einseitigkeit seiner Produktion - Konsument der von anderen Individuen hergestellten Produkte. Sowohl produktiv wie konsumtiv realisiert sich der Einzelne in der Gesamtheit der gesellschaftlichen Lebensform, sofern die gesellschaftliche Produktion die gesellschaftliche Konsumtion zum Zweck hat.

> Die Produktion schafft das Material als äußerlichen Gegenstand für die Konsumtion; die Konsumtion schafft das Bedürfnis als innern Gegenstand, als Zweck für die Produktion. Ohne Produktion keine Konsumtion; ohne

> Konsumtion keine Produktion. Figuriert in der Ökonomie in vielen Formen.
>
> Karl MARX, *Grundrisse der Kritik der politischen Ökonomie*

In der Stadt wäre dann die Synthese zu vollbringen zwischen den Anbietern und den Kunden, die Umsetzung von sozial allgemeinen Leistungen, die es jetzt auf das individuelle Bedürfnis hin zu modifizieren gilt, und den Individuen, die ihr Bedürfnis auf den Allgemeincharakter der Warenwelt einzurichten haben. Wenigstens formal kann der Kunde zwischen mehreren Anbietern wählen, die Konkurrenz zwingt die Anbieter, sich an den Kundenwünschen zu orientieren. Zwischen Wunsch und Erfüllung liegt andererseits die Begrenztheit der subjektiven Kaufkraft.

Die Anbieter brauchen dann nicht in der Qualität der Produkte zu konkurrieren, sondern allein in der Preisgestaltung, im Gewähren effektvoller Rabatte. Der Niedriglohnempfänger kann gar nicht anders, als nach der Maxime des »möglichst viel und möglichst billig« zu verfahren. Erst für höhere Einkommensklassen werden Qualitätsunterscheidungen wichtig, können Kunden Erwartungen formulieren, für deren angemessene Einlösung sie zu zahlen ebenso fähig wie willens sind.

Dass die gegenseitigen Erwartungen nicht naturwüchsig harmonisch ineinander aufgehen, ist klar. Aber gerade die permanenten Spannungen zeigen, dass es sich nicht bloß um eine instrumentelle Umsetzung von Waren in Lebensmittel, sondern um ein *kommunikatives Geschehen* handelt. Eine Kommunikation, die von den Beteiligten Selbstverstehen und Fremdverstehen, ein gegenseitiges Wahrnehmen und Stellungnehmen fordert. Das Städtische wäre insofern der Raum, in dem über die Qualität von Warenbeziehungen verhandelt wird. Die politische und die ökonomische Beziehung sind nicht gegeneinander auszuspielen. Das heisst freilich nicht, dass die politisch-ökonomische Definitionsmacht nicht ungleich verteilt ist und ausgeübt wird. Und darum auch nicht, dass die politische Diskussion auf der Höhe ihrer Möglichkeiten geführt wird. Aber die faktische Schwäche einer Stadtpolitik, in der individuelle Konsumenten mitbestimmen, sagt nicht, dass sie funktionslos ist und darum gänzlich aufzugeben sei. Ihre Stärkung wäre darum auch nicht moralisierend, sondern von den Funktionsnotwendigkeiten her zu fordern.

> Generell gegen Märkte zu votieren wäre ungefähr so seltsam wie generell Gespräche zwischen Leuten abzulehnen - obschon manche Gespräche offensichtlich Schaden anrichten und anderen oder auch den Gesprächsteilnehmern selbst Probleme bereiten können.
>
> Amartya SEN, *Ökonomie für den Menschen*

Die Stadt ist der Ort, an dem sich systemisch differenzierte Produktion realisiert. In zweifachem Sinn ist die Produktion für die Stadtbewohner. Sie sind Konsumenten, und sie treten als Produzenten in die Produktionssysteme ein, gewinnen als Arbeiter ihren in Konsum umsetzbaren Lohn.

Durch die Arbeit in Unternehmen werden die Bedürfnisse der Angestellten und Arbeiter nicht direkt befriedigt; die Arbeit schafft ja nur die Mittel der Befriedigung - insofern wird die Stadt durch Warenangebot und konsumorientierte Praxis konstituiert. Diese Praxisform ist *rekursiv*, sie besorgt kontinuierlich die Erhaltung der in und um die Stadt ansässigen Bevölkerung, ungeachtet der verschiedenen Zeitdauern, in denen konkrete Individuen und Gruppen einander folgen. Eine beschleunigte Fluktuation verlangt schnelle und mühelose Anschlußmöglichkeiten an die städtischen Dienste, breit aufgefächerte Organisationen, die das Gesamt der zur menschlichen Selbstreproduktion erforderlichen Waren kontinuierlich präsentieren und vermitteln. Das Individuum muß die vorgefertigten *Module* scheinbar nur noch zusammensetzen.

Die Bedürfnisse sind einmal physischer Art: Nahrung, Kleidung, Wohnung, wie gleich bedeutsam geistiger Art: der Bildung, der Kunst und der Religion. Dazu kommen Einrichtungen, die die äußere, aber unverzichtbare Bedingung für die Wahrnehmung des kulturellen Angebots bilden - die Verkehrsmittel, die den städtischen Raum zu einer bestimmten Einheit verdichten.

Die Stadt ist eine soziale Apparatur, die konkrete Individuen befähigt, die in ihrem Lebensvollzug auftretenden Bedürfnisse zu erfüllen - idealtypisch so, daß die Besorgung leichter fällt und in sich eine größere Variabilität zuläßt als wenn der Einzelne auf sich angewiesen wäre. In den städtischen Einrichtungen wird dem Individuum seine gesellschaftliche Natur gegenständlich.

Es vermitteln sich nicht nur private Anbieter und private Nutzer, sondern hinter ihren Interaktionen reproduziert sich die Gesamtgesellschaft, die den Einzelnen als soziales Individuum konstituiert. Die Stadt gehört zum »Leib« des Individuums und zu seiner »Geschichte«.

In Einrichtungen wie Kindergärten, Schulen, Altersheimen sind individuelle Lebensabschnitte sozial vorprogrammiert. Man kann zwischen den einzelnen Angeboten wählen, aber niemand kann sich ihrer generell entschlagen.

Hier zeigt sich die fundamentale *Zirkularstruktur*: die relativen und in sich zirkulären Subsysteme insgesamt sind Vermittlungen der städtischen Gesellschaft in der Bewegung, die von der Güterproduktion zu deren Konsumtion und wieder zurück ins Produzieren führt. Die Stadt wäre autark, wäre sie allein durch diese Bewegung bestimmt. Aber auch dann, wenn sie zum Moment anderer durchgreifender Beziehungen bestimmt ist, bleibt die durch und für die Stadtbevölkerung vollzogene Produktion doch die Figur, in der die der Stadt eigene Identität zum Ausdruck kommt. Keine Stadt kann ohne diese Selbstproduktion und Selbstvermittlung sein.

Aber sogleich ist klar, daß diese Selbstbeziehung nicht völlige Autarkie bedeuten kann. Auch die alte, politisch »freie« Stadt lebte wirtschaftlich vom und für das Land. Sie ist System, das auf eine *Umwelt* angewiesen ist, nicht nur auf Naturressourcen überhaupt, sondern auf kultivierte Natur, auf Produkte, die auf den Markt getragen oder als Halbprodukte von der städtischen Produktion ihren letzten Finish erhalten. Und umgekehrt wird in der Stadt für das Land produziert, eine fundamentale und sich ergänzende Arbeitsteilung, ein Gütertausch in wechselseitigem Interesse.

Und noch in anderer Hinsicht lebt die Stadt vom Land, sofern sie - realistisch oder unrealistisch - Landmenschen durch die Aussicht auf bessere Arbeitsbedingungen und Lebenschancen zum Umzug bewegt. Und sie gibt Menschen an das Land - oder an andere Städte - ab, wenn sich deren innerstädtischen Lebensbedingungen verschlechtern, oder wenigstens subjektiv so empfunden werden. Die Stadt hat Tore, durch die man hinein- und hinausgehen kann, oder hinausgeworfen wird. Die Grenzen des Systems sind durchlässig, kontrolliert, aber auch unkontrolliert überschreitbar.

Nur zu proportional eher geringem Teil deckt der Begriff »Land« die geographisch beschreibbare engere Umgebung der Stadt. Fernstraßen, See- und Luftverbindungen, sowie die modernen Informationsträger transzendieren die Nahumwelt; alle möglichen Weltgegenden können zu Stadtumwelten werden. Oder umgekehrt: die Stadt und ihre Umwelten werden als Knotenpunkte weltweiter Sozialstrukturen integriert. Die räumliche Distanz wird durch die Fortschritte im Verkehrswesen verringert, dauerhafte interkontinentale Wirtschaftsbeziehungen sind möglich: durch den Seetransport etwa zwischen London und Calcutta.

> These two cities, however, at present carry on a very considerable commerce with each other, and by mutually affording a market, give a good deal of encouragement to each other's industry.
>
> Adam SMITH, *The Wealth of Nations*

Den einen Städten gelingt es, im Wandel der Produktionsweisen ihre Bedeutung zu erhalten, während die anderer stagniert oder zurückgeht, bis zur Bedeutungslosigkeit. Die globalen Sozialsysteme bauen offenbar nicht in linearem Fortschritt auf gewordenen Strukturen auf - sie sind wandelbar, ziehen neue Grenzen, schließen aus.

Die Stadt bestimmt sich durch Abgrenzung vom Land, von anderen Städten, vom Staat. Die Grenzziehung ist aber keine eindeutige. Ein wirtschaftliches Großunternehmen operiert städteübergreifend, es ist durch Niederlassungen in ihnen repräsentiert, das Stadtsystem wird vom Wirtschaftssystem durchkreuzt. Das Unternehmen hat an der Stadtidentität kein substantielles Interesse. Zwar werden Leistungen ausgetauscht zu gegenseitigem Vorteil, aber nur solange dies der Unternehmensstrategie entspricht. Insofern also trägt die Stadt ***heterogene*** Elemente - von denen sie zugleich lebensnotwendige Ressourcen bezieht - in sich. Der Erscheinung nach gehört die Wirtschaft ja zur Stadt, formt ihre Gestalt durch ihre Architektur und die Lebensweise der von ihr Beschäftigten.

Auch das Unternehmen bedient sich der städtischen Ressourcen, aber es kann oder will sich um deren Erhaltung oder Pflege nicht bekümmern. Die städtische Verwaltung scheint darum alternativelos und perspektivelos den unternehmerischen Forderungen ausgeliefert.

Krisen der Stadtentwicklung können nur dann aufgefangen werden, wenn genügend Potential bereitsteht, das erlaubt, innovativ sich auf neue politische und ökonomische Verhältnisse einzustellen. Die *Innovationsfähigkeit* ist wieder nicht abstrakt vorauszusetzen, sondern von stadtinternen institutionellen Gegebenheiten - z.B. einer geschichtlich gewachsenen diversifizierten Industrie - abhängig, Voraussetzungen, die eine Umakzentuierung ermöglichen. Aber nicht nur müssen die Produktionsinstrumente variabel sein, die Produzenten müssen mit ihnen auch mit Gewinn wirtschaften können, damit der Standort attraktiv bleibt - nicht nur für sie wichtig, sondern auch für die Kommune, wenn ihr ein Anteil des Profits über Steuern zugute kommt. Was anders als der Profit sollte einen Unternehmer bewegen, seine Produktion an einem bestimmten Ort zu belassen oder neu zu installieren? Durch ökonomische Logik genötigt, wird er den billigsten Arbeitsmärkten hinterherziehen, die Beziehung von Wirtschaftslogik und Stadtlogik löst sich auf. Oder umgekehrt: Unternehmen holen ausländische Arbeitskräfte, die - wie im Baugewerbe - billig angeworben sind, in die Stadt, die mit ihr sowohl als Produzenten wie als Konsumenten nur eine vorübergehend flüchtige Verbindung eingehen.

Freilich ist die Frage, ob für alle Unternehmungen die Translokation von Produktionseinheiten oder der Import von Arbeitskräften mit Zeitverträgen tatsächlich langfristig den größeren Gewinn erbringt. Es ist für das unternehmerische Kalkül genauso wichtig, mit welchem Expertenstamm komplizierte Arbeiten erledigt werden. Arbeiten, für die man nicht einfach angelernt werden kann, sondern die einer langwierigen wissenschaftlich-technischen Ausbildung bedürfen, aber auch einer Arbeitsmoral, die man nicht überall erwarten darf. »Infrastruktur« meint dann nicht bloß Straßen etc., sondern die Bildungs- und Forschungseinrichtungen, die gesamte Hintergrundkultur, die dem Unternehmen sein Humankapital bereitstellt.

6. IDENTITÄT UND ARCHITEKTUR: INDIVIDUALISIERUNG, ZWANG ZUR UNVERBINDLICHKEIT

Die Stadt ist der Ort der Kapitalakkumulation im Handwerk, im Handel, in der Industrie. Die kapitalistische Produktionsform ist per se auf Re-investition ihres Gewinns angelegt. Der Betrieb muß nicht nur erhalten, sondern ständig verbessert werden - unter dem Druck der Konkurrenz gilt es, die Gewinnchancen zu erhöhen. Die moderne Arbeit steht damit unter der Bestimmung, ständig neu organisiert und qualifiziert zu werden. Entsprechend wird das Warenangebot ständig verändert. Bedürfnisse werden nicht nur befriedigt, sondern strategisch neu erzeugt. Der Charakter von Produktion und Konsumtion ist dynamisch.

Die Stadt ist diesen ökonomischen Veränderungen ausgeliefert. Eine ihrer sozialpsychologischen Folgen ist, daß Menschen ihre traditionale Einstellung zur Arbeit notwendig verlieren.

Die Möglichkeit zur Lohnarbeit wird durch Zeitverträge hergestellt; Arbeit wird zu einem knappen Gut, das zu finden die Bereitschaft zum Berufs- und zum Wohnungswechsel zur Voraussetzung hat. Die familialen und freundschaftlichen Beziehungen werden zwangsläufig mit dynamisiert. Das Verhältnis zur Stadt als dem Ort lebensgeschichtlicher Verwirklichung wird distanziert - es sind Lebensabschnitte, die man in dieser oder jener Stadt verbringt.

Städte werden zum austauschbaren Hintergrund von Lebensgeschichten, so daß für die persönliche Identitätsbildung nur noch der translokale Großbetrieb oder noch abstrakter nur das subjektive berufliche Können als solches Identifikationsmuster bieten. Die Identitätsbildung des modernen Individuums ist nicht mehr an individuelle soziale Orte oder an individuelle soziale Konstellationen geheftet. Es besteht keine Gelegenheit mehr, sich auf öffentliche Verhältnisse tiefgehend einzulassen und selbst als öffentliche Person hervorzutreten. Öffentliche Engagements lassen sich nur kurzfristig durchführen, auf die Sektoren beschränkt, die das private Interesse direkt tangieren.

Als Komplement zur unsteten Berufsarbeit verstärkt sich die Tendenz zur privaten Lebensführung in den Grenzen des vertrauten und doch transportablen Heims. Und auch für die Familienbeziehungen gilt, daß sie nicht länger traditional vorgegeben, sondern gegen die gesellschaftliche Form vereinzelter Individualität nur mit Anstrengung aufrechtzuerhalten und niemals vor Kündigung sicher sind. Auch Ehen sind Zeitverträge, die nur durch Entscheidung zu verlängern sind.

> ... in der letzten Generation ist eine andere Art der Vorstadt entstanden, die vom Stadtkern ökonomisch unabhängig ist. Dies sind aber auch nicht wirklich Kleinstädte oder Dörfer, sondern Neubausiedlungen, die der Zauberstab eines Bauträgers ins Leben gerufen hat. Sie blühen auf und beginnen noch in der Lebensspanne einer Generation wieder zu verfallen. Diese Gemeinden sind nicht ohne Geselligkeit oder gutnachbarliches Verhalten, aber niemand wird auf längere Zeit zum Zeugen des Lebens seiner Nachbarn.
>
> Richard SENNETT, *Der flexible Mensch*

Die ethische Reflexion sucht die sozialen Wirklichkeiten so, wie sie sich in den verschiedenen Perspektiven der verschiedenen Handlungssubjekte zeigen, darzustellen. Für die Analyse der Stadt ist wichtig, was sie für die in ihr lebenden Menschen bedeutet, in welche *subjektiven und intersubjektiven Pläne* sie eingewoben ist. Solche Pläne sind bereits der Form nach unterschiedliche. Für einen großen Teil von ihnen ist die Wirkung auf die Stadt sekundäre und nicht-intendierte Folge, andere nehmen sie direkt als Thema, freilich wieder aus besonderer System- und Handlungsperspektive.

Direkt stadtbezogene Pläne sind nicht willkürlich, sondern sind Reaktion auf die Krisen, in die die städtischen Subsysteme geraten. Der *Stadtentwurf* ist bestimmte Antwort in einer bestimmten Situation, Anpassung des Systems an Umweltveränderungen, was nicht heißt, daß diese Anpassungsleistung nicht der Ideen und Werte bedürfte. Aber die Ideen werden eben nicht rein konzipiert, sondern situationsbedingt angeschnitten.

Die Realisierung der Idee bedeutet einerseits ihre Minderung, andererseits ihre Kritik. Der westdeutsche Städtebau der Nachkriegszeit etwa löste die Aufgabe, das Massenbedürfnis nach Wohnungen zu befriedigen, durch Rückgriff auf die Architektur der Zwanziger Jahre. Häuser und Wohnungen wurden »demokratisch« (oder, wenn man will, »sozialistisch«) konzipiert. Demokratisch: jede Wohnung glich der anderen, ebenso die Häuser. Die anthropologischen Bedürfnisse schienen durch die Konzepte der Neuen Sachlichkeit aufs Beste gelöst. Der Massenwohnungsbau der Nachkriegszeit mußte sich auf das Nötigste beschränken. Für die Flüchtlinge und Ausgebombten war es Luxus genug, wieder ein Dach über dem Kopf und einen Raum für sich selbst zu haben. Erst aus heutiger Sicht erscheinen die Wohnverhältnisse beengend. Zudem konnte als Fortschritt verstanden werden, daß - im Kontrast zu den alten Arbeitervierteln - weite Grünflächen zwischen den Bauten vorgesehen waren, Plätze fürs Kinderspiel und Wäschetrocknen. Analog zur Hausordnung galt für den Gemeinschaftsgrund strenges Reglement. Die Pflege der quasi-öffentlichen Flächen wurde von der Hausverwaltung vorgenommen. Der Vorgarten und gar der Nutzgarten, die selbstverständlich zum Ensemble des bürgerlichen Hauses gehörten, verschwinden. Jenseits der Berufsarbeit sollte der Mensch von allen zusätzlichen Lasten freigestellt sein. Die Beziehung der Stadtbewohner zur Natur sinkt - wenigstens im Wohnumfeld - auf eine dürftige Ästhetik ab. Aber zur gleichen Zeit erlaubt der Massentourismus das außergewöhnliche Naturerlebnis in der Ferne zu suchen, die angeblich intakte Natur wird zum Verkaufsartikel: auf nach Italien!

Die Fiktion dabei war, daß die vorgeblich funktionsadäquaten Erfüllungen sich mit dem Anspruch der Theorie auf humanes Bauen identifizierten, während tatsächlich doch nur auf ein sehr limitiertes Menschenbild Bezug genommen wurde. Das reale Bauen enthüllte gerade die Zweideutigkeit der demokratischen Idee. Im Nebeneinander der vielen Gleichen ist der Verlust des Gemeinschaftszusammenhangs in der Moderne nicht bewältigt, im Gegenteil entsteht mit der Isolation der Kleinfamilien auch ein kleinbürgerlich enger Geist, dem folgend jeder nur aufs Eigene schaut. Die Architektur gibt keine Stütze für die Kultivierung der Spannung zwischen individueller Differenz und sozialem Ganzen. Jedes Individuum ist nur es selbst oder Moment der Massengesellschaft, zu deren Formung es intellektuell und willentlich nichts beitragen kann.

Wenn die ökonomische Funktion und die bestimmte Weise ihrer Erfüllung grundlegend für das Stadtgebilde ist, dann muß jetzt das Zusammenleben der als Produzenten definierten Menschen beschrieben werden, nicht also ihre Beziehung zum Produkt, sondern die Beziehungen, die sie im *Miteinander an einem Ort* konstituieren. Wie wirkt sich die ökonomische Grundordnung in den Dimensionen von Politik, Familie und Persönlichkeit für die Stadtbewohner aus? Die Ökonomie kann die Bewohner nur in ihrer Arbeitsrolle, in der Weise instrumenteller Kooperation verbinden. Was über die betriebliche Einigungsform hinausgeht, die Umwelt des Unternehmens, wird von ihr wieder unter betriebsrationalen Interessen im Hinblick auf sein effizientes Funktionieren erfaßt. Die Gestaltung der städtischen Lebensform erfolgt dann so, daß sie als Mittel und Außenbedingung der Produktionssysteme gesetzt wird. Verkehrs- und Versorgungssysteme, Wohnquartiere entstehen unter dem Diktat dieser eingeschränkten Rationalität. Menschenmassen sind möglichst billig unterzubringen und möglichst schnell von der Wohnung zur Arbeit zu befördern. Im ausserbetrieblichen Leben gelten die Individuen als *vereinzelte Einzelne*, als Träger potentieller Arbeitskraft. Das entspricht klassisch liberaler Anthropologie, nach der jedem Menschen offensteht, seinem eigenen Lebensentwurf nachzustreben, ungehindert von den Vorstellungen seiner Mitmenschen, denen umgekehrt ebenso die Chance zu individueller Selbstverwirklichung zuzugestehen ist. Nach modernem Verständnis ist jeder Mensch ein Individuum für sich selbst, geschützt durch den Panzer privaten Eigentums. Er ist autonomes Subjekt. »Glück« und »Selbstverwirklichung« haben zunächst ökonomische Bedeutung: sie können nur durch Integration der individuellen in die gesellschaftliche Arbeit gewonnen werden, und zwar so, daß das Verhältnis von Leistung und Lohn durch Vertrag gesichert ist. Die Sozialbeziehung ist nur ein rationales und instrumentelles Moment der individuellen Selbstverwirklichung. Das autonome Subjekt ist seinem Wesen nach bereits als homo oecomomicus bestimmt. Jeder ist Selbstunternehmer. Damit ist das moderne Individuum seiner Idee nach von nicht-vertraglich regulierten Sozialbeziehungen abgeschnitten. Was in Zivilverträgen nicht geregelt werden kann, dafür steht die unpersönliche Polizeiordnung, deren Regeln die Einzelnen in ihrer Isoliertheit festhalten.

Der Preis der Freiheit von der Sitte ist die Einsamkeit, die als Schicksal den Stadtbewohnern zufällt. Es ist dieser Doppelaspekt der Moderne, deren »harte« Theorie von Aufklärung und Aufklärungskritik normativ konstruiert und deren empirische Wirkungen von der Stadtliteratur des XIX. und XX. Jahrhunderts fortgedeutet wird.

Wäre so die Stadt nach ihrer ökonomieabgewandten Seite ein *Aggregat vieler atomisierter Individuen*? Die städtischen Apparaturen wären dann die den äußeren Zusammenhalt gebende Form, die von den einzelnen lediglich hingenommen wird, ohne sie in ihrem individuellen Wesen zu betreffen. Für die Stadtform ist vielmehr ein Individuum dem anderen gleich, gleichgültig und zufällig. Sie überformt das Verhalten der Individuen zueinander, so daß jeder in jedem nur den anonymen Anderen erkennt, an dem es möglichst reibungslos vorbeizukommen gilt. Die Straße und der Platz sind nicht mehr der Ort sozialer Begegnung und Auseinandersetzung.

Gegen die Egalisierung der Individuen sprechen allerdings die objektiven *Klassenunterschiede,* zu denen es als nicht intendiertes Resultat ihres Ökonomiestrebens kommt. Der Gegensatz von Reich und Arm ist eine Stadtform, die zum egalitären Ausgangskonzept in Spannung steht. Es gibt städtische Orte, die die Erfahrung von Gleichheit begünstigen, und andere, an denen sich Ungleichheit manifestiert. Villen kontrastieren mit Mietskasernen: Phänomene, die den Geltungsanspruch der liberalen Theorie mindestens begrenzen.

In modernen wohlfahrtsstaatlich gestützten Gesellschaften ist der Kontrast nicht so grell, als daß er zu sozialer Unruhe führen würde. Der zeitgenössische Einzelne ist viel zu sehr mit sich selbst beschäftigt, um bewußt seine Klassenlage zu verändern oder zu verteidigen. Es ist eine Gegebenheit, mit der man sich abfindet, um die zu streiten sich nicht lohnt. Die Risiken des Streits stehen in keinem Verhältnis zu den Gütern, die der Wohlfahrtsstaat auch dem Minderbegünstigten zuteilt - Sozialpolitik, die für die Stadtbewohner, aber nicht von ihnen gemacht wird.

Gewiß sind Einkommensunterschiede in der Architektur sichtbar, aber sie werden nur ästhetisch und nicht politisch gedeutet. Zumal die architektonischen Formelemente der Oberklasse sich in denen der Massenkultur wiederfinden, sehr schnell imitiert werden und nur, für den oberflächlichen Blick nicht sichtbar, durch Sorgfalt der Verarbeitung und Qualität der Materialien sich unterscheiden. So könnte man sagen: was für die Einzelnen gilt, gilt auch für die sozialen Klassen, daß jede zur anderen indifferent ist. Dafür sorgt schon die räumliche Entfernung der Quartiere. Die Individuen begegnen sich nur auf der Mall, im Kaufhaus, gut genährt und gut gekleidet: jedes scheint dem Anderen wieder gleich. Die paar Obdachlosen gehören irgendwie dazu.

Sowenig wie der politische Klassenbegriff greift der soziologisch neutrale des *Milieus.* Ein modernes Stadtviertel mag zwar von Menschen derselben Einkommenshöhe bewohnt sein, aber das heißt nicht, daß man sie als Lebens- oder gar Solidargemeinschaft bestimmen könnte. Die Individuen unterscheiden sich ja beträchtlich nach Bildung, Beruf und Freizeitinteressen. Für viele ist das Wohnen im Quartier nur eine berechenbare Phase in der Lebensgeschichte. Räumliche Nähe bedeutet darum nicht per se die Aufnahme dauerhafter intensiver sozialer Kontakte. Wer heute in einem Mietshaus wohnt, kennt längst nicht alle Nachbarn von Angesicht, geschweige durch ein Gespräch. Man muß seinen Privatraum nicht besonders schützen, schlichtweg, weil niemand auf den andern neugierig ist. Die Bekanntschaftskreise kommen durch Neigung und Wahl zustande, vermittelt über den Arbeitsplatz oder Dienstleistungseinrichtungen wie etwa Kindergärten oder Volkshochschulen. Die Freunde sind nicht Nachbarn, sondern leben über die Stadt, das Land, die Welt verstreut.

Und auch sie begleiten die individuelle Biographie eher nur auf Zeit. Insofern wären die Stadtviertel nicht per se Orte sozialer Identitätsbildung. Dagegen zwar sprechen die Immigrantenviertel, die sowohl in der Kleinstadt wie in der Großstadt zur festen Größe geworden sind, nachgerückt in die Altstadt oder die Arbeiterquartiere, die von den Einheimischen um besserer Wohnlagen willen verlassen worden sind. Hier kommt es sichtbar zu Solidarisierungen. Und damit zu Abgrenzungen, nicht aber zu einer direkten politischen Repräsentation des Gruppeninteresses in den Stadtparlamenten. Vielmehr bleiben die politischen Interessen und Aktivitäten aufs Herkunftsland bezogen. Auch hier wird nichts für die Stadt getan, ist das Bewußtsein, Stadtbürger zu sein, verständlicherweise nicht ausgeprägt. Der Begriff der »Zivilgesellschaft« ist mit dem der Stadtbewohner nicht deckungsgleich. Die Aufrechterhaltung der Idee politischer Verantwortung für das Gemeinwesen ist nicht durch ein eindeutiges Subjekt »Bürgerschaft« gestützt.

Aber es wäre falsch, der politischen Idee des Stadtganzen den Abschied zu geben. Sie wird verwirklicht, aber nicht von einem Kollektivsubjekt, sondern von vielen Subjekten, die immer dort einsetzen können, wo die bestimmten systemischen Abläufe in die Unbestimmtheit des Entscheidens übergehen. Hier macht es einen Unterschied, wer die Entscheidung trifft, d.h. wie weit der betreffende Akteur Systemabläufe allein technisch kundig fortsetzt, oder wieweit er seine Möglichkeiten, die immer begrenzte sind, durch Reflexion auf das Stadtensemble und das Wohl der Kommune insgesamt modifizieren läßt. Diese Reflexion kann niemandem aufgezwungen werden, weil sie in den freien Vollzug des *Ethos der Persönlichkeit* gehört, die sich auf verschiedene Weise bestimmen kann. Daß sie sich die Stadtgemeinde ins biographische Konzept integriert, ist eine Angelegenheit der freien Wahl, aber keine leere und beliebige, sofern eben diese Reflexion eine funktional geforderte und notwendige ist.

7. DIENSTLEISTUNGEN: REDE-PRAXIS, SUBJEKTWERDUNG IN WIR-BEZIEHUNGEN

Die politische Funktion der Stadt wird verläßlich, wenn auch beschränkt, durch Administration und Expertenpolitik erfüllt, durch Instanzen, an denen die Bürger nicht direkt partizipieren, die für einen lebendigen Zusammenhang zwischen Individuen und Gemeinwesen keine Möglichkeit bieten. Wie zu staatlichen Einrichtungen bleibt die Einstellung des Bürgers auch zu denen der Stadt formal. Nur wenige haben Zeit und Neigung, selbst die öffentlichen Ratssitzungen zu besuchen. Die moderne Politik realisiert sich nicht nach dem Idealmuster der Polis. Politik scheint ein Subsystem neben anderen. Während Arbeit und Partnerschaft unabdingbar individuelles Engagement erfordern, scheint die Bürgerrolle für Apparat und Individuum beinahe entbehrlich. Die Indifferenz des Einzelnen gegenüber der Gemeinschaft, in der er sein Leben führt, scheint programmiert. Aber vielleicht genügt ein Perspektivenwechsel, um diese einleuchtende Erfahrung der Apolitie der Einzelnen ihrerseits zu relativieren.

Der Einzelne lebt ja nicht nur in der Familie, und nicht nur im Betrieb. Ja, die Bestandnotwendigkeiten dieser Systeme zwingen ihn über ihren Kreis hinaus. Dienstleistungs- und Freizeiteinrichtungen mannigfacher Art müssen in Anspruch genommen werden. Soziale Kontakte zwischen bis dahin Fremden werden hergestellt, bestimmte gemeinsame Identitäten, unterschiedlich begrenzt nach Tiefe und Dauer, werden begründet. Je unterschieden nach der konkreten Situiertheit des Einzelnen in den Primärsystemen, je nach dem biographischen Geschick, das er in ihnen erfährt, wird er an sozialen Netzen teilnehmen, die diese transzendieren und dennoch an den Stadtraum und an seine konkrete Erfahrung gebunden bleiben.

> ...the Working Class and the Business Class. Members of the first group, by and large, address their activities in getting their living primarily to things, utilizing material tools in the making of things and the performance of services, while the members of the second group address their activities predominantly to people in the selling or promotion of things, services and ideas.
>
> Robert S. LYND and Helen M. LYND, *Middletown*

Gewiß sind die meisten dieser Dienstleistungen wiederum nur über die Kommunikationsweise: Ware gegen Geld, vermittelt. Aber über diese Basalkommunikation hinaus zeigt sich doch hier die Chance und die Notwendigkeit *sprachlicher Selbstmanifestation*, in der der Einzelne seine Meinung zu äußern und sich mit den Meinungen anderer auseinanderzusetzen hat. Geld gegen Ware, und personorientierte Praxis sind zwar verschieden, müssen aber nicht unverträglich oder einander feindlich sein. Die Tauschform zielt ja nur auf die Gleichheit der Wertquanten der getauschten Waren, ist aber völlig indifferent gegenüber der Qualität des Getauschten. Die Einlaßbedingung für das Tauschsystem ist die Zahlungsfähigkeit; kann der Konsument sie erfüllen, steht es ihm frei, zwischen den Anbietern die für ihn attraktivsten auszuwählen. Aus der Vielfalt der möglichen Kommunikationen, die die Tauschform offeriert, trifft er die Entscheidung für bestimmte Kommunikationen, vorweg begrenzt nur durch das Maß der verfügbaren Zahlungsmittel. Nicht Geld gegen Geld, sondern gegen inhaltliche Kommunikationen einzutauschen, ist sein Interesse. Auf der andern Seite sind die Anbieter genötigt, miteinander konkurrierend die Qualität ihrer Ware zu verbessern, den Konsumenten für sich zu gewinnen. Das aber gilt für sachliche wie für personale Qualitäten. Schon beim Kauf von Sachen wird ja Wert auf Höflichkeit gelegt, tauschbegleitende Praxis, die dem Sachwert nicht das geringste hinzufügt, für das Zustandekommen der Kommunikation und ihre Fortsetzung aber entscheidend ist. Dem Sachwert wird ein unbezahlbarer Praxiswert zugesetzt. Wieviel mehr beim Eintausch von Leistungen eines Arztes oder einer Psychotherapeutin, wo der Tauschwert nur die äußere Hülle für den Gebrauchswert einer durchgängigen interpersonalen Praxis ist, eine Dimension, in der es um die materielle und geistige Erhaltung und Förderung, zentral um die Identität von Individuen zu tun ist.

Die Totalität des Geldes, das Medium der städtischen Gesellschaft, distanziert so zwar von den naturwüchsigen Sozialbeziehungen, bringt aber andererseits die vielen Einzelnen in den unterschiedlichsten Variationen gewählter Kommunikationen auch wieder zusammen. Kommunikationen, die einmal von Fall zu Fall - von einem Kaufakt zum andern - eingegangen und gelöst werden, die kontingent sind und in denen die personale Seite nur schwach betont ist, und andere, in denen das zufällige Aufeinandertreffen der im Tausch sich vermittelnden Personen zu wechselseitigen Engagements führen, deren Dauer und Wert im Geldpreis, der sie für mit allen anderen Waren für vergleichbar setzt, nur eine symbolische Entsprechung findet.

> »Jetzt kommt der Bettler mit den blauschwarzen Haaren über die 96. Straße auf uns zu, und wir verdrücken uns in das ›Gute EßGeschäft‹, wo wir angesprochen werden als unentbehrliche, zu lange schon entbehrte Nachbarn. Das heißen die ostdeutschen Kinder aus meiner Klasse den Kapitalismus perpetuieren. Sollen wir sagen: ›Charlie, du willst nur unser Geld?‹ Charlie wird sagen. ›Du willst eins von meinen Dreidecker–Sandwiches, so wie nur ich sie machen kann, und zwar für das Geld, Gesine. Stimmts? Siehste, und dein Kind will Toast mit Ahornsirup, wie gehabt.«
>
> Uwe JOHNSON, *Jahrestage*

In diesen Mikrosituationen alltäglicher Krisenbewältigung entsteht Politik, entsteht ein *politisches Ethos.* Freilich ist dessen soziale Qualität ebenso unterschieden wie seine Zielsetzungen. Wichtig ist hier nur der Formalaspekt, daß Einzelne sich in ihrer Unterschiedenheit wahrnehmen, Einigungen herstellen und gemeinsame Interessen vertreten können. Indem sie das tun, müssen sie auch Bezug nehmen zu dem gesellschaftlichen Anderen, der durch ihre Reden und Aktionen tangiert ist. Nicht der Andere der Familie, des Betriebs, des Staates oder der Gesellschaft überhaupt, sondern der Andere, der die Dimension Stadt repräsentiert.

Die städtischen Lebensformen oszillieren zwischen Gemeinschaft und Gesellschaft. Auf der einen Seite sind die Individuen in einem isolierten Einzeldasein gefangen. Jedes Individuum ist abstraktes Für-sich-sein. Auf der anderen Seite kann es sehr leicht zu Vergemeinschaftungen zwischen beliebigen Individuen kommen, zu einer Aufhebung von Grenzen, wie es für die traditionale Dorfgemeinschaft mit ihrem traditionalen Außenverständnis unmöglich ist. Jenseits der durch die Arbeitsverhältnisse festgelegten Rolle ist das Individuum substanzlos, seine Differenz gegenüber dem sozialen Anderen auflösbar. Aber auch der Andere ist haltlose Individualität.

Die bestimmte Vergemeinschaftung kommt zunächst nur dadurch zustande, daß sie *von außen* und künstlich gemacht ist. Die Vergemeinschaftung wird *inszeniert* - wiederum mit dem funktionalen Sinn, Arbeits- und Freizeitverhalten zu stabilisieren. »Gemeinschaft« wird gesellschaftlich instrumentalisiert. Nicht nur die Firmen, auch die Städte suchen sich durch Selbstinszenierung attraktiv zu machen. Aber führt das nicht zum gegenläufigen Ergebnis, daß der Arbeiter zur Firma, der Bürger zur Stadt nur noch ein ironisches Verhältnis unterhalten kann, wenn ihm klar wird, daß es mit der Gemeinschaftsbildung keinen Ernst hat? Die Festivalisierung ist demnach Ausdruck der Probleme moderner Individualität, nicht aber ihre Überwindung. Bedingung dieser

Überwindung ist aber die Vertiefung und Erweiterung des Begriffs des individuellen und sozialen Lebens und dessen Objektivation in einer ethisch reflektierten Lebensform. Die postmoderne Stadt ist, so wie sie sich an der Oberfläche gibt, eine Multiplikation von Angeboten jeder Art, durch die das Individuum ständig unter der Bestimmung der Differenz angesprochen wird. Der objektive Schein der Differenzierung in seiner prätendierten Absolutheit verhindert gerade, daß das Individuum seine *eigene Differenz* entdeckt und sich zu ihr bestimmt. Er verhindert die Personalisierung und damit den Austrag und die Vermittlung von interpersonalen Differenzen. Wird die postmoderne Stadt durch eine schlechte Unendlichkeit von Kommunikationen zerredet und zersetzt, wird ihr vorausgesetzter Sinnbestand aufgezehrt, dann ist die ethische Praxis umgekehrt gerade die Begründung von Sinnstrukturen, die zum äußeren Allgemeinen und Besonderen *querstehen*, eben weil sie sich aus dem Setzen und Aufeinanderbeziehen der selbstbewußten individuellen Freiheit ergeben. Der ideale Stadtbegriff entfaltet sich nicht von den Subsystemen und ihrem machinalen Prozedieren und ihren mechanischen Vermittlungen, sondern von den transsystemischen Beziehungen, die Individuen als personale Identitäten aufzubauen imstande sind.

8. KONSUM: REFLEXIONSBEDINGUNG DES PERSONALEN SELBST

Die stadtbezogene interpersonale Ethik hat mit der der Intimität die Bestimmung zur Konkretion gemeinsam. Ihre Träger suchen sowohl die Komplexität des eigenen Selbst wie des Selbst des Gegenüber und Partners zu verstehen. Für die Hermeneutik des Intimen liegt der Akzent auf der Klärung des »Innen«, der psychischen Totalität, in der die Außenbestimmtheiten zu einem individuellen Selbst zusammengelebt sind. Die Individuen interessieren sich füreinander in ihrer Einzigartigkeit. Dagegen legt die stadtbezogene Ethik den Akzent auf das »Außen«, ihre Hermeneutik geht auf den Anderen ein, sucht ihn aber als *Moment eines sozialen Ensembles* zu bestimmen. Thema des Verstehens ist in erster Linie nicht die psychische, sondern die soziale Identität des Gegenüber. Nun läßt sich die soziale Identität zwar durch Theorien hohen Abstraktionsgrades beschreiben, derart, daß die Diesheit des Gegenüber, der doch eigentlich verstanden werden soll, völlig aufgelöst wird. Theorien dieses Typs können nur Hilfsmittel der Ethik sein. Ihr Ziel ist aber nicht die Erhebung von Allgemeinbestimmungen, sondern das Verstehen ihres konkreten Ineinander. Für die stadtbezogene Ethik gilt dann, nicht nur die Wechselwirkung des Gegenüber mit seiner konkreten sozialen Umwelt zu erfassen, sondern ebenso, den Kontext dieser Umwelt - ihre Wechselwirkung mit anderen Umwelten - begrifflich einzuholen. Die dichte Konstellation sozialer Gruppen und ihrer materialer Objektivationen wäre dann die Erfüllung dessen, was den Begriff der Stadt definiert. Die Ethik hat dann ihre Gegenüber in einem sozialen Ensemble loziert, das sie von anderen Beziehungsmöglichkeiten unterscheidet. Aber wiederum kann sie sich mit einer Beschreibung der Dialektik sozialer Gruppen im städtischen Raum nicht begnügen. Das verhindert der universalethische Begriff der Persönlichkeit, mit dem sie ihr Gegenüber charakterisiert.

Mit *Persönlichkeit* ist die Fähigkeit von Individuen zur Selbstentfaltung und Selbstintegration der je eigenen Möglichkeiten bezeichnet. Mit der Formel des *gelingenden Lebens* ist die ethische Leitkategorie angesprochen, die hintergründig all ihren Stadtanalysen Form gibt. Jetzt wird sie als Grundgegebenheit des individuellen Selbstbewußtseins der Stadtbewohner identifiziert. Damit tritt die Ethik als Theorie mit ihrem Gegenüber und seiner Praxis in ein dialogisches Verhältnis, in eine Auseinandersetzung über die Qualität der gemeinsamen und verschiedenen Lebensauffassungen. In dieser Auseinandersetzung übernimmt die Ethik als Theorie zunächst den hörenden und darstellenden Part. Sie hält sich vor moralisierenden Lösungen zurück, versucht vielmehr wahrzunehmen, in welche realen Konflikte ihre Gegenüber verstrickt sind.

Die Stadttheorie gewinnt so zur pragmatischen, instrumentellen und ökonomischen Einigungsform die der interpersonalen Praxisdeutungen hinzu. Die pragmatischen Schemata orientieren das Sozialverhalten von Individuen: daß sie sich überhaupt in der Stadt auskennen und bewegen können. Ihrem Gebrauchswissen entsprechen die Apparaturen der instrumentellen Systeme, die die materielle städtische Grundversorgung ermöglichen. Wie das Gebrauchswissen von allen Anwendern als Allgemeines und Beständiges ihren besonderen Aktionen vorausgesetzt gilt, obwohl es durch ständige Anpassungsleistungen in seinen Inhalten verändert wird, so verlaufen auch die technischen Systeme in sich zirkulär, trotz der ständigen Neuqualifikationen durch den technischen Fortschritt. In den Apparaturen und ihrem routinierten Umgang bildet sich ein objektives Ethos, eine technische Lebensform - Hintergrund der nachdrücklichen Zielsetzungen des subjektiven Selbstbewußtseins der Benutzer. Sofern diese sich in technischen Systemen bewegen, ist auch ihre Beziehung zueinander ein pragmatisches Aufeinanderabstimmen technischer Rollenforderungen, während ihre Zielsetzungen einander verschlossen bleiben. Die administrativ besorgten Apparaturen dekken die materielle Bedürftigkeit der Stadtbewohner freilich nur zu einem geringen, wenn auch notwendigem Teile ab. Sie sind ein Moment des gesellschaftlichen Systems der Bedürfnisbefriedigung, das sein umfassendes Warenangebot in der Stadt zur Schau stellt und seinen Konsum zur anthropologischen Wesensbestimmung erhebt.

Die instrumentellen Systeme der städtischen Grundversorgung begründen für die Stadtbewohner eine notwendig-allgemeine, aber schwache Identität, die in die besondere subjektiv-reflexive Identitätsbildung nicht eingreift. Anders das kapitalistisch betriebene Konsumsystem, dessen instrumentelle Funktion: Mittel für den Lebensunterhalt zu garantieren, so aufrecht erhalten wird, daß es die Ware als wesenskonstitutiv für die individuelle Identität anpreist. Die sachliche Leistung vermittelt sich im Schein sinnhaften Praxisangebots - die individuelle Identität erwirbt sich durch das *Haben*. Alle Individuen sind auf das allgemeine Warenangebot bezogen; aber dieser objektiven Integration in das System entspricht auf der Seite der subjektiven Reflexion die soziale Desintegration oder das Zerfallen in viele Einzelne, deren Begehren und Wünschen vom konkreten Anderen abgezogen und von der Ware absorbiert wird. Das führt einmal zu einer äußerlichen Identitätsauffassung, sofern der Einzelne sich durch die Identitätssymbole der Werbung bestimmt, sich von ihrer Aura faszinieren läßt, und zugleich zu einer Reflexion ins schlecht Unendliche, sofern die Warenimagines sich ja ständig verwandeln und erneuern. Der städtische Konsum löst die Stadtgemeinschaft auf.

> C'est le confort jamais connu de flâner a pied entre des magasins offrant leurs tentations de plain-pied sans meme l'écran d'une vitrine, sur le Mail à la fois rue de la Paix et Champs-Elysées, agrémenté de jeux d'éaux, d'arbres minéraux, de kiosques et de bancs, totalement libéré, des saisons et des intempéries: un système de climatisation exceptionnel, ayant nécessité treize kilometres de gaines de conditionnement d'air, y fait régner un printemps perpétuel.
>
> Non seulement on peut tout y acheter, d'une paire de lacets à un billet d'avion, y trouver compagnies d'assurances et cinémas, banques ou service médical, club de bridge et exposition d'art, mais encore on n'est pas esclave de l'heure. Le Mail, comme toute rue, est accessible sept jours sur sept, de jour comme de nuit.
>
> Jean BAUDRILLARD, *La société de consommation*

Das Konsumsystem ist ein Prozeß kommunikativer Vergesellschaftung, in dem das kapitalistisch signierte Allgemeine die vielen Individuen je als Einzelne anspricht und auf sich verpflichtet. Indem sie a priori unter die Essentialbestimmung des Habens gestellt sind, spricht das System au fond nur mit sich selbst, entmündigt die individuellen Sprecher im Zuge ihrer Anerkennung.

Nun kann die konsumistische Einigungsform die anthropologische Bestimmung individueller Selbstwerdung nicht ersetzen - die Imagines können sie nur formen, nicht aber erschaffen. Die Kommunikation der Warenwelt mit sich enthält an der Individualitätsbestimmung ein *Nicht-identisches*, das es als Irritationsfaktor braucht und deswegen immer nur überspielen, aber nicht beseitigen kann. Und auch das individuelle Bewußtsein wird seine Bestimmung nicht los, bleibt es doch in seiner konkreten Leiblichkeit in die soziale Auseinandersetzung mit Anderen gebunden. Die Realität der individuellen und sozialen Alltagspraxis und ihre Problematiken werden durch das Konsumsystem zwar affiziert, aber nicht beseitigt. Vielmehr fügen die als Lösungen angebotenen Konsumformen dem Alltag neue Problematiken hinzu. Der konsumistische Habitus bricht sich an Situationen, wo ein Subjekt unausweichlich mit sich und Anderen zu tun bekommt, in denen es als eigenes Selbst gefordert ist, seine Praxis zu entwerfen und durchzutragen hat. Die pragmatischen Schemata des subjektiven Selbstbewußtseins sind im Horizont praktischen Wissens aufgehoben. Das pragmatische

Wissen: »Wie« etwas zu machen ist, läßt die Frage nach dem »Wer« und »Wozu« seiner Benutzer offen, zieht sie lediglich in bestimmte Rollenspiele hinein. Das Warensystem dagegen bietet den Konsumenten eine Fülle von Identifikationsmöglichkeiten an, springt von der Ebene der Gebrauchsmittel auf die symbolische Erfüllung der Zweckbestimmung über. Die Aggressivität der Anbieter durchbricht das naive Beisichsein der subjektiven Selbstdeutung, zieht sie in das Grenzenlose der Warenwelt hinein. Als konsumierendes wird das Individuum objektiviert, es wird als ein Selbst angesprochen und doch wie eine Sache bestimmt. Unter der Maske von Identitätsversprechungen wird die subjektive Identität sich selbst entfremdet, wird zu einem Anderen. Attrahiert als Einzelnes geht es in der Masse der Konsumenten unter. Aber die Identitätssymbolik der Ware erweist sich als Fiktion, sofern sie den Realitätszwang, unter dem das Subjekt steht, nicht zu beseitigen vermag. Die Sprache der Ware, die in vielen Zungen redet, hat für die konkrete subjektive Situiertheit kein Wort.

Die Spannung zwischen der Welt unverbindlicher gesellschaftlicher Deutungen und der Welt harter gesellschaftlicher Forderungen kann nur durch das Subjekt selbst vermittelt werden, durch *Entfaltung seiner reflexiven Deutungsenergien.* Die Warenform ist gleichgültig gegenüber dem Gehalt der Gebrauchswerte, mit denen sie Erleben informiert. Dagegen stellt das Subjekt, wenn es sein Erleben verstehend zu bestimmen sucht, nachdrücklich die Frage nach der praktischen Bedeutung der angebotenen Informationen: welchen Wert haben sie für die Bewältigung der Realsituation, wieweit lassen sich aus ihnen praktische Schemata erschließen, die praktische Orientierung möglich machen, die Konstitution praktischer Projekte erlauben? Auswählend und interpretierend öffnet die Reflexion den inneren Sinn der vorgegebenen Zeichen, eignet sie sich als Momente seiner Weltsymbolik zu. In seiner individuellen Perspektive wird »Welt« durch und für das Subjekt repräsentiert. Das Verstehen macht das Subjekt, weltläufig, welterfahren. Wenn der Begriff der Stadt als Ort dichter interindividueller Wechselwirkungen erläutert werden soll, dann sind die Individuen als praktische Subjekte in ihr tätig, ihrem Reflexionswissen über sie hinaus. Jede individuelle Reflexionseinheit repräsentiert seine Weltauffassung in der Stadt und für sie, macht sie in den Beziehungen zu konkreten Anderen geltend. Stadt ist damit zunächst ein Zusammen völlig unterschiedlicher individueller Lebensdeutungen.

> Le langage est universel parce qu'il est le passage même de l'individuel au général, parce qu'il offre des choses miennes à autrui. Parler c'est rendre le monde commun, créer des lieux communs.
>
> Emmanuel LÉVINAS, *Totalité et Infini*

Nicht das bloße Zusammensein, sondern das Zusammenleben vieler Menschen konstituiert die Einheit der Stadt. Sie entsteht durch dichte Kommunikationen und Kooperationen. Für die individuelle Anschauung und Praxis wird sie nur perspektivisch zugänglich, das Individuum ist in seinem Lebensvollzug ja immer konkret situiert und engagiert. Gegenständlich wird nur das, was in den eigenen Interessenkreis, oder den der Organisationen, in deren Sinnkontexten es seine Rolle spielt, fällt. Die städtische Einheit als solche ist für das Individuum ein Grenzbegriff. Sie ist die Unbestimmtheit, die sich als Darüberhinaus der im Lebensvollzug bestimmten Einigung zeigt.

Es sind immer mehr Kommunikationen anzunehmen, als für das individuelle Selbstbewußtsein erfaßbar sind. Jede bestimmte Kommunikation erhält dadurch den Charakter des Relativen, Unabgeschlossenen - immer könnte ja noch auf Anderes Bezug genommen werden.

Die unbestimmte, vom bestimmten Wissen abgewandte Seite der Stadt wird durch ihren *Namen* repräsentiert. Der Name ist das Symbol für einen bestimmten Zusammenhang, der sich als »Ort« entfaltet, sich von anderen Orten absetzt. Durch den Stadtnamen wissen die Individuen sich auf eine Einheit bezogen, auch wenn sie persönlich nur einen verschwindend kleinen Teil der übrigen Stadtbewohner kennen. Der Name steht für eine Vielheit von Praxen, von denen angenommen wird, daß sie alltäglich kontinuierlich aufeinander Bezug nehmen - einander ermöglichen, derart, daß das für das Wissen nur abstrakt zu bezeichnende Ganze doch als objektives Ganzes im Rücken der subjektiven Praxis bestimmend da ist.

Der Name bezeichnet ein *individuelles Allgemeines*, das sich nach Raum und Zeit bestimmt hat und bestimmt. Der Raum, der von der Stadt eingenommen und besetzt gehalten wird, ist einmal geographisch umschreibbar - sie ist »hier« und nicht irgendwo - , sodann als Zentrum der Wirkungen., durch die sich eine Gemeinschaft von Menschen nach »außen« als Einheit kenntlich macht, wie nach »innen« zu einer in sich strukturierten Einheit verbindet. Der städtische Raum ist durch seine Binnenstrukturierung erfüllt. Die sozialen Strukturen sind nicht einfach gegeben; ihre bestimmte Form ist durch menschliche Praxis hervorgebracht und wird durch die spätere Praxis teils anerkannt, teils verändert. Die städtische Einigung realisiert sich in der Zeit und als Geschichte. Stadtgeschichten können miteinander verglichen und typisiert werden, aber sie sind nicht austauschbar.

Es war diese Gruppe von Menschen, und keine andere, deren Praxis zu diesen Resultaten führten, auf die sich die gegenwärtigen Stadtbewohner einzurichten haben. Die vorgängigen Resultate werden von individuellen Praxissubjekten sowohl übernommen wie - stärker oder schwächer - neu akzentuiert. Jedes Individuum hat einen bestimmten Spielraum von Möglichkeiten, zwischen denen es wählt und sich zu einer bestimmten Handlung entschließt; die Reihe seiner Freiheitshandlungen macht es sich reflexiv in seiner *biographischen Selbsterzählung* verständlich. Die vorgegebenen sozialen Formen sind zunächst in seine Selbsterzählung aufgehoben, bedeutsam nur für es. Die Stadtgeschichte ist so in eine Mannigfaltigkeit von individuellen Selbsterzählungen aufgelöst. Aber weil die subjektiven Intentionen sich äußern, müssen sie notwendig die Intentionen anderer Subjekte berühren - die Akteure müssen sich reflexiv in einer gemeinsamen Erzählung der für alle Beteiligten geltensollenden Formen des Zusammenlebens versichern. Damit wird zwar nicht unmittelbar und nicht im Ganzen die

Stadtgemeinschaft erneuert, aber für einen bestimmten Bereich und eine bestimmte Situation die Verantwortung übernommen, auf die andere Subjekte in anderen Bereichen reagieren können oder müssen. Jede bestimmte Praxis wäre demnach - als Bedingung ihrer instrumentellen Zielerreichung - immer mit der Konstruktion von partiellen Sinnidentitäten befaßt, die das mit dem Stadtnamen bezeichnete Ganze aus einseitiger Perspektive, als Horizont der eigenen Sinnfindung wie nebenher mitbedeuten. Und doch wird nur in der reflexiven Durcharbeitung der eigenen Handlungsmöglichkeiten, also der Erkundung des je eigenen Ortes, der je eigenen Zeit im Allgemeinen von Stadtort und Stadtzeit, in der Herausforderung der Handlungsmöglichkeit der konkreten Mitakteure städtische Kultur verwirklicht.

Die Qualität des Stadtlebens ist abhängig vom Niveau individueller und interindividueller Praxisorientierung.

9. ÖFFENTLICHKEITEN: KONKRETE ENGAGEMENTS DES INTERPERSONALEN ETHOS

War die Stadt zunächst als Dienstleistungsbetrieb und damit als Ergänzung der Produktionssysteme bestimmt, so wird sie jetzt als politisch-ethisches Projekt angezeigt. Dieser Begriff ist zunächst nur eine Leitidee, die allein von der ethischen Theorie getragen wird. Er erweitert den Horizont auf die interindividuellen Beziehungen, die vom Vorgegebenen nur relativ gebunden sind und als relativ freie Setzungen für die Konstitution von Stadt Bedeutung haben. Die Stadt gilt dann als ein ständiges Produziertwerden, als relative Verwirklichung von *»gutem Leben«*. Die ethische Theorie hat damit zunächst die Einlösung dieser Idee im faktischen Ethos zu beschreiben zusammen mit den Defizienzen, die sich aus dem Zurückbleiben der faktischen Praxen hinter ihren objektiven Chancen ergeben. Und sie hat sodann nach den Bedingungen zu fragen, die über die faktische Stadtgestalt hinausführen könnten, die sie aus einer Perspektive künftiger Möglichkeiten erörtern. Das erlaubt ihr, an den faktischen Ethoslagen kritische Unterscheidungen zu treffen, Tendenzen zu erkennen, die dieses Ideal bereits vorwegnehmend antezipieren oder es verhindern. Erst dann wird die Theorie Partei ergreifen, aber nicht als bloße Affirmation der antezipierten Möglichkeit, sondern als Vermitteln mit dem bestehenden Wirklichen, darum, weil es ihr um das konkrete Ganze des guten Lebens geht. Der universalethische Personbegriff erfaßt nicht nur die *Freiheit* des Einzelnen, sondern impliziert zugleich die gegenseitige *Anerkennung* aller Individuen als Personen. Wie aber ist diese Forderung umsetzbar, für das tatsächliche Leben fruchtbar zu machen? Wieweit greift die Formel gestaltend in die Versorgungssysteme und die individuellen Handlungskonzepte ein? Es wäre vergeblich, sie gewaltsam einer Gesellschaft aufzwingen zu wollen, die grundsätzlich allein den Maximen betriebsrationalen und egoistischen Handelns folgen würde. Tatsächlich aber konnte die Formel nur gefunden werden, weil sie im Ethos des realen Lebens - und sei es nur minimal - ständig verwirklicht wird. Man kann zweifelsohne jede gesellschaftliche Einrichtung nach ihrer instrumentellen Funktion beschreiben. Aber das trifft nicht das Ganze eines institutionell geordneten Handlungsbogens, sofern in jeder Handlungsphase der Freiheitsimpuls eines Akteurs wirksam wird, und der Adressat der Handlung mit ihrem Konzept niemals völlig deckungsgleich ist, sondern aus der Differenz seines Freiheitsimpulses auf sie zu reagieren hat.

Die Interaktionsform der Praxis ist an sich immer die Ergänzung der technischen Interaktion. Freilich kann sie hinter Sachnotwendigkeiten verdeckt werden. Hinter dem vorgeblich Sachnotwendigen aber verbirgt sich die Definitionsmacht des Stärkeren, der die Definitionsmacht für die gesamte soziale Situation in Anspruch nimmt.

Wenn Banken ein Hochhaus bauen, läßt sich das noch als selbstgenugsamer Ausdruck privaten Interesses, das in der pluralen Stadt seine Nische findet, kommentarlos hinnehmen; nicht aber, wenn sie die Skyline mit Wolkenkratzern füllen: dann ist das Stadtganze betroffen. Hier wird klar, daß die städtische »Toleranz« kein Euphemismus für die stumme Gewöhnung an bestehende Machtverhältnisse sein dürfte. Toleranz verlangt Teilnahme aller sprachfähigen Betroffenen an der Entscheidungsfindung, sie fordert zur Kritik auf, um zu erträglichen Kompromissen zu gelangen. Nur wenn die Kritik sich etabliert, wenn sie ihrerseits aus dem Privaten heraustritt und sich öffentliche Geltung verschafft, kann sie dem partikularen Druck Gegendruck entgegensetzen. *Öffentlichkeit* wird so als eine Bedingung der Stadtethik erkennbar, sie ist eine Funktion der modernen Lebensform, die nicht auf einen bestimmten Personenkreis und auf bestimmte Orte zu beschränken ist, sondern sich auf vielerlei Weise in einem *Plural von Öffentlichkeiten*, wahrgenommen durch verschiedene Personen, an verschiedenen Orten, mit Hilfe verschiedener Kommunikationsmittel und auf je begrenzte Zeit, zur Gestaltung bringt. Eine funktionsfähige kritische Öffentlichkeit setzt freilich voraus, daß die Qualität des Stadtganzen, des bestimmten Lebensraums sich konkret anerkennender Personen, für die konfliktierenden Parteien den gemeinsam akzeptierten Werthorizont darstellt. Andernfalls wäre die partielle Einigung nur ein kontingentes Geschehen. Von den ethischen Subjekten ist demnach nicht nur die formale gegenseitige Anerkennung von Personen einzufordern - nicht nur die Gleichheitsbedingungen innerhalb des Diskurses sicherzustellen -, sondern erweiternd die Reflexion zu erbringen, daß die erzielten Kompromisse Wirkungen auf ein situiertes soziales Ensemble haben. Nicht nur die Form des ethischen Diskurses ist zu sichern, zu erwägen ist ebenso sein bestimmter Inhalt, und zwar so, daß er in seiner Bedeutung nicht nur für die Diskurspartner, sondern auch für den Zusammenhang des Stadtganzen, also auch für die aktuell nicht beteiligten Bewohner bestimmt wird. Eine solche Gemeinschaftsidee ist aber nicht mehr als durch eingelebte Tradition gesichert anzunehmen.

Die politische Funktion der Stadt wird durch jede soziale Praxis miterfüllt. Die städtische Lebensqualität wird durch die Qualität der sozialen Beziehungen zwischen Individuen und zwischen Gruppen bestimmt. Wie die Individuen, so können auch Gruppen sich voneinander abschließen, die Anerkennung des Anderen auf ein Minimum herabsetzen. Oder sie können die Anerkennung des Anderen in Richtung auf ein Maximum entfalten. Jede Gruppe übernimmt in irgendeiner Weise die Gestaltung ihrer Außenbeziehungen, wobei der Unterschied in der Fähigkeit zur Einnahme übergeordneter Perspektiven liegt, das heißt im Bewußtsein der städtischen Einheit und Einigung. Insofern changiert die Stadtidee in den verschiedenen Gruppeneinstellungen zwischen aktiver und passiver Toleranz, zwischen Feindschaft und Freundschaft. Ist die Realisation der Stadtidee durch die pragmatische Einigung der Gruppen, nach der jede aus ihr den größtmöglichen materiellen Vorteil erzielt, schon hinreichend abgedeckt? Dann wären die Gruppenzwecke als Selbstwerte definiert, die städtische Gemeinschaft, aber auch die Individuen ihr untergeordnet. Aber jede Bewegung, durch die ein Individuum sich in ein Gruppenleben fügt, sich einem Verein assoziiert, entspricht die Umkehrung, daß es diese bestimmte soziale Praxis auf seine Persönlichkeitsidee hin relativiert, sie als Moment seiner Selbstverwirklichung begreift. Daß die Gruppenorganisation es nicht total beansprucht, zeigt sich schon daran, daß das Individuum gleichzeitig Mitglied verschiedener Gruppen sein kann und es gemeinhin auch ist. Die Mannigfaltigkeit der Gruppen und der möglichen Mitgliedschaften: das Partizipierenkönnen am vielfältigen Angebot der objektiven sozialen Kultur, macht ja gerade ein Charakteristikum städtischen Lebens aus. Die Frage ist, wieweit das Individuum als Persönlichkeitszweck mit dieser Mannigfaltigkeit des Kulturangebots fertig wird. Es kann ja durchaus sein, daß es sich in all seinen Engagements nochmals verliert, ebenso wie es sich bereits im Produktionssystem und im Konsumsystem entfremden konnte. Die Ethik der städtischen Gruppen, die die Kultur sozialer Praxen zu verstehen und sie als bewußtes und freies Zusammenspiel ideal darzustellen sucht, wäre insofern durch eine *Ethik der städtischen Individualität* zu ergänzen. Öffnet die Gruppenethik auf das Sein und Werden mit Anderen, so die Individualethik auf das reflexive Fürsichwerden des Einzelnen. Wird das Individuum im Gruppenleben in vielerlei Geschichten verstrickt, so faßt es in der Haltung der Reflexion-in-sich diese Relationierungen nach Außen zur Selbstrelation der Deutung seiner Lebensgeschichte zusammen. Die Aktivitäten des sozial bezogenen Selbst werden selbstkritisch auf ihren Sinn befragt.

Der moderne Lebensstil ist nicht mehr eindeutig mit dem geographischen Ort Stadt verbunden. Die Städter, die in vormals rein von bäuerlicher Lebensweise geprägten Gebieten Wohnung nehmen, bleiben nicht nur durch ihre Arbeitsbeziehungen der Stadt verbunden, sondern nehmen an den Bildungs- und Freizeitangeboten der städtischen Region teil. Bildungseinrichtungen aber finden sich zum wenigsten im Dorf; sie zu erreichen verlangt, erneut Verkehrswege auf sich zu nehmen und das heißt auch: bestimmte Präferenzen zu setzen. Die Unbestimmtheit, die den klassischen Stadtbewohner nach Laune und Zufall mit den kulturellen Angeboten zusammenbringt, weicht zwangsläufig rationaler Freizeitplanung, in der Kosten-Nutzen-Erwägungen eine bedeutende Rolle spielen. Lediglich die Medien erlauben, kostengünstig sich mit kulturellen Produktionen bekannt zu machen, eine Vermittlungsnorm, die freilich per se die körperlich-emotionale Beziehung, die sich etwa zwischen Zuschauer und Schauspieler an einem bestimmten Ort und zu einer bestimmten Zeit einstellen, auflöst.

Der städtisch sozialisierte Landbewohner bleibt mit seinen Bildungserlebnissen allein. Die Reihenhaussiedlungen bieten kaum Anlaß, sich um kommunikative Querverbindungen mit anderen Wohneinheiten zu bemühen. Der städtische Landbewohner lebt weit vereinzelter als der Bewohner der Kernstadt, der viel müheloser die ihm angemessene Geselligkeitsform pflegen kann. Ihn treibt es leichter aus dem Haus als jenen, der sich in der Abgeschiedenheit seiner vier Wände verschanzen muß. Von den ortsansässigen Familien wie von den Zugezogenen durch Welten geschieden, bleibt ihm kaum eine andere Orientierung als die der Vertiefung seiner beruflichen Kompetenz und der Sorge um die nächsten familialen Belange.

Die ins Land exportierte Stadt ist nicht nur die Zerstörung des Dorfes, in dessen Gemeinschaft der naive Stadtflüchtling zu flüchten wähnt, sie wird auch um ihre eigene Form gebracht: ein Ort dichter Kommunikationschancen zu sein.

Mit der Anzeige des Verlustes städtischer Identität scheint der Ansatz eines ethischen Stadtbegriffs gefunden zu sein: Als Stadt wäre die objektive soziale Form zu bezeichnen, die nicht nur technische, sondern vor allem ethisch-praktische Kommunikationen zwischen Individuen möglich macht.

10. BILDUNG: INSPIRATION UND BEGLEITUNG DER STÄDTISCHEN KULTUR

Die Herstellung der Stadtform - als Bedingung der Möglichkeit ethischer Praxen - ist selbst wiederum eine ethische Aufgabe. Es wäre die Herstellung eines gemeinsamen sozialen Ortes und einer gemeinsamen sozialen Zeit. Das Bedürfnis danach wird in der Event- und Festivalisierungskultur deutlich. Diese aber vermag nur eine äußerliche und flüchtige Identität zu schaffen. Zudem eine falsche, sofern das Festival ja hier wie überall möglich ist. Das empirische Stadtleben wird von ihr nicht aufgenommen und gedeutet.

Die objektive Stadtform kommt auf Dauer nur zustande, wenn sie mit den realen Lebensinteressen der Bürger zusammengeht. Mithin kommt es darauf an, daß diese Lebensinteressen auch zu Bewußtsein kommen, wahrgenommen werden. *Aktiver Bürger kann nur werden, wer zu ethischer Reflexion befähigt ist.* Das heißt zunächst, daß er über die Komplexität der eigenen Identität ins Klare kommt. Was erwartet er für sich? Welchen Sinnakzent will er seinem Leben geben? Und welche Funktion haben in seinem Lebensprojekt die gesellschaftlichen Anderen? Wieweit ist er von ihnen abhängig, und in welcher Weise wird diese Abhängigkeit tatsächlich qualifiziert? Umgekehrt: welche Bedeutung hat das eigene Tun für die Lebensqualität der Anderen, mit denen er flüchtig oder dauerhaft in Kontakt steht? Wieweit stimmen seine Vorstellungen von Freiheit und Glück mit denen seiner Mitmenschen zusammen?

Das ethische Projekt des Einzelnen ist immer sozial bezogen. Stellungnahme zu sich - aus der Perspektive des Anderen - und Stellungnahme zum Anderen - aus der Eigenperspektive. Damit geht die Reflexion über in Kommunikation, in gegenseitige Kritik und Anregung, im Idealfall in Förderung oder wenigstens in den offen ausgetragenen Konflikt. Die Sozialbeziehung wird Gegenstand praktischen Tuns. Die soziale Praxis zielt ebenso auf Klärung und Abstimmung der besonderen inhaltlichen Zwecke, wie auf die Bewahrung oder Gründung der kommunikativen Form, die durch die wechselseitige ethische Reflexion institutionalisiert wird, die sich gerade in Konfliktsituationen als tragfähig erweisen soll.

Die kommunikative Form ist die Grundkategorie jeder modernen gesellschaftlichen Einigung - der Niveauanspruch der Stadtpraxis erscheint zunächst nur als Umsetzung dieser Universalidee in reale Beziehungen. Das Spezifische des Stadtethos scheint zu verschwinden, für alle modernen Stadtkulturen muß ein und dasselbe Ethos eingefordert werden. Der moderne Städter ist Weltbürger. In der Stadt realisiert sich das Zusammenleben von Fremden. Zum Spezifikum des Stadtethos gehört also die Qualität der *Umsetzung* universalmoralischer Zumutungen . Das Ethos der Anerkennung wird in die verschiedensten Materien und Interessen verwickelt, wird durch sie modifiziert. Die ethische Grundform vervielfältigt sich, die besonderen Konkretionen bilden wieder - moderne - Traditionen aus. Die städtische Wirklichkeit ist die *differenzierte Habitualisierung der universalethischen Form*, die nähere Bestimmung des Städtischen hat demnach gerade die Weise der Differenzierung in Blick zu nehmen. Die allgemeine kulturelle Produktion der Gesellschaft ist unter der Form der Ware indifferent gegen den jeweiligen Inhalt der besonderen Produkte und sie ist indifferent gegenüber den spezifischen Bedürfnissen der Empfänger, sie ist Angebot für jedermann. Die in der Stadt lozierten Einrichtungen - Schulen und Bibliotheken, Theater und Kinos - aber unterbrechen den Warenstrom, wählen bestimmte Angebote aus, eignen sich Sinninhalte an und offerieren sie ihren Publica. Die Bildungseinrichtungen sind Orte der Vermittlung, an denen die technische Informationsverbreitung in die hermeneutische Erschließung und Konzentration von Bedeutung transformiert wird.

Als institutionelle Objektivität sind sie dem individuellen Verstehen vorgeordnet. Ihre hermeneutische Vorleistung ist je nach Art der Einrichtung stärker oder schwächer; aber ihre allgemeine Funktion ist, den Rezipienten Zugang zur Bedeutung zu verschaffen. Ihr Sinn-verstehen zirkuliert nicht in sich - das Theater spielt für ein Publikum von Alltagsmenschen.

Die Aufführung reproduziert Sinn als Halbprodukt, das sich in der Interpretation der Adressaten fortsetzt und in ihr Alltagsverständnis nachhallt. Der Effekt des Theaters, wenn es bei den Leuten ankommt, ist zum wenigsten eine verschärfte Selbstwahrnehmung, eine Vergewisserung des Sinnes der eigenen Praxis. Der vorgegebene kulturelle Sinn wird verinnert und verstärkt darin die Haltung der Innerlichkeit und der Kontemplation. Die individuellen Deutungsperspektiven werden vertieft und vermehrt, die unmittelbar bestimmte Praxis zeigt sich als aufgehoben in einen Kontext affektiver und sprachlicher Verweisungen - als getroffene, aber wieder neu zu treffende Wahl. Indem das Individuum sich wählt, stellt es sich nicht außerhalb der vorgegebenen Kultur, sondern verwirklicht sie, verwandelt sie aus einem toten Produkt in ein lebendiges Produzieren.

Die gesellschaftliche Reflexionsform der Kultur als Warenkreislauf wird durch die subjektive Gegenreflexion aufgehoben. Die subjektive Reflexion aber begründet die *Stadtkultur*. Die Stadt begründet sich als Sprachgeschehen, in den Reden und Gegenreden, in denen sinnreflektierende Subjekte ihre Meinungen und Überzeugungen, ihre Fragen und Zweifel einander mitteilen, soziale Deutungsbeziehungen herstellen.

Die Einigung und die Unterscheidung der reflexiv angeeigneten Lebensdeutungen vollzieht sich nicht jenseits, sondern in den materiellen Bedingtheiten des Stadtraums. Ihre Stimmigkeit erprobt sich an der sinnlichen Erfahrung: wie bin ich genötigt, mit mir und den Mitmenschen umzugehen; wie werde ich durch Andere gestützt, gefördert, oder beschränkt? Es macht einen Unterschied, ob sich die Partner eines Kaufvertrags respektieren, oder ob sie sich als Angehörige verschiedener religiöser und ethnischer Gruppierungen achten können. Oder ob Arbeitslose nicht in ihrer Gesamtpersönlichkeit stigmatisiert und deklassiert werden.

Die Stadtpraxis ist nicht einfach die harmonische Ausführung gesellschaftlicher Idealvorstellungen, sondern sie hat sich ebenso auf die spezifischen Programme der verschiedenen Subsysteme einzustellen - die die Möglichkeitsfelder ihrer Deutungen umreißen, wie auf die tatsächlichen Praxiswahlen, die in ihnen wiederum im Plural und oft konkurrierend statthaben. Sie hat sodann die Wirkungen der einseitig systemisch gebundenen Aktionen auf andere Lebensbereiche zu studieren - oft unvorhergesehen und schädlich - und nach inter-systemischen Vermittlungen zu suchen.

Aus der Perspektive der formalethischen Anerkennungstheorie sind alle Individuen gleich und in gleicher Weise moralfähig. Die individuelle Differenz gilt als bedeutungslos, wie nicht anders die subsystemischen Determinanten. Die Stadtethik dagegen muß die Möglichkeiten und Realitäten des Allgemeinen in der *Gemengelage des Besonderen* erkennen, und zwar so, daß sie die formalethischen Leitbestimmungen systemtheoretisch wie individualethisch transformiert. Die Stadtethik erfaßt das objektive Gewordensein der sozialen Apparaturen als wesentliche Disposition der individuellen Akteure, die auch noch ihre ethische Bewußtseinserweiterung und Emanzipation bestimmt. Von hier aus lassen sich dann auch die inhaltlichen Vorstellungen und Zwecke der objektiven und subjektiven Lebensentwürfe in die ethische Reflexion aufnehmen. Das Wirken von Sozialapparaturen, das Handeln von Menschen sind auf Herstellung und Genuß von lebensdienlichen Gütern ausgerichtet. Die formalethischen Imperative finden an den diversen Glücksvorstellungen und den diversen Partizipationschancen die Inhalte, mit denen sie sich entscheidend auseinandersetzen müssen und durch die sie selbst in unterschiedlicher Weise konturiert werden. Durch die inhaltlichen Glücksdefinitionen wird ja erst klar, was das konkrete Personsein eines Menschen auszeichnet. Das »Wozu« seiner Selbstdefinition legt dann auch das »Wie« seines mitmenschlichen Umgangs fest, nicht umgekehrt.

11. TOLERANZ - SPANNUNGSFELD KONKRETER UTOPIEN

Die Stadteinheit bildet sich aus heterogenen Elementen, die durch ihr faktisches Dasein an einem bestimmten Ort und in einer bestimmten Zeit zu ethisch-praktischen Verständigungen *gezwungen* sind. Diese Verständigungen sind eine Leistung, die die Subjekte erbringen müssen, wenn ihnen an der Bewahrung der je eigenen Lebensqualität gelegen ist. Die bestimmten Allgemeinstrukturen entstehen als Resultat von Interessenabstimmungen, die dann als normative Objektivität das Handlungsfeld späterer Interaktionen vorausqualifizieren.

Die Toleranzidee beruht auf dem *Aushandeln* interessenbedingter Gemeinsamkeiten. Sie wird zum Schein, wo sie das Interesse nur eines Subjekts ausschließlich spiegelt, die Differenz der Interessen anderer Subjekte verdeckt, ja, deren Selbstwahrnehmung und Vollzug verhindert. Die Forderung nach Toleranz wird dann zum Herrschaftsinstrument, das auf bequeme ideologische Weise die Veröffentlichung von Fremdzumutungen blockiert. Es ist freilich klar, daß eine vollständige Unterdrückung gar nicht gelingen kann, sondern nur zu einem Verbergen und einer Verschiebung der schwächeren Interessen führt.

> On s'est étonné, lors de la guerre du Golfe, de l'absence de réactions d'intolérance dans le quartier du centre-ville, où se côtoient notamment les boutiques tenues par des commercants juifs et musulmans. C'est oublier les solidarités naturelles entre des individus travaillant dans les mêmes rues, obéissant à des préoccupations du même ordre, bref les solidarités d'intérêt qui s'imposent au quotidien.
>
> Emile TÉMIME, *Marseille malade de la peste*

Die Durchsetzung echter Toleranz, nach der die Stärkeren ihre relative Position akzeptieren, und auch die Schwächeren ihre ungünstigere Ausgangslage sich nicht durch Phantasien verhüllen, sondern als eine zu verbessernde Realität begreifen, setzt ein erhebliches Niveau ethischer Reflexionskraft voraus, das nicht einfach automatisch erwartet werden kann, sondern in *umfassenden Bildungsprozessen* zu kultivieren ist. »Toleranz« ist der Grundentwurf, der als Apriori den besonderen Interessenkonflikten vorausgeht, und in ihrem Vollzug zugleich mit zu wollen und zu realisieren ist.

Die Lebensform der Toleranz ist also nicht die der Gleichgültigkeit der Subjekte und des Nebeneinander ihrer Interessen, der stummen Gewöhnung an gute oder schlechte Lebensverhältnisse, sondern sie ist der Artikulationsraum, in dem aus verschiedenen - durch materiale Erfahrung objektivierten - Gesichtspunkten die Frage nach dem Guten Leben gestellt und in relativen Einigungen auch beantwortet wird. Toleranz und Gutes Leben, Form und Inhalt sind korrelativ.

Die Idee des Guten Lebens ist nicht abstrakt dogmatisch zu fixieren. Für die ethische Theorie bringt sie zunächst nur die Spielmarken anderer abstrakter Begriffe wie »Würde«, »Glück«, »Gerechtigkeit« etc. ans Licht. Formeln, die sich erst im Aufschluß der konkreten Lebensumstände und Selbstentwürfe mit Sinn erfüllen, also gerade die Unterschiedlichkeit ihrer Vorstellungen als für sie wesentlich in sich aufnehmen.

Anders kann man sich dem vielfältigen Gebilde städtischer Praxen gar nicht nähern. Die Stadtethik hat ihr Spezifikum gerade daran, die Unterschiedlichkeit der diversen subjektiven Selbstprojekte zu berücksichtigen. Ihr Stadtbegriff ist der des Zusammenhangs von Unterschieden, die sich ja auch dann einstellen, wo das Stadtganze von oben her nach geometrischer Methode entworfen ist.

Zu jeder Glücksvorstellung gehört als Korrelat die Erfahrung von Zuständen, die der Glückserfüllung entbehren, wenn nicht gar als Unglück bezeichnet werden. Wenn der Kontrast von Glück und Unglück nicht als Widerfahrnis hingenommen wird, sei es in seinem Wechsel oder seinem Zusammenbestehen, kann er zur Profilierung moralischer Handlungsentwürfe dienen: die Vorstellung des Guten Lebens erläutert sich durch die Kritik dessen, was faktisch ist, aber so, wie es ist, nicht sein soll. Der Toleranzbegriff hat nicht nur das Zusammenbestehen der unterschiedlichen Glücksvorstellungen zu bewältigen, sondern ebenso die unterschiedlichen Prozesse, die aus unterschiedlichen Ausgangslagen durch ihre Veränderung und Aufhebung zur Realisation jener führen sollen. Damit ist ein Typus städtischer Praxis bezeichnet: der des moralischen Handelns, der sich mit objektiven Situiertheiten nicht abfindet, sie als unzureichende Vermittlungen menschlicher Bedürftigkeit erkennt und diese neu und bedürfnisadäquat herzustellen sucht. Die Erfahrung menschlicher Glücksverwiesenheit wird als praktischer Zweck gestaltet, der durch strategische Planung einzuholen ist. Im Bereich dieses Typus plant man nicht irgendwie, sondern explizit bezogen auf die *Verbesserung menschlichen Daseins*, und vor allem mit Rücksicht auf seine materiellen Lebensbedingungen.

Die Defizite in der Befriedigung menschlicher Bedürftigkeit sind von Gruppe zu Gruppe verschieden und lösen jeweils verschiedene Praxen und Techniken aus. Etablierte Bürger etwa mögen Obdachlose als bloßen Störfaktor des eigenen Wohlergehens wahrzunehmen, die es technisch wenigstens außer Sichtweite zu schaffen gilt; für andere sind sie - aus reflektiert utilitaristischen Motiven - ein Gegenstand der Fürsorge, die sich in organisierter Direkthilfe oder durch langfristig angelegte sozialpolitische Konzepte um die Anbindung der vom bürgerlichen Normalalltag Ausgegrenzten an das Gemeinwesen bemüht. Was Glücksdefizite sind, wird von den Betroffenen sowohl wie von den um sie besorgten Mitmenschen und Einrichtungen ganz unterschiedlich definiert. Das Faktum der Armut und der moralische Impetus, daß sie nicht sein soll, führen keineswegs zu einer eindeutigen Interpretation und eindeutigen Lösung. Auch human orientierte Pläne geraten zueinander in Widerspruch.

12. LITERATUR:

Benjamin CONSTANT, *L'Esprit de la conquête et l'usurpation* (1814). In: *Écrits politiques*, Gallimand 1997.

Walter BENJAMIN, *Einbahnstraße*, Frankfurt am Main, 1969 (1928).

Michel BUTOR, *L'Emploi du Temps*, Minuit, 1995 (1956).

Eric HAZAN, *L'invention de Paris*, Seuil, 2002.

Karl MARX, *Grundrisse der Kritik der politischen Ökonomie*, Frankfurt am Main/Wien o. J. (1857 – 1858).

Amartya SEN, *Ökonomie für Menschen*, München, 1999.

Adam SMITH, *The Wealth of Nations*, New York, 1991 (1776).

Richard SENNETT, *Der flexible Mensch*, Berlin, 1998.

Robert S. LYND/Helen M. LYND, *Middletown*, New York/London, 1929 u.ö.

Uwe JOHNSON, *Jahrestage*. Frankfurt/Main 1970

Jean BAUDRILLARD, *La société de consommation*, Denoël, 1970.

Emmanuel LÉVINAS, *Totalité et Infini*, Nijoff, 1971 (1961).

Emile TÉMIME, *Marseille malade de la peste*, in: *La Tolérance*, hg. V. Claude SAHEL, Autrement, 1991.

III

ÄSTHETISCH RELIGION

Esther HORNUNG

ZWISCHEN REALITÄT UND IDEAL

DIE BEDEUTUNG DES JUGENDSTILS FÜR DIE KONZEPTION DER MODERNEN STADT

»Darf ich sie an die gestade eines bergsees führen? Der himmel ist blau, das wasser grün, und alles liegt in tiefen frieden. Die berge und wolken spiegeln sich im see und die häuser, höfe und kapellen tun es auch. Nicht wie von menschenhand gebaut stehen sie da. Wie aus gottes werkstatt hervorgegangen sind sie, gleich den bergen und bäumen, den wolken und dem blauen himmel. Und alles atmet schönheit und ruhe.
Da, was ist das? Ein mißton in diesem frieden. Wie ein gekreisch, das nicht notwendig ist. Mitten unter den häusern der bauern, die nicht von ihnen, sondern von gott gemacht wurden, steht eine villa. [...] friede, ruhe und schönheit dahin [...]
Warum schändet ein architekt, der gute wie der schlechte, den see? Der architekt hat wie fast jeder stadtbewohner keine kultur. Ihm fehlt die sicherheit des bauern, der kultur besitzt. Der stadtbewohner ist ein entwurzelter.«[1]

1. STADT - LAND - MODERNE

Was macht Architektur ›modern‹? Was war ›neu‹ an der Art Nouveau? Wurde sie dem Anspruch, Kunst der ›Jugend‹ zu sein gerecht? ›Neu‹, ›modern‹ und ›jugendlich‹ zu sein und zu bleiben gilt ja auch zum Anfang des neuen Jahrtausends als erstrebenswert. Jugend verspricht Schaffens- und Tatkraft, Gestaltungswillen, Frische und Mut zur Veränderung. Neues kommt durch Kreativität zustande, es verspricht Leben, Bewegung, Wandel, Anpassungsfähigkeit, steht für Entwicklung. ›Neu‹ bedeutet aber auch, noch nicht erprobt zu sein, sich erst bewähren zu müssen, ›Neues‹ Unsicherheit, Herausforderung. ›Modern‹ schließt ›dynamisch‹, ›zeitgemäß‹ ein, Fortschritt, Vernunft, Wissenschaft und Technik. Die moderne Stadt ist somit eine zeitgemäße Metropole, die mit Rationalität, Funktionalität, Wissenschaft und Technik auf dem Boden des Fortschritts gebaut ist. Sie hat ihre alten Umgrenzungen gesprengt, bereit, sich unendlich auszuweiten, um Dynamik, Wohlstand und Entwicklung auch dem Land zu

---

1 *Architektur.* In: LOOS, Adolf: *Sämtliche Schriften*, Bd. 1. Hg. v. GLÜCK, Franz. Verlag Herold. Wien, München 1962. S.302-318.

bringen. In dieser Verquickung von ›modern‹ und ›Stadt‹ wird dem Land eine statische Rolle zugeschrieben. ›Land‹ bedeutet Altes, Tradition, Ruhe, Bewahrung, Konservativität, ein irrationales, ungezähmtes, ja mystisches Verhältnis zur Natur. Damit steht ›Land‹ durch seine Schwerfälligkeit in Bezug auf Wandel auch für Verfall und Tod. Auf dem Hintergrund des Modernen schwingt im Begriff ›Land‹ somit eine abfällige Haltung, aber auch ein sehnsüchtiges Wissen um die Wurzeln des Modernen mit. ›Land‹ aus der Perspektive der Großstadt bedeutet daher das Wissen um eine Entwurzelung, die nicht mehr rückgängig gemacht werden kann. Wer einmal vom Baum der Rationalität gekostet hat, kann nicht mehr zurück. Das Alte wieder aufzubauen wird auf diesem Boden künstlich, inhaltsleer – Potemkin'sche Dörfer wie Adolf LOOS sagte. Doch anders als die frühe Neuzeit, die Natur durch Rationalität zu bändigen, unter Kontrolle bringen wollte, begreift die Moderne durch ihre Konfrontation mit der entfesselten Stadt die ungebändigte Natur als das Blut, das durch ihre Adern der Rationalität fließt. Diese Adern kann sie nicht aufschneiden ohne zu verbluten. Aber die be- und abgrenzende Trennung der neuzeitlichen Stadt zwischen Natur und Kultur weicht der Erkenntnis einer neuen Ungezügeltheit: Natur als Triebfeder der Kultur. Die ungezähmte Kraft der Natur bricht sich Bahn in der Rationalität der städtischen Kultur. Dies ist kein bloßes kontrolliertes Nutzbarmachen natürlicher Ressourcen mehr. Die Stadt selbst wird zur ungezähmten Natur. Die Rationalität der Großstadt schlägt in Irrationalität zurück, wird selbst zum mystischen Ort. Ihr Glaube an den Fortschritt fordert die Bereitschaft zum beständigen schnellen Wandel. Der Großstadtmensch muß jugendlich, kraftvoll und flexibel sein, um mit diesen Umwälzungen mithalten zu können. Altes und Schwaches kann auf Dauer nicht mehr – wie in der neuzeitlichen Stadt – an den Rändern der Stadt verwaltet werden. Die Moderne wird es ausmerzen oder überrollen. Das blühende Leben von Metropolis speist sich aus der immer schnelleren Überwindung des Alten und Schwachen. So gehört auch in der Moderne der Tod zum Leben, diesmal als Tribut des und Opfer für den Fortschritt. Auf diese Weise holt die Moderne die Natur wieder in die Stadt hinein, ohne selbst zum Land zu werden. Damit beschwört sie jedoch einen Paradigmenwechsel innerhalb neuzeitlicher Rationalität herauf.

1.1. *Neuzeit*

Dieser Wechsel wird deutlich, wenn man die Entwicklung neuzeitlicher Rationalität anhand künstlerischer Ikonographie verfolgt. So läßt sich Neuzeit durch den Verlust des universalen Himmels charakterisieren, wie ihn die Gotik im goldgetränkten Hintergrund ihrer Flügelaltäre zum Ausdruck brachte. Der Verlust hatte sich in der Renaissance angedeutet, als das reich strukturierte und doch als einheitliche Klammer fungierende, die Wirklichkeit verklärende Gold durch die Darstellung von Landschaften verdrängt wurde. Die göttliche Realität wich einer weltimmanenten Realität. In dieser mußte sich nun das Göttliche zeigen, statt daß sie sich in ihm aufgehoben wußte. Der Barock bot als Lösung einen verweltlichten Himmel: Die reichen Dekorationen der ASAMs oder ZIMMERMANNs erhoben die weltimmanente Realität in himmlische Höhen. Die rational empirische Erkenntnis in die Zusammenhänge der Natur wurde gleichgesetzt mit der Fähigkeit, damit auch Erkenntnisse in metaphysische Zusammenhänge zu gewinnen. Darin waren sich Kirchen - von Gott erleuchtet und gelenkt - und Aufklärer durchaus einig. Daß dies jedoch lediglich menschliche Nachbauten universaler Sicherheiten sein konnten, wurde durch den Aufbau konkurrierender »Perfekter Gessellschaften«[2] schmerzlich bewußt: Jeder dieser Staaten garantierte für sich Sicherheit und Ordnung im weltlichen wie religiösen Bereich. Außerhalb seiner Grenzen drohte das Chaos. Dies galt nicht nur für den Absolutismus, wobei jedes Staatsmodell seinen entsprechenden Ausdruck in der Kunst fand, ob nun höfischer Barock, elegantes Rokoko oder bürgerlicher Klassizismus. Auch die beginnende Industrialisierung war von diesem universalen Ordnungswillen getragen.

Sowohl Klassizismus als auch Historismus beriefen sich auf eine zwar in der Natur erkennbare, aber doch von der Natur letztlich unabhängigen, ihr lediglich vorgeordneten Ordnung – universal, omnipotent und unbegründbar, da der Grund selbst. Das Naturgesetz, die Offenbarung Gottes kam vor der Natur. Der Schwerpunkt, das Interesse menschlichen Erkennens lag damit in der Einsicht ewiger Gesetzmäßigkeiten, im Aufspüren unwandelbarer, sicherer Fundamente. Kunst und Bauen als Kunst trug dadurch immer einen retroperspektivischen Charakter. Im Streit um den Stellenwert antiker Proportionslehren bspw. ging es letztlich um die Frage nach der Universalisierbarkeit von ästhetischem Empfinden. Gemäß neuzeitlicher Diktion war dies in seinem Kern ein sowohl naturwissenschaftliches als auch metaphysisches Problem: Ließen sich an den Bauten der Völker durch die Zeiten hindurch immer wiederkehrende Verwendungsweisen von Proportion und Symmetrie nachweisen, könnte diese Beobachtung möglicherweise der Beleg einer physischen Disposition von Ästhetik sein. Nicht nur wäre die Konzeption von Gebäuden eine Frage der Funktionalität, sie wäre auch ein Ergebnis menschlichen Sehverhaltens - Biologie, Natur. Gutes Bauen, gute Kunst wären damit durch Funktionalität und Naturgemäßheit im Sinne ewiger Gesetzmäßigkeiten charakterisiert.

1.2. *Von der Neuzeit zur Moderne*

Angesichts der mehr und mehr zutage tretenden Zwiespältigkeit menschlicher Ordnungen jedoch – sei es die blutige Französische Revolution, die nicht weniger repressive Reaktion, seien es neue politische Zuständigkeiten und die Erweiterung von Märkten, die aus Untertanen noch lange keine Bürger machten, sowie Handwerker und Bauern zur entwurzelten Masse degradierten – wurde das Vertrauen in die bisherigen Ordnungen fragwürdig. Es zeigte sich, daß sich die neuen Verhältnisse nicht in bewährte Ordnungsparameter fassen ließen. Weder halfen der Entwurf von eng umgrenzten Idealstädten und Idealsiedlungen, noch die frühsozialistischen Gemeinschaften eines OWEN oder FOURIER, sowie religiöse Gemeinschaften wie die der Sha-

---

2 Societas perfecta

ker oder Rapps Harmony in Indiana. Wirkliche Abhilfe in der Ordnung der entfesselten Städte versprach zunächst lediglich die Systematisierung von Baustilen und ihrer Produktion, sowie deren klassifizierte Anwendung. Es war dies eine praktische Antwort auf die Bedürfnisse von Menschenmassen: für die Massenproduktion, für den Massenmarkt, für Wohnraum und Verwaltung der Massen.

Gleichzeitig war damit die Erkenntnis verbunden, daß es von nun an im Kontext der Stadt nur noch Menschen als normierte und klassifizierte geben würde. Die moderne Stadt gebar ihre gleichgemachten und gleich machenden Gleichen. So erwuchs die Erkenntnis, daß die Stadt ein eigener Organismus sei. Gleichzeitig ging er hervor aus dem Mit- und Gegeneinander vieler einzelner menschlicher Organismen. Interesse an den großen Organisationslinien der Stadt und mit ihr des modernen Staates führte daher gleichzeitig ein Interesse an der Organisation, der Struktur des Einzelnen mit sich. Auf diese Weise ergänzten sich Rationalismus und romantische Innenschau in Einzel- und Gesamtanalyse. Gleichzeitig wollten die daraus erwachsenen Erkenntnisse sich objektiv in ihren Erzeugnissen ausgedrückt wissen. So bot sich gerade die Baukunst als universale Ausdrucksmöglichkeit an, da sie durch ihre Funktion des Bauens Gesamtwirklichkeiten zu gestalten und strukturieren vermochte. Insofern sie in der modernen Stadt aus Individualität und Masse zugleich hervorging, bedeutete Baukunst gleichermaßen die Gestaltung von Alltagsprodukten wie die Planung großer Siedlungen.

Daraus erwuchs zunächst zur Eruierung von Kultur der Historismus als funktionales Interesse an der Vergangenheit, indem diese zugleich als Brücke zur modernen Zeit und als Schablone zur Handhabung aktueller Probleme verwendet wurde. Besonders die klassische Antike als auch die Gotik wurden unter diesen Vorzeichen gerne herangezogen. Speziell in der Metapher »Gotik« - sei es die funktional rationalistisch gewendete Gotik eines VIOLLET-LE-DUC oder die politisch wie religiös restaurativ gewendete Gotik eines PUGIN - trat jedoch die Zwiespältigkeit zwischen der Begeisterung für das neue Leben als auch die Abscheu vor ihm besonders zu Tage. Stand der Klassizismus eher für den Optimismus einer finanzkräftigen und somit selbstbewußten Bürgerschaft, zeigte sich im Gothic Revival die Sehnsucht nach einem alten, beständigen Leben auf dem Land ohne Verzicht auf Rationalität. Hier brach sich der Fortschritt der ungestüm vordrängenden Industrialisierung an ihren negativen Folgen. In ihrer funktional-rationalistischen Fassung lieferte jedoch gerade die Gotik zugleich Anhaltspunkte, wie sich unter Beobachtung struktureller Probleme neue Ordnung organisch entwickeln ließe: Neue Probleme könnten nur mit Hilfe neuer Mittel gelöst werden, welche die neuen Verhältnisse auch bereit stellten. Somit ergaben sich neue Funktionen, aus der neue Formen erwuchsen - form follows function.

Dies bedeutete, daß die Rückbesinnung auf die Gotik in der Neugotik eine Rebellion gegen ihre Wurzel, den Historismus zur Folge hatte. Die neue Zeit hatte noch nicht zu ihrer Kultur gefunden. Gerade die Gotik zeigte, daß sich Probleme immer nur aus ihrer Zeit heraus lösen ließen, somit alte Strukturen und Formen keine brauchbare Antwort auf die gegenwärtigen Zustände sein konnten. So ging es in der Auseinandersetzung um die Gestaltung von Alltagsgegenständen und Architektur um mehr als um organisatorisch-technische Probleme. Es ging um die Gestaltung und den Ausdruck moderner städtischer Identität. Anhand der Gegenüberstellung von VIOLLET-LE-DUC und LOOS mit der Kunst des Jugendstils und seinen Folgen läßt sich dieser kleine, aber wichtige Entwicklungssprung von einer technisch-rationalen hin zu einer organisch-rationalen Denkweise dokumentieren:

> »In der Architektur gibt es zwei notwendige Arten, wahrhaftig zu sein. Sie muß wahrhaftig gegenüber dem Bauprogramm und wahrhaftig gegenüber den Konstruktionsmethoden sein. Dem Bauprogramm gegenüber wahrhaftig sein, heißt die von den Bedürfnissen auferlegten Bedingungen genau und klar erfüllen; den Konstruktionsmethoden gegenüber wahrhaftig zu sein, heißt die Materialien entsprechend ihren Eigenschaften und Besonderheiten verwenden ... Rein künstlerische Fragen der Symmetrie und der äußeren Form sind angesichts unserer Hauptprinzipien nur sekundäre Bedingungen.«[3]

Damit lieferte der große Restaurator Frankreichs die gestalterischen Argumente gegen den Historismus in der Architektur und seine eklektizistische Anwendung. LOOS folgerte später, daß das Ornament der zweckorientierten Kultur der Großstadt nicht mehr angemessen und unsozial sei: Es bedeute unnütze Mehrarbeit, würde damit die Kosten der Herstellung vergrößern und dadurch sowohl Ausdruck von Ungleichheit sein wie diese befördern. Anders als PUGIN stellte er der Moderne jedoch nicht die Vorher-Nachher-Polemik von Stadtansichten mit und ohne Industrialisierung entgegen. Vielmehr mußte diese erst zu sich finden, und dazu gehörte, daß sie den eklektizistischen Historismus überwand und den Anspruch aufgab, ein Architekt müsse auch Künstler sein. Der Architekt diene der Allgemeinheit, der Künstler nur sich selbst. Kunst sei nicht zweckorientiert, somit könne Architektur meist keine Kunst sein, noch gäbe es angewandte Kunst. Hiermit unterschied LOOS innerhalb der Architektur funktional zwischen Kunstwerk und Bauen, wobei der Kunst die revolutionäre, reflexive, dem Bauen die praktische Aufgabe der Bedürfnisbefriedigung zukam. Der zwekkorientierte Hausbau mußte demnach in der Stadt sich durch eine schmucklose, funktionale Architektur auszeichnen. Kunst konnte es fortan in der Architektur nur bei Grabmal und Denkmal geben. Ähnlich wie VIOLLET-LE-DUC behielt hier LOOS nach wie vor eine Trennung von Funktion und künstlerischem Ausdruck bei - rein funktionelle Orientierung für den Gebrauch und l'art pour l'art. So gehörte für ihn, obwohl er sich gegen die Zwitterarchitektur des Historismus wandte, der neue Bauten mit zwecklosen Ornamenten überblendete, die Ornamentik immer noch in die zwecklose

---

3 VIOLLET-LE-DUC, Eugène: *Entretiens sur l'Architecture*, 1863-1872. In: FRAMPTON, Kenneth: *Die Architektur der Moderne.* Eine kritische Baugeschichte. DVA. Stuttgart 1989³. S.57.

Sphäre der Kunst. Er klebte dadurch die Kunst nicht mehr auf Gebrauchsgegenstände. Gebrauchsgegenstände konnten für ihn aber auch nicht zur Kunst werden. Daß eine Gesellschaft, die sich anschickte, nach rein funktionellen Gesichtspunkten sich zu organisieren, auch ihren künstlerischen Ausdruck darin findet, sah LOOS nicht. In der modernen Stadt mußte sich Kunst als Reflexion menschlich produzierter Wirklichkeiten in der Gebrauchskunst manifestieren. Dementsprechend konnten die Bedürfnisse der Massenproduktion, des Massentransports und einer Architektur für Menschenmassen nicht nur mit Hilfe neu entwickelter Materialien und Techniken gelöst werden. Eisen, industriell gefertigte Glasscheiben, Beton und Stahl konnten die neue Massenkultur sogar als Gesamtkunstwerk gestalten.

1.3. *Moderne*

Hatte der Historismus insbesondere durch seine Beschäftigung mit der Gotik die funktionellen Wurzeln menschlichen Kulturschaffens herausgearbeitet, geriet - hierbei darf die Frauenbewegung durchaus als ein Anstoß gelten - auch die Neufassung von Körperlichkeit in den Blickpunkt. Während Klassizismus und die Neo-Architekturen den Fokus eher auf die soziale Organisation gerichtet hatten, fokussierten Naturwissenschaften, Psychologie, aber auch der Imperialismus den Menschen als Körper. Neu war diesmal der Schwerpunkt auf das menschliche Triebleben als Quelle menschlicher Bedürfnisse und der daraus folgenden Triebbefriedigung - Kultur und Fortschritt. Damit entwickelte auch die neue Stadt ihre eigenen Triebe und Bedürfnisse. Sie pflegte ihre Neurosen wie z.B. die von Camillo SITTE konstatierte und kritisierte Angst vor großen Plätzen, oder die allseits beliebte Schwindsucht. So suchte sie - gleichermaßen durch Leidenschaft und Abscheu angetrieben - nach den wilden fruchtbaren Trieben ihrer Existenz. Auch aus der Neufassung der Körperlichkeit her mußte eine Kunstform gefunden werden, die die wild-kreative Eigendynamik moderner Rationalität zum Ausdruck bringen konnte. Darwinismus und die Eroberung neuentdeckter Kulturen durch den Imperialismus fanden sich kritisiert und gleichermaßen erhöht im Japonismus und Primitivismus.

Wenn menschliche Bedürfnisse die Triebfeder von Kultur, ihrer beständigen Anpassung, Weiterentwicklung, Verfeinerung und damit von Fortschritt waren, dann mußten die dadurch hervorgebrachten Produkte Ausdruck der menschlichen Welt sein. In seinen Produkten fand der Mensch demnach seine Welt wieder, sowohl die domestizierte, als auch deren Ursache - die unwägsame Umwelt. Seine Produkte traten ihm dadurch ebenso als metaphysische Zeichen entgegen - wie er Welt erfuhr, empfand, sah und deutete. Das menschliche Produkt der modernen Stadt konfrontierte ihn hierbei als doppelschichtiges metaphysisches Problem: Zunächst in der beschriebenen einfachen Dialektik des Produkts. Als zweites jedoch selbst ebenfalls als unwägsame Umwelt. Dadurch bekamen die modernen Produkte einen zwiespältigen Charakter: Sie versprachen Ordnung und bedrohten diese gleichermaßen. Überhaupt fand sich der Großstadtmensch in einem Meer von Produktion wieder, dessen Ursache und

Produkt er selbst war. Produktion, Arbeit, Ökonomie waren die Kriterien, die die Moderne ausmachten. Nützlichkeit und Arbeitsfähigkeit wurden zu Grundbedingungen des Überlebens und damit zur Grundlage von Werten und Idealen. Diese Produktionsfähigkeit wollte sich in der Kunst wiederfinden, sich dort idealisiert und kritisiert wissen. So mußte sich der Künstler und damit auch der Architekt als Baukünstler dem Ozean, dem Rausch des Stadtlebens aussetzen, um Leben Gestaltendes produzieren zu können, der klassische Apoll bekam ausgesprochen dionysische Züge. Seine Erzeugnisse mußten sowohl ihren natürlichen Ursprung - Materialechtheit, Funktionalität, organisch entwickeltes Design - als auch ihren Charakter als menschliche Konstruktion offenlegen - Konstruktionsteile als ästhetische Elemente der Bauten.

Abb. 1: Eugéne VALLIN: *Tor aus Eisen. Nancy, Rue de la Commanderie 22:*

1.4. *Moderne und Kunst*

Die Welt des modernen Großstadtmenschen deutete sich damit in ihren Produkten als eine Ordnung und Chaos produzierende. Kultur selbst war zu einer Bedrohung geworden, die nicht durch einfache religiöse Paradigmen in den Griff zu bekommen war. Diese hatten sich nämlich nicht nur als unsicher erwiesen, ja die Paradigmen selbst konnten als bloße menschliche Produkte angesehen werden. Religion in diesem Kontext mußte sich daher als eine säkularisierende und sich beständig kritisierende betrachten. So mußte auch die Kunst als reflektierende Darstellung der metaphysischen Fragen diese Doppelbödigkeit widerspiegeln. Sie konnte sich folglich nicht als Dienerin traditioneller religiöser Institutionen begnügen, sondern mußte diese auch in ihrem Wahrheitsanspruch brechen können, mußte sich mit neuen Weltbildern auseinandersetzen und mußte die individuellen moralischen und metaphysischen Einsichten des jeweiligen Künstlers gegenüber und für die Allgemeinheit umsetzen.

Sie konnte aber auch noch weiter gehen, indem sie Produktion und Fortschritt zur Religion stilisierte, bzw. Religion durch eine materialistische Philosophie ersetzte. Die Priester dieser Religion, bzw. Diener dieser Philosophie mußten hierbei die kreativsten Köpfe ihrer Gesellschaft sein - Künstler. Als Priester und Diener der Moderne hatte ihr Schaffen eine dreifache Aufgabe: Sie waren die Zeremonienmeister des Urbanen, das moralische Gewissen der Industriegesellschaft und die Visionäre ihrer Gesellschaft. Daraus erklärt sich die Attraktion der Theosophie auf viele Jugendstilkünstler, verband sie doch abendländische und asiatische religiöse Traditionen mit Fortschrittsglauben. Sie manifestierte sich bspw. in der Thematisierung von GOETHEs Farblehre innerhalb der Kunst vom Ende des 19. Jh. bis ins Bauhaus (KANDINSKY) hinein, oder bei der immer wiederkehrenden Faszination für kristalline Formen, ob nun bei der Eröffnungszeremonie »Das Zeichen« zur Darmstädter Ausstellung »Ein Dokument Deutscher Kunst« 1901 auf den Stufen von OLBRICHs Ernst-Ludwig Haus, oder bei Bruno TAUTs Glashaus von 1914, bzw. seinen Alpinen Visionen.

Indem sie hierbei die Gesamtwirklichkeit der modernen Stadt vorführten, gerieten deren Produktionsweisen und Produkte ins Zentrum künstlerischen Interesses. Daraus folgte, daß eine der modernen Urbanität angemessene Kunst die Bedingungen und Auswirkungen der Massenproduktion darstellen und kritisieren mußte. Sie mußte folglich über die bloße Darstellung der Verhältnisse wie im Realismus, gar des positivistischen Ansatzes der Impressionisten und Postimpressionisten hinausgehen - sie mußte politisch werden. Dementsprechend mußte die neue Kunst eine sezessionistische sein - zersetzend, aufbauend, wieder zersetzend, usf. zugleich. Der Künstler zum Beginn der Moderne fand sich plötzlich in mehreren Rollen wieder: als Handwerker und industriell Produzierender, als intellektueller Privatier und für die Öffentlichkeit Tätiger, als Zarathustra und Mensch der Masse, als Rebell und im Dienst des Staates Stehender, als Religionskritiker und Priester, als beständiger Zerstörer und Aufbauender. Als solcher mußte er mit der offiziellen Staatskunst im Konflikt stehen, wie die harten Äußerungen Kaiser Wilhelms II gegenüber der modernen Kunst zeigten, mußte jedoch gleichzeitig versuchen, für die neue Gesellschaft Ordnungen zu finden, die deren Charakter als beständige Umwälzung gerecht wurden.

2. JUGENDSTIL

Der dieser Kunst zugrunde liegende Realismus zeigte sich zunächst in der bewußt dargestellten Unfertigkeit der naturalistischen Vasen GALLÉs, dem Verzicht auf Symmetrie zu Gunsten eines Grundrisses, der die Funktionen der einzelnen Zimmer eines Hauses nachvollziehbar machte, den scheinbar von selbst sich ergebenden, lebendig sich schwingenden Linien von HORTAs Gußeisenkonstruktionen oder GUIMARDs aus dem Boden wachsenden Metro-Stationen. Ein weiterer Schritt der Reflexion als Abstrahierung des Realismus in der Darstellung von Dynamik wurde in den Kreationen OBRISTs sichtbar, der anfänglich auch ENDELL inspiriert hatte. Das gleiche gilt für VAN DE VELDEs Ringen um eine neue Linienführung. Die Kraft und Schnellebigkeit der neuen Zeit brach sich Bahn ihn Zeitschriften wie ›Jugend‹, von der der Jugendstil Deutschlands seinen Namen herleitete, sein kritisches Potential in der bissigen Satire des Simplizissimus. Mit der Erotik setzte sich die Art Nouveau in zweifacher Weise auseinander: Zum einen wurde sie in fließende Formen eingebettet, die eine unmittelbare Fleischlichkeit beider Geschlechter nicht zuließen. Das Ereignis größten Trieb- und Naturerlebens fand sich gebrochen und zum Geist erhöht in dünnen, bleichen, Gestalten – in Vamps, engelgleichen Kindfrauen und androgynen Buben. Zum anderen konnte man die muskulösen und dennoch leicht morbiden Helden eines METZNER bewundern - allerdings nie im Geschlechtsakt. Mit den GLASGOW FOUR zeichnete sich ein weiterer Schritt im Kunstschaffen des Jugendstils ab: Die zarten symbolistischen Figuren in den Dekorationen der MACDONALD-Schwestern bildeten ein bewußtes individualistisches Gegengewicht zur sonst so strengen Abstraktion MACKINTOSHs. Sie objektivierten quasi die flüchtigen Traumwelten, aus denen die neue Kunst ihre Inspiration im gleichen Maße wie aus der scheinbaren Faktizität schöpfte. Die Schwestern offenbarten in ihren figürlichen Ornamenten, daß es ihre Aufgabe war, wie die Schamanin die Irrealität von Vision und Versachlichung zusammenzubringen. Gemeinsam mit MACKINTOSHs geradezu hart wirkenden Formen spiegelten sie die Dichotomie des modernen Zeitalters zwischen unendlicher Verfeinerung, Subjektivität, Ästhetisierung und Zerbrechlichkeit einerseits, und Vereinfachung, Objektivität, Praktikabilität und Stabilität andererseits wider. Durch die GLASGOW FOUR gewannen die jungen Künstler der Wiener Sezession ihre Inspiration zur erneuten Abstraktion der Dynamik. Mittels dieser Abstraktion gelang es HOFFMANN, die sachlichen Formen von LOOS zu einer strengen Jugendstil-Geometrie weiterzuentwikkeln. Hieraus werden scheinbare Widersprüche im späten Jugendstil erklärbar, der sich neben seinen verspielten Formen auch sehr sachlich gebärden konnte. Hierin deutet sich aber auch bereits die Auflösung, die Auffächerung des Jugendstils an.

Abb. 2: *Joseph Maria OLBRICH:* Haus Deiters *1901. Darmstadt, Mathildenhöhe*

Aus dem Bestreben der Jugendstilkünstler, mit ihrer Kunst den modernen Alltag zu durchdringen, zu gestalten, damit den Begriff des Gesamtkunstwerks neu zu fassen, erklärt sich auf der einen Seite das politische Engagement vieler dieser Künstler - vorwiegend als Sozialisten, aber zumindest als Liberale, auf der anderen Seite der Rückzug in die ästhetische Enklave wie z.B. beim GEORGE-KREIS. Entsprechend der Gegebenheiten der Urbanität waren deren Produkte auf den Einzelnen als Individuum und als Teil der Masse zuzuschneiden. Die daraus erwachsende Diskussion über die Zuordnung von Handwerk und Industrie, von Typisierung und künstlerischer Freiheit konnte sich, wollte sie sich als moderne Gestaltung begreifen, nicht mit sozial- und industriekritischen Tönen wie bei RUSKIN, MORRIS und der Arts and Crafts-Bewegung begnügen, geschweige denn ihr Heil in Präraffaelitischen oder Nazarenischen Idealen finden.

Sie mußte letztlich der Industrie den Vorrang einräumen, in der das Handwerk bestenfalls eine zuarbeitende und unterstützende Rolle spielen konnte. Dies galt auch für die Übernahme der Gartenstadt-Bewegung, die nur ihre Breitenwirkung als den Industriestädten zugeordnete entfaltete. Der Typisierungsstreit des Deutschen Werkbundes 1914, angeführt von MUTHESIUS auf der einen und VAN DE VELDE auf der anderen Seite, zeigte am Ende der Jugendstil-Ära diese beiden Triebfedern der Art Nouveau in all ihrer Zerstrittenheit und Fruchtbarkeit für das moderne Kunstschaffen. Anhand des 1907 gegründeten Deutschen Werkbundes läßt sich zudem das scheinbare Problem einer engen und weiten Definition von ›Jugendstil‹ auflösen. Im Werkbund fanden sich ja auf Seite der Kunstschaffenden ausgesprochene Jugendstilkünstler und solche, die nicht ausdrücklich zur Art Nouveau gerechnet werden. Eine klassifikatorische Verwendung des Art Nouveau-Begriffs hätte mit dieser Zusammensetzung des Deutschen Werkbundes ihre Schwierigkeiten. Begreift man Jugendstil jedoch sezessionistisch, als Aufbruch der Kunst in die Moderne wie ich ihn beschrieben habe, erklärt sich die heterogene Zusammensetzung des Deutschen Werkbundes und seine weitere Entwicklung. Noch deutlicher mag Peter BEHRENS als Beispiel dienen: Dieser hatte als Jugendstil-Gestalter begonnen, erweiterte sein Können in Darmstadt als Architekt, wurde Designer der AEG und näherte sich in dieser Eigenschaft schließlich wieder dem Klassizismus eines Schinkel an. BEHRENS entpuppte sich dabei als Konservativer, der eine national gesinnte Kunst durchaus unterstützen konnte.

Zurück zur Stadt: belegt man Handwerk und Gartenstadt mit der Metapher ›Land‹, kann man sehen, wie sich die Überformung des ›Landes‹ durch die entgrenzte Stadt im Unterschied zu einem Rückzug aufs ›Land‹ oder eine Abgrenzung vom ›Land‹ ereignete: Die Natur der Urbanität nahm vom Land Besitz. Doch wie sollte diese Überformung des Landes konkret vor sich gehen? Wie konnte das Land in die Stadt integriert werden? Welche Schwerpunkte waren zu setzen, nach welchen Kriterien zu verfahren? So mußten die Künstler durch ihr Schaffen Idealentwürfe modernen Lebens liefern, vom Kleiderbügel bis zur Stadtkrone. Kunst und Ideologie ergänzten sich. Der Jugendstil hatte dieses Problem lediglich in Form und Ornament gebündelt thematisiert. Er zeigte in seinen gleichermaßen sensiblen und brutalen Erscheinungsweisen die Spannung von Stadt und Land, von Zukunft und Tradition, von Industrie und

Handwerk, von Individualität und Masse, von Leidenschaft und Askese, von Lebensentfaltung und Dekadenz im Fortschrittsglauben, von Chaos und Ordnung in der Urbanität der Moderne. Darin lag seine zentrale Stellung als Quasi-Knotenpunkt für die Entwicklung der modernen Kunst. Darin war jedoch auch der Keim seiner Auflösung im Moment seines Erscheinens inbegriffen. So entwickelte sich in der französischen Jugendstilarchitektur bald ein ländlicher und ein städtischer Stil. Ersterer löste durch seinen pittoresken Rückgriff auf regionale Formen den Jugendstil wieder auf, letzterer durch seine versachlichende, abstrahierende Formgebung. Ähnliches war - wie an HOFFMANN zu sehen war - in allen Teilen Europas zu beobachten, in denen der Jugendstil Fuß gefaßt hatte. Je nach Schwerpunktsetzung kamen dabei verschiedene Lösungsansätze und damit neue Kunstformen zum Vorschein.

Einige von ihnen sollen als Grundlinien für die weitere Entwicklung der modernen Kunst des Bauens aus dem Jugendstil erklärt und durch Gegenüberstellung von ihm abgegrenzt werden. Hierbei wird u.a. sichtbar werden, wie eng Entwicklung, Parallelen und zeitgleiche Kontraste beieinander liegen. Nikolaus PEVSNER hatte über die Arts und Crafts-Bewegung versucht, eine einigermaßen folgerichtige Entwicklungslinie des modernen Designs und der Architektur zu zeichnen. Darin hatte er durchaus berechtigt dem Jugendstil zu seinem zentralen Stellenwert verholfen. Allerdings halte ich die Entwicklung für etwas komplexer als sie PEVSNERS Standardwerk zeichnete, was keine Kritik an PEVSNER darstellt, lediglich eine - um im Jargon des 19. Jh. zu sprechen - ›Verfeinerung‹ seiner Forschung. So bin ich vielmehr geneigt, die scheinbare Chronologie PEVSNERS als überlappende, parallele und sich widersprechende Modelle zu sehen, die sich im Jugendstil bündeln, sich von ihm absetzen, ihn weiterentwickeln oder gar wieder hinter ihn zurückgehen wollen, ohne dies jedoch mehr zu vermögen.

3. JUGENDSTIL UND DIE KUNST DER MODERNE

Eine erste grobe Weiterentwicklung der neuen Kunst folgte aus der Spannung zwischen dem romantisch intuitiven Individualismus des Genies und der rationalistisch objektivierenden Typisierung des Experten. Erstere hatte sich im Deutschen Werkbund durch v.a. VAN DE VELDE artikuliert, fand sich aber auch bei August ENDELL und Bruno TAUT. In diesen drei Namen ist bereits die ganze Bandbreite dieser individuellen Kreativität enthalten. VAN DE VELDE verdankt das moderne Gestalten die Auseinandersetzung mit der Arts and Crafts-Bewegung anhand des Problems von Handwerk und Industrie. Hierbei ging es zentral um den Stellenwert der Kreativität bei gleichzeitiger Bejahung der maschinellen Produktion. Er faßte dabei die Schaffenskraft des Künstlers im Sinne NIETZSCHEs als dionysische und zarathustrische, erwachsend aus den stürmischen Tiefen der neuen Zeit[4].

---

[4] vgl.: VAN DE VELDE, Henry: *Die Renaissance im modernen Kunstgewerbe*. Verlag Bruno Cassirer. Berlin 1903.

August ENDELL versachlichte dessen schamanistisch visionäre Kreativität mit Hilfe der psychologistisch phänomenologischen Einfühlungstheorie des Münchner Philosophie-Professors Theodor LIPPS. Ausgehend von einem rationalen Verständnis der menschlichen Einfühlungskraft übte ENDELL heftige Kritik am romantischen Geist der Jahrhundertwende, aus dessen Erbe seine phänomenologische Ästhetik gleichzeitig erwuchs. Indem er die Romantik versachlichte, gelang es ihm, die Kunst in den urbanen Kontext zu materialisieren. Sein Kunstempfinden ging hierbei immer von einer sinnlichen und damit perspektivischen Erfahrung des Einzelnen aus. In dieser lag die Kraft des Sehens und damit des Gestaltens der jeweiligen Gegenwart durch den Künstler. Seine Aufsätze *Vom Sehen* oder *Die Schönheit der großen Stadt*[5] bspw. sind deshalb mehr als bloße Ästhetisierung der Urbanität. Diese Interpretation mag zwar durch ENDELLs Kontakt zum George-Kreis nahe liegen. Liest man jedoch seine Schriften genau, wird in ihnen durchaus Kritik an reiner Ästhetisierung deutlich. Vielmehr drängt ENDELLs Sprache dazu, die Schönheit der eigenen Gegenwart, die in seinem Falle die der großen Stadt ist, bewußt wahrzunehmen und sie in optimistische Produktivität zu verwandeln. ENDELL rechnet mit der Erfahrungs- und Interessengeleitetheit menschlicher Wahrnehmung und sieht genau in dieser Unvollkommenheit des Sinnlichen die Chance der Kunst. Ganz im naturalistisch funktionalen Sinne hat für ihn das Sehen für den menschlichen Organismus die Funktion der Orientierung inne. So zeichnet sich letztlich richtiges Sehen nicht durch das bloße Sehen von Gegenständen aus, sondern vielmehr durch das Sehen des Sichtbaren. Den Durchstoß zur Erkenntnis dieses künstlerischen Sehens des Wesens eines Dinges lieferte ihn eine Darstellung von MANET-SPARGEL. KANDINSKY berichtete später in seinen *Rückblicken*[6] ähnliches von einem Bild *Monet*s - diesmal über einen Heuhaufen. Doch wann wird aus dem bloßen undeutlichen Wahrnehmen eines Gegenstandes künstlerisches Sehen, wann aus scheinbarer Alltagsbanalität Schönheit? Durch das Gefühl, genauer: „Alles Gut unseres Lebens, unser Glück bilden die großen Freuden, die Gefühlsregungen, die die Höhepunkte unseres Handelns, unseres Lebens begleiten. Im Gefühl liegt die Wertung aller Objekte, alles Geschehens.«[7] Dieses Gefühl kann man bei ENDELL quasi als ›Ästhetik des Genusses‹ bezeichnen, geht es hier nicht nur um reine Triebbefriedigung, oder um schwülstige Ergriffenheit. Vielmehr bezeichnet ENDELL damit die Fähigkeit, durch die Dinge hindurch ihre Schönheit wahrzunehmen, was wiederum Freude und Lust erzeugt. Daß dazu eine Schulung der Wahrnehmung in einem neuen, alltagsweltlichen Sinne gehört, versteht sich von selbst. Noch einmal ENDELL:

---

5 ENDELL, August: *Vom Sehen*. Texte 1896-1925 über Architektur, Formkunst und »Die Schönheit der großen Stadt«. Hg. v. DAVID, Helge. Birkhäuser Architektur Bibliothek, hg. v. DÜTTMANN, Martina. Birkhäuser Verlag. Basel, Berlin, Boston 1995.

6 KANDINSKY, Wassily: *Über das Geistige in der Kunst*. Benteli-Verlag. Bern-Bümpliz 1956^5. S.9.

7 ENDELL, August in DAVID, Helge 1995. S.182.

> »Der Künstler sucht den Weg des höchsten Genießens, so müssen auch seine Werke betrachtet werden. Sie setzen ein Hineinsehen, eine eigentümliche Einstellung voraus. Darum fordert die Kunst jeden Landes und jeder Zeit besonderes Hineinleben, nur dadurch wird sie dem Betrachter wirklich lebendig. [...] Darum kann es keine Kunstgeschichte als Wissenschaft geben, wohl aber kann sie eine Lehre sein, ein Hineinführen in das Kunsterleben der Kunstwerke verschiedener Zeiten.«[8]

Dies ist durchaus im Sinne des Jugendstils ein kritischer und politischer Akt aus der Alltäglichkeit des Lebens heraus, der sich hierbei ausdrücklich gegen jegliche Ideologisierung verwahrt, vielmehr durch seine Perspektivität eine liberale Kunst propagiert. In diesem Sinne wirkte ENDELL inspirierend auf die Expressionisten KANDINSKY oder Bruno TAUT, aber auch auf GROPIUS und Mies VAN DER ROHE, deren Kunstschaffen später analysiert werden wird. Er erweist sich dadurch als Brücke sowohl zum Expressionismus als auch zur Sachlichkeit. Seine eigenen Bauten hatten mit der Zeit eher die rationale Richtung eingeschlagen. Geradezu ›sachlich abstrakt‹ ging es bspw. sogar bei der Gestaltung der Trabrennbahn Mariendorf zu.

3.1. *Expressionismus*

Doch zunächst zum Expressionismus: KANDINSKYs bereits erwähnte Schrift weist in ihren Ausgangspositionen erstaunliche Parallelen zu ENDELL auf. Zwar hat sich anscheinend direkter Kontakt zwischen ENDELL und KANDINSKY in München nicht eindeutig nachweisen lassen, dennoch können jene Übereinstimmungen, die die Aufzählung und Behandlung verschiedener Künste betreffen und sogar bis in die Form- und Farblehre KANDINSKYs hineingehen, meiner Ansicht nach kein Zufall sein. Zudem hatte KANDINSKY am Bauhaus gelehrt, welches ja aus dem Deutschen Werkbund hervorgegangen war. Allerdings führte er ENDELL weiter: Zum einen stellte er dessen Ästhetik der Einfühlung VAN DE VELDEs Sinn für Relationen beiseite, sowie dessen Nietzsche-Rezeption. Zum anderen fragte er radikaler als ENDELL nach dem aller Kunst übergeordneten Sinn, ihrer Struktur - der Klammer des »Geistigen«. Er nannte dies »Das Prinzip der inneren Notwendigkeit« und sah daher seine abstrakte Kunst als zutiefst konkrete an. Abstrakte Kunst war für ihn somit keineswegs reine subjektive Intuition oder Kreativität. Sie war vielmehr etwas höchst Materialistisches, ja Rationales. Nur auf diesem Hintergrund näherte sich KANDINSKY wieder dem Bild des Künstlers als Schamane, Priester, Zarathustra (bei ihm in der Gestalt des Mose) an. Sein Sehen sieht im einzelnen den universalen Zusammenhang, und er dient dem Gewahr-Machen dieses Zusammenhangs. Auf Grund der psychologisch-naturwissenschaft-lichen Voraussetzungen für menschliche Wahrnehmung kann sich der Künstler hierbei der Techniken der konkreten Kunst bedienen - KANDINSKYs Form- und Farblehre. Ja er behauptete sogar, daß in genau gleichen Situationen genau

8 *ebd.* S.216f.

gleiche Farb- und Formkompositionen immer genau gleiche sinnliche Reaktionen hervorbrächten. Derart gewendet darf der Künstler alle Mittel so einsetzen, daß sie das Geistige, die Essenz der jeweiligen Situation zum Ausdruck bringen. Somit stand bei KANDINSKY wie auch bei MENDELSOHN und Bruno TAUT die künstlerische Einsicht vor dem Material, der Form und der Farbe – daher die Bezeichnung ›Expressionismus‹. Allerdings ist dieser Einsatz der Mittel auch immer gleich notwendig: »Alle Mittel sind heilig, wenn sie innerlich-notwendig sind. Alle Mittel sind sündhaft, wenn sie nicht aus der Quelle der inneren Notwendigkeit stammen.«

Worin besteht nun das »Rein- und Ewig-Künstlerische«, der »Geist«, das »Ewig-Objektive«" im »Zeitlich-Subjektiven«? KANDINSKY bezeichnete hier »alle künstlerische Produktion« als »nichts anderes [...] als eine fortlaufende Registrierung des großen Auseinandersetzungsprozesses, in dem sich Mensch und Außenwelt seit Anbeginn der Schöpfung und in aller Zukunft befinden. So ist die Kunst nur eine andere Äußerungsform jener psychischen Kräfte, die in demselben Prozeß verankert das Phänomen der Religion und der wechselnden Weltanschauung bedingen.« Damit setzte sich bei ihm die Linie fort, die der Historismus vorgegeben hatte: Der Künstler zeigt in seiner Kunst seine eigene Persönlichkeit, er bringt seine Epoche zum Ausdruck und er führt hierbei des Menschen ewiges Streben nach Überleben, Sicherheit, Sinn und Identität vor Augen. Das durchdachteste Mittel hierfür sah KANDINSKY in der Schaffung von »konstruktiven« Werken, sind sie doch Ausdruck »der Zeit des bewußten, vernünftigen Kompositionellen«, die er nahe sah, einer »Zeit des zweckmäßigen Schaffens«, zu der die »Malerei im organischen direkten Zusammenhang mit dem schon begonnenen Neubau des neuen geistigen Reiches steht, da dieser Geist die Seele ist in der *Epoche des großen Geistigen.*« Die Moderne fordert dafür - auch hier wieder ganz in der Neufassung des Jugendstils - gesamtkunstwerkliche Dimensionen - monumentale Kunst. So standen die Künstler als geistige Elite auch bei KANDINSKY ganz im Dienste des Aufbaus einer neuen Gesellschaft, einer »geistigen Pyramide, die bis zum Himmel reichen wird.« Es ist dies eine schwere Aufgabe, die den Künstlern zugemutet wird, Pflicht, eine schwere Last, ein Kreuz, das es zu tragen gilt. KANDINSKY behauptete hier nicht weniger, als daß »Priester des Schönen« zu sein Macht bedeutet. Diese Macht sei ein Dienst, der sich aus den objektiven Vorgaben notwendigerweise ergebe. Außer daß KANDINSKY für die Künstler die geistige Führungsrolle in der neuen Gesellschaft beanspruchte, ging er allerdings nicht darauf ein, wie diese Gesellschaft strukturiert sein würde. Für ihn zählte lediglich der erzieherisch-formende Aspekt der Kunst. Mehr würde wohl auch seiner Auffassung der freien Entfaltung der inneren Notwendigkeit widersprochen haben[9].

Auch bei Bruno TAUT läßt sich über ENDELL und KANDINSKY der Wille zur Ästhetisierung der gesamten städtisch-entgrenzten Wirklichkeit erkennen. Allerdings wendete

---

9 KANDINSKY, Wassily 1956[5]. S.84, 82, 11, 80, 143, 56, 33, 134-136.

er deren Konzepte noch weit idealistischer. Er vollzog in totaler Konsequenz, was KANDINSKY mit seiner inneren Notwendigkeit ästhetisch angedacht hatte. Über die gemeinsame Basis der Schönheit des Gesamten in seinen mannigfaltigen Erscheinungen und Beziehungen kam TAUT zur Erkenntnis der Harmonie. Hierin lag seine Begeisterung für traditionelle Japanische Kunst. Für ihn nötigte diese Erkenntnis der Harmonie zur Baukunst. Somit war Baukunst für ihn ein praktischer, sozialer und geistiger Akt: Sie erbaut eine ideale Welt als Entfaltung vorgefundener organischer Ordnung - Harmonie als kosmisches Bauen. Besonders bei ihm schlug sich eine feste Linien-, Farb- und Formlehre in seinen Bauten durch. Am esoterischsten war sicherlich sein bekanntestes Werk - der Glaspavillon zur Werkbundausstellung in Köln 1914. Aber auch seine großen genossenschaftlichen Siedlungsprojekte sparten nicht an Farbe bei gleichzeitig einfachen, aber dennoch wundervoll proportionierten Häusern. Gerade bei Bruno TAUT wurde offenbar, wie sehr sich LOOS irrte, als er behauptete, daß Zweckbauten keine Kunst seien. Der Sozialist TAUT engagierte sich nicht nur für den sozialen Wohnungsbau, er kreierte soziale Harmonie durch Schönheit. Hierin trug sein ästhetischer Sozialismus selbst ausgesprochen ideologische, totalitäre Züge. Wäre es nach ihm gegangen, hätten sich die Millionen der Internationale umschlungen unter den Stadtkronen von TAUTs Alpiner Architektur. Allerdings hatte er hierbei einen klaren Kontrast zwischen dem einzelnen Künstler-Genie und einer geradezu endindividualisierten Masse geschaffen. Der Künstler war der Hirte, dem das Herdenvolk folgte. So zerbrach letztlich sein eigenes Schaffen und seine Biographie genau an der weit differenzierteren und unkalkulierbaren Realitität der Moderne - ökonomisch wie ideologisch. Sein verhältnismäßig früher Tod im Exil der Türkei Atatürks mag symptomatisch sein für ein architektonisches Schaffen zwischen Ideal und Wirklichkeit.

Abb. 3: *Bruno TAUT: Siedlung am Schillerpark, Berlin Wedding 1924-1928*

3.2. ***Futurismus***

Ähnliches kann über die architektonischen Entwürfe der Futuristen gesagt werden, von denen das meiste Papier geblieben ist. Eine herrliche Zerstörung hatten sie angekündigt durch den wissenschaftlichen und technischen Fortschritt des Industriezeitalters. Gerade sie kultivierten den Gegensatz zwischen dem morbiden Land - »dem Knarren der arthritischen Paläste mit ihren Efeublättern« und der machtvollen Dynamik der Moderne - »der Geburt der Kentauren«[10]. Für sie war Fortschritt ein metaphysisches Ereignis, das völlig neue Realitäten schafft. Besonders bei ihnen manifestierte sich die Technik als wilde Kreatur, als neue Natur, die neue, wilde und kraftvoll mächtige Geschöpfe hervorbringt. Neu war hier nicht so sehr die Begeisterung für die technischen Errungenschaften, sondern deren Deutung: Radikaler als die Sezession des Jugendstils zelebrierten die Futuristen das Neue als neue Gesetzmäßigkeiten: als neue Naturgesetze, neue Lebensparameter, neue Weltdeutung. Die Religion hatte ausgedient, der Mensch selbst war von nun an Schöpfer und Zerstörer, Herr über eine neue Welt, die er selbst kreierte. Hierbei feierten sie bewußt die Dialektik zwischen Technik und Mensch als göttliche Wirklichkeit des Fortschritts, in der beide sich immer wieder gegenseitig neu schaffen, unterwerfen und zerstören. Auch hier hatte der Künstler dieser neuen Wirklichkeit zu dienen. Doch diesmal nicht als der elitäre Visionär, sondern als ausführendes Organ der technischen Revolution. Hier ging es weniger um eine

10 MARINETTI, Filippo Tommaso: *Le Futurisme.* Le Figaro, Paris, 20. Februar 1909. In: FRAMPTON, Kenneth 1989³. S.74.

Aussöhnung von Stadt und Land, vielmehr um eine Ablösung der alten Natur durch die neue Natur – um einen evolutiven Sprung. Die modernen Massen forderten vom Architekten neue Bauten, neue Städte für ihren Lebensraum, die Città Nuova. Aus diesem Grund war der Architekt Teil der Masse. Der Sozialismus als Bewegung der Massen versprach die angemessenste Ordnung der modernen Gesellschaft zu sein. Somit stand der Baukünstler im Gefolge der Masse, er führte sie nicht. Diese Vision einer technisch sich mehr und mehr vervollkommnenden Massengesellschaft der Futuristen ließ sich dabei auf zweifache Weise weiterführen: Zum einen im revolutionären sowjetischen Konstruktivismus, zum anderen im Faschismus eines Mussolini - Fortschritt als rassischer Fortschritt.

3.3. *Totalitäre Kunst*

Aus dieser Frage nach dem Verhältnis von Künstler und Massengesellschaft entwikkelte sich so ein den Expressionisten entgegenstehender Lösungsvorschlag, der der Masse und damit der Typisierung scheinbar den Vorrang vor der Individualität gab. Daß dies jedoch im Grunde keine Frage nach künstlerischer Freiheit und Individualität mehr war, war spätestens bei Bruno TAUT klar geworden. Vielmehr lag das Problem in der Spannung zwischen Konformität und der Fähigkeit zu kritischem Widerspruch. Daran hatte sich auch die heftige Werkbunddebatte 1914 entzündet. An dieser verliefen noch danach die Nahtstellen der Kunst nach 1918. Wer war fähig, aus sich heraus den Kreisel einer negativen Dialektik zur produktiven Dialektik der modernen Gesellschaft zu entwickeln? War es eine Künstler-Elite wie bei den Expressionisten? Produzierte nicht vielmehr die Gesellschaft als Ganzes sich selbst als Kunstwerk, in der die einzelnen, ob Architekt oder anderer Produzent, nur Mitbildende waren? Wozu Widerspruch, wenn die Erfordernisse des Fortschritts neue Kunst von selbst hervorbrachten? Die Massenproduktion an sich als Kunst! Wenn jedoch die Künstler als Individuen Teil der Masse waren und diese mit konstituierten, konnte dann nicht jeder Einzelne in seiner Produktion zum Künstler werden, wenn ihm die Wirklichkeit der großen Stadt als Identität und Widerspruch zugleich aufging?

So fanden sich durchaus weitere Antworten, die parallel zu den Futuristen der gebärenden Masse den Vorrang vor dem kritischen Geist gaben. In Übereinstimmung mit der Forderung des Historismus nach Berücksichtung regionaler Spezifika und im Verständnis des Architekten im Gefolge der Wiener Secession als Bau-Experte seiner Gesellschaft ertönten im Zusammenklang des völkischen Nationalismus Forderungen nach spezifisch Nationalen Produkten, so in Deutschland nach einer Deutschen Architektur. Nicht zuletzt war es einer der Hauptanliegen des Deutschen Werkbundes gewesen, deutsche Produkte auf dem Weltmarkt konkurrenzfähiger zu machen. Doch die Forderungen gingen noch weiter. Ideale des Werkbundes wie Materialtreue, Funktionalität, Deutsche Qualitätsarbeit, Verwertung gewachsener handwerklicher Traditionen für die Industrie etc., konnten, wie sie aus dem Jugendstil erwachsen waren, über dessen organische Kunstauffassung zur Volkskunst, zur ›völkischen‹ Kunst weiterinterpretiert werden. Zusammen mit dem Führerprinzip ließ sich dadurch eine Symbiose von Nationalsozialismus und Kunst als dessen Ausdruck und Erziehungsinstrument herstellen. Interessanter Weise gab hierbei Adolf Hitler nicht dem rassisch ideologisierten Heimatstil des Kampfbundes Deutscher Architekten und Ingenieure den Zuschlag, sondern bediente sich vielmehr des sachlich reduzierten Kryptoklassizismus eines Paul TROOST oder Albert SPEER, der wiederum in der Tradition Heinrich TESSENOWs stand. Auch Peter BEHRENS erhielt vom Regime neue Aufträge. Indem ›der Führer‹ damit eine Architektur bevorzugte, die SCHINKELs Klassizismus mit den Gegebenheiten der Moderne zu vereinen suchte[11], signalisierte er, daß er Deutschland in ein modernes Reich zu führen gedachte, das aus rationalen Überlegungen erwachsen war, nicht zurück in romantisch verbrämte Stammestraditionen.

Ähnlich eindeutig ideologisiert konzipierte der Sozialist Tony GARNIER seine »Cité Industrielle« als konsequent durchdachten Entwurf einer modernen Industriestadt mit sozialistischer Regierungsform, auch wenn er Lyon nicht in diese umwandeln konnte. Er erwies sich hierbei gleichermaßen aus der Tradition der Idealstadt wie von den Erfordernissen der Massenproduktion inspiriert. Sein sozialistisches Utopia war eine entgrenzte Stadt, die durch Produktion und modernste Verkehrsmittel in friedlicher Kommunikation mit der gesamten Menschheit lebte. In diesem Sinne war er in seiner Funktion als Architekt der Masse modern wie die Futuristen. Gleichzeitig bekannte er sich zur älteren Tradition des französischen Rationalismus. Indem er so Neuzeit und Moderne miteinander verband, wirkte er inspirierend nicht nur auf die russische Architektur, sondern auch auf die zur nächsten Strömung gehörenden Stadtkonzeptionen eines LE CORBUSIER oder des Congrès Internationaux d'Architecture Moderne (CIAM.).

3.4. *Bauhaus und internationale Sachlichkeit*

Im Internationalen Stil und der Neuen Sachlichkeit schließlich, hier am Beispiel von Walter GROPIUS vorgeführt, fanden sich Ansätze, die eine Versöhnung der aufgezeigten Richtungen versprachen. GROPIUS' Schrift *Monumentale Kunst und Industriebau* von 1911 zeigte zunächst starke Reminiszenzen zu einem Kunstbegriff, der sich wesentlich aus dem Genie-Verständnis von Richard WAGNER und NIETZSCHE speiste. Auch er faßte die Aufgabe der Kunst geistiger als ENDELL, indem er Kunst als Gegenteil von Natur auffaßte, die vom Machtwillen des Menschen erst in Schönheit umgewandelt wird. Ähnlich wie KANDINSKY sah er die Ursache des Kunstwerks in der Auseinandersetzung des Menschen mit seiner Umwelt, die den Menschen dazu dränge, sich von »der Verlorenheit im Strom der Dinge und Ereignisse« durch den Willen zur Erkenntnis und Gestaltung zu erlösen. Kunst wurzelte deshalb bei GROPIUS »in seelischen ide-

---

11 Vgl. CAMPBELL, Joan: *Der Deutsche Werkbund 1907-1934.* dtv/Klatt-Cotta. München 1989. S.352-359.

ellen Bedürfnissen und befriedigt[e] seelische Bedürfnisse des Menschen«[12]. So definierte auch GROPIUS Kunst zu allererst als Bedürfnisbefriedigung - dem Bedürfnis nach Weltdeutung und Weltordnung. Ähnlich wie im Expressionismus ging hierbei die Ordnung vom Künstler aus, von dessen Einsichtsfähigkeit und schöpferischem Willen. Hier gelangte GROPIUS durch seine Vorrangstellung des Genies in die Nähe TAUTs, dem es gegeben sei, seine Gesellschaft zu ordnen und zu formen. Ähnlich wie KANDINSKY wiederum erforderte eine Epoche, die durch Weltwirtschaft und industrieller Massenproduktion geprägt war, eine monumentale Kunst bestehend aus allen produktiven Kräften der Zeit. Stadtgestaltung war in besonderer Weise Aufgabe der Baukunst, lag ihre eigentliche Aufgabe doch primär in der ordnenden Kraft der Körpergestaltung und vor allem Raumbegrenzung. Hier erwies sich die Baukunst erneut als ethische Aufgabe, denn die moderne Industriestadt mußte ihre sozialen Fragen neu ordnen. Als adäquate Mittel dazu sprach sich Gropius in LOOS'scher Tradition, aber auch im Verbund mit DE STIJL und ähnlichen Denkern und Erbauern, für »einfachheit im vielfachen, beschränkung auf typische grundformern [sic] und ihre reihung und wiederholung, gliederung aller baueinheiten nach den funktionen der baukörper, der straßen und der verkehrsmittel« aus. Gerade die Typisierung verteidigte er als für die Massenkultur perfekte Möglichkeit, kreativ zu werden[13], gab sie dem Einzelnen der Masse doch ein normiertes Angebot an Formen vor, mit dem dieser sich dann persönlich auseinandersetzen konnte. Ihm kann Mies VAN DER ROHE zur Seite gestellt werden, der den Zeitgeist der Moderne als Vernunft- und realitätsbezogen charakterisierte und darin den Grund für ihre Objektivität und Anonymität sah[14]. Daher die Forderung nach Sachlichkeit und Zweckmäßigkeit. Bei GROPIUS' Mahnung wiederum, der Arbeit neue Paläste zu errichten, damit Fabrikarbeiter und Fabrikherren gleichermaßen die »Würde der gemeinsamen großen Idee, die das Ganze treibt« spüren können[15] fühlt man sich geradezu an Fritz LANGs Botschaft von Metropolis erinnert.

So bejahte GROPIUS durchaus Technik und Fortschritt, anders als der Futurismus jedoch opferte er dabei nicht die Eigenständigkeit des Künstlers. Nach dem Zusam-

---

12 GROPIUS, Walter: *Monumentale Kunst und Industriebau*, 1911. In: PROBST, Hartmut und SCHÄDLICH, Christian: *Walter Gropius*, Bd. 3. Ausgewählte Schriften. Hg. v. SEKTION ARCHITEKTUR DER HOCHSCHULE FÜR ARCHITEKTUR UND BAUWESEN WEIMAR. Ernst & Sohn, Verlag für Architektur und technische Wissenschaften. Berlin 1988. S.28f.

13 GROPIUS, Walter: *geistige und technische vorraussetzungen der neuen baukunst*, 1927. In: PROBST/SCHÄDLICH 1988. S.115.
Vgl. auch: GROPIUS, Walter: *Grundsätze der Bauhausproduktion*, 1925. In: PROBST/SCHÄDLICH 1988. S.93.

14 MIES VAN DER ROHE, Ludwig: *Baukunst und Zeitwille* (1924). In: MIES VAN DER ROHE, Ludwig: *Die neue Zeit ist eine Tatsache*. Archibook-Verlag Düttman. Berlin 1986. S.41.

15 GROPIUS, Walter: *Monumentale Kunst und Industriebau*, 1911. In: PROBST/SCHÄDLICH 1988. S.31.

menbruch des Kaiserreiches schien es sogar, daß GROPIUS wie TAUT dem Künstler den Primat über den Staat geben würde: »Der alte zerbrochene Staat herrschte mit der Geste des Gewalthabers über die Kunst. Der neue Staat muß ihr dienen, um sich das große Beiwort ›der freie‹ erst zu erringen. Er muß freie Flugbahn schaffen für den schöpferischen Geist.« Allerdings stellte GROPIUS dem Künstler gleichzeitig »n]eue, geistig noch nicht erschlossene Schichten des Volkes« gegenüber, auf denen der Künstler erst seine Kunst aufbauen kann. Erst muß die Volksgemeinschaft zu ihrer Identität finden, dann wird der Künstler sie durch den Aufweis ihrer Ordnung führen. Wichtig dabei ist die Beobachtung, daß GROPIUS hier Staat als »nichts als die Summe von Einzelexistenzen« faßte. Seine Metapher von den Bauhütten des Mittelalters wurde dadurch umgedeutet in einen »Freiheitsdom der Zukunft, nicht behindert, sondern getragen von der Gesamtheit des Volkes.« »J]ene Gemeinsamkeit im Geistigen, die erst den natürlichen Rhythmus der Gesamtheit schafft«[16] verweigerte sich als Summe freiheitlich bestimmter Individuen dem Mißbrauch totalitärer Interpretation. GROPIUS schaffte es auf diese Weise, anders als die vorherigen Modelle, die Spannung zwischen Masse und Individualität, sowie zwischen Künstler und Zeitgeist als künstlerisches Prinzip zu fassen. So sah er schließlich das ›Führerprinzip‹ des Bauhauses als kritisches, als Anstoß zur Reflexion: Anders als die Kubisten jedoch, die ihre Kritik an allzu glatten Einheitskonzeptionen durch eine bewußt konstruierte und zerrissene Bauweise durchführten, setzte Walter GROPIUS auf die Fähigkeit der Kunst, das Ganze des Raumes einzufangen, das dann dem Individuum als Spiegel dienen könne. Erst die Gesamtschau rege dieses zur Auseinandersetzung mit seiner Lebenswelt an, so daß die Gemeinschaft als ganze durch ihre reflektierenden Mitglieder immer wach und lebendig bliebe[17]. ›Pluralität‹ wird in diesem Modell nicht ausgeschlossen, wenn auch nicht ausdrücklich benannt. Sie ist jedoch im Begriff der ›Freiheit‹ potentiell vorhanden. Ähnlich, dabei sowohl zurückhaltender wie grundsätzlicher faßte 1960 Mies VAN DER ROHE diese Bewegung zusammen:

> »Der Aufbau einer Zivilisation ist nicht einfach, denn sie umgreift Teile von Vergangenheit, Gegenwart und Zukunft. Dies ist schwierig zu definieren und zu verstehen. Die Vergangenheit ist von Natur aus unveränderlich. Die Gegenwart muß angenommen werden und will gemeistert sein. Aber die Zukunft ist offen – offen für schöpferisches Denken und Tun.
> Aus dieser Ordnung erwächst die Architektur. Daraus folgt also, daß Architektur nur auf die bedeutenden Kräfte der Zivilisation bezogen werden sollte. Nur eine Beziehung, die das Wesen einer Zeit berührt, kann wirklich sein. Diese Beziehung nenne ich gern ein Wahrheits-Verhältnis. Wahrheit im Sinne von Thomas von Aquin: als Adaequatio intellectus et rei. Oder wie ein moderner Philosoph es in der Sprache von heute ausdrückt: Wahrheit ist

---

16 GROPIUS, Walter: *Baukunst im freien Volksstaat*, 1919. In: PROBST/SCHÄDLICH 1988. S.65.

17 Vgl.: GROPIUS, Walter: *bilanz des neuen bauens*, 1934. In: PROBST/SCHÄDLICH 1988. S.155.

die Bedeutung von Tatsachen.
Nur eine solche Beziehung vermag das komplexe Wesen der Zivilisation zu umfassen. Nur so wird Architektur in die Entwicklung der Zivilisation einbezogen sein. Und nur so wird sie die langsame Entfaltung ihrer Form zum Ausdruck bringen.
Das war und wird die Aufgabe von Architektur sein.«[18]

Dadurch bettete Mies VAN DER ROHE die Moderne selbst wieder in den Gang der Geschichte ein, ohne historistisch zu werden. Vielmehr entwickelten sich die international konzipierenden Baukünstler zu Experten: Ihr architektonisches Können sah und spiegelte die Eigendynamik der Moderne und offenbarte die in ihr liegenden Spannungen als kritisches Potential zur fortwährenden Verbesserung. In den strengen Bauten Ludwig MIES VAN DER ROHEs kam dieses zurückhaltende Verständnis des Architekten m. E. besonders zum Tragen: Seine Gebäude wirken geradezu nackt - fast Nichts, und bringen so ihre Einbettung in den größeren Zusammenhang ihrer Umgebung zum Tragen. Diese Umgebung ist eine städtische, deshalb die sachliche Form. Gleichzeitig signalisiert deren konsequente Reduktion gleichzeitig, daß der Architekt Teil, Individuum seiner Gesellschaft ist, für die er baut und in der er baut. Er selbst führt nicht die Gesellschaft mittels der Kunst. Vielmehr wird hier die Gestaltung von Produktion wieder der Vorherrschaft der Gestalter und Baukünstler entrissen und in die Hände jedes produktiven Individuums gelegt. So öffnet sich die Kunst in der Neuen Sachlichkeit konsequenter noch als im Jugendstil der modernen, pluralistischen Gesellschaft: Jeder kann Künstler sein in dem, was er tut, wenn dieses Tun seine Gesamtwirklichkeit auf den Punkt bringt. Zugleich muß nicht mehr der Künstler als einsames Genie oder die Masse als Ganzes eine neue umfassende Wirklichkeit schaffen. Vielmehr ergibt sich diese organisch aus der Mannigfaltigkeit einzelnen Kunstschaffens.

4. KUNST UND GESELLSCHAFT

So kann das Kunstverständnis der Bauhaus-Generation durchaus weitergeführt werden. Die Spiegel-Funktion der Kunst als kritisches Potential erkannt, würde dadurch auf eine neue Weise dem Leitungsanspruch gerecht werden, mit dem der Jugenstil einstmals aufgetreten war: Indem sie die gleich-machenden und pluralisierenden Kräfte der Moderne darstellt, kann die Kunst zur Transparenz dieser Zeit beitragen[19]. Zugleich muß sie auch konsequent genug sein, hierbei in den Bürgern Fragen nach ihrer Zustimmung, Ablehnung oder Neutralität den Verhältnissen gegenüber zu wek-

18 MIES VAN DER ROHE, Ludwig: *Rede zur Verleihung der Gold Medal des American Institute of Architects* (1960). In: MIES VAN DER ROHE, Ludwig 1986. S.54.

19 Ein einfaches bauliches Mittel, ebenso leicht verständlich, ist Norman R. Fosters transparente Glaskuppel für das Berliner Reichstagsgebäude.

ken[20]. Kunst wäre in diesem Sinne erneut meinungsbildend. Ihr Platz wäre in der modernen Gesellschaft somit als zivilgesellschaftlicher ein politischer.

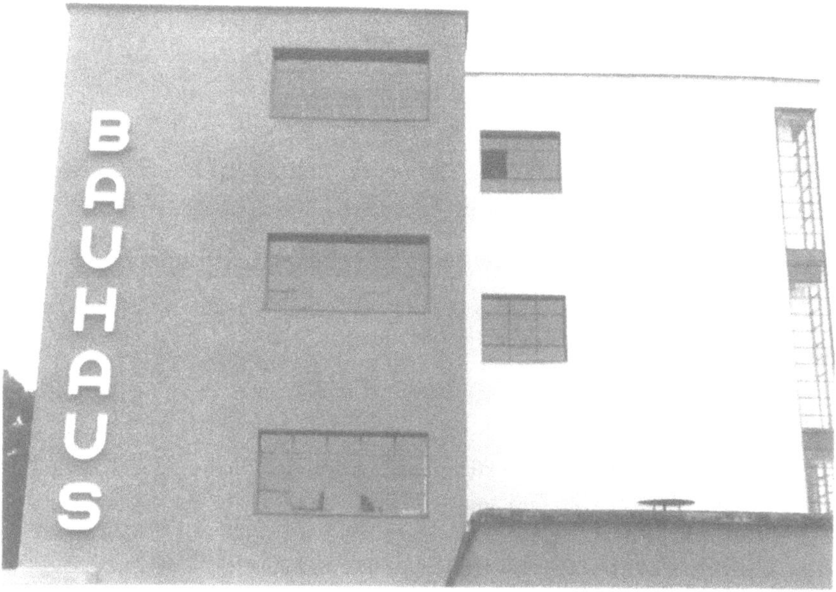

Abb. 4: *Walter Gropius: Bauhaus Dessau*

Diese Logik trägt zugleich die Möglichkeit in sich, die gegenwärtigen Stadtordnungen neu zu ordnen. So schickt sich die moderne Stadt, die sich ihre Daseinsberechtigung im Jugendstil erkämpft hatte, konstruktivistisch und dekonstruktivistisch zugleich an, sich weiterzuentwickeln zu neuen Herausforderungen und Kunstformen – und auch diese werden Produkte der Moderne sein.

---

20 Vgl. hierzu die dekonstruktivistischen Bauexperimente von z.B. Alessandro Mendini oder der COOP Himmelblau.

5. GLOSSAR

Dankmar ADLER: 1844 – 1900; Architekt aus den USA
Moderne: Chicagoer Schule, Stadt- und Hochhausarchitektur
Partner von Louis Sullivan, Lehrer von Frank Lloyd Wright

Cesare BAZZANI: 1873 – 1939; Italienischer Architekt
Moderne: u.a. Jugendstil

Peter BEHRENS: 1868 – 1940: Deutscher Architekt, Designer, Maler und Graphiker, beschäftigte zeitweise LE CORBUSIER, Walter GROPIUS, Ludwig MIES VAN DER ROHE
Moderne: Jugendstil, Deutscher Werkbund, AEG, Kryptoklassizismus

François Joseph BÉLANGER: 1744 – 1818; Französischer Architekt und Landschaftsgestalter

Umberto BOCCIONI: 1882 – 1916; Italienischer Bildhauer
Moderne: Futurismus

Coop HIMMELB(L)AU: Architektengruppe, gegründet 1968 in Wien durch Wolf D. PRIX und Helmut SWICZINSKY
Dekonstruktivismus

August ENDELL: 1871 – 1925; Deutscher Architekt, Künstler, Kunst- und Stadttheoretiker
Moderne: Jugendstil

Sir Norman FOSTER: geb. 1935 in GB; Architekt
Konstruktivismus

Tony GARNIER: 1869 – 1948; Französischer Architekt, Stadtplaner, AutorModerne: Rationalismus, Funktionalismus

Antonio GAUDI CORNET: 1852 – 1926; Katalanischer Architekt
Moderne: wird bei Jugendstil mit behandelt

Hector GUIMARD: 1867 Frankreich – 1942 USA; Architekt, Designer
Moderne: Jugendstil

Walter GROPIUS: 1883 Deutschland – 1969 USA; Architekt
Moderne: Deutscher Werkbund, Bauhaus

Josef HOFFMANN: 1870 – 1956; Österreichischer Architekt
Moderne: Wiener Secession

Victor HORTA: 1861 – 1947; Belgischer Architekt
Moderne: Jugendstil

LE CORBUSIER/Charles Edouard JEANNERET: 1887 Schweiz – 1965 Frankreich; Architekt, Mitbegründer des CIAM 1928
Moderne: Rationalismus, Funktionalismus, Sachlichkeit

Vassily KANDINSKY: 1866 Russland – 1944 Frankreich; Maler
Moderne: Berührungen zum Jugendstil, Expressionismus, Bauhaus

Henri LABROUSTE: 1801 – 1875; Französischer Architekt
Rationalismus

Claude-Nicolas LEDOUX: 1736 – 1806; Französischer Architekt, Stadtplaner, Autor
Rationalismus, Revolutionsarchitektur, Idealstadt

William Richard LETHABY: 1857 – 1931; Architekt aus GB
Moderne: Arts and Crafts-Bewegung

Adolf LOOS: 1870 – 1933; Österreichischer Architekt und Kunsttheoretiker
Moderne: Funktionalismus

Charles Rennie MACINTOSH: 1868 – 1928; Architekt und Maler aus GB
Moderne: Jugendstil

Philippo Tommaso MARINETTI: 1876 Ägypten – 1944 Italien; Architekt, Dichter, Visionär
Moderne: Futurismus

Erich MENDELSOHN: 1887 Schlesien – 1953 USA; Architekt
Moderne: Expressionismus

Alfred MESSEL: 1853 – 1909; Deutscher Architekt
Moderne: In Beziehung zum Jugendstil

Hermann MUTHESIUS: 1861 – 1927; Deutscher Architekt
Moderne: Arts and Crafts-Bewegung, Gartenstadt, im Deutschen Werkbund für Typisierung

Ludwig MIES VAN DER ROHE: 1886 Deutschland – 1969 USA; Architekt und Möbeldesigner
Moderne: Deutscher Werkbund, Bauhaus

William MORRIS: 1834 – 1896; Künstler, Handwerker, Kunsttheoretiker, Sozialkritiker und Utopist aus GB
Moderne: Arts and Crafts-Bewegung

Joseph Maria OLBRICH: 1867 damals Österreich – 1908 Deutschland; Architekt
Moderne: Wiener Secession, Jugendstil Darmstadt

Robert OWEN: 1771 – 1858; Sozialreformer, »Frühsozialist«, Utopist aus GB
Idealsiedlungen

Joseph PAXTON: 1801 – 1865; Ingenieur, Architekt, Gärtner aus GB

Auguste PERRET: 1874 – 1954; Französischer Architekt
Moderne: Rationalismus

Hendrik Petrus BERLAGE: 1856 – 1934; Niederländischer Architekt
Moderne: Rationalismus, Funktionalismus, Sachlichkeit

Hans POELZIG: 1869 – 1936; Deutscher Architekt
Moderne: Deutscher Werkbund, Expressionismus

PROUVÉ: Französischer Handwerker und Künstler
Moderne: Jugendstil

Augustus Welby NORTHMORE PUGIN: 1812 – 1852; Architekt und Sozialkritiker aus GB
Neugotik

Richard RIEMERSCHMID: 1868 – 1957; Deutscher Architekt und Designer
Moderne: Arts and Crafts- und Gartenstadt-Bewegung, Jugendstil, Deutscher Werkbund

Dante Gabriel ROSSETTI/Gabriel Charles DANTE: 1828 – 1882; Maler aus GB
Moderne: Präraffaeliten und Arts and Crafts-Bewegung

John Ruskin: 1819 – 1900; Kunsttheoretiker, Sozialkritiker und Utopist aus GB, Lehrer von William Morris und Dante Gabriel Rossetti

Karl Friedrich SCHINKEL: 1781 – 1841; Deutscher Architekt
Klassizismus, Neugotik

Mackay Hugh BAILLIE SCOTT: 1865 – 1945; Architekt aus GB
Moderne: Arts and Crafts-Bewegung

Gottfried SEMPER: 1803 Deutschland – 1879 Rom; Architekt
Neo-Architektur, Kunsttheoretiker

Antonio SANT´ELIA: 1888 – 1916; Italienischer Architekt, Stadttheoretiker, Visionär

Moderne: Futurismus

Henri Fréderic SAUVAGE: 1873 – 1932; Französischer Architekt und Designer
Moderne: Jugendstil, sozialer Wohnungsbau

Hans SCHAROUN: 1893 – 1972; Architekt
Moderne: Deutscher Werkbund, Gläserne Kette

Richard Norman SHAW: 1831 – 1912; Architekt aus GB
Moderne: Gartenstadt, Arts and Crafts-Bewegung

Camillo SITTE: 1843 – 1903; Österreichischer Architekt, Maler, Stadt- und Kunsttheoretiker

Louis SULLIVAN: 1856 – 1924; Architekt aus den USA, Partner von Dankmar Adler, Lehrer von Frank Lloyd Wright
Moderne: Chicagoer Schule, Stadt- und Hochhausarchitektur

Albert SPEER: 1905 Deutschland – 1981 GB; Hauptarchitekt Adolf Hitlers

Bruno TAUT: 1880 Ostpreußen – 1938 Istanbul; Architekt
Moderne: D Werkbund, Gläserne Kette, Expressionismus, sozialer Wohnungsbau

Max TAUT: 1884 Ostpreußen – 1967 Deutschland; Architekt
Bruder von Bruno Taut

Heinrich TESSENOW: 1876-1950; Deutscher Architekt
sozialer Wohnungsbau, Lehrer von Albert SPEER

Paul Ludwig TROOST: 1879 – 1934; Deutscher Architekt und Innenausstatter, Bauten für die NSDAP

Eugène VALLIN: 1856 – 1922; Französischer Architekt
Moderne: Jugendstil

Henry Clément VAN DE VELDE: 1863 Belgien – 1957 Schweiz; Architekt, Künstler
Moderne: Jugendstil, Deutscher Werkbund, Bauhaus Weimar

Eugène Emmanuel VIOLLET-LE-DUC: 1814 Frankreich – 1879 Schweiz; Architekt, Restaurator, Kunsttheoretiker

Charles Francis ANNESLEY VOYSEY: 1857 – 1941; Architekt und Designer aus GB
Moderne: Arts and Crafts-Bewegung

Martin WAGNER: 1885 Ostpreußen – 1957 USA; Architekt, Stadtplaner, Stadttheoretiker

Otto WAGNER: 1841 – 1918; Österreichischer Architekt, Lehrer von Josef HOFFMANN und Joseph Maria OLBRICH
Moderne: Wiener Secession

Philip WEBB: 1831 – 1915; Architekt aus England
Moderne: Arts and Crafts-Bewegung

Frank Lloyd WRIGHT: 1867 – 1959; Architekt, Stadt- und Architekturtheoretiker aus den USA
Moderne: Chicagoer Schule, organische Baukunst

6. LITERATUR

BREUER, Gerda: *Ästhetik der schönen Genügsamkeit oder Arts and Crafts als Lebens-form.* Programmatische Texte, erläutert. *Architekturtheorie/Reform der Lebensführung.* Bauwelt Fundamente, Bd. 112, hg. v. Conrads, Ulrich und Neitzke, Peter. Vieweg. Braunschweig, Wiesbaden 1998.

CAMPBELL, Joan: *Der Deutsche Werkbund 1907-1934.* dtv/Klett-Cotta. München 1989.

CIRÉ, Annette und OCHS, Haila (HGg.): *Die Zeitschrift als Manifest.* Aufsätze zu architektonischen Strömungen im 20. Jahrhundert. Birkhäuser Architektur Bibliothek, hg. v. DÜTTMANN, Martina. Bürkhäuser Verlag. Basel, Berlin, Boston 1991.

ENDELL, August: *Vom Sehen.* Texte 1896-1925 über Architektur, Formkunst und „Die Schönheit der großen Stadt". Hg. v. DAVID, Helge. Birkhäuser Architektur Bibliothek, hg. v. DÜTTMANN, Martina. Birkhäuser Verlag. Basel, Berlin, Boston 1995.

FAHR-BECKER, Gabriele: *Jugendstil.* Könemann. Köln 1996.

FISCHER, Wend: *Zwischen Kunst und Industrie.* Der Deutsche Werkbund. Die Neue Sammlung Staatliches Museum für angewandte Kunst. München 1975.

FRAMPTON, Kenneth: *Die Architektur der Moderne.* Eine kritische Baugeschichte. DVA. Stuttgart 1989[3].

GERETSEGGER, Heinz und PEITNER, Max: *Otto Wagner 1841-1918.* Unbegrenzte Groszstadt. Beginn der modernen Architektur. Residenz Verlag. Salzburg, Wien 1978[3].

HAHL-KOCH, Jelena: *Kandinsky.* Verlag Gerd Hatje. Stuttgart 1993.

HITCHCOCK, Henry-Russel: *Die Architektur des 19. und 20. Jahrhunderts.* Aries. München 1994.

JANSSEN, Jörn: *Architektur der Arbeiterbewegung.* Lehrstuhl für Gebäudelehre und Entwerfen, Heft 44. Universität Karlsruhe 1987.

KANDINSKY, Wassily: *Über das Geistige in der Kunst.* Benteli-Verlag. Bern-Bümpliz 1956[5].

KIES, Walter: *Urbanismus im Industriezeitalter.* Von der klassizistischen Stadt zur Garden City. Ernst & Sohn, Verlag für Architektur und technische Wissenschaften. Berlin 1991.

LOOS, Adolf: *Sämtliche Schriften,* Bd. 1, hg. v. GLÜCK, Franz. Verlag Herold. Wien, München 1962.

MALTE FISCHER, Jens: *Jahrhundertdämmerung.* Ansichten eines anderen Fin de siècle. Paul Zsolnay Verlag. Wien 2000.

MIDANT, Jean-Paul: *L'Art Nouveau.* Jugendstil in Frankreich. ECO Verlag. Köln, Eltville am Rhein 1999.

MIES VAN DER ROHE, Ludwig: *Die neue Zeit ist eine Tatsache.* Archibook-Verlag Düttmann. Berlin 1986.

MORRIS, William: *News from Nowhere* and Other Writings. Hg. v. WILMER, Clive. Penguin Books. London u.a. 1998².

PEVSNER, Nikolaus: *Der Beginn der modernen Architektur und des Design.* Verlag M. DuMont Schauberg. Köln 1971.

POSENER, Julius: *Anfänge des Funktionalismus.* Von Arts and Crafts zum Deutschen Werkbund. Ullstein. Berlin, Frankfurt am Main, Wien 1964.

PROBST, Hartmut und SCHÄDLICH, Christian: *Walter Gropius.* Bd. 3: Ausgewählte Schriften, hg. v. Sektion Architektur der Hochschule für Architektur und Bauwesen Weimar. Ernst & Sohn, Verlag für Architektur und technische Wissenschaften. Berlin 1988.

REICHEL, Klaus: *Vom Jugendstil zur Sachlichkeit.* August Endell (1871-1925). Dissertation. Bochum 1974.

RUSSEL, Frank (Hg.): *Architektur des Jugendstils.* Die Überwindung des Historismus in Europa und Nordamerika. DVA. Stuttgart 1981.

SEMBACH, Klaus-Jürgen: *Jugendstil.* Die Utopie der Versöhnung. Taschen. Köln u.a. 1999.

SIMMEL, Georg: *Brücke und Tür.* Essays des Philosophen zur Geschichte, Religion, Kunst und Gesellschaft. Koehler. Stuttgart 1957.

SITTE, Camillo: *Der Städtebau nach seinen künstlerischen Grundsätzen.* Ein Beitrag zur Lösung moderner Fragen der Architektur und monumentalen Plastik unter besonderer Beziehung auf Wien. Vierte Auflage vermehrt um »Großstadtgrün«. Verlag von Karl Graeser & Kie. Wien 1909. Friedr. Vieweg & Sohn. Braunschweig, Wiesbaden 1983.

SMUDA, Manfred (Hg.): *Die Großstadt als ›Text‹.* Reihe: Bild und Text, hg. v. BOEHM, Gottfried und STIERLE, Karlheinz. Wilhelm Fink Verlag. München 1992.

SPAETH, David: *Mies van der Rohe.* Der Architekt der technischen Perfektion. DVA. Stuttgart 1994.

SPEIDEL, Manfred (Hg.): *Bruno Taut.* Natur und Fantasie 1880-1938. Kunsthistorisches Museum Magdeburg. Ernst & Sohn, Verlag für Architektur und technische Wissenschaften. Berlin 1995.

TIETZ, Jürgen: *Geschichte der Architektur des 20. Jahrhunderts.* Könemann. Köln 1998.

VAN DE VELDE, Henry: *Die Renaissance im modernen Kunstgewerbe.* Verlag Bruno Cassirer. Berlin 1903.

ZWEITE, Armin (Hg.): *Kandinsky und München.* Begegnungen und Wandlungen 1896-1914. Prestel-Verlag. München 1982.

Walter LESCH

STRUKTUREN DER KOMMUNIKATION IM STÄDTISCHEN RAUM

ERKUNDUNGEN IM VORFELD EINER MEDIENETHIK[1]

Städte sind herausgehobene Orte moderner Kommunikationstechnik und Laboratorien der künftigen Medienentwicklung, die sich von den räumlichen Strukturen traditioneller Versammlungsöffentlichkeit mehr und mehr lösen wird, ohne vollständig auf diese verzichten zu können. Zwischen dem vertrauten Topos des urbanen Raums und der Ortsunabhängigkeit (Utopie) einer virtuellen Welt liegt das Spannungsfeld für eine Zeitdiagnose, die den mit städtischen Lebensformen verbundenen Sehnsüchten und Befürchtungen auf die Spur zu kommen versucht. Die folgenden Überlegungen haben mit Absicht ein essayistisches Profil. Sie beanspruchen weder die Genauigkeit einer sozialwissenschaftlichen Bestandsaufnahme noch die Eindeutigkeit einer sozialethischen Beurteilung. Doch in beiden Hinsichten möchten sie Aspekte aufzeigen und weiterführende Gedanken im Vorfeld einer Medienethik vorstrukturieren helfen.

1. TREFFPUNKTE UND ZERSTREUUNG

Zur Verständigung sind wir auf eine gemeinsame Sprache und auf allen Beteiligten zugängliche Treffpunkte angewiesen: auf ›*Gemeinplätze*‹ (*lieux communs*), die in der unübersichtlichen Fülle der Zeichen und Botschaften leicht entdeckt und entziffert werden können, um als konkrete Anlässe und Orte des Kommunizierens zu dienen. Städte bieten mit ihrer differenzierten Infrastruktur, ihren Verkehrswegen, Printmedien und Funkhäusern, ihren Plätzen und Hallen solche Foren der Begegnung und des Austauschs: für Ausstellungen und Märkte, Debatten und Feste, Spektakel und Empfänge. In einer Kultur, die vor allem originelle Kreationen und modische Überraschungseffekte honoriert, haben Gemeinplätze den schlechten Ruf des Konventionellen und Abgedroschenen, das vom Genie besser zu meiden sei. Die avantgardistische Kunst verabschiedete sich vom Kanon des Überlieferten, um durch Tabubrüche und gezielte Provokationen Neues hervorzubringen, das dann freilich auch wieder auf dem Markt der Städte angepriesen wurde. Irgendwie scheinen die großen und auch die kleineren Versammlungsorte unvermeidlich zu sein und einem Bedürfnis des Publikums nach Inszenierungen entgegenzukommen.

---

1 Leicht bearbeitete Fassung eines Textes, der zuerst unter dem Titel „Orte und Nicht-Orte. Strukturen städtischer Kommunikation“ erschienen ist in: *Medienheft* (vormals ZOOM Kommunikation & Medien) Dossier Nr. 17 (25. Januar 2002): Städtische Öffentlichkeiten, S. 8-14 (Internet-Version: www.medienheft.ch/dossier/bibliothek/d17_LeschWalter.pdf).

Vor diesem Hintergrund hat sich ein Diskurs über städtische Öffentlichkeiten mit unvermeidlichen und mit vermeintlichen Untiefen auseinander zu setzen, die sich aus der historischen Verknüpfung von Stadtkultur und Medienkommunikation ergeben. Denn zunächst einmal ist es eine Binsenweisheit, dass Städte Verdichtungsräume für Politik, Wirtschaft und Kultur sind. Städte sind bevorzugte Orte der Medienindustrie, weil sie nicht nur die Produktionsmittel bereitstellen, sondern auch die Themen und Akteure der Kommunikation hervorbringen. Sie sind Bühne und Publikum zugleich – Gesamtkunstwerke, die von den Stadtbewohnern und ihren Besuchern nicht nur von außen betrachtet werden, sondern in denen diese auch produzierend und konsumierend eine ebenso unterstützende wie kritische Rolle spielen.

Diese sinnliche Erfahrbarkeit von Kommunikation im realen Raum macht einen wesentlichen Teil der Faszination städtischen Lebens aus und ist nicht selten Anlass für eine nostalgische Rückbesinnung auf eine urbane Kultur, deren intelligente Weiterentwicklung nach Auffassung mancher Beobachter heute nicht mehr garantiert ist. Es gibt einerseits die bekannten Krisensymptome von größeren Städten: Lärmbelästigung, Umweltverschmutzung, Hektik, Gewalt, Vereinsamung, Anonymität. Außerdem ist die Wahl des Wohnortes in der Stadt oder auf dem Land bei weitem nicht nur eine Frage der persönlichen Präferenzen, sondern in erster Linie durch den Geldbeutel diktiert. Andererseits eröffnen die neuen Medien wie das Internet vielversprechende Aussichten auf Kommunikationskanäle und Arbeitsmöglichkeiten außerhalb der städtischen Zentren, was ebenso eine Entlastung wie eine Entwertung der Anziehungskraft von Städten bedeuten kann. Genau daraus resultiert die Ambivalenz in der Bewertung von neuen Technologien, deren Wirkungsmöglichkeiten sich vom unverwechselbaren Ort städtischen Lebens lösen, um in den virtuellen Raum flexibler Nicht-Orte auszuwandern (RÖTZER 1997), wobei die anhaltende Vorliebe für städtische Metaphern (Telepolis, Cybercity, digitale Stadt) auffallend ist. Irgendwie scheint sich die Darstellung der digitalen Welten nicht ganz von lebensweltlichen Analogien befreien zu können.

Die neuen Perspektiven des Virtuellen haben zugleich einen befreienden und einen verunsichernden Effekt. Sie befreien von der sklavischen Gebundenheit an Orte, deren unbestreitbare Vorteile immer schon von unangenehmen Nebenwirkungen begleitet waren. Man kann nicht alles haben: die zentrale Wohnlage in der City und die Oase der Ruhe. Oder umgekehrt: das Haus im Grünen und die kulturellen Anregungen der Großstadt. Städtisches Leben ist ganz wesentlich durch Mobilität, Lautstärke und Beschleunigung (vgl. zu diesem Motiv in der Bildkunst die Interpretation von Fernand LÉGERS *La ville*: VON MOOS 1999) gekennzeichnet, was nicht jedem gefällt. Auf der anderen Seite gibt es selbst bei den Kritikern des Stadtlebens eine affektive Verbundenheit mit den steinernen Strukturen sowie mit Stahl, Glas und Beton einer Stadt, die all ihren Schattenseiten zum Trotz so etwas wie ›Heimat‹ werden kann. Stadtgründungen (vgl. WOITRIN 1987) und komplette Umgestaltungen stellen im gegenwärtigen Europa eher die Ausnahme dar. Wo es sie gibt, ist die Anlehnung an

Vorbilder kaum zu übersehen. In der Regel finden wir Städte als bereits vorstrukturierte Räume vor, deren ›Text‹ wir uns aneignen, um ihn zu verstehen und um unseren Platz in diesem Gewebe zu finden.

Als mitverantwortliche Bürgerinnen und Bürger (vgl. zur *citoyenneté* die Texte von BAUDRILLARD u.a. 1991) werden wir Teil einer Geschichte, die längst vor uns begonnen hat und die uns nicht gleichgültig bleiben kann. Die kommunale Bürgerschaft gilt aus guten Gründen als die Keimzelle politischer Mitbestimmungsrechte und ist auch heute wieder ein wichtiger Aspekt der Integration von Fremden, deren politische Partizipation zumindest auf der Ebene des kommunalen Wahlrechts selbstverständlich sein sollte. Die Stadtkultur bietet beides: die Chance zum Untertauchen in der Anonymität der Masse und zur aktiven persönlichen Identifikation mit einem sozialen Gebilde, das zu den komplexesten Formen des Zusammenlebens gehört und deshalb schon immer ein bevorzugter Gegenstand sozialwissenschaftlicher Forschung war.

2. MODERNITÄT UND URBANITÄT

Aus dem soziologischen Interesse an der Großstadt ist die Stadtsoziologie als eine ausdifferenzierte Teildisziplin entstanden, die sich auf erste Ansätze bei den Gründerfiguren des Faches berufen kann, etwa auf Max WEBERs bekannte Arbeit von 1920, *Die Stadt*, die noch stark mit dem Gegensatz von Stadt und Land arbeitet. Eine heutige Typologie der Siedlungsformen wird feinere Abstufungen zwischen Städten, suburbanen Räumen und Agglomerationen berücksichtigen müssen und die Grenzen zwischen dem Urbanen und dem Provinziellen nicht mehr so eindeutig ziehen können. Es gibt größere Städte, die kulturell eine gähnende Langeweile verbreiten, und kleinräumigere Strukturen, die alles andere als provinziell sind (SCHOONBRODT/MARÉCHAL 2000). Im Idealfall sollte man diesen positiven Eindruck beispielsweise von jeder noch so kleinen Universitätsstadt gewinnen können. Urbanität ist also nicht unbedingt eine Frage der Einwohnerzahl, sondern ein Habitus, der sich aus einem ganz bestimmten Umgang mit dem Raum als Faktor sozialer Interaktion ergibt. Städtische Räume eignen sich zu einem möglichst umfassenden Austausch nicht nur von Waren, sondern auch von Denk- und Lebensstilen, die sich wechselseitig inspirieren und einem intellektuellen Stillstand vorbeugen. Die Kommunikation in multikulturell zusammengesetzten Städten zeichnet sich nicht zuletzt durch die Offenheit für Fremde aus, die auf dem Weg der Arbeitsmigration oder auf der Flucht vor Krieg und Verfolgung vorübergehend oder dauerhaft in die Städte gelangen (MILON 1999). Städte sind somit privilegierte Orte des produktiven Umgangs mit Fremdheit, ohne Entwurzelung und Integrationsprobleme verniedlichen zu wollen.

Es ist interessant, dass die Philosophie sich mit dem Nachdenken über die Stadt eher zurückgehalten hat (vgl. jedoch die Anthologie von ANSAY/SCHOONBRODT 1989; ferner PAETZOLD 1990 und WALDENFELS 1990). Dabei ist das Philosophieren seit der Antike ein typisch städtisches Phänomen, das auf die Freiräume, Anregungen und Institutionen (Hochschulen, Akademien, Bibliotheken, Medien) urbaner Kultur angewiesen ist: von der griechischen Agora bis zu den modernen Formen der Öffentlichkeit. Selbstverständlich gab es auch immer starke Gegenströmungen einer zivilisationskritischen Einstellung, die sich etwa bei NIETZSCHE oder bei HEIDEGGER finden lässt. Zu HEIDEGGERs eigenwilligem Denken auf Feld- und Holzwegen gehört das Schwarzwald-Ambiente wie gewisse elektrisierende Stimmungen von Berlin und Paris zu Walter BENJAMINs Werk. Dass die Stadt nicht nur ein Ort guten Lebens ist, sondern eine störanfällige und unter Umständen auch lebensgefährliche Konstruktion, wurde in unserer Zeit vor allem von verschiedenen Spielarten ökologisch motivierter Fortschrittskritik eindringlich betont. Es kann aus philosophischer Sicht also gar kein einstimmiges und naives Lob der Stadt geben, wohl aber ein waches Interesse an diesem Raum, der unter anderem auch Philosophie als öffentliche Angelegenheit sichtbar machen kann.

Zwischen Lust und Frust moderner Lebensformen (vgl. das Spiegel special Nr. 12/1998, ZEIT-Punkte Nr. 6/1999, die Kursbücher 112 und 137 und Le genre humain 34) hat die Stadt ihre Position als wichtigster Siedlungsraum behalten, wobei allerdings weltweit gesehen drastische Unterschiede zu verzeichnen sind. Die Riesenstädte in den Ländern des Südens sind wohl kaum Inbegriff von Lebensqualität, sondern Ausdruck einer politisch, wirtschaftlich und demographisch krisenhaften Entwicklung, die unter den Bedingungen der Globalisierung auf weitere Konflikte zusteuert. Von besonderer Art sind auch die nordamerikanischen Großstädte, die zwar in mancher Hinsicht – nicht zuletzt durch eine starke Präsenz in Filmen – eine Vorbildfunktion übernommen haben, denen aber die mehrere Jahrhunderte umfassende historische Dimension europäischer Zentren fehlt. Auch ohne eurozentrische Nabelschau dürfte es gerechtfertigt sein, die Kontinuität zwischen mittelalterlichen Städtegründungen und modernen Formen, die auf diesem Muster aufbauen, zu unterstreichen und als einen Aspekt von intensiver Kommunikation zu würdigen (LE GOFF 1997; vgl. auch den kurzen Überblick von WEILL 1997, die Architekturgeschichte von PEVSNER 1997 und den Pariser Ausstellungskatalog von DETHIER/GUILHEUX 1994). Aus historischer Sicht liegt in den mittelalterlichen Städten und in den Stadtrepubliken der Renaissance der Ursprung bürgerlichen Selbstbewusstseins im Kampf gegen jede Art von Fremdbestimmung. Die daraus erwachsene Strukturierung privater und öffentlicher Räume hat durch die Industrialisierung einen tiefgreifenden Wandel erfahren und die Konfrontation mit sozialem Elend unausweichlich gemacht (HOFFMANN-AXTHELM 1993, PINSON 1996). Bis heute sind Städte Orte der Gleichzeitigkeit von Wohlstand und schreiendem Unrecht, von gestalterischer Schönheit und armseligen Behausungen, von Komfort und Mühsal. Sowohl die Städte des Industriezeitalters als auch die neuen Kapitalen des Dienstleistungssektors zeichnen sich durch eine funktionale Trennung der Lebensbereiche aus, die durch Verkehrmittel und Medien miteinander kommunizieren, soweit dies machbar und erwünscht ist.

Mit den modernen Fertigungsmethoden wurde es möglich, die Bauverfahren zu beschleunigen und zu standardisieren, so dass mit seriellen Formen die Funktionsbestimmung von Gebäuden in den Mittelpunkt rückte. Das geschah um den Preis, dass die Bauwerke des sogenannten internationalen Stils zu einer Einebnung architektonischer Individualität und Regionalität führten. Es kann daher nicht überraschen, dass ausgerechnet die Architektur zum theoretischen Ort einer intensiven Auseinandersetzung um die Moderne wurde, als in den 70er Jahren erste Ansätze zu einem ›postmodernen‹ Bauen öffentliche Beachtung fanden und Polemiken auslösten. In Abgrenzung zum seelenlosen Funktionalismus (Behälterarchitektur) sollte eine neue Formensprache entwickelt werden, um die Städte bunter und interessanter zu machen. Das geschah zum Teil mit stilistischen Anspielungen auf vergangene Epochen, deren Formenelemente als Zitate in neue Entwürfe eingebaut wurden, ohne einen alten Stil vollständig nachzuahmen.

Von Verfechtern der normativen Gehalte einer aufklärerischen Moderne wurde diese augenzwinkernde Neuorientierung als Herausforderung verstanden, die zu einer Debatte führte, die aus einem Abstand von ein bis zwei Jahrzehnten mit größerer Gelassenheit betrachtet werden kann. Insbesondere Jürgen HABERMAS hatte sich zum vehementen Anwalt einer modernen Architektur gemacht, obwohl er so manche Scheußlichkeit des Funktionalismus gar nicht leugnen konnte und wollte. Architektur sei nun einmal die anspruchsvolle Gratwanderung zwischen ästhetischem Anspruch und reiner Nutzenorientierung. Gerade diese Verbindung sei aber in der klassischen Moderne gelungen. »In der modernen Architektur hat sich, in einem glücklichen Augenblick, der ästhetische Eigensinn des Konstruktivismus mit der Zweckgebundenheit eines strengen Funktionalismus getroffen und zwanglos verbunden« (HABERMAS 1985: 28). Dahinter steht leider ein sehr eindimensionales Konzept von Moderne, das sich allein an der zweifellos verdienstvollen Bauhaus-Architektur festmacht. Dabei ist nicht einzusehen, warum Ornament wirklich ein Verbrechen sein sollte und warum hinter jeder Historisierung durch stilistische Mischformen die finsteren Mächte des Neokonservativismus zu wittern sind.

3. DIE STADT ALS BÜHNE UND LEBENSFORM

Für die von HABERMAS entwickelte Theorie der (politischen) Öffentlichkeit spielen Zitate und künstlerische Inszenierungen im Vergleich zu den Verfahren einer demokratischen Urteilsbildung und Entscheidungsfindung aus guten Gründen eine untergeordnete Rolle. Wer primär an der Begründung von moralischen oder politischen Geltungsansprüchen interessiert ist, muss zwangsläufig von den expressiven Bestandteilen der Kultur abstrahieren, um eine möglichst neutrale Prozedur zur Herstellung gerechter Strukturen und kontrollierter Macht zu entwickeln. Da dies ein unbestreitbares Anliegen ist, sind alternative Theorien der Öffentlichkeit eigentlich nicht als Gegenentwürfe zum politischen Ideal anzusehen, sondern vielmehr als komplementäre Aspekte in eine umfassende Theorie der Moderne einzubeziehen. Das gilt etwa von den Büchern Richard SENNETTs, die immer wieder um das Thema der Stadtkultur kreisen und beklagen, dass wir von einer panischen Angst befallen seien, uns im öffentlichen Raum zu präsentieren. SENNETT fordert eine »Kultur der Selbstpreisgabe«, die dazu beitragen soll, dem Verlust sozialer Kontakte in einer nichtssagenden, neutralisierenden städtischen Umwelt entgegenzuwirken und Handeln und Sehen in ein neues Gleichgewicht zu bringen (vgl. den Originaltitel *The Conscience of the Eye*: SENNETT 1991).

4. RE-VISIONEN DER MODERNE

Die von SENNETT formulierte Kritik an den Kommunikationsformen der Moderne zielt nicht auf eine Revision im Sinne einer konservativen Rückbesinnung auf vormoderne und antiemanzipatorische Werte. Im Gegenteil! Seine Re-Vision meint im wörtlichen Sinn eine Wiedergewinnung einer visuellen Kultur, in der auch spielerische Ausdrucksformen ihren Platz haben. Nichts anderes wollen auch die interessantesten Vertreter eines postmodernen Bauens, das sich vom internationalen Einheitsstil der Moderne durch eine größere Pluralität und Kontextsensibilität abhebt. Unter Verwendung der von Heinrich KLOTZ vorgeschlagenen Definitionen könnte man sagen, dass die postmoderne Architektur die Funktionalität mit der Fiktionalität zu verbinden sucht und so eine Poetisierung der Technik möglich macht. Nicht die autonome geometrische Form ist das Grundmuster, sondern die fragile Individualität eines Gebäudes, das mit seiner Umgebung in Beziehung steht, historische Verbindungen herstellt, um diese eventuell aber auch wieder ironisch zu brechen (KLOTZ 1988). Damit ist der monumentale Anspruch moderner Endgültigkeit und Klarheit ins Wanken gebracht.

Eine in dieser Art revidierte und erneuerte Moderne hätte vor allem den Vorteil, den städtischen Raum nicht als ein neutrales Gefäß für wechselnde Inhalte zu konzipieren, sondern als eine Plattform, auf der die Höhen und Tiefen des Zusammenlebens in ihrer ganzen Fülle und Dramatik sichtbar werden. Eine solche Zurückgewinnung von Inhalten könnte sich auf alternative Projekte des Bauens und der Gestaltung städtischer Räume unter Berücksichtigung der jeweiligen Gegebenheiten eigentlich nur stimulierend auswirken und die Bühne urbanen Lebens und Kommunizierens attraktiver machen.

5. ETHISCH-ÄSTHETISCHE PERSPEKTIVENWECHSEL

Jede Ethik der Kommunikation ist untrennbar mit einer Wahrnehmungskunst verbunden, mit deren Hilfe wir im Text der Stadt lesen lernen und die Spuren entziffern, die jene hinterlassen, die sich vor uns oder mit uns in Lebenswelten und Systemen bewegen (vgl. LESCH 1999). Dabei geht es um eine präzise Wahrnehmung von Wirklichkeit, aber auch um eine Rekonstruktion von Fiktionen und Mythen, durch die unser Bild der Stadt nicht weniger geprägt ist als durch die harten Fakten (vgl. etwa für Paris die große literaturwissenschaftliche Studie von STIERLE 1993). Der Blick des

Flaneurs ist zwar zunächst von gezielten Handlungsabläufen abgekoppelt; aber er ist, falls er nicht bei einer melancholischen Betrachtung des unwiderruflich Vergangenen verharrt, eine Voraussetzung für eine Urteilsbildung, die neue Möglichkeiten des Mitgestaltens freisetzt. Auch in der sozialethischen Methodenlehre steht vor dem Urteilen und Handeln das Sehen, das sich ja nicht auf empirische Befunde beschränken muss, sondern auf eine umfassende Wahrnehmung zurückgreifen kann.

6. DIE U-TOPIEN DER KOMMUNIKATIONSGESELLSCHAFT

Bleibt am Ende also doch nur ein nostalgischer Blick auf die moderne Stadt, deren Bedrohung durch neue Kommunikationsformen wir hilflos beklagen? Eine verzweifelte Beschwörung des ›Gemeinplatzes‹ der in urbanen Netzen verorteten (warmen) Kommunikations*gemeinschaft* angesichts der Ortlosigkeit einer hochtechnisierten (kalten) Kommunikations*gesellschaft*? Es geht in der Tat um nichts weniger als um die Bewohnbarkeit einer Gesellschaft, deren Zukunft nicht unwesentlich von der kommunikativen Qualität städtischer Ballungsräume abhängen wird. Die Gestaltung von Orten mit hoher Lebensqualität ist an die Entwicklung von *Nicht-Orten (non-lieux)* gekoppelt, die effiziente Infrastrukturleistungen erbringen (beispielsweise Verkehrssysteme, Bahnhöfe, Flughäfen) und gar nicht den Anspruch erheben, Behaglichkeit aufkommen zu lassen oder verständigungsorientiertes Handeln unmittelbar zu fördern (vgl. zur Entfaltung des Konzepts der ›Orte‹ und ›Nicht-Orte‹: AUGÉ 1992). Wir werden uns wohl an eine Koexistenz von traditionellen, geschichtlich gewachsenen Orten und technisch erzeugten Nicht-Orten gewöhnen müssen, um uns der Werkzeuge der Kommunikation so zu bedienen, dass die humanen Gehalte des Kommunizierens weiterhin kultiviert werden – auch beim Träumen von Städten, die wir noch nicht gesehen haben (vgl. CALVINOs fiktive Stadtporträts in *Le città invisibili* von 1972), deren Bilder wir aber bereits in unserer Einbildungskraft mit uns tragen (vgl. zu einer phantasievollen Theorie des Kommunikationszeitalters und der Ortsveränderungen das allegorische Buch von SERRES 1995). Stadtutopien haben freilich nur dann eine Chance auf Verwirklichung, wenn flankierende Maßnahmen ergreifen werden, die städtisches Wohnen erschwinglich machen und dem Mobilitätswahn bei der Überbrückung von Distanzen in zersiedelten Flächen entgegensteuern. Denn der Internetanschluss im Dorf am Rande der Agglomeration wird die Teilnahme an städtischen Aktivitäten niemals vollständig ersetzen können. Beim Nachdenken über die ethischen Implikationen des Lebens in Städten treffen die traditionell getrennten Arbeitsbereiche einer Ethik der Politik, der Wirtschaft und der Kultur aufeinander und verbinden sich zum Projekt einer integrativen Theorie konkreter Praxisformen, in denen sich immer schon jene lebensweltliche und systemische Komplexität abbildet, die theoretisch oft unterschätzt wird.

7. LITERATUR

(zum Hintergrund des Artikels und als Einladung zur weiteren Lektüre):

ANSAY, Pierre/SCHOONBRODT, René: *Penser la ville. Choix de textes philosophiques*. Brüssel: Éditions des Archives d'Architecture Moderne 1989.

AUGÉ, Marc: *Non-Lieux. Introduction à une anthropologie de la surmodernité*. Paris: Éditions du Seuil 1992.

BAUDRILLARD, Jean u.a.: *Citoyenneté et urbanité*. Paris: Éditions Esprit 1991.

CALVINO, Italo: *Die unsichtbaren Städte*. München: Deutscher Taschenbuch Verlag, 9. Aufl. 1997 (Orig.: *Le città invisibili*. Turin: Einaudi 1972).

DETHIER, Jean/GUIHEUX, Alain (Hg.): *La Ville*. Art et architecture en Europe 1870-1993. Paris: Éditions du Centre Georges Pompidou 1994.

HABERMAS, Jürgen: *Die Neue Unübersichtlichkeit* (*Kleine Politische Schriften* V). Frankfurt a.M.: Suhrkamp 1985.

HOFFMANN-AXTHELM, Dieter: *Die dritte Stadt*. Bausteine eines neuen Gründungsvertrages. Frankfurt a.M.: Suhrkamp 1993.

KLOTZ, Heinrich: *Moderne und Postmoderne*. In: WELSCH, Wolfgang (Hg.): *Wege aus der Moderne*. Schlüsseltexte der Postmoderne-Diskussion. Weinheim: VCH, Acta Humaniora 1988, S. 99-109.

Kursbuch 112: *Städte bauen*. Berlin: Rowohlt, Juni 1993.

Kursbuch 137: *Berlin. Metropole*. Berlin: Rowohlt, September 1999.

Le genre human 34: *Lumières sur la ville*. Paris: Seuil, April 1999.

LE GOFF, Jacques: *Pour l'amour des villes*. Paris: Les éditions Textuel 1997 (dt. Ausg.: *Die Liebe zur Stadt. Eine Erkundung vom Mittelalter bis zur Jahrtausendwende*. Frankfurt a.M./New York: Campus 1998).

LESCH, Walter: *Architektonische Spurensuche in Berlin und Paris*. In: *Orientierung* 63 (1999) Nr. 20, S. 221-224.

MILON, Alain: *L'étranger dans la ville*. Du rap au graff mural. Paris: Presses Universitaires de France 1999.

PAETZOLD, Heinz: *Philosophie der Stadt*. Architektur und Stadtleben. In: DERS.: *Profile der Ästhetik*. Der Status von Kunst und Architektur in der Postmoderne. Wien: Passagen-Verlag 1990, S. 151-170.

PEVSNER, Nikolaus: *Europäische Architektur von den Anfängen bis zur Gegenwart.* Mit einem Beitrag zur Architektur seit 1960 von Winfried NERDINGER. Darmstadt: Wissenschaftliche Buchgesellschaft, 8., erw. Aufl. 1997.

PINSON, Daniel: *Architecture et modernité.* Paris: Flammarion 1996.

RÖTZER, Florian: *Die Telepolis.* Urbanität im digitalen Zeitalter. Mannheim: Bollmann 1997.

SCHOONBRODT, René/MARÉCHAL, Luc: *La ville, même petite.* Brüssel: Labor 2000.

SENNETT, Richard: *Civitas.* Die Großstadt und die Kultur des Unterschieds. Frankfurt a. M.: S. Fischer 1991 (Orig.: *The Conscience of the Eye.* The Design and Social Life of Cities. New York: Alfred A. Knopf, Inc. 1990).

Serres, Michel: *Die Legende der Engel.* Frankfurt a. M./Leipzig: Insel 1995 (Orig.: *La légende des anges.* Paris: Flammarion 1993).

Spiegel special Nr. 12/1998: *Leben in der Stadt. Lust oder Frust.*

STIERLE, Karlheinz: *Der Mythos von Paris.* Zeichen und Bewusstsein der Stadt. München/Wien: Hanser 1993.

VON MOOS, Stanislaus: *Fernand Léger: La ville.* Zeitdruck, Großstadt, Wahrnehmung. Frankfurt a. M.: Fischer Taschenbuch Verlag 1999.

WALDENFELS, Bernhard: *Gleichzeitigkeit des Ungleichartigen.* Moderne Ordnung im Spiegel der Großstadt. In: DERS.: *Der Stachel des Fremden.* Frankfurt a. M.: Suhrkamp 1990, S. 243-261.

WEBER, Max: *Die Stadt.* Eine soziologische Untersuchung. In: *Archiv für Sozialwissenschaft und Sozialpolitik* 47 (1920/21) Heft 1, S. 621-772.

WEILL, Michel: *L'urbanisme.* Toulouse: Éditions Milan 1997.

WOITRIN, Michel: *Louvain-la-Neuve et Louvain-en-Woluwe.* Le grand dessin. Paris/Gembloux: Éditions Duculot 1987.

ZEIT-Punkte Nr. 6/1999: *Bauen für das 21. Jahrhundert.*

Andrejs PETROWSKI

PHILOSOPHE PRATIQUE DES RUES DE PARIS

MODERNE GROßSTADTERFAHRUNG IN VICTOR HUGOS ROMAN *NOTRE-DAME DE PARIS 1482*

Pierre Gringoire ist ein wenig erfolgreicher Dichter. Zwar hat er soeben ein Mysterienspiel aus seiner Feder zur Feier des Dreikönigstages unter großem Publikumsandrang zur Aufführung gebracht, aber das Stück fiel durch. Die Bezahlung blieb aus, und so findet sich Gringoire ohne einen Pfennig Geld und ohne einen Schlafplatz auf den nächtlichen Straßen von Paris und weiß nicht, wohin er gehen soll. Auf einem Platz brennt ein Feuer, eine Menschenmenge hat sich versammelt und sieht einer tanzenden Zigeunerin zu. Rauhe Stimmen vertreiben die Zigeunerin, sie verschwindet im Dunkel der Straßen. Pierre Gringoire, der ihr gerne zugesehen hat und der nicht so recht weiß, was er nun mit sich selbst und seiner Zeit anfangen soll, läßt sich von einem zufälligen Entschluß leiten und folgt ihr.

So beginnt eine eher unscheinbare Episode in Victor HUGOs Roman *Notre-Dame de Paris 1482* (1831). Sie ist aber insofern von Interesse, als sie den Leser – so wie Gringoire in die dunklen Gassen von Paris – in eine Poetik der großen Stadt führt. Hier wird exemplarisch gezeigt, welchen neuen Wahrnehmungsmodus die Großstadt zu Beginn des 19. Jahrhunderts hervorbringt, und umgekehrt: inwiefern sich die Stadt als poetische Projektionsfläche für eine veränderte Form und Konzeption von Literatur anbietet. Die veränderte Wahrnehmung der städtischen Umgebung verändert die Rolle des Subjekts in dieser Umgebung; HUGO bettet darum die Stadterfahrung auch in eine Geschichtstheorie ein. Zudem führt die so zufällig begonnene Wanderung Gringoires zum Herzstück der Konstruktion des umfangreichen Romans. Es läßt sich so zeigen, daß der Konstruktionsplan von HUGOs Roman auf den Schauplatz der Ereignisse reagiert. *Notre-Dame de Paris* ist von seiner Anlage her ein Stadtroman.

Im folgenden werden darum zwei Themen näher ausgeführt: Stadterfahrung und Poetik, Stadterfahrung und Subjektivität.

1. STADTERFAHRUNG UND POETIK

Als Pierre Gringoire, seinem Impuls folgend, hinter Esmeralda, denn um sie handelt es sich bei der schönen Zigeunerin, in das Gewirr der Pariser Gassen eindringt, kommentiert der Erzähler dies folgendermaßen:

> Gringoire, philosophe pratique des rues de Paris, avait remarqué que rien n'est propice à la rêverie comme de suivre une jolie femme sans savoir où elle va. Il y a dans cette abdication volontaire de son libre arbitre, dans cette

> fantaisie qui se soumet à une autre fantaisie, laquelle ne s'en doute pas, un mélange d'indépendance fantasque et d'obéissance aveugle, je ne sais quoi d'intermédiaire entre esclavage et la liberté qui plaisait à Gringoire, esprit essentiellement mixte, indécis et complexe, tenant le bout de tous les extrêmes, incessamment suspendu entre toutes les propensions humaines, et les neutralisant l'une par l'autre.[1]

Der sozusagen professionelle Stadtbegeher Gringoire (»philosophe pratique des rues de Paris«) ist ein Träumer, und die Träumerei, die befördert wird, wenn man einer hübschen Frau durch unbekannte Straßen folgt, ist ein aufschlußreicher Zwischenzustand zwischen Freiheit und Zwang, zwischen Selbstaufgabe und Willensakt. Dieser Zwischenzustand entspricht ganz dem dichterischen Naturell Gringoires, das die Extreme liebt. Für Hugo ist dieser Zustand zunächst einmal an seine neue Poetik des Komplexen gebunden, wie er sie programmatisch in der umfangreichen Einleitung zu seinem Drama *Cromwell* entwickelt hat: Die klassische Regelpoetik mit ihrer Einteilung der Gattungen, den drei Einheiten des Orts, der Zeit und der Handlung ist nicht in der Lage, die Komplexität der modernen Welt wiederzugeben. Die klassische Kunst will das Schöne, unterdrückt aber dadurch wesentliche Charakteristika der Moderne, die Individualisierung, den Metaphysikverlust und die Melancholie, die in der HUGO'schen Geschichtstheorie das Christentum mit sich gebracht hat. HUGO fordert statt dessen eine Poetik des Pluralen und Komplexen, eine Mischung der Gattungen und der Gegenstände. Das Absurde, das Komische, das Formlose, das Vielfältige und Imaginäre muß in der Kunst ebenso seinen Platz haben wie das Schöne:[2]

> [La muse moderne] sentira que tout dans la création n'est pas humainement beau, que le laid y existe à côté du beau, le difforme près du gracieux, le grotesque au revers du sublime, le mal avec le bien, l'ombre avec la lumière.[3]

Gringoires nächtlicher Weg durch Paris ist nun tatsächlich eine solche pluriforme, nicht mehr einheitlich zu beschreibende Erfahrung: er hört bedeutungslosen Nachbarschaftstratsch über den kalten Winter und das Pferd von M. Gilles Godin ebenso, wie er Zeuge einer versuchten Entführung wird; er zitiert angesichts des stinkenden Straßenkots einen Vers von La Fontaine, wird von herumstreunenden Jungen für den Geist eines verstorbenen Nachbarn gehalten und löst die exakt 307 Jahre andauernde

---

1 Victor HUGO: *Notre-Dame de Paris 1482*, éd. par S. de SACY, Paris: Gallimard 1966, 1974, S. 113. Alle Nachweise weiterer Zitate aus dieser Ausgabe erscheinen im folgenden unter ND mit Seitenzahl im laufenden Text.

2 Zur Poetik der *Préface* vgl. Hans Robert JAUß: *Das Ende der Kunstperiode – Aspekte der literarischen Revolution bei Heine, Hugo und Stendhal*, in: DERS.: *Literaturgeschichte als Provokation*, Frankfurt/Main, S. 107-143.

3 Victor HUGO: *Préface de ›Cromwell‹*, éd. par Michel CAMBIEN, Paris: Nouveau Classiques Larousse 1972, S. 41.

Verehrung des heiligen Strohsacks in der Kirche Sainte Opportune [sic] aus. Ganz ähnlich wie in Hugos Skandaldrama *Hernani* mischen sich hier die Gattungen und Kategorien. So wie Don Carlos seinen ersten Auftritt als ertappter Liebhaber in einem Kleiderschrank hat und am Ende des Dramas sich als weiser und gerechter Herrscher präsentiert, ist Gringoires Weg durch die Stadt eine Mischung aus Tragischem, Burleske und Satire.

Gringoire erfährt also als Träumer in der Stadt einen nicht auf eine bestimmte Erfahrung festgelegten Zustand. Die Begehung der Straßen von Paris führt vielmehr zur Aufhebung festlegbarer Erfahrungen. In diesem Zwischenzustand besteht nun aber nicht nur das Eigentümliche der HUGO'schen Poetik, sondern das Eigentümliche moderner Stadterfahrung überhaupt. Die Großstadt wird als der Ort erfahren, der die Grenzen der Ordnung und des Kategorisierbaren sprengt:

> »Die Stadt ist der Ort dieser paradoxen Grenzzustände, die sich der Ordnung entziehen, weil sie in ihrem Tumult von Expansion und Beschleunigung eine geordnete Vermittlung mit den Bewußtseinszuständen des Individuums nicht mehr zulassen. [...] Die Stadt wird zum Ort paradoxer Doppelcodierungen.«[4]

HUGOs Poetik des Pluriformen und Komplexen, der Verweigerung einer zentralen und dominierenden Perspektive ist somit eine Reaktion auf die Veränderungen der modernen Welt. Und der poetische Ort, der diese Veränderungen und ihre literaturtheoretischen Konsequenzen auszudrücken in der Lage ist, ist die große Stadt.

Noch in einem weiteren Punkt ist HUGOs glückloser Mysteriendichter ein entschiedener Vorreiter moderner Stadterfahrung. Denn der *philosophe pratique des rues de Paris* zeichnet sich zudem wesentlich dadurch aus, daß er sich in einem bewußten Verzicht auf die Entscheidungshoheit und Wahrnehmungsselektion seines Ich auf die Führung der Esmeralda einläßt. Gringoire läßt sich durch das Mädchen und die heterogenen Eindrücke, die der (für ihn) willkürliche Weg durch die Straßen mit sich bringt, fremdbestimmen, - befördert aber gerade dadurch die poetische Einbildungskraft (»rêverie«). Pierre Gringoire, der obskure Dichter mittelalterlicher Mysterienspiele erscheint dadurch als eine Präfiguration der Leitgestalt moderner Stadterfahrung, des

---

4 Gerhard VON GRAEVENITZ: *Einleitung*, in: DERS. (Hrsg.): *Die Stadt in der europäischen Romantik*, Würzburg 2000, S. 7-16, hier: 15. Zur Theorie und Geschichte der Stadtwahrnehmung vgl. u.a.: Andreas MAHLER (Hrsg.): *Stadt-Bilder*. Allegorie, Mimesis, Imagination, Heidelberg 1999; Manfred SMUDA (Hrsg.): *Die Großstadt als Text*, München 1992, insbes. den Beitrag von SMUDA: *Die Wahrnehmung der Großstadt als ästhetisches Problem des Erzählens*. Narrativität im Futurismus und im modernen Roman, ebd., S. 131-182; Karlheinz STIERLE: *Der Mythos von Paris*. Zeichen und Bewußtsein der Stadt, München 1993; zum sozialen und historischen Kontext der Großstädte im 19. Jahrhundert vgl.: John M. MERRIMAN (Hrsg.): *French cities in the Nineteenth Century*, New York 1981.

flâneur, des *Homme des foules* ganz so wie BAUDELAIRE ihn später bestimmen wird.[5] Der Flaneur ist derjenige, der sich in der Menge treiben läßt, sich den Eindrücken des urbanen Zufalls hingibt, das Flüchtige, Augenblickshafte, das die Stadt ihm bietet, aufnimmt und als Bildmaterial für die poetische Kreation konserviert:

> Pour le parfait flâneur, pour l'observateur passionné, c'est une immense jouissance que d'élire domicile dans le nombre, dans l'ondoyant, dans le mouvement, dans le fugitif et l'infini. Être hors de chez soi, et pourtant se sentir partout chez soi; voir le monde, être au centre du monde et rester caché au monde, tels sont quelques-uns des moindres plaisirs de ces esprits indépendants, passionnés, impartiaux, que la langue ne peut que maladroitement définir. L'observateur est un *prince* qui jouit partout de son incognito.[6]

Der Flaneur ist gleichzeitig außer sich und bei sich, selbstbestimmt und fremdbestimmt, er lebt wie Gringoire in dem Zwischenzustand »entre l'esclavage et la liberté« (ND, 113).[7] Dieses Dazwischen des Bewußtseins ermöglicht einerseits die Entgrenzungserfahrung der Großstadt, die Hingabe an die paradoxen und nicht mehr einheitlich codierbaren Reize – also die Aufgabe des selbstbestimmten Wahrnehmungssubjekts; und andererseits den ästhetischen, also aktiven und selbstbestimmten Genuß dieser Eindrücke in der Träumerei / »rêverie«.

Eine solche Traumerfahrung der Großstadt schließt sich nach den ersten satirisch-burlesken Abenteuern Gringoires im Kapitel *La cruche cassée* an. Der Poet, der zuerst in der eiskalten und stinkenden Gosse fast erfroren und danach von Straßenjungen mit Hilfe eines Strohsacks angezündet worden wäre, stolpert orientierungs- und wegelos durch ein Labyrinth stockfinsterer Gäßchen, bis er einen schwachen Lichtschimmer in der Ferne erkennt und darauf zugeht. Die Straße hat eine deutliche Schräglage angenommen, und so stolpert Gringoire nach unten, dem Lichtschein entgegen. Aber er ist nicht der einzige, der dem verheißungsvollen Schein entgegeneilt. Seltsame Gestalten humpeln und klappern um ihn herum, die Gringoire zunächst nicht identifizieren kann. Es scheinen riesige Insekten zu sein, Larven, Weberknechte, lebende Dreifüße,

---

5 Die Literatur über den Flaneur ist umfangreich; vgl. für einen kritischen Überblick den Essay von Gerhard HENSCHEL: *Im Wiegeschritt der Moderne*, in: FAZ vom 6. Januar 2000, S. 48.

6 Charles BAUDELAIRE: *Le peintre de la vie moderne*, in: *Curiosités esthétiques, L'Art romantique et autres œuvres critiques*, éd. par Henri LEMAITRE, Paris: Classiques Garnier 1990, S. 463.

7 Wie Luc RASSON: *Ecriture et réel dans ›Notre-Dame de Paris‹*. L'exemple de Gringoire, in : Orbis litterarum 38 (1983), S. 108-123 nachweist, nimmt Gringoire auch erzähltheoretisch eine Zwischenstellung ein. Er ist nur partiell Teil der Diegese, steht so zwischen dem Leser und der Handlung des Romans und führt diesen in sie ein. Dagegen unterschätzt diese Rolle Gringoires und auch seine hier beschriebene Bedeutung als Flaneur und Poet Monica NURNBERG: *The Play and the Book*. Some Reflections on the Function of Gringoire in ›Notre-Dame de Paris‹, in: Nottingham French Studies 26.2 (1987), S. 17-23.

Nacktschnecken, die sich im Dreck wälzen, Spinnen mit menschlichem Antlitz. Als er näherkommt, erkennt er, daß es Horden jener Bettler, Aussätzigen und Krüppel sind, die in den Straßen von Paris ihrer Tätigkeit nachgehen. Sie betteln ihn in einem babylonischen Sprachengewirr an, Spanisch, Italienisch, Latein mit ungarischem Akzent, und treiben ihn die Straße hinunter zu einem Platz, auf dem Feuer brennen. Dort ist die Verwirrung namenlos, Gringoire glaubt sich in einem Albtraum. Es herrscht ein Gewimmel menschlicher Gestalten, Kleidungen und Sprachen: Juden, Christen, Mohammedaner, Götzenanbeter, Räuber, Bettler, Zigeuner, betrügerische Mönche, Lepröse, Mörder, Prostituierte. Gringoire ist in der *Cour des Miracles* gelandet, einem ›magischen Kreis‹ (»cercle magique«, ND, 126), dem rechtlosen Raum im Herzen von Paris. In diesem Reich der Gesetzlosen, in das sich die Polizei nicht wagt, sind nicht nur die Gesetze der Zivilgesellschaft, sondern auch die der Realität aufgehoben. Die Häuser erscheinen wie zernarbte Köpfe alter Frauen, die, im Kreis aufgestellt, einem irrsinnigen Hexensabbat zusehen. Traum und Wirklichkeit gehen ineinander über, die Grenzen des Realen sind gesprengt:

> Par moments [...] on pouvait voir passer un chien qui ressemblait à un homme, un homme qui ressemblait à un chien. Les limites des races et des espèces semblaient s'effacer dans cette cité comme dans un pandémonium. Hommes, femmes, bêtes, âge, sexe, santé, maladie, tout semblait être en commun parmi ce peuple; tout allait ensemble, mêlé, confondu, superposé; chacun y participait de tout. (ND, 127)

Gringoire ist in eine Gegenwelt eingetreten, in die Nachtseite der Stadt, in der die Grenzen und Kategorien der Tagseite aufgehoben sind. Erzähltheoretisch gesehen, besteht mit Jurij LOTMANN das Sujet einer Erzählung aus einer Serie von Grenzüberschreitungen; ein System von (religiösen, sozialen etc.) Normen wird zugunsten eines anderen verlassen.[8] Indem nun aber nicht einzelne, sondern sämtliche dichotome Differenzierungen, die die Realität ausmachen, in der *Cour des Miracles* aufgehoben werden (um nur einige zu nennen: Mensch/Tier; Mann/Frau; belebt/unbelebt; gesund/krank etc.), wird die Ebene der vom Bewußtsein wahrnehmbaren, kategorisierbaren und strukturierbaren Welt verlassen: »C'était comme un nouveau monde, inconnu, inouï, difforme, reptile, fourmillant, fantastique.« (ND, 128). Analog dazu bricht auch die Synthesisleistung des Beobachters zusammen:

[8] Vgl. Jurij LOTMANN: *Die Struktur literarischer Texte*, München ^{4}1993, S. 332ff.

> [...] Gringoire tâchait de rallier sa présence d'esprit [...]. Mais ses efforts étaient vains; le fil de sa mémoire et de sa pensée était rompu; et doutant de tout, flottant de ce qu'il voyait à ce qu'il sentait, il se posait cette insoluble question:
> - Si je suis, cela est-il? si cela est, suis-je? (ebd.)

Die Gegenstadt, zu der Gringoire den Weg durch das Labyrinth der Gassen gefunden hat, ist nicht nur eine Verkehrung der Realität, sondern ihre Aufhebung in einer surrealen Verwirrung der Kategorien, die den Beobachter die Frage nach der Realität der eigenen Existenz stellen läßt, die sich dem Träumenden stellt. Die Wanderung des Flaneurs durch die Stadt ist damit in einem Traumreich angekommen, eine Erfahrung, die mit Walter BENJAMINs Theorie der Passagen beschreibbar ist. Die Stadt ermöglicht für BENJAMIN die Erfahrung des Anderen des Bewußtseins, indem sie einerseits Labyrinth ist und andererseits Durchgänge auf die andere Seite der Realität - *Passagen* - anbietet:

> Die Stadt ist die Realisierung des alten Menschheitstraumes vom Labyrinth. Dieser Realität geht, ohne es zu wissen der Flaneur nach.[9]

> Man zeigte im alten Griechenland Stellen, an denen es in die Unterwelt hinabging. Auch unser waches Dasein ist ein Land, an dem es an verborgenen Stellen in die Unterwelt hinabgeht, voll unscheinbarer Örter, wo die Träume münden. Am Tage gehen wir nichtsahnend an ihnen vorüber, kaum aber kommt der Schlaf, so tasten wir uns mit geschwinden Griffen zu ihnen zurück und verlieren uns in den dunklen Gängen. Das Häuserlabyrinth der Straßen gleicht am hellen Tage dem Bewußtsein; die Passagen (das sind die Galerien, die in ihr vergangenes Dasein führen) münden tagsüber unbemerkt in die Straßen. Nachts unter den dunklen Häusermassen aber springt ihr kompakteres Dunkel erschreckend heraus; und der späte Passant hastet an ihnen vorüber, es sei denn, daß wir ihn zur Reise durch die schmale Gasse ermuntert haben. (ebd., S. 1046)

Indem sie Labyrinth ist, ist die Stadt der Erfahrungsraum jenseits der geraden Ausfallstraßen und Magistralen der Vernunft, der Raum des Traumhaften, des Halluzinatorischen und der Poesie.[10] Und so ist es kein Zufall, daß ausgerechnet Gringoire, der Poet, in die *Cour des Miracles*, den *cercle magique*, hineinstolpert. Die Passagen ihrerseits sind Orte, die als urbane Wurmlöcher den Switch des Bewußtseins zu jenem anderen Zustand ermöglichen. Sie tun dies gerade, indem sie die gewöhnlichen und kohärenten

---

9 Walter BENJAMIN: *Das Passagenwerk*, in: Gesammelte Schriften V, Frankfurt / Main 1982, S. 541.

10 Zur Lesbarkeit der Stadt als Lesbarkeit der Psyche, zur Semiotik der Stadt zwischen Benjamin und Freud vgl. STIERLE: *Paris, Einleitung*, S. 12ff.

Verbindungen, die die Wahrnehmung zwischen den Dingen zu ziehen gewohnt ist, aufheben: «[In den Passagen geht] die Ware, wie die Gewebe in Geschwüren, die regellosesten Verbindungen ein. Eine Welt geheimer Affinitäten: Palme und Staubwedel, Föhnapparat und die Venus von Milo, Prothese und Briefsteller finden sich hier, wie nach langer Trennung, zusammen.« (ebd., S. 1045) Was die surrealistische Prägung Walter BENJAMINs und die romantische Poetik HUGOs von 1830 im Bild der Stadt vereint, ist eine Dynamik der Entgrenzung und Offenheit. Der absurden Zusammenstellungen der Gegenstände in den Passagen entspricht die albtraumhafte Entgrenzung des Realen in der *Cour des Miracles*. In beiden Fällen öffnet die Erfahrung der Stadt das Tor zu einer (halluzinatorischen, albtraumhaften, poetischen) Welt jenseits der Realität.[11]

Dies ist auch Teil der Stadterfahrung in den Paris-Gedichten Baudelaires. Der Eingangsvers von *Les sept vieillards* deutet in seinem Chiasmus auf diese Verschränkung hin: »Fourmillante cité, cité pleine de rêves«.[12] Die beiden Attribute der Stadt (fourmillante, pleine de rêves) stehen in einem engen Zusammenhang, das Traumhafte ergibt sich aus dem Vielfältigen und dem Gewimmel: Zugleich aber sind sie nicht parallel gestellt, sondern in dem chiastischen Gefüge Gegensätze. Es findet ein Übergang statt von der Erfahrung/Beschreibung hin zur poetischen Bedeutungskonstitution. Die Erfahrung der Entgrenzung stellt sich also nicht automatisch ein. Es bedarf, wie BENJAMIN auch betont, einer bestimmten Geisteshaltung, sonst hastet der Passant an den Passagen zur anderen Realität vorüber. Diese innere Disposition ist aber die des Flaneurs. Der Flaneur muß sowohl ›bei sich‹ als auch ›außer sich‹ sein, d.h. er muß die Kontrolle über die Ordnung und Wahrnehmung der äußeren Eindrücke an das flottierende Geschehen der Straßen abgeben, sich wie Gringoire hinter der Esmeralda her durch die Stadt treiben lassen, gleichzeitig aber die Wachheit des Bewußtseins aufrechterhalten, um die vorbeiströmenden Bilder zu einer poetischen Einheit zu verdichten. Die Gedichte Baudelaires enthalten deshalb stets Hinweise auf die intellektu-

11 Hier muß hinzugefügt werden, daß für HUGO und die Romantiker die Entgrenzungserfahrung Strategie zur Herstellung einer neuen Totalität ist. Die Welt als ganze kann idealerweise dann im Kunstwerk erfaßt werden, wenn ihre Heterogenität ins Kunstwerk Einzug hält. Vgl. dazu JAUß: *Das Ende der Kunstperiode* und Karlheinz STIERLE: *Progressive Universalpoesie und progressive Universalstadt. Friedrich Schlegel und Victor Hugo*, in: Gerhard VON GRAEVENITZ: *Die Stadt in der europäischen Romantik*, Würzburg 2000, S. 183-194.

12 Charles Baudelaire: *Les Fleurs du Mal*, éd. par Antoine Adam, Paris: Classiques Garnier 1990, S. 97, künftig: FM; Hervorhebung von mir. Zur Interpretation von *Les sept vieillards* vgl. u.a.: Marie MACLEAN: *The Role of Structural Analysis.* ›Les sept vieillards‹, in: William THOMPSON (ed.): *Understanding Les Fleurs du Mal.* Critical Readings, Nashville 1997, S. 133- 144 (die Aufsatzsammlung von THOMPSON enthält auch weitere gute Interpretationen zu den wichtigsten Gedichten der *Fleurs du Mal*) und Brett BOWLES: *›Les sept vieillards‹.* Baudelaire's Purloined Letter, in: French Forum 23.1 (1998), S. 47-61.

elle Konstruktion ihrer Stadtbilder: »Andromaque, je pense à vous [...]« und »Je ne vois *qu'en esprit* tout ce camp de baraques«.[13]

Insofern die Wahrnehmung des Flaneurs wesentlich *Konstruktion* der Wirklichkeit ist, gehört der Absturz aus der poetischen in die reale Welt entscheidend zur modernen Stadterfahrung dazu. Der Übergang in das Phantastische, Traumhafte und Imaginäre kann einer Konfrontation mit der Realität nicht lange standhalten: Gringoire wird von den zwielichtigen Gestalten, die die *Cour des Miracles* bevölkern, in eine dreckige Schenke gezerrt, wo der ›König‹ dieser Bande thront. Gringoire muß sich vor ihm verantworten; jeder, der ungebeten in das Reich der *truands* eindringt, wird mit dem Tod bestraft. Der unglückliche Poet entgeht seinen Henkern nur durch das unvermutete Dazwischentreten der Esmeralda, die, weniger aus Liebe, denn aus indifferentem Mitleid heraus, sich bereiterklärt, Gringoire zu heiraten und ihn so davor bewahrt, aufgehängt zu werden. Während dieser Ereignisse erwacht Gringoire wie aus einem Traum:

> Le réel se faisait jour autour de lui, lui heurtait les yeux, lui heurtait les pieds, et démolissait pièce à pièce toute l'effroyable poésie dont il s'était cru d'abord entouré. [...] Le spectacle qui s'offrit à ses yeux [...] n'était pas propre à le ramener à la poésie, fût-ce même à la poésie de l'enfer. C'était plus que jamais la prosaïque et brutale réalité de la taverne. (ND 128f.)

Auch Baudelaire kennt die Ernüchterung angesichts der Realität, stilisiert aber aus der Gestalt des an der Realität gescheiterten Dichters die Pose des *poète maudit* und integriert das poetische Scheitern als Kampf gegen das Banale in das Poetische selbst: Der von den groben Händen der Fischer aufs Schiffsdeck gezwungene Albatros in Baudelaires gleichnamigem Gedicht humpelt wehr- und hilflos, aber unendlich erhaben über die groben Planken; das lyrische Ich in *Rêve Parisien* erwacht aus den Träumen im Elend seines Zimmers: »En rouvrant mes yeux pleins de flamme/J'ai vu l'horreur de mon taudis,/Et senti, rentrant dans mon âme,/la pointe des soucis maudits«. »Âme« reimt sich hier auf »flamme« – Licht und Feuer mit all ihren erkenntnistheoretischen und metaphysischen Konnotationen befinden sich nur in der Seele des Poeten, wohingegen die Realität selber in bewegungsloses Dunkel gehüllt ist: »Et le ciel versait des ténèbres/Sur le triste monde engourdi.«[14] Für Baudelaire also ist die Stadt auch der Ort der exemplarischen Konfrontation von Dichtung und Wirklichkeit, der Ort, an

---

13 Ebd., S. 95; Hervorhebungen von mir. Zur Interpretation von *Le Cygne* vgl. u.a. Jean STAROBINKY: *Melancholie und Spiegelbild.* Eine Lektüre von Baudelaires 'Le Cygne', in: Merkur 420 (1988), S. 751-765; Babara VINKEN: *Zeichenspur, Wortlaut: Paris als Gedächtnisraum.* Hugos A l'Arc de Triomphe, Baudelaires ›Le Cygne‹, in: Anselm HAVERKAMP, Renate LACHMANN (Hrsg.): *Gedächtniskunst. Raum –Bild – Schrift.* Studien zur Mnemotechnik, Frankfurt / Main 1992, S. 231-262.

14 FM, S. 115; zur Interpretation von *Rêve parisien* vgl. u.a. Ulrich J. BEIL: *Eine Ikone der Moderne. Baudelaires Rêve parisien, wiedergelesen,* in: Poetica 25 (1993), S. 378-403.

dem der Anspruch des lyrischen Ich auf Ordnung und Schönheit zurückgestoßen wird. Es stolpert wie jene Blinden, den Blick zum stummen Himmel gerichtet, durch die laute und johlende Stadt: »O cité!/Pendant qu'autour de nous tu chantes, ris et beugles,//Éprise du plaisir jusqu'à l'atrocité,/Vois! je me traîne aussi! mais, plus qu'eux hébété,/Je dis: Que cherchent-ils au Ciel, tous ces aveugles?«[15]

Hugo hingegen fängt die Insuffizienz der Poesie angesichts der Realität wieder in einer Stilmischung auf. Der Poet und Flaneur wird aus seinem Traum auf den Boden der Tatsachen heruntergezerrt und befindet sich in einer ebenso elenden wie lächerlichen Lage. Gringoire ist nun unfreiwilliger Akteur in einer Wirtshausszene. Dem Albtraum folgt die Burleske. Während einer absurden Gerichtsverhandlung versucht Gringoire, um seinen Kopf zu retten, nachzuweisen, daß er als Dichter eigentlich schon immer Mitglied der *truands*, der Gauner, Halsabschneider und Betrüger ist:

> Ainsi soit-il, dit le poète. Je consens. Je suis truand, argotier, franc-bourgeois, petite flambe, tout ce que vous voudrez. Et j'étais tout cela d'avance, monsieur le roi des Thunes, car je suis philosophe; *et omnia in philosophia, omnes in philosopho continentur*, comme vous savez. (ND, 135)

Was auf der Handlungsebene als eine nur allzu durchsichtige Strategie erscheint, um der mißlichen Lage zu entkommen, erweist sich auf der Erzählerebene als eine ironische, augenzwinkernde Definition des Dichters und der Poesie. Da der Dichter Philosoph ist und der Philosoph alles in sich enthält, ist der Dichter logischerweise auch Beutelschneider, Rotwelschsprecher und überhaupt alles, was man sich bei Bedarf nur vorstellen kann. In diesem inkohärenten Sammelsurium an Eigenschaften findet sich das dynamische und offene Literaturkonzept HUGOs wieder, das der Realität durch Inkongruenz und Vielfalt auf den Leib rücken will. Deshalb endet der Traum der in der Stadt flanierenden Wahrnehmung auch nicht mit der immer schon verlorenen Konfrontation des Poetisch-Imaginairen mit dem Realen, sondern mit einem Stück Literatur selbst, mit einer Burleske über einen ins Fettnäpfchen getappten Dichter. Solcherart wird der Absturz aus der Träumerei selber wieder poetisch aufgefangen, und das Ganze - nicht bloß die Visionen des Flaneurs - ist Poesie.[16]

Mit einer solch fröhlichen Universalpoesie nimmt HUGO einerseits wesentliche Momente moderner Poetik voraus. Die Stadt wird für HUGO, wie für BAUDELAIRE, dem Zentralgestirn moderner Dichtung, zu dem Raum, in dem wesentliche Erfahrungen einer veränderten Welt sowohl bildlich artikuliert, als auch poetologisch reflektiert werden können. Die Stadt als Raum des Pluriformen, Komplexen, nicht mehr Katego-

---

15 *Les Aveugles*, in: FM, S. 103.

16 Für einen Vergleich der Poetiken HUGOs' und BAUDELAIREs vgl. Stefan SCHULZE: *Die Selbstreflexivität der Kunst bei Baudelaire*. Eine literaturgeschichtliche Untersuchung, Heidelberg 1999, insbes. S. 276ff.

risierbaren gebiert dadurch gleichzeitig die Figur des Flaneurs, der diese neuen Wahrnehmungen poetisch gestaltbar macht. Andererseits aber verbindet Hugo mit einer humorvollen Brechung der ›ernsten‹ poetischen Ansprüche angesichts der Stadt auch einen Anspruch auf die Wiedergabe des Ganzen der Wirklichkeit. Die Dichtung ist, und das entspricht aufs Genaueste dem HUGO'schen Bild der Stadt, nicht ideal, dafür aber total.

2. STADTERFAHRUNG UND SUBJEKTIVITÄT

Erzähltheoretisch gesehen, gibt es grundsätzlich zwei mögliche Blickwinkel, aus denen heraus eine Stadt in die Erzählung eingeführt werden kann: den perspektivischen aus der Sicht eines Einzelsubjekts und den totalen, die Übersicht eines Beobachters in der Vogelperspektive.[17] Nachdem HUGO den Leser an der Seite Gringoires in das halluzinatorische Innere des mittelalterlichen Paris geführt hat, schließt sich im nächsten Buch unmittelbar der andere Blick auf die Stadt an: *Paris à vol d'oiseau.* HUGO schiebt in seine Erzählung zwei vollständig extradiegetische Essays ein, die die Kirche Notre-Dame und den Aufbau des mittelalterlichen Paris zum Thema haben. Es stellt sich die Frage, warum HUGO an dieser Stelle den Handlungsfaden der Erzählung unterbricht, und was die Abhandlungen über Stadt und Kathedrale mit den Geschehnissen um die Esmeralda zu tun haben. Ich beschränke mich im folgenden auf den zweiten Essay: *Paris à vol d'oiseau.*

Hugo unternimmt hier eine Art Bestandsaufnahme und Geschichtsschreibung von Paris im Jahre 1482. Was an seiner Version der Stadtgeschichte auffällt, ist weniger der inhaltliche Gang seiner Argumentation (die drei Teile von Paris: die Insel La Cité, die Universität, die Stadt; die zunehmende Ausdehnung der Stadt; neue Stadtmauern; die Landschaft vor den Toren) – es ist vielmehr die Art und Weise dieser Schilderungen. Die Häuser der Stadt benehmen sich bei HUGO gar nicht wie man es von Häusern gewohnt ist: In einer Serie von Personifikationen drängen sie an die Stadtmauer heran, beknabbern sie, nutzen sie ab und entfernen sie schließlich. Die neue Stadtmauer sperrt sie ein wie Gefangene, aber ihr Strom brandet auch an diese Mauer, sie spritzen darüber, überspringen sie schließlich und verbreiten sich fröhlich im Umland:[18]

> Les maisons enfin sautent par-dessus le mur de Philippe Auguste, et s'éparpillent joyeusement dans la plaine sans ordre et tout de travers, comme des échappés. Là, elles se carrent, se taillent des jardins dans les champs, prennent leurs aises. (ND, 166)

---

17 Vgl. Andreas MAHLER: *Stadttexte – Textstädte. Formen und Funktionen diskursiver Stadtkonstitution*, in: DERS. (Hrsg.): *Stadt-Bilder. Allegorie, Mimesis, Imagination*, Heidelberg 1999, S. 11-36.

18 So auch Volker KLOTZ: *Die erzählte Stadt. Ein Sujet als Herausforderung des Romans von Lesage bis Döblin*, München 1969, insbes. S. 92-123. Die Interpretation bleibt aber auf dem rein Deskriptiven stehen.

Die Metaphern und Vergleiche, mit denen HUGO die Stadt und speziell ihre Häuser belegt sind Legion. Sie reichen von dem Bereich der Lebewesen (»troupeau de vieux toits« [172], »des tours ressemblaient à de gros ventres« [180], »l'Hôtel-Dieu qui semble couvert de pustules et de verrues« [173], »l'hydre des tours« [184], »l'île de la Cité ressemblant à une énorme tortue« [185]), des Anorganischen (»ce pâté de maisons" [175, ein Wort, das bis dahin noch nicht lexikalisiert ist], »un gigantesque échiquier de pierre« [181], »des blocs marbrés de rues sans nombre« [185]) bis zu dem für HUGO so bedeutsamen Bereich des Wassers und der Säfte (»les maisons se pressent comme l'eau dans un réservoir [...], elles jaillissent en hauteur comme toute sève comprimée« [166], »des toits des capitales comme des vagues d'une mer« [182], »les deux artères des Paris« [171]).

Bei diesen Beschreibungen der Veränderungen der Stadt, des Häusermeers, das steigt und fällt, der Häuser, die munter herumspringen und sich ihre Gärten zuteilen, der Straßen, die sich wie die Äste eines Baumes verschränken, der Türme, die wie vielköpfige Hydren aus der Stadt steigen, fällt eines auf: die Abwesenheit des Menschen in all diesen wogenden Bewegungen der Jahrhunderte. Die Stadt, die sich ausdehnt und entwickelt, sich differenziert und zusammenwächst, ist kein Werk von Menschenhand. Was über die Jahrhunderte hinweg geschieht, geschieht als anonymer Prozeß; hier ist niemand, der Stadtmauern erbaut oder Gärten anlegt. Die Häuser vermehren sich von selbst, in den Straßen strömt es wie Blut und sie wachsen aufeinander zu wie Kapillaren in einem Gewebe. In den vielfältigen Personifikationen des HUGO'schen Textes drückt sich aus, daß die Stadt lebt und agiert wie ein eigenständiges Lebewesen. Der Mensch kommt in ihr nicht vor.[19]

HUGO artikuliert mit dieser Entmächtigung des Menschen ein verbreitetes Gefühl des 19. Jahrhunderts angesichts der großen Stadt. Heinrich HEINE beschreibt in seinen *Englischen Fragmenten* (1831) London als eine Maschine, die die Phantasie und Poesie zerstört:

---

19 Diese Deutung der Stadtgeschichte als anonymer Prozeß findet ihr Pendant in Hugos Geschichtstheorie, wie sie in den zeitgleich zu *Notre-Dame* entstandenen Lyrik-Bänden artikuliert ist. Auch hier hat der Geschichtsprozeß keine Gesichter, er ist eine Bewegung ohne Subjekte, und Hugo verwendet wieder die Metaphern aus dem Bereich der Ströme und des Wassers. In dem Gedicht *Rêverie d'un passant à propos d'un roi*, geschichtsträchtig kurz vor Ausbruch der Juli-Revolution datiert (»18 mai 1830«), heißt es über das Volk und seine Revolutionen: »C'est le peuple qui vient, c'est la haute marée/Qui monte incessamment par son astre attirée/Chaque siècle a son tour, qu'il soit d'or ou de fer,/Dévoré comme un cap sur qui monte la mer,/Avec ses lois, ses mœurs, les monuments qu'il fonde,/Vains obstacles qui font à peine écumer l'onde,/Avec tout ce qu'on vit et qu'on ne verra plus,/Disparaît sous ce flot qui n'a pas de reflux.« (Victor HUGO: *Œuvres poétiques*, Paris: Gallimard, Bibliothèque de la Pléiade, 1964, tome I, S. 724) Die Bewegungen des Volkes sind wie die Gezeiten. Jedes Zeitalter von neuem steigt die Flut und verschlingt die Sitten, Kultur und Errungenschaften eines ganzen Jahrhunderts. Geschichte erscheint bei Hugo als zyklischer, anonymer Vorgang.

> Aber schickt keinen Poeten nach London! Dieser baare Ernst aller Dinge, diese kolossale Einförmigkeit, diese maschinenhafte Bewegung [...], dieses übertriebene London erdrückt die Phantasie und zerreißt das Herz.[20]

Indem London die Poesie unmöglich macht, das »Herz« zerreißt, wird in einer anonymen, gleichmachenden Bewegung die Subjektivität vernichtet.[21] Das ist auch das Fazit eines Aufsatzes von Clemens ZIMMERMANN zur Stadtwahrnehmung im 19. Jahrhundert: »Die Großstadt, die sich ihr Vorland erobert, wird zum Subjekt ihrer Geschichte [...].«[22] Der Mensch geht im Mahlstrom der Stadt unter. In einem weiteren Bild kann HEINE darum London mit einem Schlachtengemälde vergleichen: »Als ich [...] wieder auf die tosende Straße blickte, wo ein buntscheckiger Knäul von Männern, Weibern, Kindern, Pferden, Postkutschen, darunter auch ein Leichenzug, sich brausend, schreyend, ächzend und knarrend dahinwälzte: da schien es mir, als sey ganz London so eine Beresinabrücke, wo jeder in wahnsinniger Angst, um sein bischen Leben zu fristen, sich durchdrängen will, [...] und Tausende, die, sterbensmatt und blutend, sich vergebens an den Planken der Brücke festklammern wollten, in die kalte Eisgrube des Todes hinabstürzen.« (*Englische Fragmente*, ebd., S. 214f.)

Diese Entmächtigung des Subjekts findet ihre Entsprechung in der 'fremdbestimmten' Wahrnehmung des Flaneurs und Passanten. Hugo hatte zu Beginn der Gringoire-Episode von einer Versklavung (»esclavage«) des Geistes bei demjenigen gesprochen, der sich auf den Weg durch die Großstadt macht. Derjenige Bewußtseinsanteil des Flaneurs, der sich den Eindrücken der Straßen widerstandslos aussetzt, gibt seine Selbstbestimmung auf und wird zum willenlosen Spielball der Stadt. Aus dieser Aufgabe des Bewußtseins resultieren dann die (vom Flaneur bewußt gesuchten und herbeigeführten) Albträume, Halluzinationen und Phantasmagorien, so wie sie Gringoire in der *Cour des Miracles* erlebt und wie sie Gegenstand des Paris-Gedichtes *Les sept vieillards* von BAUDELAIRE sind. Auch in diesem Gedicht erscheint die Stadt als ein eigenständiges, unheimliches Lebewesen, dessen Beschreibung sich des Bildbereichs der Säfte und des Wassers bedient. Der Passant bewegt sich in den Straßen wie in den Blutgefäßen eines riesigen Wesens regelrecht unter Wasser:

> Les mystères partout coulent comme des sèves
> Dans les canaux étroits du colosse puissant.

---

20 Heinrich HEINE: *Englische Fragmente* in: *Sämtliche Werke*, Düsseldorfer Ausgabe 7.1, Hamburg 1986, S. 214.

21 vgl. für die Gleichung von »Herz«, Subjektivität und Dichtung die schönen Verse: »Mein Herz ist so klug und witzig,/Und verblutet in meiner Brust«, Sämtliche Werke 2, *Neue Gedichte*, Hamburg 1983, S. 29.

22 Clemens ZIMMERMANN: *Raum in Bewegung – Bewegung im Raum. Beispiele aus London, Paris und Hamburg*, in: Gerhard VON GRAEVENITZ (Hrsg.): *Die Stadt in der europäischen Romantik*, Würzburg 2000, S. 17-32, hier: S. 20.

Un matin, cependant que dans la triste rue
Les maisons, dont la brume allongeait la hauteur
Simulaient les deux quais d'une rivière accrue [...] (FM, S. 97)

Die Metaphern des Flüssigen drücken, wie in der Stadtbeschreibung HUGOs, etwas Unkontrollierbares aus, zu dem mit den Bildern des Nebels (»brume«, »brouillard«) das Undurchsichtige, Traumhafte, Verschwommene hinzukommt.[23] Die Stadt bemächtigt sich nicht nur der Wahrnehmung, sondern auch der Vernunft und der Steuerungsfähigkeiten des Bewußtseins; sie flutet regelrecht das Ich des Flaneurs. Dieser wird somit Opfer unkontrollierter Visionen und Halluzinationen wie die im weiteren Verlauf des Gedichts beschriebene unendlich iterierte Begegnung mit demselben schreckenserregenden Greis oder die Tiermenschen bei HUGO. Am Schluß steht die völlige Auflösung, die Entmächtigung des Selbst. Es stellt sich wie für Gringoire die Frage: »Si je suis, cela-est-il, si cela est , suis-je?« (S. 128), und das lyrische Ich BAUDELAIREs treibt steuerungslos dahin wie ein Schiff ohne Mast:

Vainement ma raison voulait prendre la barre;
La tempête en jouant déroutait ses efforts,
Et mon âme dansait, dansait, vieille gabarre
Sans mats, sur une mer monstrueuse et sans bords. (FM, S. 99)

Es wird von hier aus verständlich, wieso HUGO von dem subjektiv-perspektivischen Blickwinkel auf Paris übergeht zu der Totalsicht aus der Vogelperspektive, in der ein subjektiver Blick nicht mehr vorkommen kann. Der Gang Gringoires in das nächtliche Paris hat zu einer Phantasmagorie geführt, in der nicht das Ich des Dichters, sondern die Stadt selber Regie führte. Die Albträume haben das Regiment übernommen, und es ist insofern nur folgerichtig, wenn das Subjekt der Dichtung nun nicht mehr der einzelne, sondern die Stadt ist. Die Essays, durch die HUGO den Handlungsverlauf unterbricht, sind also nicht im Mindesten ein Fremdkörper im Roman, sondern rücken eine Perspektive zurecht. Die Handlungsmächtigkeit des Subjekts wird in der Großstadt und durch die Großstadt in Frage gestellt.

Dieser Befund schließt sich an die zum Klassiker gewordene Interpretation des Romans durch Victor BROMBERT an, die den Zwang und die Determination betont, der alle Hauptfiguren des Buches unterliegen.[24] Das Gefängnis ist darum eines der zentra-

23 In der Elementenlehre ist Wasser das Element der Auflösung und des Ertrinkens; psychologisch ist das Wasser Symbol der unbewußten Tiefenschichten der Persönlichkeit, die von geheimnisvollen Wesen bewohnt wird. Vgl. Hans BIEDERMANN: *Lexikon der Symbole*, München 1989, S. 471ff.

24 Victor BROMBERT: *Victor Hugo and the Visionary Novel*, Harvard UP 1984, insbes. chap. 3 *The Living Stones of Notre-Dame*, S. 49-85.

len Motive des Romans: Quasimodo, dessen Seele Gefangene ihres eigenen, abstoßenden Körpers ist; das innere Gefängnis Frollos, symbolisiert durch das Spinnennetz; die Zelle der Sachette; und schließlich die Gefängnisse der Esmeralda: die Bastille und die Kathedrale selbst. In Hinblick auf *Notre-Dame* als Stadtroman ist dem noch ein wichtiger Aspekt hinzuzufügen. Es zeigt sich nämlich, daß alle Handlungslinien, die sich im weiteren Verlauf des Romans wie ein Netz um die Personen legen werden, ihren Ausgangs- und Knotenpunkt in einer kurzen, augenblickshaften Begegnung an einer nächtlichen Straßenecke haben, deren zufälliger Beobachter der Poet und Flaneur Gringoire ist.

Kurz nachdem sich Gringoire von der Esmeralda in das Gewirr der Gassen hat locken lassen, wird er Zeuge einer gewalttätigen Szene: Zwei Gestalten greifen die Zigeunerin an und wollen sie mit sich führen, da taucht unvermutet eine Patrouille der Wache auf, geführt von einem jungen Hauptmann, befreit Esmeralda und nimmt einen der Entführer fest. Es ist Quasimodo; Frollo kann entkommen. Von dieser unscheinbaren Begebenheit, deren Schilderung in der Taschenbuchausgabe weniger als zwei Seiten einnimmt, geht im folgenden die gesamte tragische Handlung des Romans aus:

- Der festgesetzte Quasimodo wird am nächsten Tag für diese Tat öffentlich ausgepeitscht; Esmeralda empfindet Mitleid mit ihm und gibt ihm zu trinken; seitdem liebt Quasimodo die Esmeralda bedingungslos, rettet sie vor der Hinrichtung und stürzt Frollo vom Turm der Kathedrale.
- Esmeralda verliebt sich in diesem Augenblick in ihren Retter, Phoebus, den Hauptmann der Wache. Sie gibt ihm ein Stelldichein, wobei sie der rasend eifersüchtige Frollo überrascht und Phoebus niedersticht. Man lastet diese Tat der Esmeralda an; Frollo wird dafür sorgen, daß sie aus dem Kirchenasyl herausgeführt und hingerichtet wird.

Der Knotenpunkt der Handlung ist eine Straßenszene, eine zufällige Begegnung von Personen, die sich dann aber im folgenden in ein gemeinsames, unausweichliches Schicksal verstrickt sehen. *Notre-Dame de Paris* ist so gewissermaßen der Roman eines Augenblicks im urbanen Gewimmel. Auch andere schicksalhafte Begegnungen ergeben sich aus Zufällen: Frollo sieht die Esmeralda auf dem Platz vor Notre-Dame und verliebt sich in sie; Esmeralda trifft Phoebus wieder, weil seine Verlobte an eben jenem Platz wohnt, auf dem die Zigeunerin ihre Ziege vorführt und tanzt; die Mutter der Esmeralda ist die verbitterte Einsiedlerin an der Place de la Grève, wo die Hinrichtung stattfindet, und deren Geschichte wiederum wir aus dem schnatterhaften Mund einer Bürgersfrau aus Reims erfahren, die in Paris zu Besuch bei einer Verwandten ist.

Der Roman ist so ein Mosaik an Begegnungen, Zufälligkeiten, Örtlichkeiten, Menschen. Manche tauchen aus der Menge heraus einmal auf und wir begegnen ihnen nie wieder wie z. B. Agnès la Herme und Jehanne de la Tarme, die den ausgesetzten kleinen Quasimodo in der Kirche betrachten und dabei ihre Überlegungen anstellen; andere tauchen ebenso unvermittelt auf und spielen dann, sehr viel später, ihre Rolle wie Clopin Trouillefou, der Chef der Unterwelt. Die Erzählung folgt über weite Strecken keiner einheitlichen Perspektive: Ein Mysterienspiel wird aufgeführt, ein Dichter flaniert durch die Stadt, ein Priester und sein unheimlicher Gehilfe werden vorgestellt, zwei Bürgersfrauen spazieren über den Rathausplatz, ein Kapitän der Wache langweilt sich bei seiner Verlobten, am Schluß liegt ein unförmiges Skelett neben dem eines Mädchens und der Kapitän der Wache heiratet nolens volens seine Verlobte – die Erzählung setzt an immer neuen Orten bei immer neuen Personen an und bildet so in ihrer Struktur die Komplexität der Großstadt ab. Dadurch aber, daß sich diese zufälligen Begegnungen wie ein Netz immer enger um die Hauptpersonen legen und sie in ihr Schicksal hineintreiben, wird die Stadt zum eigentlichen Akteur des Romans. Die Figuren haben keine Verfügungsgewalt über sich selbst, sie sind Teil einer indifferenten, komplexen Bewegung, eines Gefüges aus Orten, Menschen und deren Aufeinandertreffen. Als bildliche und poetische Repräsentation dieses Gefüges kann nur die Stadt benannt werden; sie, und nicht die in ihr sich bewegenden Personen, ist das handelnde Subjekt der Geschichte und sie geht, wie die Gegenüberstellung der beiden ›Hochzeiten‹ am Ende zeigt, auch indifferent über die Schicksale hinweg. Hugos Roman ist einer der ersten Großstadtromane, in seinen Erzählstrukturen vergleichbar mit DOS PASSOS' *Manhattan Transfer* oder DODERERs *Strudelhofstiege*.

3. BIBLIOGRAPHIE

Charles BAUDELAIRE: *Le peintre de la vie moderne*. In: *Curiosités esthétiques, L'Art romantique et autres œuvres critiques*, éd. par Henri Lemaitre, Paris: Classiques Garnier 1990.

Charles BAUDELAIRE: *Les Fleurs du Mal*, éd. par Antoine Adam, Paris: Classiques Garnier 1990.

Walter BENJAMIN: *Das Passagenwerk*. In: GESAMMELTE SCHRIFTEN V, Frankfurt/Main 1982.

Heinrich HEINE: *Sämtliche Werke*, Düsseldorfer Ausgabe, Hamburg ff.

Victor HUGO: *Œuvres poétiques*, Paris: Gallimard, Bibliothèque de la Pléiade, 1964, tome I.

Victor HUGO: *Notre-Dame de Paris 1482*, éd. par S. de Sacy, Paris: Gallimard 1966, 1974.

Victor HUGO: *Préface de 'Cromwell'*, éd. par Michel Cambien, Paris: Nouveau Classiques Larousse 1972.

BEIL, Ulrich J.: *Eine Ikone der Moderne*. Baudelaires 'Rêve parisien', wiedergelesen. In: *Poetica* 25 (1993), S. 378-403.

BOWLES, BRETT: *'Les sept vieillards'*. Baudelaire's Purloined Letter. In: *French Forum* 23.1 (1998), S. 47-61.

BROMBERT, Victor: *Victor Hugo and the Visionary Novel*. Harvard UP 1984.

GRAEVENITZ, (Hrsg.): *Die Stadt in der europäischen Romantik*. Würzburg 2000.

HENSCHEL, Gerhard: *Im Wiegeschritt der Moderne*. In: FAZ vom 6. Januar 2000, S. 48.

JAUß, Hans Robert: *Das Ende der Kunstperiode – Aspekte der literarischen Revolution bei Heine, Hugo und Stendhal*. In: DERS.: *Literaturgeschichte als Provokation*, Frankfurt/Main, S. 107-143.

KEßLER, Joan C.: *Babel et Bastille*. Architecture as Metapher in Hugo's 'Notre-Dame de Paris'. In: *French Forum* 11.2 (1986), S. 183-197.

KLOTZ, Volker: *Die erzählte Stadt*. Ein Sujet als Herausforderung des Romans von Lesage bis Döblin. München 1969.

LOTMANN, Jurij: *Die Struktur literarischer Texte*. München [4]1993.

MACLEAN, Marie: *The Role of Structural Analysis*. 'Les sept vieillards'. In: William THOMPSON (ed.): *Understanding Les Fleurs du Mal. Critical Readings*. Nashville 1997, S. 133- 144.

MAHLER, Andreas (Hrsg.): *Stadt-Bilder.* Allegorie, Mimesis, Imagination. Heidelberg 1999.

MAHLER, Andreas: *Stadttexte – Textstädte.* Formen und Funktionen diskursiver Stadtkonstitution. In: DERS. (Hrsg.): *Stadt-Bilder.* Allegorie, Mimesis, Imagination. Heidelberg 1999, S. 11-36.

MERRIMAN, John M. (Hrsg.): *French cities in the Nineteenth Century.* New York 1981.

NURNBERG, Monica: *The Play and the Book.* Some Reflections on the Function of Gringoire in 'Notre-Dame de Paris'. In: *Nottingham French Studies* 26.2 (1987), S. 17-23.

RASSON, Luc: *Ecriture et réel dans 'Notre-Dame de Paris'.* L'exemple de Gringoire. In: *Orbis litterarum* 38 (1983), S. 108-123.

SCHULZE, Stefan: *Die Selbstreflexivität der Kunst bei Baudelaire.* Eine literaturgeschichtliche Untersuchung. Heidelberg 1999.

SMUDA, Manfred (Hrsg.): *Die Großstadt als Text.* München 1992.

SMUDA, Manfred: *Die Wahrnehmung der Großstadt als ästhetisches Problem des Erzählens. Narrativität im Futurismus und im modernen Roman.* In: Manfred Smuda (Hrsg.): *Die Großstadt als Text.* München 1992, S. 131-182

STAROBINKY, Jean: *Melancholie und Spiegelbild. Eine Lektüre von Baudelaires 'Le Cygne'.* In: MERKUR 420 (1988), S. 751-765.

STIERLE, Karlheinz: *Der Mythos von Paris. Zeichen und Bewußtsein der Stadt,* München 1993.

STIERLE, Karlheinz: *Progressive Universalpoesie und progressive Universalstadt. Friedrich Schlegel und Victor Hugo,* in: Gerhard von Graevenitz: *Die Stadt in der europäischen Romantik,* Würzburg 2000, S. 183-194.

VINKEN, Babara: *Zeichenspur, Wortlaut: Paris als Gedächtnisraum. Hugos A l'Arc de Triomphe, Baudelaires 'Le Cygne',* in: Anselm Haverkamp, Renate Lachmann (Hrsg.): *Gedächtniskunst. Raum –Bild – Schrift. Studien zur Mnemotechnik,* Frankfurt / Main 1992, S. 231-262.

ZARIFOPOL-Johnston, Ilinca: *To Kill a Text.* The Dialogic Fiction of Hugo, Dickens, and Zola. Newark, London 1995.

ZIMMERMANN, Clemens: *Raum in Bewegung – Bewegung im Raum.* Beispiele aus London, Paris und Hamburg. In: Gerhard VON GRAEVENITZ (Hrsg.): *Die Stadt in der europäischen Romantik,* Würzburg 2000, S. 17-32.

Stephan SCHIRM

STADTIDEAL - TYPEN IN UTOPIA

EINLEITUNG

Gerhard DROESSER fragt zu Beginn seines Aufsatzes »Läßt sich ein bestimmtes Ethos erfassen, das sich das Städtische selbst als nachdrückliches Ziel vornimmt?«

Ich möchte das in die Frage nach einem Idealtypus im Sinne Max WEBERs überführen und eine Antwort versuchen.

Begreift man Ethos als Lebensweise, als das »Wie« einer alltäglichen Lebensgestaltung, dann ist damit ein Individuum als Träger, als Lebensgestalter vorausgesetzt, und da die Gestaltung des eigenen Lebens mit einiger Wahrscheinlichkeit auf Art- und Zeitgenossen trifft, die mutmaßlich ihr individuelles Dasein ebenfalls gestalten, werden die in irgendeiner Weise Einfluß auf dieses eigene Leben nehmen; es wird zu Wechselwirkungen kommen, über die Verständigungen stattfinden. Kurz, Ethos ist etwas Individuelles und, indem es mein Handeln bestimmt, weil Handeln immer Anderes – als »soziales Handeln« den/die Andere – Person als Person betrifft, - für den Dialektiker kaum verwunderlich - gerade darin zugleich etwas Gesellschaftliches. Ethos ohne Einzelnen gibt es genausowenig wie ohne Gesellschaft, umgekehrt gibt es Einzelne wie Gesellschaften nicht ohne Ethos.

Die Stadt, um die es in diesem Aufsatz ja gehen soll, ist ein Verdichtungsfeld kultureller Prozesse, v.a. seit der Industrialisierung, die einen neuen und alles vorher überrollenden Stadttypus hervorgebracht hat: die Industriestadt, die wie nie vorher die verschiedenen Funktionen gesellschaftlichen Lebens auf geographisch erkennbare Zonen verteilt und so die funktionale Ausdifferenziertheit moderner Industriegesellschaften förmlich abbildet: wohnen/schlafen, Freizeit-(beschäftigung), Lebenserhaltung (Beschaffung von Nahrungsmitteln), Luxuskonsum, Arbeit und Produktion finden in jeweils eigenen Stadtvierteln bzw. ringartigen Zonen »statt« (ihre Stätte), zwischen denen der Einzelne auf eigens dazu eingerichteten Verkehrs-systemen hin- und herpendelt, um sein Leben zu gestalten. Zum Ethos des modernen Menschen gehört das Wissen um die funktionale gleichwie raumzeitliche Ausseinanderdifferenziertheit seiner Alltagswelt, und die Aufgabe der individuellen Vernetzung, der Integration solcher Vernetztheit/Differenziertheit in die eigene Lebenspraxis. Ausdifferenziertheit, Vernetztheit und individuelle Integration derselben sind Teil, vielleicht wesentlicher Bestandteil der modernen Kultur. Diese moderne Kultur verdichtet sich zur Zivilisations- und Siedlungsform der Stadt, der modernen Großstadt.

Vorsichtig läßt sich eine provozierende These aufstellen: moderne Menschen sind Stadtmenschen, moderne Gesellschaften sind Stadtgesellschaften; das Ethos der Moderne wird durch die städtische Alltagswelt bestimmt, so wie es selbst diese städtische Alltagswelt hervorgebracht hat: die moderne Stadtkultur.

Wenn also Alltagswelt und Ethos einander gegenseitig immer wieder hervorbringen und gegenseitig verdichten bzw. verändernd beeinflussen, - und nach einer Verdichtung sieht es angesichts der Verstädterungsproblematik und einer weltweiten infrastrukturellen Echtzeitvernetzung der Metropolen dieser Welt aus; wenn dies also stimmt, läßt sich dann so etwas wie ein - im Sinne DROESSERs - Idealtypus einer Städtischen Gesellschaft finden?

1. IDEALTYPEN UND UTOPIEN

Idealtypus und Realität

Idealtypen »gibt es nicht«, warnt der Urheber dieses Begriffs, Max WEBER gleich zu Beginn seiner Erörterungen[1], denn sie beschreiben ideale Verhältnisse, die in dieser Form empirisch nirgendwo nachgewiesen werden können. Es sind ihm Modelle, die gerade dadurch etwas veranschaulichen, daß sie es überrealistisch vergrößern und als eine Reinform präsentieren, die sich empirisch nicht findet, denn es handelt sich um ein zweckrational durchkonstruiertes Idealbild bestimmter isoliert betrachteter kultureller Prozesse.

Als sozialwissenschaftliches Modell isoliert der Idealtyp bestimmte Strukturen aus der Vielfalt sozialen Handelns und beschreibt sie in ihren Funktionszusammenhängen und in ihren Bedeutungen für das Gesamt sozialen Handelns, die Kultur; diese Isolierung verfälscht selbstverständlich das bloße Abbild der Realität, in der solche Strukturen stets von anderen durchzogen und überlagert sind, so daß dort ein anderes Handlungsgefüge auftritt als im Idealtypus dargestellt. Idealtypische Zusammenhänge treten also in der Realität niemals so auf, wie sie beschrieben werden und könnten es auch garnicht: sie sind gerade in ihren vollkommenen Strukturen unmöglich. Darin, so WEBER, sind Idealtypen Utopien.[2]

Die Idealität von Idealtypen wird durch zwei einander scheinbar gegenläufige Prinzipien geprägt: Abstraktion und Subjektivität. Die Abstraktion von der konkreten unübersichtlichen Wirklichkeit habe ich bereits genannt: in der Kultur geschieht soziales Handeln niemals isoliert, es bezieht sich auf bereits Geschehenes oder geschehen Sollendes/nicht Dürfendes, in jedem Fall auf anderes soziales Handeln, sie hängen vielfach miteinander zusammen und würden sofort anders geschehen, wenn man irgendetwas Vorhandenes wegließe. Dennoch werden solche Vorgänge, gesellschaftliche Routinen, zu »kulturellen Prozessen« erst durch ihre Bedeutung im Zusammenhang

---

1 Vgl. Max WEBER:

2 Max WEBER: *Die »Objektivität« wissenschaftlicher Erkenntnis.*

der »Kultur«.; d.h. auch, was überhaupt als ein Prozeß - ein in sich abgeschlossener und logischer Ablauf von einzelnen Tätigkeiten - erkannt wird, was also einen Zusammenhang ergibt.

Indem ich nun den beobachteten Zusammenhang in seinen wesentlichen, d.h.: *mir* wesentlichen Bestimmungsfaktoren erfasse und so darstelle bzw. logisch rekonstruiere, wie er unter optimalen, störungsfreien Bedingungen abliefe, schaffe ich einen Idealtypus kultureller Abläufe.

Utopia

In entsprechender Weise habe ich die Literarischen Utopien der Neuzeit zunächst ebenfalls zu sehen gelernt: es sind Konstruktionen idealer Gemeinwesen, in denen die gesellschaftlichen und politischen Probleme im kulturellen Umfeld ihrer literalen[3] Entstehung gelöst sind. Mit dem Idealtypus teilen sie die Unmöglichkeit im Wirklichkeitsrahmen der Alltagswelt: Utopien gibt es nicht, weil sie in der Perfektion ihres Gemeinwesens und der Anwendung menschlicher Vernunft die Gebrochenheit menschlicher Wirklichkeit ignorieren; es darf sie nicht geben, weil sie in menschenverachtende Diktaturen ebendieser perfekten Vernunft und des Besten Weges ausarten, sobald sie in die Gebrochenheit einbrechen. Denn gerade diese Gebrochenheit menschlichen Daseins, die Unfähigkeit zur totalen Vernunft eröffnet und erhält den Menschen immer wieder Freiheitsräume, die in Utopia mit dem Stahl des Besseren Wissens ein für allemal verschlossen und versiegelt wurden.

Und an dieser Stelle scheiden Utopie und Idealtypus sich wieder voneinander - zumindest zunächst: denn was sich der Kritiker von der Utopie des Besten Gemeinwesen erfürchtet und deshalb verbittet: Wirklichkeit zu werden und in die Alltags-welt einzudringen; das wird mit dem Idealtypus garnicht erst angestrebt: inhaltlich die Idealform alltagsweltlich-kultureller Vorgänge, ist er formal ein logisch-konstruktives Gedankengebilde, das nur dem Zweck dient, die Komplexität der Wirklichkeit zu verstehen und bei Unbrauchbarkeit für diesen Zweck verworfen zu werden. Es sind wissenschaftliche Modelle, vergleichbar mit Arbeitshypothesen über einen Forschungsgegenstand, um denselben überhaupt als solchen erkennen und dann bearbeiten zu können.

2. KUNST – LITERATUR - FIKTION

Von daher ist es sicher überzogen, Idealtypus und Utopie einander gleichzusetzen, denn der Zweck des einen ist vollkommen klar formuliert und vorgegeben, während derjenige der anderen vollkommen im Dunkeln liegt. Welchen Zweck jemand mit dem Schreiben einer Literarischen Utopie verfolgt, kann nur erfassen, wer den Autor befragt, und er muß auch dann noch mit einer Standardauskunft aus der Requisitenkiste

---

[3] Schreib-/drucktechnische Entstehung

literaturgeschichtlich standardisierter Genrebegründungen rechnen. Denn: der Autor versteht sich als Künstler des Mediums Sprache. Und verfolgen Künstler »Zwecke«?

Kunst mag einem moralischen Auftrag folgen und ist dann stets »Utopie« - womit sich der Begriff jedoch sehr weit von der Insel an der Ostküste Brasiliens entfernt hat, deren Schilderung durch Thomas MORUS 1513 zum Grundmuster des literarischen Genres erhoben worden ist. Zudem liefe es dem Anspruch der Kunst zuwider, sich irgendwelchen Zwecken zu unterwerfen; sie erhebt vielmehr den Anspruch, eigene Wirklichkeiten zu schaffen und eine eigene Wirklichkeit zu sein. Das heißt: eigene Bedeutungen zu generieren.

Fiktionalität und Realität

Wie kommt es zu diesen eigenen Bedeutungen?

Im vorwissenschaftlichen Sprachgebrauch gelten Fiktionen als Sachverhalte, die der geistigen Einbildungs- und Schaffenskraft entspringen und das Reich von Denken und Sprechen nicht verlassen können, weil sie an den Regeln der Realität gemessen unmöglich sind und deshalb dort nicht vorkommen können. Unmöglichkeit beschreibt also den Wert »unwahr« oder »falsch« im Verhältnis des fiktiven Sach-verhalts gegenüber der Realität. An diesem Merkmal trifft sich der Begriff der Fiktion mit dem der Utopie und des WEBER'schen Idealtypus.

Auf literarische Texte angewandt, führt der Begriff der Fiktion allerdings sofort in eine Schwierigkeit: zum Thema fiktionaler Texte können auch reale Ereignisse werden, Ereignisse also, deren historischer Wert »wahr« belegbar feststeht, die genauso stattgefunden haben wie sie in der Erzählten Welt geschehen, ohne deshalb an deren Fiktionalität auch nur das Geringste zu verändern: einen im Text dargestellten Sachverhalt in der Alltagswelt nicht auffinden zu können - weil es sie dort nicht gibt, genügt nicht, um ihn fiktional nennen zu können. Umgekehrt ist nicht jeder erfundene (in der Alltagswelt nicht vorhandene) Sachverhalt eine Fiktion, denn Lügen gelten als etwas fundamental anderes als Fiktionen. »Wahr« und »Falsch« sind keine hinreichenden Unterscheidungen für fiktionale und reale Sachverhalte, obgleich das Verhältnis zwischen Realität und dem sprachlich dargestellten Sachverhalt durchaus richtig als zentral für die Unterscheidung zwischen fiktional und nicht-fiktional (einen positiven Gegenbegriff kenne ich nicht) erkannt wird.

Doch trifft die Unterscheidung noch wesentlich fundamentaler: Fiktionalität meint die Aufhebung eines jeden Verhältnisses zwischen Realität und Sachverhalt, so daß »Wahr«/»Falsch« ihre Bedeutung verlieren. Da aber fiktionale Texte existentielle Erfahrungen auslösen (ich »erlebe« die Erzählte Welt nahezu genauso intensiv wie die Alltagswelt), möchte ich den Zusammenhang »Realität« und »Sachverhalt« durch den

Begriff der »Wirklichkeit« ersetzen, den der Realität durch den der »Alltagswelt«[4], den des »Sachverhalts« durch »Erzählte Welt«[5]. Fiktionale Texte transportieren Wirklichkeiten ohne dabei einen Bezug zur Alltagswelt von Autor und Leser/Hörer herzustellen, sie verweigern es beiden geradezu, einen solchen Bezug herzustellen[6].

Fiktionalisierung meint also das Herausheben eines Sachverhaltes aus der Alltagswelt und ihrer Kontinuität gesellschaftlicher/interpersonaler Erfahrungshorizonte hinein in rein individuelle und interpersonal nicht vermittelbare Erfahrungshorizonte. Fiktionale Sachverhalte können also mangels eines Verhältnisses zur Alltagswelt keinen Modellcharakter annehmen, denn das würde ja ein solches Verhältnis nicht nur fordern, sondern darüber hinaus auch noch eine bestimmte Qualität: Wahrheit, Tatsächlichkeit, empirische Nachprüfbarkeit. Harald WEINRICH nannte die Sachverhalte solcher Texte »Erzählte Welten«[7].

In Literarischen Utopien potenziert sich das Problem: bedeutet Fiktionalität bereits Unmöglichkeit im Verhältnis zur Realität, versucht man die Utopie noch einmal als Unmöglichkeit zu klassifizieren, indem man sie als »weltfremde Träumerei« abtut, die nicht funktionieren kann, weil sie sich in den Grundlagen den Gesetzen der Realität verweigert; so suggeriert es zumindest der geltende Sprachgebrauch. Die Utopie ist gegenüber der Fiktion noch unmöglicher, weil sie sich über geltende Gesetzmäßigkeiten der Realität hinwegsetzt, zugleich aber die in ihr geschilderten Sachverhalte als

---

4 im Sinne von Peter L. BERGER

5 im Sinne von Harald WEINRICH: *Tempus.* Erzählte und besprochene Welt. Stuttgart 1.1964

6 Das hat Käte HAMBURGER in ihrer Studie *Die Logik der Dichtung* herausgearbeitet. Die Studie steht im Zusammenhang und zeitweisen Mittelpunkt einer literaturwissenschaftlichen gleichwie linguistischen Auseinandersetzung zwischen mehreren Autoren, darunter Harald WEINRICH und Franz STANZEL. Vordergründig drehte es sich um die Funktion des Praeteritum in erzählenden Texten. Da die Frage an das Praeteritum jedoch lautete: wann es seinen Charakter als Tempus aufgibt und linguistische Funktionen übernimmt, mit denen Sprecherpositionen und Hörerappelle formuliert werden, steckte im Hintergrund das Problem der Fiktionalisierung in der Literatur.

7 WEINRICH verwendet den Begriff der Fiktionalität selbst nicht, unterscheidet aber die beiden Darstellungsformen des Besprechens und Erzählens dahingehend, wie sie das Thema des Gesprochenen auf die Alltagswelt beziehen. »Erzählen« ist für WEINRICH die Sprechhaltung, die von der Alltagswelt unabhängig darstellt.
An genau dieser Stelle meinen die Studien von WEINRICH und HAMBURGER bei aller Differenz im Detail dasselbe, Sie können es nur nicht pointiert formulieren, weil sie sich um die grammatischen Funktionen von »Tempora« zu streiten glauben, wo es in Wahrheit um die Herstellung von Wirklichkeitsbezügen durch Sprache geht.

normative Forderungen an die Realität verstanden wissen will[8]. Was aber genau meint »unmöglich« im Fall einer Utopie?

Innerhalb der Erzählten Welt ist die utopianische Gesellschaft keineswegs unmöglich; im Gegenteil wird sie von einem Protagonisten, einem Reisenden zumeist, als ein neuer, bisher unbekannter Teil seiner Alltagswelt besucht und beschrieben, darüber hinaus noch mit dessen eigener Gesellschaft verglichen und durchweg als besser anerkannt und gepriesen[9]. Diese Möglichkeit wird innerhalb des fiktionalen Rahmens hergestellt, denn es lassen sich in den meisten Entwürfen Wegbeschreibungen nach Utopia nachweisen, die bis zu einer bestimmten Stelle im historischen Kontext sehr genau als real nachgewiesen werden können, um dort in einen Nebel des Ungenauen abzutauchen, aus dem dann - meist kurz vor der Ankunft - auf einem »Weißen Fleck« in der Realität Utopia auftaucht[10]. An diesem Punkt wird die Fiktionalität des Textes spätestens deutlich, weil für den Leser hier unweigerlich und endgültig die Kontinuität zwischen Alltagswelt und der Erzählten Welt abreißt, denn dieser »Nebel des Ungewissen« raubt dem Leser - im wahrsten Sinne des Wortes - jede Orientierung, die er braucht, um Utopia in der - bis dahin ausgestreckten - Alltagswelt verorten zu können.

Diese »Möglichkeit« des utopischen Gemeinwesens innerhalb des fiktionalen Rahmens schlägt sofort in Unmöglichkeit um, wenn der fiktionale Rahmen verlassen und das utopianische Element der Erzählten Welt direkt und unmittelbar an die Alltagswelt anzuschließen versucht wird, d.h.: an den Maßstäben der letzteren gemessen und qualifiziert wird. Un-/Möglichkeit ist ein Kriterium der Alltagswelt und trifft auf die Utopie nur insofern zu, als sie Alltagswelt ist.

Da die utopianische Gesellschaft aber nicht der Alltagswelt, sondern der andersgearteten Wirklichkeit der Erzählten Welt angehört, stellt sich die Frage nach der Möglich-/Unmöglichkeit im Verhältnis zur Alltagswelt überhaupt nicht. Erzählte Welt und Alltagswelt sind jeweils eigene und inkompatible Wirklichkeiten.

Gleichwohl wird die Utopie immer wieder gerade von ihrer Unmöglichkeit her problematisiert und entweder verteufelt oder verharmlost.

---

8 So zumindest die gängige Formulierung utopistischer Autorenintention und des Schicksals utopistischen Denkens, zum m.W. ersten Mal von Karl MARX in dieser Prägnanz formuliert.

9 Daß diese Alltagswelt des Protagonisten so angelegt ist, daß wir als LeserInnen unsere eigene dort wiederfinden können, gehört zum festen Repertoire des Utopistischen Plots, den ich an anderer Stelle genauer beschreiben werde.

10 Das läßt sich sehr schön an der Reisebeschreibung des Raphael Hythlodeus im Gründungswerk des Genre, der *Utopia* von Thomas MORUS nachvollziehen, ebenso an der des Will Weston in Ernest CALLENBACHs *Ecotopia* und vielen anderen Texten.

Kunst - Fiktion - Alltagswelt

Der fiktionale Charakter eines literarischen Textes erhebt denselben zum Kunstwerk[11] und enthebt ihn des unmittelbaren Bezugs zur Realität. Damit geht etwas Wesentliches verloren, denn was »bedeutet« eine Erzählte Welt noch für die Alltagswelt als meinem Forschungsobjekt, wenn sie sich ebendieser Wirklichkeit radikal verweigert?

Doch sie verweigert sich nicht vollkommen, im Gegenteil. Die Erzählte Welt fixiert mich auf meine individuelle und konkrete Wahrnehmung und legt mich darauf fest. Die Alltagswelt als Korrekturschablone meiner eigenen Wahrnehmung wird abgeschaltet, weil sie im Vexierspiel des Fiktionalen unhaltbar verloren geht. Ich muß mich der Erzählten Welt aussetzen wie ich mich der Alltagswelt aussetze, um sie erfassen zu können. Daß die Erzählte Welt aus den alltagsweltlichen Bausteinen meiner »Bedeutungen« von Wörtern zusammengesetzt ist, bleibt davon unberührt, bzw. berührt diese Notwendigkeit nicht[12]. Im Gegenteil macht gerade die anders- und neuartige Kombination, die Neuzusammenstellung bekannter Elemente zu paradoxen Zusammenhängen und »Bedeutungen« die Andersartigkeit der Erzählten Welt auf, macht sie sichtbar.

So erfahre ich mich selbst als Beobachtenden meiner eigenen Wirklichkeit, indem ich die Erzählte Welt beobachte und beurteile. Die Ansicht des Anderen eröffnet mir die Einsichten über meine eigene Alltagswelt. Doch gelingt mir dies nur, indem ich die Alltagswelt als Beobachtungsraster ablege und in die Fiktion hinein verlasse. Dieses Beobachtungsmuster machen Utopien in einer Intensität zum Thema wie dies sonst nicht in der Literatur geschieht.

Als Produkt fiktionalen Erzählens entwickeln Utopien ein wesentlich komplexeres Verhältnis zur Wirklichkeit ihrer jeweiligen Autoren und Leser. Hier wird nicht Abbildung von Realität gesucht, sondern Wirklichkeit kontrastiert. Dennoch, warum findet sich gerade im utopischen Roman so etwas wie ein Idealtypus Städtischen Ethos?

Idealtypen sind Abstraktionen, und m.E. läßt sich aus den unterschiedlichen literarischen Entwürfen utopischer Gesellschaften eine Art Idealtyp utopischer Gesellschaft herausarbeiten.

Was berechtigt zu solchem Vorgehen? Denn zweifelsohne kommt es einer methodischen Vergewaltigung gleich, Literatur als Produkt künstlerischen Schaffens soziologischen Methoden zu unterziehen. Dennoch glaube ich wissenschaftlich redlich bleiben zu können und trotzdem Literatur soziologisch untersuchen zu dürfen, wenn ich vorher den Untersuchungsgegenstand hinreichen umreiße. Dies aus zwei Gründen heraus:

---

11 »Kunstwerk« verstehe ich hier als eine formale oder funktionale Kategorie unabhängig vom »Wert« eines konkreten Objekts als solchem.

12 Wolfgang ISER: *Der Akt des Lesens.*

1. Es gehört zum Grundbestand aller literarischen Texte, die im Laufe der Literaturgeschichte der Kategorie »Utopie« zugeordnet wurden, daß Gesellschaften dargestellt werden.

2. Utopia fällt nicht aus heiterem Himmel. Kaum eine wissenschaftliche Studie über literarische Utopien versäumt es, den Bezug eines fiktional-utopistischen Texts zur Alltagswelt seines Autors zu betonen oder nachzuweisen;die Differenz zwischen Utopie und Alltagswelt wird dann je nach Blickwinkel unterschiedlich als Ironie, Satire, Spiegelung, Negation usw. interpretiert, durchlaufend aber mit einem sozialkritischen Impetus des Autors erklärt: der Autor wollte, indem er dem Leser eine Differenz aufzeigt, die Verhältnisse seiner eigenen Gesellschaft aufzeigen.

Künstler - Kunst - Betrachter

Kunst ist ohne Künstler nicht denkbar, weil das Werk erst als Äußerung eines »schöpferischen Genies«. zum Kunstwerk, zur Kunst wird. Die Person, das Individuum als das unersetzbar Einzigartige wird notwendig, ist unbedingtes Kriterium, damit einem Produkt das Attribut »Kunst« zuerkannt werden darf.

Kunst gilt als Reflex auf Wirklichkeit, eine Abstraktion der Wirklichkeit, mit dem Ziel, Bedeutungen aufzuweisen, die sonst verborgen bleiben bzw. verborgen geblieben sind. Im Unterschied zur wissenschaftlichen Theorie wird in der Kunst die Abstraktion zur Synthese einer neuen Wirklichkeit, dem Kunstwerk. Das Kunstwerk erhebt den Anspruch eigener Wirklichkeit. Im Gegensatz zu wissenschaftlichen Theorien sind die Bedeutungen prinzipiell unendlich vielfältig, weil sie vom Betrachter abhängen. Kunstwerke entziehen sich deshalb grundsätzlich einer letztgültigen Analyse ihrer Bedeutungen.

Denn Bedeutungen entstehen im Zusammenspiel von Künstler, Werk und Betrachter sowie deren Alltagswelten; den Betrachtern als dem künstlerisch-schöpferischen Genie ebenbürtige geschichtliche Individuen ergeben sich dauernd neue Bedeutungen, die von niemandem außer den Personen selbst erlebt und erkannt werden können.

Doch genau diese Individualität soll im wissenschaftlichen Modell vermieden werden: der Modellbauer tritt zurück, seine Wissenschaftlichkeit zeigt sich gerade dadurch, daß er die eigen-subjektive Beobachtung nachvollziehbar und nachprüfbar macht, die individuelle Beobachtung - prinzipiell zumindest - in Jedermanns Beob-achtung überführt. Das Modell erhält dadurch den Charakter eines wissenschaftlichen Modells, daß nachgewiesen wird, daß es etwas repräsentiert, das Jeder in derselben Weise, d.h.: dasselbe beobachten kann.

Zum Modell wird ein Gegenstand dadurch, daß er veranschaulicht, etwas zeigt, das als es selbst nicht sichtbar ist. Die Veranschaulichung zielt auf möglichst große Ähnlichkeit mit dem gemeinten Gegenstand: das Modell versucht Abbildung zu sein, Ersatz für das Unsichtbare selbst. Eine eigene Wirklichkeit, eigene Bedeutungen über den abgebildeten Gegenstand hinaus muß das Modell vermeiden, da es sonst die Abbildung verfälschte. Diese Eigenschaft führt zu einer Vergänglichkeit, die dem Kunstwerk nicht zukommt: erweist sich das Modell der abzubildenden Realität gegenüber als inadäquat, verfällt es zu wissenschaftlichem Schrott. Es bildet dann buchstäblich »Nichts« mehr ab - insofern »Nichts« als das prinzipielle Gegenteil zu jedweder Realität anzusehen ist. Das Modell existiert als Modell nicht mehr, es ist ein sinnloser Materiehaufen, weil seine Bedeutung verlorengegangen ist und eine neue Bedeutung für das Modell nicht gefunden werden kann.

Das Kunstwerk hingegen – und damit prinzipiell auch das Literaturgenre der Utopie – entgeht dieser realitätsabhängigen Bedeutung, weil es für neue Deutungen immer wieder sich öffnet. Das macht es möglich, Utopien auch jenseits ihres zeitgeschichtlichen Gehalts zu betrachten und aus einer jeweiligen Lesergegenwart neu zu verstehen.

UTOPIE ALS LITERATUR

Wer Utopien liest, verläßt sie zumeist mit einem etwas faden Geschmack auf der Zunge seines Lesegenusses: es mangelt den Texten oftmals an ästhetischem Reiz: eher dürre Sprache, unterkomplexe Handlungsstrukturen, blasse Charaktere, die zudem noch sehr stereotyp und sehr wenig als Personen in Erscheinung treten. Kurzum, was einen ansprechenden, qualitätvollen literarischen Text - meist von der Gattung des Romans - ausmacht, fehlt. Stattdessen ergeht sich der Text in aller epischen Breite in Hintergrundbeschreibungen. Nachgerade hier wird das Konzept des Romans (in aller Unschärfe) auf den Kopf gestellt: ist man gewohnt, handelnde Personen auf dem Hintergrund einer Gesellschaft zu verfolgen und dabei zu erfahren, wie individuelles Schicksal und dessen gesellschaftlich-kultureller Hintergrund einander gegenseitig fördernd oder behindernd beeinflussen, so daß persönliches Glück oder Scheitern der Protagonisten immer ein Licht auf diesen Hintergrund werfen; - so sieht man in Utopien den gesellschaftlich-kulturellen Hintergrund unvermittelt in den Vordergrund gedrängt und in den Fokus des Erzählten geschoben. Das Handeln und Sprechen Einzelner hat den Charakter eines bloßen Exempels für eine kollektive Gepflogenheit; der Einzelne ist beliebiges und austauschbares Beispiel dafür, was alle in dieser Weise tun, weil alle so sind. Die Kritik, die Eigenständigkeit eines Romanprotagonisten, die dem Roman gerade sein Kontrastpotential verleiht, wird in der Utopie völlig beiseite geschoben.

Die Langeweile des Deskriptiven also hat System, weil der Hintergrund den Protagonisten gibt. Das ist auch weiters kaum verwunderlich, läßt sich das Genre der Utopie doch bruchlos den Reiseerzählungen zuschreiben, und deren Schwerpunkt liegt ebenfalls weniger in den Aktionen des Reisenden, sondern im Ambiente, durch das ihn die Reise geführt hat.

Deswegen sind utopianische Gemeinwesen immer wieder und immer noch Gegenstände reisender Entdeckung; ausgesprochen selten und vor allem im frühsozialistischen Kontext wird das reisende Entdecken durch den gründenden Exodus ersetzt[13]. Gezielt fehlt der Rahmen einer Reise in der Dystopie[14]

13 HERTZKA: *Freiland* u.a.

14 Einer von mehreren Begriffen, um negativ-utopische Entwürfe zu kennzeichnen; dazu gehören Aldous HUXLEY: *Brave new world*; George ORWELL: *Nineteen-eighty-four*; Jewgenij SAMJATIN: *Wir*; u.v.a.

3. ERNEST CALLENBACH, ECOTOPIA

Dieser Entwurf, entstanden in zwei Romanen zwischen 1975 und 1981[15] in den USA, verfolgt das Grundmuster der Klassischen Utopie. Das utopianische Gemeinwesen von Ecotopia wird von seiner Sonnenseite beschrieben, das Thema der beiden Romane sind die Glückskapazitäten der Erzählten Welt für die darin lebenden Vernünftigen.

Nun steht *Ecotopia* nach üblicher Auffassung in der Tradition »ökologischer Utopien«, deren Gemeinwesen sich an den Unbilden der Industriegesellschaften des ausgehenden 19. und des beginnenden 20. Jahrhunderts abarbeiten und post- oder aindustrielle Gegenprojekte darstellen, teilweise begleitet von und gekreuzt mit feministischen und esoterischen Mustern[16]. Diesen ökologischen Entwürfen wird im allgemeinen der Text *News from Nowhere* von William MORRIS als Muster vorangestellt, was zusammen mit der Tatsache einer Fundamentalkritik an industrieller Gesellschaft aus dem Lager ökologisch-alternativer Gesellschaftstheorie die Frage aufwirft, was denn *Ecotopia* mit dem Thema dieses Aufsatzes und vorliegenden Bandes zu tun haben kann.

Das London des Jahres 2005 jedenfalls, aus dem MORRIS' *News from Nowhere* ins Erscheinungsjahr des Textes 1890 herüberfunkeln, hat nichts mehr von der maschinenartig stampfenden, brodelnden Metropole, in der das Buch aufgelegt worden ist. London existiert nicht mehr, es hat sich aufgelöst in eine Gartenlandschaft, die von einer Nachbar- und Freundschaft in dörflichen Siedlungen bewohnt wird. Die »Gesellschaft« dieses London - wir erreichen dessen historisches Datum in Kürze - wird am ehesten dem erkennbar, der die Vorstellung eines mittelalterlichen Ambientes, wie sie von der englischen Arts-and-Crafts-Bewegung, vertreten und verbreitet worden ist, durch die Brille eines nichtmarxistischen Sozialisten betrachtet.

Doch davon ist *Ecotopia* ebensoweit entfernt wie das London des Jahres 1890 vom Kalifornien der 1970'er und 1980'erjahre, in denen CALLENBACH schreibt, und der Abstand zwischen dem London des Jahres 2005 und Ecotopia im Jahre 1999, als Will Weston seine Artikelserie über den abtrünnigen Öko-Staat auf dem Territorium der ehemaligen US-Westküstenstaaten schreibt, ist nur unwesentlich geringer. Wo MORRIS die Zukunft (von seinem historischen Standpunkt aus) in einer künstlerisch vollendet und harmonisch überformten Vergangenheit zur Vollendung bringt, bereinigt CALLENBACH die Maximen moderner Gesellschaft von ihren kontraproduktiven Mißverständnissen, so daß sie der Menschheit wieder Zukünfte eröffnen können statt sie zu verschütten. Dabei fällt selbstverständlich eine Menge Industrie- und Kapitalismuskritik an, und auch der american-way-of-life als eine besonders pralle Frucht des Be-

---

15 *Ecotopia.* The Notebooks and Reports of William Weston. Deutsche Ausgabe Reclam Stuttgart 1996 des englischen Texts, erschienen bei Bantam Books, New York 1975
Ecotopia emerging. Banyan Tree Books, Berkeley, Cal. USA 1981

16 Aldous HUXLEY, *Eiland.* Piper München 1984. Original: *Island.* Chatto&Windus, London 1962

quemlichkeits- und Low-Cost-High-Profit-Theorems innerhalb der industrialistischen Wohlstandsmoderne wird eifrig ob seiner Kurzsichtigkeit geohrfeigt.

Doch bei näherer Betrachtung fallen die Ecotopianer in seltsamer Geradliningkeit und Sturheit als die Bewahrer genau jener Urtugenden auf, die der american-way-of-life für sich in Anspruch nimmt. Eigenartigerweise sind die USA genau mit der Vernunft, mit den Tugenden groß und mächtig geworden, die jetzt US-Amerikaner dazu zwingt, ihre Heimat zu verlassen, um nach Hause kommen und dort das Leben führen zu können, das eines Amerikaners würdig ist.

Gerade aus Perspektive der »Gründungs«-utopie dieses Genres, *News from Nowhere* weckt eine ökologische Utopie im Leser kaum Erwartungen, etwas über Städte zu lesen. Doch interessanterweise spielen gerade die Städte in Ecotopia eine wesentliche Rolle:

3.1. *Zwischen Plot und Stadt*

Im 10. Jahr nach der Abspaltung wird der bekannte und erfahrene Journalist Will Weston von seiner New Yorker Zeitung nach Ecotopia geschickt, um ein erstes Bild von dem neu gegründeten Staat auf dem Territorium der ehemaligen US-Bundesstaaten Washington, Oregon und des Nordens von Kalifornien[17] zu zeichnen. In einer Reihe größerer Artikel soll er über Land, Leute und Lebensart berichten, um die brodelnde Gerüchteküche über die Verhältnisse in dem neuen Staat zu beenden und so mögliche Wege aufzeigen, zu einer neuen Form gesellschaftlichen, wirtschaftlichen und politischen Zusammenlebens auf dem einmal gemeinsamen Kontinent zu gelangen. Denn seit der Unabhängigkeitserklärung und einem kurzen, für die USA aber ebenso blamablen wie verlustreichen Krieg wurde keinem US-Amerikaner mehr Zutritt zum Territorium Ecotopias gewährt, darüber hinaus hat Ecotopia sämtliche wirtschaftlichen und politischen Beziehungen abgebrochen bzw. garnicht erst aufgebaut[18], ebenso alle infrastrukturellen Verbindungen für Verkehr gleichwie Telekommunikation abgeschnitten[19]. Will Weston reist in ein Land, das ihm die Gerüchte als in vorzivilisierte Verhältnisse zurückgestürztes Gebiet beschreiben[20], über das ihm aber so gut wie keine gesicherten Informationen vorliegen. Weston befürchtet und rechnet damit, daß die Gerüchte zumindest im Kern stimmen[21] und ist vom politischen Esta-

---

17 *Ecotopia,* p.11

18 *Ecotopia,* p.9: » ... uncanny isolation have insisted on for 20 years.« Vgl. pp.11-12

19 ebd., vgl. p.15

20 *Ecotopia,* p.8, vgl. p.10: » ... potentially rather dangerous. ... «, vgl. p.12: »If its strange customs indeed prove as barbaric as rumors suggest ... «, vgl. p.14

21 *Ecotopia,* p.8: »Can things really be as weird as they sound?«
Ecotopia, p.9: »Jesus - into darkest Ecotopia with typewriter ...«

blishment auch dazu beauftragt, diese Gerüchte im Rahmen seiner Erfahrungen zu bestätigen[22].

3.1.1. Einreise - Reno

Dementsprechend beginnt die Erfahrung mit Ecotopia für Weston bereits lange, bevor er dessen Territorium überhaupt betritt, und die Befürchtungen scheinen sich zu bestätigen: da nämlich Ecotopia keinerlei Flugverkehr zu sich selbst als Ziel oder Überflugsgebiet duldet, muß Weston bereits in Reno landen und von dort aus per Taxi nach Ecotopia einreisen[23].

Reno hat sich seit der Abspaltung mächtig gewandelt: die wirtschaftlich einst blühende Stadt ist zu einem Provinznest verkommen und scheint auszusterben. Die Spielkasinos sind geschlossen, weil die Kundschaft aus dem - jetzt ecotopianischen - Westen wegbleibt, weshalb die einst zahlreichen Hotels entweder ebenfalls geschlossen sind oder zu miefigen Spelunken verkommen[24]. Damit steht Reno exemplarisch für den wirtschaftlichen und in Folge politischen Niedergang der USA nach der Abspaltung, denn die ehemaligen Bundesstaaten auf Ecotopias Territorium hatten einen wesentlichen Beitrag zum regional-arbeitsteilig erzeugten Wohlstand der USA geleistet: nicht nur brach nahezu die gesamte Versorgung mit Obst, Gemüse, Wein nach der Abspaltung zusammen und brachte den Rest der USA an den Rand einer Hungerkatastrophe, auch Holz, Papier, Baumwolle wurden stark verknappt. Daneben gingen wesentliche Wissenschafts-, Technologie- und Rüstungsstandorte für die USA verloren und bescherten so weitere tiefe Einschnitte in deren logistisches System, so daß es zu wirtschaftlicher Depression und Inflation mit all den politischen Nebenfolgen kam, ganz zu schweigen vom enormen Prestigeverlust für die Washingtoner Zentralregierung, die als Supermacht gegen eine Handvoll »Irre« im eigenen Land verloren und damit zugleich die politische wie wirtschaftliche Handlungsfähigkeit eingebüßt hatte.

Daß Weston trotz auf politischer Ebene ausgehandelter Erlaubnis nach Ecotopia überhaupt einreisen kann, verdankt er der Natur, weil die Grenzbeamten, sehr lässig und sehr freundschaftlich, aber zugleich sehr bestimmt, ihn mit seinem Taxi nur deshalb weiterfahren lassen, weil der Wind nach Osten weht und die unvermeidlichen Abgase deshalb auf us-amerikanisches Territorium zurückbläst; in Ecotopia selbst ist der Betrieb von Verbrennungsmotoren unter Ausstoß giftiger Abgase strikt verboten, ihn mit einem solchen Vehikel einreisen zu lassen, darf also als besonderes Privileg an bedauerlicherweise nicht besser ausgestattete Fremde verstanden werden[25]. Weston

---

22 *Ecotopia,* p.7: »Ecotopian ideas are seeping over the border more dangerously - can't be ignored any longer, might be detoxified by exposure. Etc.«

23 *Ecotopia,* p.15

24 *Ecotopia,* p.13

25 *Ecotopia,* p.16

wird nicht als Feind angesehen - im Gegensatz zur us-amerikanischen Perspektive auf Ecotopianer[26], er wird allerdings auch ohne Ausnahme den geltenden Gesetzen unterstellt, selbst wenn diese Gesetze die Mission gefährden.

Von Lake Tahoe aus erreicht Weston dann endlich sein erstes Reiseziel San Francisco mit Ecotopias einzigem Öffentlichen Fernverkehrsmittel, der Magnetschwebebahn. Auf dem Weg dorthin zeigt sich Ecotopia weitgehend als unbewohnte Landschaft, die Weston wenig engagiert beschreibt. Einzig die Ödnis schreckt ihn ab[27]: »öde« vor allem deshalb, weil keine zivilisatorische Infrastruktur in Gestalt befahrener Straßen oder auch nur Wegen, von Reklametafeln und Telephonzellen zu erkennen ist. Wenn Häuser auftauchen, dann erscheinen sie Weston schäbig und heruntergekommen, weil man ohne den üblichen Anstrich die Baumaterialien erkennen kann[28].

3.1.2. San Francisco

Erscheinungsbild

Zu Westons Erstaunen setzt sich die ländliche Atmosphäre auch in der Stadt fort: er bemerkt als erstes die »Bukolische Stimmung/Atmosphäre«[29] an der Market Street, ihre Veränderung von einer Haupt- und Prachtstraße (»mighty boulevard«) zu einer Einkaufs- und Fußgängerzone (»mall«), die es in den USA nur am Rande von Straßen innerhalb geschlossener Gebäudekomplexe gibt[30]. Und tatsächlich erinnert das äußere Erscheinungsbild den an hektische Mega-Cities gewöhnten Beobachter zunächst an romantisch friedliche Schäfer- und Naturszenen, über denen nahezu himmlische, nur durch Vogelgezwitscher unterbrochene Ruhe liegt; eine Ruhe, die Weston kaum mit einer Hauptstadt vereinbaren mag, so dass er sich, auch der altertümlich geschnittenen Kleidung und dem ungezwungenen Umgang der Leute miteinander wegen, an einen Film übers Mittelalter erinnert fühlt[31]. Statt inmitten hastenden, dichten Autoverkehrs findet sich Weston am Rand einer schmalen, zweispurigen Fahrbahn, auf der nur elektrische Taxis, Minibusse und Lieferwagen verkehren. Den breiten Rest nehmen unzählige Bäume, Fahrradwege, Brunnen, Kunstwerke, Kioske und »absurd little gardens« ein[32]. Bäche gurgeln ent-lang Market Street, die zu US-Zeiten unter großem Kostenaufwand (nicht Arbeit!) verrohrt worden sind, kleine Wasserfälle, die Läufe begrünt und mit Natursteinen eingefaßt. Sogar Fische schwimmen dort, zu Westons ver-

---

26 *Ecotopia*, p.17

27 *Ecotopia*, p.24

28 *Ecotopia*, p.23

29 *Ecotopia*, pp.29-30

30 Reiseerfahrung des Autors in USA und Kanada, z.B. die »Eaton's Center« in Kanada.

31 *Ecotopia*, pp.30-31

32 *Ecotopia*, pp.27-28

ständnislosen Erstaunen, völlig ungeschützt vor wildernden Katzen und abenteuerlustigen Kindern[33]. Generell sind die Straßen nicht immer im besten Zustand, was aber offenbar niemanden stört; Schlaglöcher werden »repariert«, indem man sie mit Blumen bepflanzt[34].

Ernsthaft sorgt sich Weston um die Sicherheit der Leute, denn dafür wird in und auf den Straßen offensichtlich überhaupt nichts unternommen, nicht einmal die zur Orientierung nötigen Beschilderungen sind vorhanden, und im Schutz der nachts völlig unbeleuchteten Straßenzüge sollte es doch unweigerlich zu kriminellen Übergriffen auf die Passanten und zu unzähligen Verkehrsunfällen kommen[35].
Diese »Bukolik«, den ländlich-gemütlichen und überhaupt nicht metropolen Charakter dieses San Francisco bestimmt Weston also wesentlich anhand zweier Merkmale: es fehlt am motorisierten Individualverkehr und dem dadurch erzeugten Dauerlärm. Das Städtische ist Weston so mit dem Autoverkehr und Verkehrslärm verbunden, daß er San Francisco offensichtlich als »Stadt« nicht mehr recht wahrzunehmen sich traut. Dennoch sind San Franciscos Straßen keineswegs leer, im Gegenteil:

Verkehr

Zunächst gibt es einen regen öffentlichen Nahverkehr mit der elektrisch betriebenen Nachfolgerin der Cable-Car und mit Minibussen, außerdem stehen überall Leihfahrräder zur Verfügung, um sich unabhängig von diesen Systemen bewegen zu können. Die Haltestellen der öffentlichen Nahverkehrssysteme sind vollkommen in dieses beschauliche Straßenbild integriert, denn sie sind gebaut wie kleine ländliche Giebelhäuser, die neben Warteräumen auch kleine Restaurants und Läden für Lesestoff und, was Weston nicht begreifen kann, Tabak unter ihrem Dach vereinen[36]. Die Fahrzeuge fahren sehr langsam, sie »schleichen« mit 10 Meilen/h dahin, verkehren dafür aber im Takt von fünf Minuten[37]. Zum leichten Ein- und Aussteigen sind sie sehr niedrig gebaut, man sitzt in Reihen an den Außenseiten, sie sind batteriebetrieben und werden ohne Fahrer von einem Schienenleitsystem im Fahrbahnbelag gelenkt. Zur Sicherheit der Passanten stoppen sie sofort bei Berührung der Stoßstangen. Die Fahrt ist kostenlos, weil das System zu Westons Überraschung aus Steuergeldern finanziert wird. Für Weston sind die Busse »comical battery-driven contraptions«, also komisch, seltsam, neumodisch: etwas, zu dem sehr kritische Distanz zu halten ist.
Daneben haben die Ecotopianer einen für Weston unbegreiflichen Hang zum Laufen, zur maschinenlosen Fortbewegung mittels eigener Körperorgane und -kraft.

---

33 *Ecotopia*, pp.29-30

34 *Ecotopia*, pp.30-31

35 *Ecotopia*, p.37

36 *Ecotopia*, p.28

37 *Ecotopia*, p.29

Bis auf die schmale Fahrbahn wird die gesamte Straße von Radfahrern und vor allem Fußgängern beansprucht. Weston begegnet dabei zu seiner Überraschung kaum Geschäftsleuten, sondern gerade solchen Menschen, die offensichtlich keinerlei beruflicher Beschäftigung nachgehen, daneben Frauen und deren spielenden Kindern[38], Snack-Verkäufern mit ihren bunten Verkaufswagen, Gauklern und Musikanten. Für die Leute ist die Straße offensichtlich kein gefährliches »Draußen« mit Kriminellen und lebensgefährlichem Verkehr, im Gegenteil fühlen sie sich dort offenbar richtiggehend zuhaus, die Straße scheint für viele das heimische Wohnzimmer zu erweitern und vielleicht zu ersetzen[39]. Zugleich scheint die Straße als das »Draußen« mit dem »Drinnen« der Hochhäuser zu einem großen öffentlichen Lebensraum zu verschmelzen. Völlig in die Unsichtbarkeit verschoben erscheint dagegen das ökonomische Treiben. In San Francisco scheint niemand zu »arbeiten«.

Architektur

Die Wolkenkratzer sind - oft in enormer Höhe - durch Fußgängerbrücken miteinander verbunden, und drinnen herrscht reges, nicht unbedingt gewerblich-geschäftiges Leben; Weston vergleicht es mit Jahrmärkten. Auf Nachfrage - die geduldig und in schon fast penetranter Ausführlichkeit beantwortet wird - erfährt Weston, daß die Wolkenkratzer in Wohnhäuser umgewandelt wurden, seit die Wohn- und Schlafvorstädte aufgegeben wurden. Ein Erdbeben neun Jahre zuvor hat viele Wohnsilos zerstört, sie sind geplündert und inzwischen oft schon abgerissen. Die Gebäude in Downtown bergen nun außer Wohnungen auch Geschäfte und Dienstleistungen - für Familien[40].

Bevölkerung

Mit dieser neuen Weise der Nutzung innenstädtischer Geschäfts- und Bürogebäude verändert sich die Zusammensetzung der Bevölkerung: San Francisco wird jetzt von Menschen aller sozialen Schichten und Gruppen bewohnt, wobei »bewohnen« mehr bedeutet als das Erfüllen bestimmter streng voneinander getrennter Funktionen, sondern die Inanspruchnahme des Raumes »Stadt« für alle Lebensvollzüge in ihrem Neben- und Ineinander. Deshalb offensichtlich treten die Vollzüge Arbeit und Konsum, die Weston von New York und dem »alten« San Francisco her kennt, in den Hintergrund. »Business« ist keine eigene innenstädtisch-exklusive Lebensform mehr und bildet also auch keine Subkultur oder spezielle Infrastruktur mehr aus, wie Weston sie wahrscheinlich aus Manhattan kennt.

---

38 *Ecotopia*, pp.33-34

39 *Ecotopia*, pp.30-31

40 *Ecotopia*, pp.33-34

Die Menschen verhalten sich für Weston völlig ungewohnt offen ihren Mitmenschen gegenüber, vor allem aber widersprüchlich. Die Kleidung läßt auf vorzivilisierte, mindestens mittelalterliche Zustände schließen, auch die Tatsache, daß Stadtecotopianer offensichtlich für ihren Fleischbedarf auf die Jagd gehen und die Beute ganz ungeniert mit öffentlichen Verkehrsmitteln transportieren. Zugleich sind diese »Hinterwäldler« aber offensichtlich ausgesprochen gut informiert: auf die kleinste Detailfrage hin erläutern sie sofort das gesamte ecotopianische Umweltprinzip und nerven den Besucher damit[41]. »Sachliche« Gespräche lassen Ecotopianer wiederum über längere Zeit hinweg nicht mit sich führen, ohne sich sofort für ihre Gesprächspartner persönlich zu interessieren, und es als persönliche Beleidigung aufzufassen, wenn man sie dafür kritisiert.

Nur eine für das frühere San Francisco typische Bevölkerungsgruppe fehlt im Straßenbild: die Afroamerikaner[42]. Er erfährt, daß sie in eigenen, »Soul City« genannten Stadtteilen der Bay Area leben, was ihn sofort mit Entsetzen die in den USA gesetzlich - wenn auch nicht lebensweltlich - überwundene Rassendiskriminierung und -trennung erinnert. Und in der Tat leben die verschiedenen Rassen des alten Amerika räumlich wieder ähnlich getrennt wie früher. Das Leben dort scheint noch etwas »amerikanischer« als im übrigen Ecotopia zu verlaufen, da Weston noch einige private Autos toleriert und importierte Luxusgüter verbreitet findet, die sonst in Ecotopia kaum mehr erscheinen. Das Pro-Kopf-Einkommen in diesen Gebieten liegt aufgrund höherer Arbeitszeiten um etwa 10% höher als im »weißen« Ecotopia, was die Leute dort allerdings als Rückstand betrachten[43], den es noch aufzuholen gilt. Doch haben offensichtlich gerade Schwarze die Ecotopianisierung in einigen Bereichen führend vorangetrieben: so haben schwarze Architekten aus den ehemaligen Ghettos wichtige Impulse für den Umbau der Städte gegeben[44], und die kollektivistische Organisation »schwarzer« Unternehmen scheint wesentlich selbstverständlicher, oder, wie Weston schreibt: »natürlicher« zu funktionieren als in »weißen«[45]. Auch zum kulturellen Leben Ecotopias leistet Soul City mit seiner typisch »schwarzen« Musik, Literatur und Filmkunst einen unverwechselbar eigenen, »schwarzen« Beitrag, der zugleich als wichtiger Exportartikel nach Europa und Asien gilt[46].

---

41 *Ecotopia*, pp.28-29

42 *Ecotopia*, pp.208-209

43 *Ecotopia*, p.210

44 ebd.

45 ebd.: » . . . more naturally collectivist than those in white areas.«

46 ebd.

3.1.3. Alviso/Redwood City - Mini-Cities in der Bay-Area

Bis dahin hat Weston zwar durch eigene Beobachtungen und in wenigen Gesprächen mit Einheimischen einige Informationen über das Leben der Ecotopianer gesammelt, ist aber noch zu sehr verfangen in die eigene - us-amerikanische - Perspektive auf die fremde Kultur, um irgendetwas davon verstehen zu können.

San Francisco kennt Weston als einen geschlossenen Siedlungsraum, der sich als »San Francisco Bay Area« um die ganze gleichnamige Bucht herum ausgebreitet und die dort gelegenen Städte völlig vereinnahmt hatte. Der Unterschied zwischen Stadt und Land, oder: Stadt und Nicht-Stadt, ging innerhalb dieser durchgehend besiedelten und bebauten Landschaft verloren, die ehemaligen »Städte« verkamen zu Verwaltungseinheiten und traten bestenfalls in einer gewissen Verdichtung architektonischer Komplexe zu Geschäftszentren hervor. Ihre Identität als deutlich erkennbare, in sich abgeschlossene und gegeneinander eindeutig abgrenzbare Siedlungen waren darüber verlorengegangen.
Wie dieser von Ecotopianern wohl so genannte »Zersiedelungsraum« Metropolitan San Francisco von Ecotopias Regierung als Einheit aufgelöst, planiert und für die Vegetation freigegeben wird[47], besichtigt und erfährt Weston zunächst beim Stadtrundgang durch die Kleinstadt Alviso, dann bei einem Besuch im dortigen Rathaus an einer Karte[48] und zuletzt vor Ort im Gebiet von Redwood City.

Westons Bericht über die neue Stadtplanung Ecotopias weckt mit seiner Überschrift »Car-less living in Ecotopia's new Towns« bei seinen Lesern die Erwartung einer verkehrstechnischen, vielleicht auch verkehrspolitischen Perspektive auf Ecotopias Städtewesen. Der Bericht beginnt mit der programmatischen Aussage:

> »Under the new regime, the established cities of Ecotopia have to some extent been broken up into neighborhoods and communities, but they are still considered to be somewhat outside the ideal long-term line of development of Ecotopian living patterns.«[49]

und endet mit einer Schilderung der renaturierten Wildnis, die Weston mit wehmütiger Erinnerung an die eigene Jugend verbindet und auf ein vernichtendes Urteil hinausführt:

> »The scene was sobering, and made me wonder what a Carthaginian might have felt after ancient Carthage was destroyed and plowed under by the conquering Romans.«[50]

---

47 *Ecotopia*, p.64; vgl. p.56

48 *Ecotopia*, pp.63-64

49 *Ecotopia*, p.56

50 *Ecotopia*, p.65

In dieser Klammer steht der gesamte Bericht über das Städtebaukonzept Ecotopias und folgt deren Logik. Die renaturierte Wildnis als solche empfindet Weston durchaus romantisch und schön, hat er doch selbst zu eigener Jugendzeit idyllisch-glücklich Ferientage in solcher oder ähnlicher Landschaft Pennsylvanias verbracht. Aber dennoch ernüchtert ihn der Anblick in dem Augenblick, da er ihre Entstehung und vor allem den vorherigen Zustand memoriert:

> »The signs of a once busy civilization - streets, cars, service-stations, supermarkets - have been entirely obliterated.«[51]

Von daher nämlich erscheint das Wildromantisch-Schöne als Ergebnis brutaler Gewaltakte, eines unglaublichen Vernichtungsschlages gegen eine ehedem blühende Hochkultur an dieser Stelle. Von Karthago hatten die Römer nichts mehr übriggelassen, der Ort wurde nur deshalb wieder strauchbewachsene Naturidylle, weil die brutale Gewalt einer erbarmungslosen Militärmaschine darüber hinweggefahren war und die städtische Hochkultur ausgelöscht hatte. Nun steht er, Weston als der letzte Karthager, an der Stelle seiner ehemaligen Welt und blickt nur noch auf Wildnis, auf Nichts mehr. Damit hat Weston sein Urteil über die ecotopianische Stadtplanung schon gesprochen, noch bevor irgendetwas über deren Gestalt oder die dahinterstehenden Ideen gesagt worden ist: Ecotopia hat den endgültigen und vollkommenen Untergang seiner eigenen, der us-amerikanischen Kultur herbeigeführt, und dies mit einer brutalen Gewalt, zu der letztlich nur eine konkurrierende, kulturell übermächtige andere Zivilisation fähig und bereit ist; fähig, weil sie tatsächlich die Übermacht besitzt, bereit, weil sie im Bewußtsein der Übermacht handelt und dem Überwältigten das Recht auf Fortbestand abgesprochen hat. Die Konkurrenz zwischen seiner, Westons Kultur und der Ecotopias ist die eines »Clash of Civilizations«, die mit Mitteln des Krieges und der Gewalt ausgetragen wird.

Diese eigene Kultur nun beschreibt Weston selbst als eine Kultur des Verkehrs, deren Zeichen: Straßen, Autos, Tankstellen und Supermärkte, in ihrem Verschwinden der Kultur Untergang aufzeigen. Und selbst die »neue« Kultur Ecotopias, an dieser Stelle in Gestalt ihrer Städte, betrachtet Weston innerhalb der oben genannten Klammer aus Perspektive des Verkehrs: so erfährt die Magnetschwebebahn zwischen den Städten ihren Sinn durch die autofreien Zonen, die sich völlig über die besiedelten Gebiete erstrecken, das Weichbild der Stadt Alviso erscheint im Kontrast zu den erwarteten Parkplätzen rundum die Bahnhofsfabrik, und die engen Straßen führen zur ecotopianischen Verkehrsform des Fußgängers, Radfahrers und des unterirdischen Vörderbandsystems zur Belieferung der City mit Waren.

51 *ebd.*

3.1.3.1. *Alviso*

Und tatsächlich steht am Anfang von Westons Schilderungen das Hineinkommen in die Stadt mit der Magnetschwebebahn. Der Bahnhof von Alviso liegt nicht nur im Zentrum der Stadt, er selbst bildet vielmehr ihr architektonisches Zentrum. Wo Weston die Repräsentationen obrigkeitlicher Macht in Gestalt von Gerichtsgebäude und Rathaus vermutet, teilt sich der Bahnhof den zentralen architektonischen Komplex mit einer Fabrik[52], in der Ecotopias einziges Individualverkehrsmittel hergestellt wird: Antriebseinheiten für elektrische Kleintransporter. Das Rathaus indes unterscheidet sich in seiner Holzbauweise nicht erkennbar von den Wohnhäusern in der unmittelbaren Nachbarschaft[53] und wäre Weston wohl verborgen geblieben, hätte man ihn nicht dort hineingeführt. So erscheint die neue »Minicity« zunächst völlig zugunsten ökonomischer und verkehrstechnischer Belange geplant und errichtet worden zu sein: die Fabrik in der Mitte, gleich daneben der Bahnhof zum schnellen Abtransport der Waren, zusätzlich führt ein Kanal vom Meereshafen her direkt zur Fabrik[54].

Dennoch widersetzt sich Alviso vollkommen den Gesetzen von Arbeit und Produktion, denn dieses architektonisch-industrielle »Zentrum« ist umgeben und unterbrochen von Parks, Wohnhäusern, kleinen Werkstätten und Geschäften[55]. Selbst der unmittelbare Bereich der Fabrik bleibt keineswegs der Arbeit vorbehalten: am Dock der Fabrik sieht Weston einigen Jungs beim Fischen zu, was wegen des sauberen Wassers und der entsprechend großen Masse an Fischen darin einigen Erfolg verspricht. Der Kanal wird außerdem auch als Areal für Wassersport genutzt, für den die Ecotopianer ein besonderes Faible haben[56].

Die Arbeit selbst scheint ebenfalls den Gesetzen der Arbeit nicht mehr zu gehorchen: abgesehen von der neuartigen Ordnung des Produktionsablaufs selbst (Teams fügen die Antriebseinheiten von Hand zusammen, statt an Fließbändern zu stehen) ist die unmittelbare Fabrikumgebung kein vor Schmutz starrender Ort unbändigen Lärmens mehr, denn dort wohnen Menschen und verbringen ihre sog. »Freizeit«, sie versorgen sich mit dem, was sie zum Leben brauchen, oder sie »leben« einfach dort; gerade so, wie Weston es in San Francisco beobachtet hat, was die Bewohner von Alviso wahrscheinlich kaum anders halten werden. Vor allem aber scheint sich das Verhältnis der Arbeiter zu ihrer Arbeit verändert zu haben: Weston beobachtet sie in der Pause zwischen Stadtrundgang und Besuch im Rathaus beim Mittagessen, was an sich schon ungewöhnlich ist, da Arbeiter sonst doch ihr Betriebsgelände zur Mittagspause nicht

52 *Ecotopia*, pp.56-57

53 *Ecotopia*, pp.63

54 *Ecotopia*, pp.58-59

55 *Ecotopia*, p.57

56 *Ecotopia*, p.59-60

verlassen, sondern in betriebseigene Kantinen geschleust werden. Aber darüber hinaus sind sie offensichtlich recht vergnügt und haben in ihrer Pause scheint's genug Energie für lebendig geräuschvolle und vergnügte Unterhaltung[57]. Im Resultat ist die Arbeit kein abgeschlossener Bereich innerhalb einer Stadt mehr, der zu Beginn der Arbeitszeit betreten und erst danach wieder verlassen werden könnte, den zu betreten vor allem außer zum Zweck des Arbeitens streng verboten wäre[58].

Auch die Gesetze des Individualverkehrs sind außer Kraft gesetzt: rundum die Fabrik fehlen die erwarteten Parkplatzwüsten, was allerdings nur den us-amerikanischen Erstbesucher wundert, dem noch neu ist, daß »dicht besiedelte Zonen« und also das gesamte Stadtgebiet für den motorisierten Individualverkehr gesperrt ist[59]. Die Straßen tragen statt der amerikanisch üblichen Unterscheidung nach Himmelsrichtungen bezüglich einer Magistrale[60] und einer spröden Numerierung Namen[61], sie sind eng, sie winden sich kurvenreich zwischen den Gebäuden hindurch und ließen Autos, so es sie denn noch gäbe, keinerlei Platz, um aneinander vorbeizukommen[62]. »Verkehr« verursachen nur Fußgänger, Radfahrer und gelegentlich einer der elektrischen Kleintransporter, die sperrige Waren zu den Geschäften bringen; der größte Teil des Lieferverkehrs wird über ein unterirdisches Netz von Förderbändern abgewickelt, das an einem Terminal am Stadtrand beschickt wird[63]. Die Parzellierung des Baulandes scheint aufgehoben worden zu sein; eine »Planung« im strengen Sinn scheint es nicht zu geben, die Straßen erscheinen dort angelegt, wo vergessen wurde, etwas hinzubauen. Die Straße gehört weitgehend den Fußgängern[64].

Die Häuser selbst, aus denen jede Stadt notwendig besteht, haben sich ebenfalls verändert. Wohnblöcke im Stil der Großstädte sind ebenso verschwunden wie Einfamilienhäuser. Weston weiß außer dem Erdbeben noch zu wenig über das völlige Verschwinden der alten Wohn- und Schlafstädte, aber anscheinend haben die bis dahin

---

57 *Ecotopia*, p.63

58 vgl. Kap. »Work and play among the Ecotopians«, *Ecotopia*, pp.327-333, v.a. pp.329-330: »The distinction between work and non-work seems to be eroding away in Ecotopia, along with our whole concept of jobs as something separate from ›real life‹. Ecotopians, incredibly enough, *enjoy* their work.«

59 *Ecotopia*, p.57

60 Beispielsweise werden die Straßen in New York City vom Broadway aus nach East und West unterschieden.

61 *Ecotopia*, p.57

62 ebd.

63 *Ecotopia*, p.58

64 Weston bemerkt das nicht explizit für Alviso, aber dafür umso erstaunter und etwas befremdet über San Francisco, s.o.; vgl. die Tagebuchnotiz vom 28. Mai über den monatlichen »Jahrmarkt« (*Ecotopia*, pp.189-191), der ebenfalls wie ein Straßenfest abgehalten wird.

gebräuchlichen Hausformen den neuen Lebensgewohnheiten der Ecotopianer nicht mehr entsprochen: die Kleinfamilie löste sich zugunsten größerer Kleinstgruppen in Wohngemeinschaften auf, für die kein entsprechender Wohnraum verfügbar war, weil die auf Kleinfamilien hin ausgerichteten Wohnblöcke und Einfamilienhäuser Haushalte von bis zu 20 Personen weder aufnehmen konnten, noch man sie zu größeren Wohneinheiten hätte umbauen können. Ein Ausweg öffnete sich vorläufig und kurzfristig in ehemalige Warenhäuser oder sonstige kommerziell oder industriell genutzte Großgebäude, soweit man sie umbauen und den neuen Wünschen anpassen konnte[65]. So wohnen die Stadtecotopianer Alvisos hauptsächlich in drei- oder viergeschoßigen Häusern, die nach Pariser Vorbild, so Weston, rund um einen Hof herum gebaut sind. Die Wohnungen haben bis zu 15 Zimmer, um die neuen Wohngemeinschaften aufnehmen zu können. Als Baustoffe dienen vornehmlich Holz, oder seltener, Naturstein, die zu altmodischen und vor allem verspielten Konstruktionen mit Balkonen, Verandas, Dachgärten[66] und anderem verbaut werden. Ecotopianer legen dabei oftmals selbst hingebungsvolle Hand an[67] und toben darin ihren nationalen Hang zum Selbermachen in aller kreativen Verspieltheit aus.

Weston berichtet noch über einen zweiten Haustypus aus ecotopianischer Entwicklung: Plastikhäuser[68]. Sie bestehen aus genormten Fertigteilen in Gestalt großer, mannshoher Halbröhren, die von ihren Eigentümern individuell weitergestaltet und zu »Häusern« zusammengesetzt werden können. Ihr Vorteil besteht in der äußerst billigen Herstellung und der sehr schnellen, nämlich sofort nach Auslieferung bestehenden Nutzbarkeit. Weston entfaltet die nahezu unendlich reichen Gestaltungsmöglichkeiten dieser Fertigteilgebäude und die praktischen Vorzüge sehr breit, erwähnt in seinem Bericht jedoch nicht, ob diese Häuser eher auf dem dünn besiedelten Land oder eher in der Stadt verwendet werden. In ihrer Gestaltungsvielfalt, ihrer Hinfälligkeit – sie werden nach Gebrauch kompostiert, und in ihrer fast restlosen Anpaßbarkeit an ihre Benutzer, die Menschen, bilden sie die Mentalität ihrer Bewohner ab[69].

3.1.3.2. *Der Plan*

Alviso macht mit seinen verwinkelten Straßen und den Holzhäusern einen eher verschlafenen, jedenfalls vormodern romantischen Eindruck auf Weston; er ist geneigt,

---

65 Bereits in »vorecotopianischer« Zeit benutzt eine Wohngemeinschaft von Künstlern um Jan, Lou Swifts leibliche Mutter, ein ehemaliges Warenhaus in Mill Valley, der nächstgelegenen »real town«; *Ecotopia emerging*, vgl. p.2

66 *Ecotopia*, p.57

67 *Ecotopia*, p.61

68 *Ecotopia*, pp.256-267

69 *Ecotopia*, p.264: »Any self respecting architect would shiver at such a prospect, but it does make the houses a direct expression of the life inside them.«

es als einen Rückfall in Zeiten vor der modernen technischen Zivilisation und ihrer Infrastrukturen anzusehen. Doch als ihm anhand eines Plans die Idee für die Zukunft der Bay Area vorgeführt wird, zeigt sich, daß ihn die Oberfläche über die wahren Verhältnisse in Ecotopia täuscht. Die formale Einheit der »City« - in diesem Falle des San Francisco Bay Area - wird administrativ und architektonisch zwar aufgelöst, nachdem ihre lebendige soziale Einheit schon lange sich aufgelöst hat, und an ihre Stelle treten »minicities« auf Basis lebendiger und lebensfähiger Beziehungen von »community« in »neighborhoods«[70] nach dem städtebaulichen Muster von Alviso. Doch bedeutet dies keineswegs den Rückfall in die vormodern-technisch/infrastrukturelle Isolation zu Zeiten der Frontier, obwohl Alviso diesen Eindruck äußerlich vermittelt, und obwohl gerade mit den Autobahnen die alten Infrastrukturen zur Aufrechterhaltung der Mobilität verschwinden. Denn stattdessen verbindet die Magnetschwebebahn als Nerv der »neuen« City die Minicities zu einem Ring von administrativ, logistisch und dadurch vor allem sozial selbständigen Siedlungen, und dies wesentlich effizienter als es die alten Strukturen, die auf den Individualverkehr zugeschnitten - und an ihm erstickt waren, je konnten.

3.1.3.3. *Redwood City*

Was in Alviso lokal als romantisches Städtchen daherkommt und gleichzeitig auf dem gezeichneten Plan sehr abstrakt und fiktional aufscheint, zeigt sich beim Besuch einer anderen Stadt, Redwood City und ihrer Umgebung, in aller entsetzlichen Konsequenz, so daß Weston die Vernichtung Karthagos durch Cato bemühen muß, um seine Gefühle zur »neuen« ecotopianischen San Francisco-Bay-Area, zur neuen ecotopianischen Zivilisation beschreiben zu können. In der Tat wird dort der Rückbauprozeß gerade in vollem Gang und in aller Brutalität vollzogen: drei eigenständige Gemeinden sind bereits aus der alten »Großstadt« herausgeschält worden, indem man die Wohn- und Schlafghettos und die anderen Ansiedlungen, die das Land zwischen den Zentren bepflastert hatten, planiert, und das freigewordene Land zur landwirtschaftlichen Nutzung freigegeben, mit neuem Wald bepflanzt oder einfach der natürlichen Vegetation überlassen hat. Die gesamte zwischenstädtische Infrastruktur mit ihren Einkaufszentren, Tankstellen, den Straßen und Autos ist ebenfalls der ökologischen Planierraupe zum Opfer gefallen und vollkommen vernichtet worden[71].

---

70 *Ecotopia*, p.56: »Under the new regime, the established cities of Ecotopia have to some extent been broken up into neighborhoods or communities ...«

71 *Ecotopia*, p.65: »The signs of a once busy civilization - streets, cars, service-stations, supermarkets - have been entirely obliterated.«

3.2. *Zwischen Kultursteppe, Natursimulation und Lebensgarten - Die Städte Ecotopias*

3.2.1. Die wasp-Kultur

Daß Weston richtiggehend in Trauer und Melancholie absinkt über den völligen Verlust all dessen, was die moderne amerikanische Kultur aus seiner Sicht ausmacht, zeigt, daß die in den Augen der Ecotopianer zerstörenswerte Kulturlandschaft zunächst keineswegs etwa in Folge falsch gelaufener Kulturprozesse entstanden ist[72]. Im Gegenteil ist sie bewußt hergestellt worden: sie ist gewollt. Ich verlasse deshalb für einige Zeilen die bisherige Erzählte Welt Ecotopias und frage: warum kann diese Zersiedelungsform »gewollt« sein?

Von der Abkehr vom protestantischen Arbeitsethos erfährt Weston zunächst in unmittelbarem Zusammenhang mit der Arbeit[73]. Doch bedeutet diese Abkehr für die Ecotopianer offenbar mehr als nur eine weniger Lebenszeit beanspruchende Erwerbsarbeit und mehr persönliche Erfüllung in der Erwerbsarbeit im Dienste Anderer. Vielmehr scheint sich darüberhinaus der gesamte american way of life und mit ihm die US-amerikanische Stadt- bzw. Siedlungweise aus diesem protestantischen Ethos zu speisen.

Lutz HOLZNER nennt den Prozeß der Zersiedlung »Suburbanisierung« und führt ihn auf den american-way-of-life zurück, den er wiederum als unmittelbare Konsequenz der Kultur der »white anglo saxonian Protestants« (WASP)[74] analysiert. Ein Element dieser Kultur ist das protestantische Arbeitsethos, ein anderes, damit wiederum unmittelbar Verbundenes ist die ursprünglich in England entstandene suburb. Arbeit und Familie sind dem WASP grundverschiedene Welten, die er aus religiösen wie daraus resultierend moralischen Gründen strikt, und deshalb in seiner Alltagswelt auch räumlich trennt: Arbeit um des Gewinns willen ist die Grundlage seines materiellen, und Voraussetzung wie Grundbedingung seines moralischen Lebens, und diese Arbeit wird aus infrastrukturellen gleichwie ökonomischen Gründen - was auf dasselbe hinausläuft - vornehmlich in Städten verrichtet. Städte entstehen in ihrer modernen Gestalt notwendig aus der protestantisch-kapitalistischen Form des Wirtschaftens. Sie werden nach ökonomischen Maßstäben erbaut, damit das Produzieren, Verhandeln und Transportieren möglichst reibungslos ablaufen kann. Gerade durch diese Form des Wirtschaftens aber geraten die Städte unter moralisches Verdikt, obwohl sie die infrastrukturelle und topographische Voraussetzung der Arbeit bieten:
Zum einen folgt das Arbeiten selbst nicht immer den Regeln der Moral und muß dies auch nicht, denn Zweck des Arbeitens ist der Gewinn und der persönliche Wohlstand

72 So möchte Norbert ELIAS das utopische Denken gern motivieren. Vgl. ELIAS 1982

73 *Ecotopia*, pp.97-98

74 HOLZNER 1996, p.16

zum Zeichen religiöser Erwählung. Das Arbeiten selbst als unmittelbares Tätigsein sowie sein materielles Ergebnis im Produkt scheint weniger moralische Qualität zu haben, weshalb Handel und Finanzwesen die vornehmen Tatträume des WASP sind: ohne mit dem schnöden Material umgehen zu müssen, steht der Umgang mit dem Geld im Vordergrund.
Zum zweiten führt das Arbeiten in der Stadt unweigerlich zum Kontakt mit anderen Arbeitern, die weniger erfolgreich sein können, weil sie - aus Gründen des religiös motivierten Gewinns schlecht bezahlte - schmutzige und körperlich anstrengende blue-collar-jobs verrichten müssen. Solche Menschen sind zum einen nicht erwählt, weil sie wirtschaftlich weniger erfolgreich sind, zudem führen sie auch ein moralisch minderwertiges Leben: sie verhalten sich roh, unkultiviert, geben sich dem oberflächlichen Vergnügen hin und sind in jeder Hinsicht anders. Dementsprechend sind auch die Städte, in denen diese Menschen wohnen müssen, schmutzig, ungepflegt, unsicher, Orte des Verbrechens, des Lasters, der Unmoral und des Chaos. Ein moralisch wertvolles, der eigenen Erwählung entsprechendes Leben läßt sich dort kaum leben. Sie ist die brutale Männerwelt des Geschäfts und der rationalen Arbeit.

Ihr steht gegenüber die Frauenwelt der Familie, die dem WASP moralisch unschuldig und rein ist, in der das Gefühl offen zutage tritt. Hier, in der kleinen Familie mit Ehefrau und Kindern herrscht die natürliche Ordnung hierarchischen Friedens.

Beide Welten sind dem WASP unvereinbar, also trennt er sie und verlegt das Leben der Familie aufs Land, in die Natur. Und er verlegt sie an einen Ort, an dem Gleichgesinnte leben. Denn Moral läßt sich nur unter Gleichgesinnten leben, denen die gleiche Moral gilt, Friede kann nur unter den Bedingungen des Konsenses herrschen. Man siedelt also gemeinsam im naturnahen Umfeld und betont außerhalb der Stadt. Da aber das moralische und als solches Gott gefällige Leben gerade dort einer strengen Ordnung folgt, die als Sitte und Kultur zugleich den Anspruch erhebt, vernünftig zu sein, wird dieser Ordnung auch die Natur unterstellt; das Leben auf dem Land dient ja nicht der agrikulturellen Arbeit, es stellt vielmehr den angemessenen Rahmen für ein moralisches, Gott gefälliges Leben. Die Natur ist Natur, insofern sie nicht »Stadt« ist, ein Eigenwert gegenüber der Stadt wird ihr nicht zugebilligt: sie ist »Nicht-Stadt«. Deshalb wird die Natur dem Kulturraum einverleibt, und es darf dort weder an Komfort fehlen, noch darf sich die »Natur« in den Vordergrund drängen oder gar Mühe bereiten. Die Natur dient der Ästhetik, sie ist »schön« - und Schönheit muß »gestaltet« werden. Deshalb ist die Natur selbstverständlich gestaltete Natur: sie vollendet sich im englischen Garten, im Park. Alles Eigenwillige, Wilde, Unkultivierte ist ihr genommen. Damit ist suburbia gegründet: sie ist Gartenstadt und Institut moralischer Reinheit: Wartesaal der Erwählten zur Himmelfahrt.

Der WASP muß also in einer funktionalen differenzierten Welt leben, weil seine Lebenswelt in zwei Kosmen zerrissen ist. Deshalb muß ein Weg liegen zwischen der brutalen Welt der Öffentlichkeit und des Gewinnstrebens und der heilen Welt der

Familie, denn nur der Weg schafft Distanz. Dieser Weg führt zum Eigentum, dem Zeichen religiöser Erwähnung, in Gestalt des Einfamilienhauses auf eigenem Grund in gemessenem Abstand zum Nachbarn, und er wird im eigenen Automobil zurückgelegt, das selbst wieder Eigentum ist und zudem Schutz bietet vor »fremdem« Kontakt, der - weil fremd - böse ist; wäre der Andere »gut«, wäre er ja nicht fremd, sondern »gleich«. Das öffentliche Verkehrsmittel hingegen setzte den WASP ähnlich wie in der Stadt dauernd den »Anderen« aus, und davor scheut sich der Auserwählte.

Er will zusammenleben mit Gleichen, er muß es gleichsam um des Gott gefälligen Lebens willen, nichts und niemand soll diese Harmonie stören - dürfen. Deshalb besteht die Wohngemeinschaft »nur« aus Gleichgesinnten und Gleichgestellten, bis hinein in Ethnie und die soziale gleichwie ökonomische Klasse. Suburbia ist eine Ein-Klassen-Siedlung.

Zu ihrer Bewahrung sucht diese »Gemeinde« nach Selbstverwaltung. Allerdings meint »Community« nicht etwa Gemeinschaft um der Gemeinschaft willen: »togetherness«. Im Gegenteil dient die »community« der Gleichen allein zur Sicherung der eigenen »splendid isolation« im »pursuit of happiness«. Denn nur und gerade unter Gleichgesinnten läßt sich das Verhalten der Anderen vorhersagen und ins eigene Handeln einplanen, ohne sich mit ihnen persönlich auseinandersetzen zu müssen. Ich kann mein Leben völlig isoliert leben, ohne meine Nachbarn jemals als Personen zu berühren, weil ich meine eigene Lebensführung ohne nennenswerte Variation bei ihnen voraussetzen kann. So funktioniert das Zusammenleben ohne jede persönliche Interaktion in vollkommener, weil rein funktionaler Harmonie.

Deshalb suburbanisiert die amerikanische Stadt: sie gliedert sich zum einen funktional nach den Abläufen Wohnen und Arbeiten, zum anderen sozial in, nach ökonomisch unterschiedenen Klassen, getrennte Suburbs. Je wohlhabender die Einwohner, desto parkähnlicher gestaltet sich die Wohnanlage, bis hin zu den Villenvierteln der »Reichen«, deren Häuser allein einen ganzen Park beanspruchen, der sich dem Betrachter als Waldrand darbietet und dabei doch ein Heer von Gärtnern und Flottillen von Maschinen damit beschäftigt, genau dies zu verhindern: Wald zu werden. Dazwischen müssen unterscheidende, trennende Wege für Automobile liegen, in denen die soziale Schichtung reproduziert und bewahrt werden kann. An ihnen siedeln sich die verschiedenen Versorgungssysteme an: Tankstellen, Fast-Food- und Drive-In-Restaurants, Geschäfte für den schnellen Einkauf, schließlich Supermärkte und ganze Einkaufszentren, die alles Notwendige und Wünschenswerte unter einem Dach vereint anbieten, so daß man nicht mehr endlos umherfahren muß.

Die us-amerikanische Stadt wurde also nicht planlos zersiedelt, sondern bildet sehr konsequent - und seit Gründung der ersten Städte so geplant - das Ethos des american-way-of-life ab. Sie suburbanisiert, weil der »Uramerikaner« nur in Suburbs, fern alles Städtischen unter Seinesgleichen ein moralisches, gottgefälliges Leben zu leben versteht.

Sie folgt darin der Logik einer bestimmten kulturellen Vernunft, die im religiös motivierten Versuch, sich vom »Bösen« der Städte zu befreien, ohne das Städtische selbst dabei aufzugeben, eine Idee vom »Guten Leben« in konkrete Praxis umsetzt. Suburbia will »Gute Stadt« sein und zielt darin moralische und religiöse Werthorizonte an.

Wenngleich diese »Stadtlandschaft« in bewußter Ablehnung der europäischen Tradition das Städtische mit dem Ländlichen zu einer amorphen Megastruktur verschmilzt und sich dabei den unkultivierten Raum der Natur zunehmend einverleibt, so bildet sie gerade darin doch eine Kulturform des Städtischen; suburbia ist eine Stadt, indem sie die individuelle Freiheit in einer Weise möglich macht, wie sie dem WASP in der klassischen City nicht mehr möglich erscheint. Sie bleibt es, indem sie die Präferenz des Technischen, die gesellschaftliche Anonymität als Voraussetzung für den »pursuit of happiness« und die funktionale Ausdifferenzierung von Wohnen, Arbeiten, Verkehr und Konsum weiterhin verwirklicht, sie sogar mit der verstärkten sozialen Ausdifferenzierung noch intensiviert.

3.2.2. Stadt - Kultur - Utopia

Zweifelsohne ist die Stadt der Ort der Kultur gegenüber der Natur: Menschen haben die Natur gestaltet, sie verändert, sie haben Städte errichtet, in denen sie zu Gesellschaften zusammenfinden. In diesem Tun werden die Menschen zu Kulturwesen, die »natürliche« Triebhaftigkeit transformiert in Bedürfnisse, das unmittelbare Wollen wird verdrängt von der effizienteren Vernunft, der Kampf ums nackte Überleben verfeinert sich in eine zunehmend ausdifferenzierende und vernünftig-effizientere Befriedigung solcher Bedürfnisse. Die Vernunft übernimmt - bis zu einem gewissen Grad zumindest - die Herrschaft über die Bedürfnisstrukturen, indem sie den effizientesten Weg ihrer Befriedigung herausarbeitet, aber auch Bedürfnisse von der Befriedigung ausschließt oder sie zuläßt. Bedürfnisstrukturen sind in gewisser Hinsicht also auch Vernunftstrukturen.

In der Stadt verdichten sich die verschiedenen Techniken und Institutionen im Dienste der Bedürfnisse zu einer Infrastruktur gesellschaftlicher Bedürfnisbefriedigung, die Stadt bildet mit ihren Märkten, Handwerkstätten, den Läden, Industriebetrieben und Wohnvierteln, den Museen, Kirchen und hoheitlichen Amts- und Dienstgebäuden, sowie den Straßen dazwischen die Bedürfnisstrukturen[75] der in ihr lebenden Gesellschaften ab. Insofern all diese Gebäude nicht willkürlich herumstehen, sondern den

75 »Bedürfnisse« meint in diesem Zusammenhang zunächst mehr als das, was in ökonomischer Sprache als das verstanden wird, was von »Kunden« als »Nachfrage« an professionelle Tauschpartner herangetragen wird und ihr als »Angebot« der Tauschpartner gegenübersteht; letztere Einengung nimmt Marianne GRONEMEIER (2002) für das Bedürfnis im kapitalistischen Zusammenhang vor: es gilt ihr als eine vom Anbieter selbst erlaubte und legitimierte Nachfrage innerhalb eines von der Wirtschaft nach deren eigenen Maßstäben bereitgestellten Angebots.

Ordnungen ihrer Institutionen folgen, die wiederum als »vernünftig« gelten, also aus gesellschaftlich legitimierten Gründen an ihrem Ort stehen, und eben in dieser einen konkreten Weise miteinander zum Weichbild einer Stadt sich verbinden, bildet eine Stadt auch die Vernunft der beherbergten Gesellschaft ab.

In der Stadt gelten demnach die Regeln der Kulturalität[76], der Sozialität, der Künstlichkeit, und so bildet die Stadt das Leben der Menschen als Kultur- und das bedeutet: als Vernunftwesen, ab, sie legitimiert ihre eigene konkrete Gestalt darin.

In der Dokumentation der bestehenden Kulturalität setzt dieses »Abbild« aber zugleich auch deren Normen, insofern der kulturelle Status Quo zugleich auch die Richtigkeit der konkreten Kulturalität beansprucht: deren »Normalität«; schließlich wäre er ja sonst ein anderer. Diese Normalität unterstellt kulturelle Entwicklungen dem Trägheitsgesetz eines einmal als richtig eingeschlagenen Weges, von dem sie sich nur durch schwerwiegende, letztendlich Fundamentalkritik ihrer eigenen Kulturalität wirklich abbringen läßt.

Wie jedes utopische Gemeinwesen verdankt auch Ecotopia seine Entstehung solch einer Fundamentalkritik an bestehender Kulturalität. Diese Kritik trennt den Phänotyp einer Kultur, also die konkreten Lebensformen, von ihren genotypischen Erklärungsmustern[77], die sie als Normalität oder zumindest notwendiges Übel legitimieren, und beurteilt sie unter dem Blickwinkel anderer Richtigkeiten. Diese Neuinterpretation nimmt den phänotypischen Merkmalen ihre Legitimität des Normalen und Selbstverständlichen, und erkennt sie aufgrund anderer Richtigkeiten als Mißstände. Fundamentalkritik meint deshalb zugleich mehr und anderes als »Verbesserungsvorschläge: zunächst ereignet sich diese Kritik auf Ebene des Plots, also innerhalb der Erzählten Welt; im Gegensatz zu Norbert ELIAS, der - wohl exemplarisch für Viele - die Kritik unmittelbar auf eine gegebene Autorenrealität beziehen will[78]. Außerdem leistet diese Fundamentalkritik keine Vorschläge für Verbesserungen des Bestehenden, auch wenn dies phänotypisch so aussehen mag, sondern lehnt die ethischen Grundlagen des Bestehenden, die Moral und das Menschenbild vollkommen ab und ersetzt alle drei durch Eigenes.

3.2.3. Die Matrix - Kultursteppe und Natursimulation

Diese Fundamentalkritik besetzt in Ecotopia die Begriffe und Phänomene von (u.a.) Stadt, Land/Natur und Leben neu.

---

76 Der Begriff soll eine konkrete »Kultur« unterscheiden helfen von dem, was eine Lebensform zur Kultur macht: er soll das Kulturelle an der Kultur ausdrücken.. Ob er bereits geprägt worden ist, entzieht sich zum Augenblick der Drucklegung meiner Kenntnis.

77 Vorsichtig und vorläufig möchte ich diese in die Nähe von Ethos und Sitte stellen.

78 ELIAS (1982)

Der Versuch, Stadt und Natur unter dem Dach der Zivilisation zu vereinbaren, wird aufgrund der inklusiven Vereinnahmung der Natur durch die Zivilisation als gescheitert erachtet. Denn Natur und Zivilisation werden nicht etwa ineinander überführt, sondern ineinander verkehrt: das Städtische verschwindet von der Bildfläche, bleibt als soziale und infrastrukturell-technische Gestaltungsgrundlage jedoch ungemindert bestehen, im Gegenzug wird die Natur an die Oberfläche geholt, ihrer systemischen Vernetztheit aller Organismen um des ästhetischen Werts jedoch beraubt und der zivilisatorischen Technokratie unterstellt. Die Peripherie des suburbanen Zwischenraums wird als kostspieliger Selbstbetrug enttarnt: begrünter Beton, beheizter Rasen und Rosen ohne Dornen verleihen der Kultur den grünen Anstrich von Natur, ohne reale Natur zu sein, denn die absolute Autonomie des Systems Natur, das Widerspenstige, vielleicht sogar Gefährliche, vor allem aber das Mühsame im Umgang mit der »wahren« Natur wird dort unter hohem technischem Aufwand weggezüchtet und ferngehalten, dafür mit Technologie substituiert. Die »Natur« der Suburb besteht nur aus dem, was die Menschen von der Natur haben wollen und deshalb in Gärten und Parks isoliert haben, während alles Unerwünschte systematisch ausgeschlossen wird: diese Natur ist gereinigt von unerwünschten Tieren und Pflanzen, die den ästhetischen Anspruch und den Ertrag stören, sie wird reduziert auf den ästhetischen Reiz.

Die Substitution wesentlicher Prozesse der Natur führt zur Simulation ihrerselbst, zu einem unter hohem technischen Aufwand erzeugten Anschein, der sofort wieder zerfällt, wenn die lebenserhaltende Infrastruktur des Bewässerns, Düngens, Züchtens, Zurechtschneidens und des Abwehrens unerwünschter und schädlicher Organismen abgeschaltet wird. Weil sich Natur aber nicht substituieren läßt, ohne aufzuhören, Natur zu sein, teilt sie nurmehr den äußeren Anschein mit der »Natur«, sie ist Maschine, identisch mit Kultur, ihr Produkt und so ihr Teil.

»Leben« ist in dieser Simulation deshalb nicht möglich, weder den dort gehaltenen Organismen noch den Konstrukteuren der Simulation, den Menschen selbst: unter und hinter der simulierten »Natur« spielt die Matrix technologischer Zivilisation ungemindert weiter und produziert die »Natur« selbst als eine Variation ihrerselbst. »Natur« dient einzig und allein dazu, die psychische Atmosphäre herzustellen, in der das idyllische Subsystem der »Intimität« oder der »Familie« stattfindet, das im Gegensatz steht zu anderen »öffentlichen« gesellschaftlichen Subsystemen. Deshalb können auch die Menschen selber in dieser Simulation nicht wirklich »leben«, denn außer »Intimität« oder Familie läßt diese Simulation keine sozialen Handlungskomplexe zu; weder »Arbeit«, »Konsum« noch irgendein anderer Lebensvollzug menschlichen Daseins kann dort geschehen:
Bereits zum Ernähren und zum Verrichten der allermenschlichsten Notdurft müssen die Menschen die Simulation verlassen und in ihre Wohnmaschine zurück, die sie vor

der »richtigen« Natur schützt, weil Nahrung in der Simulation nicht vorkommt[79] und die Notdurft das ästhetische Erleben zerstört. Denn die Simulation wird ja um dieses Erlebens willen errichtet und aufrechterhalten, und sie wird den Wünschen entsprechend gestaltet, die an das Erleben von Natur gestellt werden. Die Simulation stellt also Natur so dar, wie die Menschen sie sich wünschen: unschädlich, leicht zu pflegen, sauber und anspruchslos, dafür aber »schön«, wohlriechend und exotisch den Weg säumend, auf dem der Mensch sich zwischen den verschiedenen Maschinenwelten bewegt. Was die Simulation nicht kann, wird von ihr seitens des Menschen überhaupt nicht verlangt.

Deshalb schließt sich an diese Form der Peripherie notwendig eine zweite an: die Kultursteppe mit asphaltierter, betonierter und, mit Quadratmeter verschlingender Industrie- und Handelsarchitektur verpflasterter Wirtschaftsinfrastruktur, in der die Bedürfnisse des täglichen Lebens befriedigt werden müssen. Denn die Stadt selbst als Zentrum ist der Arbeit und der Administration vorbehalten, soweit die Arbeit nicht selbst wieder in eine subsystemische Peripherie ausgewandert ist. Aus ihr wird die Natur selbst als ästhetischer Faktor weitestegehend ausgeschlossen; ein Bleiberecht wird bestenfalls dem Rasen um die Bürogebäude herum zugebilligt – sofern hier nicht künstlicher Ersatz möglich ist.

Als »Agro-Industrie« breitet sich eine zweite Form der Natursimulation weiter übers ganze Land aus, denn die industrielle Landwirtschaft substituiert und simuliert um der Ertragsmaximierung willen große Teile des Systems Natur, um unerwünschte, als »schädlich« qualifizierte Naturprozesse ausschließen zu können.

Diese Form von Kultivierung erzeugt eine vollkommene Natursimulation, die Anpassung des nicht-städtischen Raumes an die technisch/industriell-zivilisierte Welt der Stadt. Erst wenn die Natur auf das zurückgeschnitten, beschränkt worden ist, was den Menschen nützlich ist, dann ist diese Anpassung abgeschlossen.

3.3. *Zwischen animal und Kulturwesen: Die Ecotopianer*

3.3.1. Animality: eine Fundamentalkritik der Kultur

Die moderne Zivilisation, zu der auch der american-way-of-life gehört, lebt von der systemischen Ausdifferenzierung der Alltagswelt. Sie zeigt sich extrem im Stadtbild der amerikanischen suburb, die nur der Intimität gilt und sonst keine anderen Lebensvollzüge zuläßt. Eine grundlegende Differenzierung wird zwischen Natur und Zivilisation vorgenommen; sie werden als Gegensätze betrachtet von Ordnung und Chaos. Der Mensch gehört der Zivilisation an, er erzeugt sie und ist zugleich ihr Produkt; die

79 Vgl. Vera Allwens Reaktion auf den Gemüsestop der Supermarktkette, *Ecotopia Emerging*, p.7

Natur kommt in dieser Zivilisation nur vor als Objekt menschlichen Gestaltens und somit ebenfalls als Zivilisationsprodukt.

Doch erscheint die unzivilisierte Natur nur an der Oberfläche chaotisch, wild, sinnlos, »vernunftlos«, und nur diese Oberfläche tritt in Gegensatz zur »rationalen« Vernunft der modernen Kulturmenschen, weil sie mit deren linearen Begriffen und mechanistischen Vorstellungen nicht beschrieben und also nicht verstanden werden kann. Bei genauer und unvoreingenommener Betrachtung jedoch entpuppt sich das geometrische Weltbild als unzulässige Abstraktion der realen Verhältnisse, es beschreibt die Welt falsch und führt deshalb zu falschem Handeln innerhalb der Welt. Dies führt zur Zerstörung der Natur.

Dem linearen Ursache-Wirkung-Prinzip der klassischen Vernunft setzen Ecotopianer deshalb die Idee der Natur als eines System unzähliger selbständiger Organismen (lebendig und nicht-lebendig) entgegen, die durch Wechselwirkungen miteinander verknüpft sind. Die Wechselwirkungen halten die einzelnen Organismen am Funktionieren, oder anders ausgedrückt: die Organismen halten einander durch ihr Dasein und die spezielle Weise ihres Agierens aufrecht und in Funktion. Das System als Ganzes kann niemals zusammenbrechen, denn es reagiert auf jede Veränderung mit Anpassung.

Die Menschen sind selbst Organismen in diesem System der Natur, selbst ihre Vernunft gehört dazu: sie ist aus diesem System heraus entstanden und erfüllt ihren Zweck nur innerhalb dieses Systems. Denn die Fähigkeit der Menschen zum Handeln innerhalb des Systems erhöht sich gegenüber reiner Instinktsteuerung, weil sie mit ihrer Vernunft zumindest Teilbereiche des Systems erkennen und so alle realen Möglichkeiten zu eigenem Handeln erkennen können, was vorprogrammierte Instinktreaktionen nicht erlauben. Diese Fähigkeit bedeutet Vorteile zu erfolgreichem Agieren und so zum Überleben, befördert die Menschen aber keineswegs aus dem System heraus in eine ihm übergeordnete Sphäre.

Ecotopianer nennen sich deshalb gern »animals«[80] und verwenden dabei ein Wort, das gewöhnlich nichtmenschliche Lebewesen beschreibt, die ausdrücklich weder gezähmt noch domestiziert sind, sondern den biologischen Bedingungen ihrer Körperlichkeit und den Voreinstellungen ihrer Instinkte folgen. Doch empfinden sich die Ecotopianer aufgrund ihrer »animality«[81] keineswegs als »Wilde«, die der Vernunft entsagt hätten und nur noch ihren Trieben lebten; diese Verunglimpfung durch us-amerikanische Polemik reagiert hilflos darauf, daß hier die Bewohner einer ganzen Region den allein

80 *Ecotopia*, p.69: »Ecotopians, both male and female, have a secure sense of themselves as animals.« bemerkt Weston, als er im Cove einzieht.

81 Begriffsbildung von mir (Stephan Schirm), um das Wesen »animal« als Wesensqualität auszudrücken; »animal« wird in *Ecotopia* selbst verwendet.

seligmachenden american-way-of-life abgestreift haben – und damit selbstverständlich zunächst den Raum der Zivilisation überhaupt verlassen hat. Und in der Tat führt die »animality« zu »wilden« Lebensformen: die sexuelle Freizügigkeit gilt unumschränkt und entbehrt auch in der Öffentlichkeit jeglicher Tabus, bis hin zu offiziellen Vertretern der Regierung macht man es sich bei seiner Tätigkeit so bequem wie möglich und lümmelt sich bei jeder Gelegenheit katzengleich hin, Gefühlen wird auch in der Öffentlichkeit ohne Rücksicht auf die Umgebung freier Lauf gewährt und von der Umgebung wird dies akzeptiert, es besteht die kollektive Weigerung, irgendwelche Rollen zu spielen, stattdessen wird Wert darauf gelegt, mit ganzer Hingabe und Freude tun zu dürfen, was gerade zu tun ist und darin als ganzer Mensch respektiert zu werden; v.a. letzteres bedeutet den prinzipiellen Bruch mit dem protestantischen Arbeitsethos.

Die Entdeckung der »animality« ergibt sich nicht aus »reiner Theorie« und »bloßer Spekulation«, die Ecotopianer haben sie in je konkreter Konfrontation mit dem von ihnen gefordeten Rollenverhalten im klassischen american-way-of-life am eigenen Leib erlebt und dabei sich selbst als eigene wollende bzw. verweigernde Instanz kennengelernt:
Da werden Menschen trotz gesunder und aktiver Lebensweise von Krebs befallen und erkennen die Ursache dafür in ungewarteten Kernkraftwerken und giftigen Lebensmittelzusätzen. Und weil ihr legitimer Protest heruntergespielt oder für unnötig erklärt wird, um bestehende Strukturen zu schützen, greifen sie zum »verantwortungsvollen Terror«, um auf ihr Problem aufmerksam zu machen, statt entsprechend zivilisatorischer Erwartung, als notwendige Opfer des unendlichen Fortschritts lautlos zu sterben[82].
Da denkt ein Bauunternehmer, der auf einer neuen Suburb sitzengeblieben ist, weil horrend gestiegene Ölpreise selbst Besserverdienende bei der Unterhaltung der klassischen energieaufwendigen Häuser und dem täglichen Verkehr zwischen Heim und Arbeit in den Ruin triebe, über Niedrigenergiehäuser und verkehrsvermeidende Siedlungsformen nach, anstatt entsprechend zivilisatorischer Rollenerwartung die verkaufsmindernden Tatsachen mit Reklame niederzuschreien, um seinen Profit auch gegen das Kundeninteresse zu sichern[83].
Da hat eine geniale Oberschülerin eine hocheffiziente und konkurrenzfähige Solarzelle entwickelt, um Stromerzeugung von umweltverschmutzenden, ineffizienten und unbeherrschbaren Großanlagen unabhängig zu machen und die Bürger von deren Eigentümern zu »befreien«. Und statt ihrer Rolle als Erfinderin entsprechend das Patent an die Industrie zu verkaufen, sich persönlich daran zu bereichern und die Entscheidung über die Verwendung ihres Patents dem Profitstreben von Großunternehmern

---

82 Laura D'Amato und die »Cancer Commandos«; *Ecotopia Emerging*, pp.220-222; pp.244-247; vgl. pp.247-24

83 John Forbes; *Ecotopia Emerging* pp.65-68

zu überlassen, veröffentlicht sie das Patent zum freien Nachbau und verwirklicht damit ihr eigenes Ziel[84].

Schließlich reagiert eine altgediente Politikerin auf die Nachricht, daß eine führende Supermarktkette ihr Frischobst- und -gemüsesortiment auslistet und stattdessen Vitaminpräparate anbietet, sowie auf den Genuß ungenießbaren Leitungswassers mit der Gründung einer politischen Bewegung zur Gegenwehr lebensbedrohlicher Profitoptimierungen anstatt sich als Konsumentin mit den neuen Produkten zu arrangieren und zu identifizieren, weil sie eben »neu« und alleine deshalb schon besser sind, um bei Bedarf den Heldentod eines Opfers am Fortschritt zu sterben[85].

All diese Personen handelten »normal«, weil sie nicht anders hätten handeln können als sie gehandelt haben, ohne sich selbst dabei verlieren: sie erfahren sich als »animals« bedroht, weil ihre Lebensgrundlage zerstört wird, um unter dem Vorwand des Fortschritts und dem Besten für Alle gegen veränderte Tatsachen und Verhältnisse einmal eingeschlagene Wege und zivilisatorisch legitimierte Profitinteressen, also die bestehenden »Normalitäten« zu wahren. Sie eint die Erfahrung, daß ihr eigenes Leben und das prinzipiell aller Amerikaner durch gerade das vernichtet wird, was in der Gesellschaft der USA »normal« ist.

Diese Erfahrung ist krisenhaft, weil die Richtigkeiten von Kulturalität, Sozialität und Künstlichkeit der Zivilisation: die Grundlage eines »Guten Lebens« also, als mörderisch-einseitige Beschreibung ihrer Lebenswirklichkeit auftreten und zugleich doch deren alleinige Geltung für die Menschen behaupten. Zu Ecotopianern werden die betroffenen Menschen, indem sie sich durch die Krise zum radikalen Umdenken, zur fundamentalen Systemkritik und schließlich zum Austritt aus den gesellschaftlich und systemisch vorgegebenen Rollenmustern führen lassen.

Die individuelle Krise löst gesellschaftlich-kulturell die ecotopianische Revolution aus, indem die Betroffenen dieser »Normalitäten« einen eigenen, nicht mehr hintergehbaren Begriff des Normalen entgegensetzen, der vom »Leben« als abstrakt-philosophischer oder –religiöser Idee absieht und stattdessen die konkrete Erfahrung zugrundelegt: es ist normal, daß ich lebe, denn ich lebe. Leben ist kein Ausnahmezustand des Daseins von Lebewesen, sondern die Regel. Also kann es nicht normal sein, daß Lebewesen dabei draufgehen, wenn sie ihren Alltag und ihre Lebenswelt gestalten. Es kann nicht normal sein, daß Lebensraum so verunstaltet wird, daß niemand mehr dort ohne Defizite leben kann.

---

84 Lou Swift, eine der beiden Hauptprotagonistinnen in *Ecotopia emerging*, deren Forschungsprojekt Solarzelle einen der beiden Haupterzählstränge bildet.

85 Vera Allwen, die zweite Hauptprotagonistin, deren politische Laufbahn von der State-Senatorin zur Präsidentin, und die Entwicklung »ihrer« Parteibewegung »Survivalist Party« den zweiten Haupterzählstrang bildet. Hier: *Ecotopia Emerging*, p.7

Für Ecotopianer verwandelt sich deshalb der Gegensatz zwischen Natur und Zivilisation in eine systemische Symbiose: sie betrachten die Zivilisation als einen Organismus innerhalb des Systems Natur, den die Menschen kraft ihrer Vernunft errichtet haben und steuern können. Sie kehren die Inklusion des american-way-of-life um, indem sie die Natur zum allumfassenden System erheben, gewinnen dadurch aber aufgrund ihrer »animality« die Natur als zweiten und unendlich bereichernden Lebensraum zurück. Sie müssen ihn, um des eigenen Überlebens willen, allerdings, und das ist die ecotopianische Einsicht und einzige ethische Forderung, so steuern, daß das Großsystem der Natur dadurch nicht gestört wird.

3.4. *Alviso – Redwood City: Die Stadt der »animals«*

Ecotopianer ziehen sich in keine »idyllischen« Räume gezähmter Natur wie die der Suburbs mehr zurück, um sich dort in einer Simulation von Natur von den menschenverachtenden Verhältnissen der selbstgeschaffenen Kulturwüste »Stadt« zu erholen. Ecotopias Städte sind alles andere als »Gartenstädte«, auch wenn sie mit Grünflächen durchsetzt sind. Denn die Grünfläche ist kein Feigenblatt mehr auf der nackten Kultursteppe, sondern behauptet als Repräsentant der Natur das Recht des Ersten. Außerdem bleiben ecotopianische Grünflächen mutmaßlich wesentlich sich selbst überlassen statt ästhetisierender Pflege unterworfen zu werden, denn die Natur braucht keine Pflege, sie besiedelt den Raum nach ihren Regeln völlig selbständig – weshalb auch Abbruchfelder in der City nicht ab- und aufgeräumt werden: die Natur wird's selbst richten, wie sie es für richtig hält.

In Alviso wird auf industriellem Niveau gearbeitet, sogar mitten im Zentrum. Aber die Struktur der Stadt stellt sich darauf nur insoweit ein, als es fürs unmittelbare Arbeiten selbst infrastrukturell notwendig ist. Doch hat sich kein »Industriegebiet« im klassischen Sinne als abgestecktes Areal innerhalb des städtischen Territoriums gebildet, auf dem nur Industriegebäude angesiedelt sind, und auf dem Menschen nichts anderes tun - können - als industrieller Arbeit nachzugehen. Deshalb hat sich kein eigenes Wohn- und Schlafareal mehr herausgebildet und daneben ein Konsum- und Verwaltungsareal (das klassische Zentrum). Denn »animals« tun das, was sie gerade tun, immer als Ganze und differenzieren sich nicht in Rollen, denen sie ihre Umgebung monofunktional angleichen müßten. Vielmehr sind sie immer auch alles andere neben dem, was sie gerade tun. Deshalb müssen sie die klassisch getrennten Lebensbereiche Arbeiten-Konsumieren-Wohnen (Bedürfnisse befriedigen) unauflösbar bereits räumlich ineinander verweben gleich einem Netz, weil nur dieses Netz als Ganzes ihre ganze Alltagswelt wiedergibt und ermöglicht.

Deshalb leben die etwa 9000 Einwohner allesamt in einem Radius von ½ Meile um den Bahnhof herum[86], und selbst zum entferntesten Punkt der Stadt führt bestenfalls 1 Meile Weg. Denn »animals« leben in einem überschaubaren Raum, den sie sich mit persönlichen Beziehungen und ihren Emotionen erschließen, und den sie mit der Bewegung ihres eigenen Körpers erfahren; jede Form der dauerhaften Substitution körpereigener Funktionen stört diese Beziehung zu ihrer Alltagswelt. Alles Leben spielt sich in der »Innenstadt« ab, weil es die Stadt anders garnicht gibt; die alte Unterscheidung zwischen Zentrum und Peripherie wird hinfällig, weil die Peripherie nicht mehr vorkommt; das Versorgungsdepot liegt am Stadtrand nur, um den auswärtigen Lieferverkehr vom Land und anderen Produktionsorten her in die Siedlung hinein zu vermeiden; dies störte die Hoheit der animals über die Straße.

Die Schulen liegen aus einem besonderem, ihrem Zweck entsprechenden Grund am Rand: sie nehmen einen guten Teil ihres Bildungsauftrags darin wahr, die Kinder im Umgang mit der Natur, d.h.: mit ihrer unmittelbaren Umgebung vertraut zu machen. So stehen sie mit ihrem Auftrag auf der gesellschaftlichen Grenze zwischen Natur und Zivilisation und erfüllen ihn, indem sie beides zum Lebensraum der Menschen an die Kinder weitervermitteln. Sie stehen genau dort, wo die ecotopianischen »animals« sich gefunden haben: auf der scharf gezogenen Stadt-Grenze zwischen Natur und Zivilisation.

86 *Ecotopia*, p.59

UTOPISCHE STÄDTE

Was verbindet Alviso/Redwood City nun mit anderen utopischen Städten wie Amaurotum[87], der Gläsernen Stadt[88] oder Berlin[89] und ihren scheinbar unüberbrückbar unterschiedlichen Stadtbildern? Was können ein »animals' nest« mit der Totalen Stadtmaschine verbinden?

Geplantheit – vollkommene Vernunft – Gemeinschaft

Alle diese Städte gehen unmittelbar auf eudaimonistische Gesellschaftskonzepte zurück, also auf Gemeinschaften[90]. Das »Gute Leben« wird hergestellt durch die Vernunft, die den Menschen von Natur aus als Allen Gleiche zufällt.

Die Vernunft waltet ohne Brechung durch widervernünftige Motivationen, Vernunft und »Gutes Leben« stehen auf kollektiver Ebene in Harmonie miteinander. Deshalb gibt es keinen Zufall in der Struktur dieser Städte, nichts, was nicht unmittelbar auf das gemeinschaftliche Ziel des »Guten Lebens in Vernunft« zurückführbar wäre; jedwede Dialektik zwischen individuellen Handlungsmotiven und deren Erfolg für die Gemeinschaft ist damit ausgeschlossen. Weder kann gemeinschaftlicher Wohlstand durch individuelles Gewinnstreben entstehen[91] (trotz privatwirtschaftlicher Struktur steht in Ecotopia der Gewinn nicht im Vordergrund unternehmerischen Handelns, sondern eine ökologisch verträgliche Lebensgestaltung), noch durch an sich verwerfliche Handlungen. Alles geschieht entweder durch Planung administrativer Institutionen oder durch individuelle Handlungen, die derselben Vernunft folgen und deshalb erstere niemals konterkarieren können. Zwischen administrativer Planung und individuellen Handlungen besteht keinerlei Differenz; deshalb können diese Städte als »geplant« gelten.

Das Fehlen jeglicher Differenzen, sowohl zwischen administrativen und individuellen Unternehmungen, als auch zwischen beidem und dem Ziel des Besten für Alle, macht diese Städte zu Siedlungsformen von Gemeinschaften.

Die utopische Stadt – erzählter Eudaimonismus

Dies wird in Utopia zur Vollkommenheit getrieben, als Vollkommenheit geschildert. Utopische Städte sind Idealstädte gemeinschaftlichen Zusammenlebens, Zentren erzählten Eudaimonismus.

---

87 Thomas MORUS: *Utopia.* 1516

88 Jewgenij SAMJATIN: *Wir.*

89 Aldous HUXLEY: *Brave new World*

90 Vgl. Ferdinand TÖNNIES: *Gemeinschaft und Gesellschaft.*

91 Vgl. Adam SMITH: *Wealth of Nations*

4. LITERATUR

Ernest CALLENBACH: *Ecotopia.* The Notebooks and Reports of William Weston. Deutsche Ausgabe Reclam Stuttgart 1996 des englischen Texts, erschienen bei Bantam Books, New York 1975

Ernest CALLENBACH: *Ecotopia emerging.* Banyan Tree Books, Berkeley, Cal. USA 1981

Jan HOLLM: *Die angloamerikanische Ökotopie.* Literarische Entwürfe einer grünen Welt. Frankfurt/m. u.a. 1998

Norbert ELIAS: *Thomas Morus' Staatskritik.* Mit Überlegungen zur Bestimmung des Begriffs Utopie. In: Wilhelm VOßKAMP: *Utopieforschung.* Interdisziplinäre Studien zur neuzeitlichen Utopie. Bd. 2, pp.101-150, Stuttgart 1982

Marianne GRONEMEYER: *Die Macht der Bedürfnisse.* Überfluss und Knappheit. Darmstadt2002

Lutz HOLZNER: *Stadtland USA:* Die Kulturlandschaft des American Way of Life. Gotha 1996

Robert L. FISHMAN: *American Suburbs/English Suburbs.* A transatlantic comparison. In: Journal of urban history, No. 87/1986, Thousand Oaks 1986, pp. 237-251.

Max WEBER: *Die »Objektivität« sozialwissenschaftlicher Erkenntnis.* In: MaxWEBER: *Soziologie – Universalgeschichtliche Analysen – Politik.* Hgg. V. Johannes WINCKELMANN. Stuttgart 6.1992, pp.189-262

Max WEBER: *Soziologische Grundbegriffe* (1921). In: Max WEBER: *Gesammelte Aufsätze zur Wissenschaftslehre*, hgg. V. Johannes WINCKELMANN, Tübingen 1968, pp.541-579

Jörg Seip

Hagen

Definitionsabbrüche zu Stadt und Kontingenz

Ich sage es gleich: dieser Essay geht nicht über Hagen. Vielmehr entfernt er sich derart von seinem Gegenstand, daß Anwege erst in den Blick kommen.

1. Nebenwege, Gleichheit

Menschen leben an Orten. Allerorten, auch in Städten. Dabei sind alle Städte gleich. Nur einige sind gleicher, was aber an den Leuten liegt. Achten wir auf das Gleiche: In allen Fußgängerzonen werden alle [zehn] Jahre die Pflastersteine und die Laternen ausgewechselt, und so, da dies überall geschieht, Gleichheit bewahrt. Die Gleichheit zeigt sich vor allem in den Fußgänger-, Bus- und Innenstadt-Zonen und neuerdings auf den Grüne-Wiese-Kaufparks: grün + Park = Kleinstparadiese mit dem Anspruch auf Käuflichkeit des Heils. All dies sollen Entschleunigungs-zonen sein oder noch werden und tragen zum beschleunigten Warenerwerb bei. Entschleunigung einerseits und Beschleunigung andererseits verstärken den Genuß = Umsatz solcher unkritischen Suggestion: komisch dabei ist: die Entschleunigung dient hier nicht der Kritik. Die Geschäfte in den Zonen und Parks sind nur scheinbar versetzt: näher hingesehen ist auch hier für Gleichheit gesorgt, sind die Großen immer groß und fressen die Kleinen. Der Tante-Emma-Laden um die Ecke hat in Städten längst aufgehört, weil jede Stadt sich runden will. Welche Stadt hat noch Ecken? Ecken halten einfach auf, rund soll schneller sein und: schöner.

Bei solcher Gleichheit fällt auf, daß jede Stadt immer noch einen unterscheidbaren Namen trägt. Anders: ist eine Stadt jenseits des Imaginären von einer anderen unterscheidbar? Die Städtenamen sind imaginäre Orte. Aber sie sind Orte. Im Munde eines sich zu *Dieser* Stadt Bekennenden führt man mehr Imaginäres im Munde als Reales oder Orte mit fünfziffriger Kennzahl. Und würde man graben einfach so, mitten in der Fußgängerzone durch die ersten gleichen Schichten hindurch, man fände etwas Unterscheidbares: aber keiner gräbt. So bleibt *es* abwesend.

2. Bekenntnis zu *Dieser* Stadt

Ich komme aus Hagen – und obwohl Hagen eine Stadt changierender Grautöne (alle möglichen Grautöne sind hier, noch vor Leverkusen, aus ihrer Potenz heraus freigelassen) ist und *Die* Fußgängerzone hat und nur noch nach Fußgängern in dieser Zone sucht, komme ich gerne aus Hagen. Des Sandes wegen, darunter. Immer kommt nämlich Menschen, so sie Heimat kannten, dieser Sand in die Augen: das Tränen dann ist immer, weil es um Herkunft geht, doppelbödig. Darum will ich nicht über Hagens Scheitern reden, es reicht, daß der eine, der aus den Nibelungen, scheiterte.

Genauer komme ich aus einem Stadtteil: Das eine Blatt im Wappen unserer Stadt – ein Eichenbaum mit elf Eichenblättern, früher noch auf allen Nummernschildern in die weite Welt gefahren, heute bloß die eine oder andere Ortseinfahrt, mit kleineren Wappen der Partnerstädte zierend, die zu betrachten man Verkehrsregeln außer Kraft setzend mitten auf der Straße stehen bleiben oder so langsam fahren muß, dadurch den Unmut nicht nur der anderen Autofahrer auf sich ziehend, sondern im unglücklichsten Fall den der Kontrolleure, die gleich anderntags das Schreiben zustellen mit dem amtlichen Briefkopf, oben links der Eichenbaum, den man ja schon kennt, und man muß schließlich zu Fuß die anderen Wappen ... oder auch nicht. Das eine Blatt im Wappen unserer Stadt steht für diesen. Mein Stadtteil hat ein eigenes Wappen, war ja vor preußischer Gebietsreform 1929 eigene Stadt: oben ein Löwe mit Pranken, unten drei, das kann man wirklich schlecht erkennen (und verschweigt unsere Festschrift zur 750. Jahrfeier): Baumstümpfe oder Burgzinnen oder Kronen? Wo alles gleich ist, werden Wappen wichtig. Es geht nicht ums Verstehen! Bedeutungen bleiben abwesend. Aber – man muß doch um seinen Herzog wissen. Und frei bleiben. Oder war es so: da der Herzog getötet, ist man frei? Aber: kommt ein anderer Herzog nach. Immer. Ist längst da. Alte Bräuche und Worte versuchen dies zu kaschieren: »Baile hält pohl!« so ruft unsereins. Gern. Und munter wechseln still die Herzöge.

3. DIE SCHRIFT, DIE STADT, DIE KONTINGENZ

»Baile hält pohl.« Gewiß. Aber: wo las ich's, war es gestern oder vorgestern? Ich hab's vergessen. Und der Autor ist tot. Tut auch nichts zur Sache. Die ist klar auch ohne Gelesenes: wir sind kontingent. Das zu wissen, ist unser Elend und es macht viel Schönes erst möglich. Etwa so an die sechsundzwanzig stäbige Zeichen, wohlgesetzt und sinngetränkt reden sie herum um die Kontingenz, mal mehr sie imitierend – also: an ihr scheiternd, mal mehr die Wunden, die sie schlug, aussaugend, liebevoll, mal sie gegen ein paar Worte, Geschichtchen, Fäbelchen – so viele, daß man meint, wählen zu müssen (welch Luxus!) – austauschend. Die Zeit, das lehrt uns die Kontingenz (man lernt's erst spät) (und nie auf Schulen) (ein wenig nur auf der Bühne und im Kult, aber welche Stadt pflegt das schon dem Thema gemäß?). Ist in Maßen. Doch, wieso mit Kanonbildung sich aufhalten – lesen beginnen, die Stäbe tanzen lassen, den schönen, langen Moment lang schön in Kopf, Herz, Becken, Raum, Netz, nenn's wie du magst (auch hier über Namen sich streiten hält einfach auf). Tauche vielmehr ein. Wie in einen Fluß.

Durch Hagen fließen vier Flüsse. Ruhr. Lenne. Ennepe. Volme. Ein Denkmal vor C&A, vier moosbewachsene Steinsäulen, daran Wasser herunterläuft, will Zeuge sein. Das Moos ist ne Wucht. Das ist Kontingenz. Ungewollt. Immer ungewollt ist die Kontingenz. Selbstverständlich ist zudem: über das Moos wird immerzu gestritten, über die Kontingenz geht nicht eine Ratssitzung. Außer über den Umweg übern Haushalt.

Wo lasest du es? Fragt doch der inwendige Krämer mich wieder, verlor die Münze bloß. Ich weiß es nicht, denn es stimmt: ich, ich hab es erlebt. Aber schon hört er nicht mehr zu. Wir sind kontingente Wesen, uns rennt die Zeit davon. Warum werden manche siebzig, neunundachtzig – und möglicherweise du nur zweiunddreißig, neunundvierzig? Diese Ungerechtigkeit (das ist unfair!) ist es, die Kontingenz, mit der abzufinden schwer fällt. Am besten alles aufschreiben, zwischen die Stäbe klemmen, verewigen auf holzfreiem Papier aus der städtischen Papiermühle Kabel. Eine Stadt hat alles zur Hand. Gleich und sofort. Auf dem Land ist das anders: man erzählt in Städten, dort auf dem Lande fehlten dann doch schon mal hie und da die Plomben der Wahlurnen. Da lieber doch holzfreies, alterungsbeständiges Papier (dazu muß man es erstmal bringen und ob in hundert Jahren, wenn man potentieller Klassiker sein könnte, das weiß man nicht, nie!, noch so etwas da ist?) (wer liest schon noch, was nicht in Einheitsregalen der Großn! Kettn! Einlaß! fand, was nicht die tumbe Mehrheit, meinem Krämer ist's recht, weitertönt?). Doch auch dies: ein Zeichen des Verfalls. Am besten bleiben. Und da das unmöglich, was hinterbleiben lassen, also hinterm Bleiben dalassen: Früher hieß das: Haus Hof Gesinde Land. Heute: ist Alles irgendwie virtueller. Nur Architekten und Handwerker (techne!), die hinterlassen was: Stadt. Monument. (Klingt wie: Moment.) Stein.

Wir hingegen – hier im Buch – bauen (in) Schrift. War früher eine Steinmetzarbeit. In den ersten Städten. Uruk, Babel. Da lebte Marduk noch. Heute geben sich die Götter überaus kollegial. Dankbar ergeben wir uns ihnen, sind ihnen andienlich, froh um jedwede Arbeit überhaupt. Wenn wir mitmachen, sind die Tempel käuflich. (Steht alles bis Marduk auf alterungsbeständigem Papier vergilbter Lexikas, die nun neu daherkommen auf kleiner Silberdisc und mehr doch nicht wissen.) Bauen in Schrift und wollen Stäbe setzen, denen Bleiben anhaftet. Geburten. Manche überleben uns. Wer nur setzte sie sich in den Bauch?

Überleben, bis ein Kanon andres reimt. Bis der so Geschickte, der gar nicht so heißen dürfte: der Zensor! daherkommt, im Kleide eines anderen (wie hieß der noch gleich? Gerechtigkeit? Bildung? Hehre Werte?, holde Ziele, eben blond) und alle ihm glauben (das hört nie auf!). Ja, ja die Vorbehalte gegen den Großn! Rhetor. An Stadt, Land, Fluß gleichermaßen vergeßn.

Darum wird in Städten mittlerweile auch an Schrift gebaut. Andre Städte. Hohe. Tiefe. Mit und ohne Namen. Unkarthografierbar. Auf Falk-Plänen immer dort, wo die zu Ende sind, kurz hinterm Rand, beim siebenundzwanzigsten Buchstaben. Dieser Straßenname fehlt. Immer.

4. GEGEN-STADT: ERZÄHLUNGEN

Eine Gegenstadt wird gebaut im engen, deinem und meinem Kopf. Bald zahnlos. Was er wem zu schreiben aufgibt ist Werk der Kontingenz. Manchmal auch ein Schnippchen. Du baust dran. Deine Stadt. Stadterzählungen.

Etwa die folgende:

> Da saßen wir in Babel
> und waren wie Weinende.
> Und hingen die Harfen hoch
> und wollten spielen nicht unsere Lieder.
> Fern unserer Heimat

Oder ein paartausend Jahre später (zweitausendvierhundertachtundsechzig, wenn du es genau haben willst, vor dem Fraß der Zeit) diese hier:

> stecht tiefer ins Erdreich ihr einen ihr andern singet und spielt ...
> der Tod ist ein Meister

Auch das gab es, gibt es. Die Stadt in der Stadt. Die Gegenstadt. Sie gibt es in jeder Stadt. Manche, die in ihr wohnen und Stäbe derart zusammenbauen, zeigen drauf. Aber darum wissen tun viele. Das ist hoffnungsreich. Und wer durch die Straßen geht eines andern Stadtteils eines anderntags, vielleicht sieht er Sie, die mir nicht aus dem Kopf geht: in der S-Bahn von Bochum-Langendreer nach Dortmund Hbf. frug vor Jahren schon eine einheimische Sechzigjährige ihr Gegenüber, sie frug empathisch: »Und? Fühlen Sie sich wohl in Deutschland?« Ihrem Gegenüber, eine schwarze Mitdreißigerin, begannen Tränen über das Gesicht zu rollen. An der nächsten Station stieg Sie aus.

5. STADT, FEMININUM

»Die« Stadt heißt es immer. »Stadt, f., i.w.S. größere, geschlossene, vom Dorf durch bestimmte Rechte unterschiedene Wohnsiedlung; i.e.S. Innenstadt.«

In der Regel aber wird die Stadt durchs Maskulinum vertreten (nur die Roth fällt mir ein in Frankfurt und die Simonis mit ihrer rhizomigen Küche daheim in Norden und die auch eher der Küche wegen). Was noch dazu sagen? Wachsen lassen!

6. ERNST UND SPIEL

Die Stadt ist kein Spiel. Sie ist Ernst. Es gibt in ihr keinen Schonraum außer den eigenen. In diesem Schonraum dringt Stadt ein durch alle Schlitze und Kabel.

Die Stadt ist auch Spiel und vertreibt den Ernst leichter als auf dem Lande. Nachts in Hintergrundgetöse und bunten Neonskylines untertauchen mitschwimmen durchessen durchatmen durchtrinken: kontingenzvergessen. Das tut gut.

Und wer zur Stadt gehört, also der Zahlungsfähige, kann das gut. Aber mehr als andernorts leben hier welche im blinden Licht der Stadt, denen das Innenleben der grauen Altpapierbriefumschläge den Schonraum als Biotop zerstört. Kein Netz greift hier, wie vom Lande man es noch gewohnt ist und d.h. wie man fürs Lande es sich vorträumt.

7. Von Nischen und Revolutionen

Erstaunlich ist der Erfindungsreichtum der Menschen in Städten. Das geht von der Organisation des oikos bis hin zur Verabredung der Revolution. Oder bis fast dahin.

Es kommen (neudeutsch) die Projekte dazwischen. Eines hieß »Eine Nacht Platte machen«. Viele sind da. Alternativen organisieren sich in Städten leichter und ideenreich. Der »Eine-Welt-Laden« im Dorf wird von der Mehrheit der Schützen, der Freiwilligen Feuerwehr, der Turnvereine, der Musikzüge, der Kirchengemeinden – ja: belächelt. Bei Flausen jenseits des Festplatzes ist man vorsichtig. In der Stadt macht Minderheit-Sein weniger aus. In der Stadt ruft dieser Laden die stille Revolution aus. Nur dringt sie durch? Nein. Es liegt anders: es gibt halt nur *mehr* Nischen, Biotope, Wege. Würde man die Anzahl, das »mehr« streichen, wäre jegliche menschliche Ansiedlung »Stadt« zu nennen. Durch solcherart Definierung kommt nur die Revolution nicht voran.

8. Von Plüsch und Sehnsucht

Dabei empfinden Menschen. Dasselbe. Ob Poeten oder Sprachkarge, inwendig spüren welche:

> Wir schicken Brieftauben
> Zu den Sternen
> Und warten auf Antwort
>
> Und manchmal
> Brauchen auch wir eine heile Welt

Wer in Grautönen lebt, hat zu träumen. *Das ändert doch nichts!* Nein, das stimmt so nicht, denn es ändert den Träumenden. *Wie das?* Er erhält Antwort. [Pause] Innen. *Und die Zustände bleiben dieselben!* Für dich und mich wohl, aber nicht für ihn! *Das ist doch Suggestion. Opium, sagte mal wer.* Wenn es das einzige ist, was ihn überleben läßt, willst du es ihm nehmen? *Das ist kein Argument.* Träume sind nie ein Argument. [Pause] Aber sie sind des Menschen Anfang und Ende.

9. DIE GOTTESSTADT

Was tut einer Stadt, was tut dem Menschen, der bleiben möchte noch ein wenig, am meisten not? Ist es die Frage nach dem Glücken des Lebens, schon im alten Griechenland gestellt und mit Antworten versehen. Und die Fiktionen durch die Jahrhunderte suchen ihr einen je anderen Sinn beizugeben, der lesend neu freizulegen ist: weil jedes Lesen Arbeit an der Archäologie des Lebens ist. Es ist die Sehnsucht nach einer Urschrift, nach einer Karte, die – eingedenk unserer Kindertage – vierfache Wegweisung ist ins Paradeis Utopia. Ein Kindertraum, in allegorischen Auslegungen noch aufgehoben und schon verloren. Eine doch unendliche Semiose: der Idealstaat, die Idealstadt, der Gegenort, die Gegenwart.

Die Frage nach dem Glück, nach der Stadt, in der endgültig man leben kann, spiegelt sich als Schatten an höhliger Wand, als bunte Kurzweil auf den Plakatflächen hiesiger Heilsanbieter, als Augenblick im Angesicht des Anderen. Die Antwortversuche fallen verschieden aus: erstere werden konstruieren, die zweiten werden die Zeit bestmöglichst überbrücken und die dritten werden wohl weitersuchen. Erstere werden Begriffe über die »Stadt« hämmern, die zweiten werden die Stadt nutzen als gelegene Bedürfnisbefriedigungsstätte, und die dritten, vielleicht werden sie uns etwas zu erzählen haben. Dabei ist die weitere Frage, ob diese Frage aus uns heraus oder ob sie schon vor uns oder je außer uns gespiegelt wird, solange müßig, als wir im Unklaren sind über das, was deren Beantwortung in uns anrichtet.

Und das wäre bedeutsam.

10. DIE BEDEUTSAMKEIT

Es geht in tautologischer Zeit um Bedeutsamkeit. Städte putzen sich deshalb heraus. Einer Stadt mit realer oder fingierter Bedeutsamkeit – beiderlei Bedeutsamkeit zahlt sich aus, so daß diese Unterscheidung nur für Höhlenmenschen interessant scheint – mangelt nichts. Gut ist es, die Großn! Stadtkinder zu pflegen, was leichter geht, je dreistelliger die Jubiläen. Ernst Meister, Christian Rohlfs, Emil Schumacher. Die drei Großn! Hagens. Was könnte Hagen bedeutsam sein, wären die drei auch dort bekannt. Aber Ernst Meister war stets traurig in seinem dicken grauen Mantel und Christian Rohlfs malte oft in Soest und der Krähenliebhaber Emil Schumacher, der ließ den alten Baum vor seinem Haus einfach wachsen und sagte in etwa: Und wenn, dann müssen wir das Haus weggbauen. Der Baum komme nicht weg.

Hier beginnen die Erzählungen einer Stadt. Und das macht eine Stadt und Menschen unverwechselbar, bedeutsam, liebenswert. Ein dicker grauer Mantel, ein Maler, der zum Malen wegfährt, eine von einem Baum eingedrückte Häuserwand und die sogleich geklärte Schuldfrage: die Wand!

Nichts als Ecken. All so menschlich.

11. LITERATUR

Roland BARTHES, *La mort de l'auteur*

Samuel BECKETT, *Wostward ho!*

Bertold BRECHT, *Kalendergeschichten*

Paul CELAN, *Mohn und Gedächtnis*

Wilhelm GENAZINO, *Ein Regenschirm für diesen Tag*

Sarah KIRSCH, *Zaubersprüche*

Thomas KLING, *Botenstoffe*

Wolfgang KOEPPEN, *Eine unglückliche Liebe*

Psalmenbuch

Arno SCHMIDT, *Die Gelehrtenrepublik*

Gerhard SCHULZE, *Die Erlebnisgesellschaft*

Birgit VANDERBEKE, *Ich sehe was, was du nicht siehst*

Helge WULSDORF: *Stadt ohne Grenzen - Utopie der Moderne?* Die Autostadt in Wolfsburg auf dem Prüfstand

Helge Wulsdorf, geb. 1968, Dr. theol., Studium der katholischen Theologie in Münster und Tübingen, seit 2003 Leiter der Stabsstelle "Nachhaltige Geldanlagen" bei der Bank für Kirche und Caritas in Paderborn.

Angelika SCHLANSKY, Dipl. Ing.: *Fussgängerverkehr.* Zur Förderung der Straße als Lebensraum

Dipl.Ing. Angelika Schlansky
freie Stadtplanerin in Bremen
Mitglied: FUSS e.V. Fachverband Fußverkehr Deutschland

Jochen SAUTERMEISTER: *Leben in der Stadt.* Eine umweltpsychologisch-ethische Betrachtung

Jochen Sautermeister, geb. 1975, Studium der Katholischen Theologie, Psychologie und Philosophie, seit 2002 wissenschaftlicher Mitarbeiter am Lehrstuhl für Theologische Ethik / Moraltheologie, Universität Tübingen.

Roy LAZAR ANTHONYSAMY: *Youth Pastoral in view.* Violence in the Metro-cities in India

Roy Lazar Anthonysamy, Promotion in Pastoraltherologie Würzburg 2002, M.A. in Geschichte und Pädagogik. Ordination zum Priester 1987. Neben anderen Funktionen Direktor des Diözesan-Pastoralzentrum, Vizerektor und Rektor des Diözesanseminars in Vallore/Indien. Mitglied des Diözesan-Priesterrats. Derzeit Dozent am Department of Christian Studies in Madras/Indien.

Klaus KOZIOL: Globalisierung oder die Renaissance der Region

Klaus Koziol, geb. 1954, Studium und Promotion (Soziologie und Politikwissenschaft) an der Universität Tübingen, Ordinariatsrat der Diözese Rottenburg-Stuttgart, Wissenschaftliche Arbeitsbereiche: Kultur der Öffentlichkeit, Mediaethik.

Caballo Villar BELEN: *La Dimensión educativa de la Ciudad*

Winfried ROMBERG: *Disposition, commoditát und cimetrie.* Barocke Urbanisierung im Vorfeld neuzeitlicher Moderne am Beispiel Würzburgs.

Dr. theol. Winfried Romberg (geb. 1965), Studium der Geschichte, Kunstgeschichte und katholischen Theologie in Bonn und Würzburg, Veröffentlichungen zur Kirchen- und Kulturgeschichte v. a. des 18. Jahrhunderts und der Französischen Revolution unter besonderer Berücksichtigung der fränkischen Landesgeschichte.

Gerhard DROESSER: *Ortsangaben.* Vorüberlegungen zu einer ethischen Theorie der Stadt

Gerhard Droesser, Ordinarius für Christliche Sozialwissenschaft an der Katholisch-Theologischen Fakultät der Universität Würzburg, Forschungsschwerpunkte: Anthropologie des Ethischen, Politische Ethik, Interkulturelle Ethik, Bereiche der Angewandten Ethik

Esther HORNUNG: *Zwischen Realität und Ideal.* Die Bedeutung des Jugendstils für die Konzeption der modernen Stadt

Esther Hornung, geboren 1968, Studium der Geschichte, Kunstgeschichte, Religionsgeschichte, Politikwissenschaft und Theologie in Würzburg. 1995 Diplom in Theologie mit Schwerpunkt Kirchengeschichte, 201 Promotion in Kirchengeschichte und Christlicher Soziaklwissenschaft an der Universität Würzburg. Verschiedene Aufenthalte in den USA, u.a. zur Forschung 1997/98. Derzeit Studium der Amerikanistik an der Freien Universität Berlin.

Walter LESCH: *Strukturen der Kommunikation im städtischen Raum.* Erkundungen im Vorfeld einer Medienethik

Walter Lesch, geb. 1958, Studium der Theologie, Philosophie und Romanistik in Münster, Fribourg, Jerusalem und Tübingen, seit 1999 Professor für Ethik am Philosophischen Institut und an der Theologischen Fakultät der Universität Löwen in Louvain-la-Neuve (Université catholique de Louvain).

Andrejs PETROWSKI: *Philosophe pratique des rues de Paris.* Moderne Großstadterfahrung in Victor Hugos Roman *Notre-Dame de Paris 1482*

Andrejs Petrowski, geb. 1968; Studium der Germanistik, Romanistik, Philosophie in Augsburg, Tübingen, Lissabon, Lyon; Promotion 2001 in Allg. und Vergl. Literaturwissenschaft; seit 2002 Studienrat in Tübingen.

Stephan SCHIRM: StadtIdeal – Typen in Utopia

Stephan Schirm, geboren 1964, Studium der Theologie an der Universität Würzburg, seit 1998 wissenschaftlicher Mitarbeiter am Lehrstuhl für Christliche Sozialwissenschaft an der Theologischen Fakultät der Universität Würzburg

Jörg SEIP: *Hagen.* Definitionsabbrüche zu Stadt und Kontingenz

Jörg Seip, geb. 1967, Studium der Theologie in Paderborn und München, 2001 Promotion im Fach Pastoraltheologie mit der Arbeit »Einander die Wahrheit hinüberreichen. Kriteriologische Verhältnisbestimmung von Literatur und Verkündigung«; als Vikar in der Pfarrseelsorge, Lehrbeauftragter für Homiletik an der Theologischen Fakultät Paderborn

Moderne – Kulturen – Relationen

Herausgegeben von Gerhard Droesser und Stephan Schirm

Band 1 Gerhard Droesser / Stephan Schirm (Hrsg.): Ethisch moderieren. Bestimmungen demokratischer Lebensformen. 2002.

Band 2 Andreas Heeg: Ethische Verantwortung in der globalisierten Ökonomie. Kritische Rekonstruktion der Unternehmensethikansätze von Horst Steinmann, Peter Ulrich, Karl Homann und Josef Wieland. 2002.

Band 3 Esther Hornung: Bibelpolitik. Das Verhältnis des protestantischen Fundamentalismus zur nationalen Innenpolitik der USA von 1980 bis 1996. Ein Fallbeispiel. 2002.

Band 4 Roy Lazar Anthonisamy: Youth Violence and Pastoral Care. Pastoral Response of the Christian Community towards the Youth who take up Violence for Justice in Post-Colonial India. 2003.

Band 5 Michael Bauer: Entwicklungszusammenarbeit und Breitensport. Theoretische Überlegungen zum Breitensport in der Entwicklungszusammenarbeit und Evaluierung von Breitensportveranstaltungen in Entwicklungs-, Schwellen- und Transformationsländern innerhalb der Förderstrategie des Internationlaen Olympischen Komitees. 2004.

Band 6 Gerhard Droesser / Stephan Schirm (Hrsg.): Kreuzungen. Ethische Probleme der modernen Stadt. 2005.

www.peterlang.de

Peter Lang · Europäischer Verlag der Wissenschaften

Andreas Heeg

Ethische Verantwortung in der globalisierten Ökonomie

Kritische Rekonstruktion der Unternehmensethikansätze von Horst Steinmann, Peter Ulrich, Karl Homann und Josef Wieland

Frankfurt am Main, Berlin, Bern, Bruxelles, New York, Oxford, Wien, 2002.
211 S., 3 Tab., 4 Graf.
Moderne-Kulturen-Relationen.
Herausgegeben von Gerhard Droesser und Stephan Schirm. Bd. 2
ISBN 3-631-39669-4 · br. € 39.–*

Im vergangenen Jahrzehnt erlebte das Thema „Unternehmensethik" einen rasanten Aufschwung. Im deutschen Sprachraum sind es vor allem Horst Steinmann, Peter Ulrich, Karl Homann und Josef Wieland die mit ihren Ansätzen die Diskussion bestimmen. In diesem Buch werden die vier Autoren eingehend analysiert bezüglich ihrer Ausgangsposition, der eigentlichen Ethikkonzeption und der verschiedenen Implementationsansätze. Die Analyse schließt mit einem synoptischen Vergleich und einem kritischen Resümee.

Aus dem Inhalt: Vergleichende Analyse und kritische Auswertung · Vier dominierende Unternehmensethikkonzepte des deutschen Sprachraums von Horst Steinmann, Peter Ulrich, Karl Homann und Josef Wieland

Frankfurt am Main · Berlin · Bern · Bruxelles · New York · Oxford · Wien
Auslieferung: Verlag Peter Lang AG
Moosstr. 1, CH-2542 Pieterlen
Telefax 00 41 (0) 32 / 376 17 27

*inklusive der in Deutschland gültigen Mehrwertsteuer
Preisänderungen vorbehalten

Homepage http://www.peterlang.de

Erratum

Kreuzungen
Ethische Probleme der modernen Stadt
Herausgegeben von Gerhard Droesser und Stephan Schirm
Moderne - Kulturen – Relationen Bd. 6
Peter Lang, Europäischer Verlag der Wissenschaften, Frankfurt am Main, Berlin, Bern, Bruxelles, New York, Oxford, Wien, 2005
ISBN 3-631-53260-1

Aufgrund eines technisch bedingten Übertragungsfehlers wurde im Autorenverzeichnis die Kurzbiographie von Maria BELÉN CABALLO VILLAR ausgelassen.

Durchgängig wurden zudem Ruf- und Nachnamen in Inhaltsverzeichnis, Überschrift zum Beitrag und im Autorenverzeichnis vertauscht. Wir berichtigen und bitten Autorin und LeserInnen um Nachsicht:

Maria BELÉN CABALLO VILLAR, geboren 1968, Dr. der Erziehungswissenschaften, Prof. an der Fakultät für Erziehungswissenschaften der Universität Santiago de Compostela.
Veröffentlichungen u.a.:
CABALLO, M.B., Candia, F.X., Caride, J.A. y Meira, P.A. (1997): *131 conceptos clave de Educación Social*. Santiago de Compostela: Universidade de Santiago de Compostela.
CABALLO VILLAR, M.B. (2001): *A Cidade Educadora*. Nova perspectiva de organizaçao e intervençao municipal. Lisboa: Instituto Piaget.

Kolibri 360 GmbH
Ferdinand-Jühlke-Straße 7
99095 Erfurt, Deutschland
produktsicherheit@kolibri360.de

Druck:
CPI Druckdienstleistungen GmbH
im Auftrag der
Kolibri 360 GmbH
Ferdinand-Jühlke-Str. 7
99095 Erfurt